本书系第二批“云岭学者”培养项目“中国西南边疆发展环境监测及综合治理研究”
（项目编号：201512018）；
云南省哲学社会科学创新团队科研项目“西南边疆生态安全格局建设研究”
（编号：2021CX04）；
“云南省生态建设与可持续发展研究基地”；
生态文明建设智库；
云南省社会科学普及示范基地“云南生态文明普及教育与创新研究基地”；
2019年度云南省哲学社会科学研究基地项目“云南少数民族本土生态智慧研究”
（编号：JD2019YB04）成果

生态文明建设的云南模式研究丛书

丛书主编：杨　林

云南生态文明建设与区域绿色实践研究

周　琼　杜香玉◎主编

科学出版社

北　京

内 容 简 介

本书以探讨生态文明建设中适合云南实际的发展模式为目标，对近几年云南不同地区生态文明建设情况进行梳理和归纳。全书共分为八编，包括云南生态文明建设的理论与实践、保护与修复、建设与发展、社会与民生、宣传与教育、制度与机制、管理与措施、宣教与反思，内容涉及云南为建设全国生态文明排头兵所做出的工作。有利于读者了解近几年云南的环境变化和发展趋势，以期为云南走生态优先、绿色发展之路，促进云南经济社会全面发展、绿色转型提供一定的理论与实践基础。

本书可供历史学、地理学、生态学等相关专业的师生阅读和参考。

图书在版编目（CIP）数据

云南生态文明建设与区域绿色实践研究 / 周琼，杜香玉主编. —北京：科学出版社，2021.11

（生态文明建设的云南模式研究丛书）

ISBN 978-7-03-069656-4

Ⅰ. ①云… Ⅱ. ①周… ②杜… Ⅲ. ①生态环境建设-研究-云南 Ⅳ. ①X321.274

中国版本图书馆 CIP 数据核字（2021）第 172679 号

责任编辑：任晓刚 / 责任校对：刘芳

责任印制：张 伟 / 封面设计：润一文化

科学出版社 出版

北京东黄城根北街 16 号

邮政编码：100717

http://www.sciencep.com

北京盛通商印快线网络科技有限公司 印刷

科学出版社发行 各地新华书店经销

*

2021 年 11 月第 一 版 开本：787×1092 1/16

2021 年 11 月第一次印刷 印张：23

字数：480 000

定价：168.00 元

（如有印装质量问题，我社负责调换）

“生态文明建设的云南模式研究”丛书编纂委员会

（按姓氏拼音顺序排列）

丛书顾问：

胡勘平　林超民　王春益　尹绍亭

主　编：

周　琼

丛书编委会主任：

杨　林

丛书编委会副主任：

胡兴东　李　伟　周智生

编　委：

杜香玉　段昌群　高志方　贾卫列　李　湘　廖　丽
梅雪芹　聂选华　潘诗雅　王利华　夏明方　杨永福
于　尧　张修玉　赵忠龙　朱仕荣　朱　勇

前　言

生态文明建设是关系中华民族永续发展的千年大计，是建设美丽中国的必然要求。2007年，党的十七大报告将生态文明纳入全面建设小康社会的总体目标之中，生态文明建设正式提上议事日程，逐渐从理念研究向制度建设转化。2012年11月，党的十八大将生态文明写入党章，使生态文明的战略地位更加明确，使中国特色社会主义事业的总体布局更加完善。党中央把生态文明建设纳入中国特色社会主义“五位一体”的总体布局，使生态文明建设的位置更加凸出，并对推进生态文明建设进行总体、全面、系统的布局。此后，努力建设美丽中国，实现中华民族的永续发展，成了走向社会主义生态文明新时代的新理念、新观点、新思路和新布局。党的十八届三中全会提出，要紧紧围绕建设美丽中国深化生态文明体制改革，全国上下全力破解日益突出的资源环境问题，生态文明体制改革及地方建设实践正在蓬勃展开，并日益深化，推动形成人与自然和谐发展的现代化建设新格局。党的十八届四中全会明确提出，用最严格的法律制度保护生态环境，促进生态文明建设。2015年，中共中央政治局审议通过了《关于加快推进生态文明建设的意见》，提出了加快推进生态文明建设的总体要求。党的十九大以来，以习近平同志为核心的党中央高度重视生态文明建设和生态环境保护，推动开展了一系列根本性、长远性、开创性工作，促使生态文明建设和生态环境保护从实践到认识发生了历史性、转折性、全局性的变化。2018年3月，十三届全国人大一次会议第三次全体会议通过了《中华人民共和国宪法修正案》，生态文明写入宪法，体现了党建设生态文明的主张成为国家意志，生态文明建设的意义更加凸显，顺应了国际生态环境保护的新形势和中国特色环境保护战略的风采，有力推动了新时代中国生态文明建设再上新台阶。2019年10月召开的十九届四中全会明确指出：“生态文明建设是关系中华民族永续发展的千年大计。必须践行绿水青山就是金山银山的理念，坚持节约资源和保护环境的基本国策，坚持节约优先、保护优先、自然恢复为主的方针，坚定走生产发展、生活富裕、生态良好的文明发展道路，建设美丽中国。”[①]

云南省作为中国面向南亚、东南亚开放的辐射中心，在加快建设高水平开放型经济新体制的同时，始终坚持“生态立省、环境优先”的发展战略，生态文明建设一直走在全国前列。2007 年，云南全面实施“七彩云南保护行动”，拉开了全省生态文明建设的序幕。2009 年，云南颁布了《七彩云南生态文明建设规划纲要（2009—2020）》，是全国第一个生态文明建设的纲要。2010 年，云南启动实施了生态文明建设十大重点工程，即九大高原湖泊及重要流域水污染防治、生物多样性保护、节能减排、生物产业发展、生态旅游开发、生态创建、环保基础设施建设、生态意识提升、民族生态文化保护、生态文明保障体系，并明确全面建设“生态云南”、争当生态文明排头兵的目标。2011 年，中国共产党云南省第九次代表大会做出了“经济建设与生态建设同步进行、经济效益与生态效益同步提高、产业竞争力与生态竞争力同步提升、物质文明与生态文明同步前进，实施绿水青山、节能减排、防灾减灾计划”的工作部署。2012 年，中共云南省委九届四次全会提出要“认真研究进步提升云南省生态文明水平的思路和办法，切实巩固生物多样性宝库和西南生态安全屏障的地位，争当生态文明建设排头兵，建设美丽云南”。2013 年，云南省先后编制了《中共云南省委　云南省人民政府关于进一步加快生态文明建设的意见》与《中共云南省委　云南省人民政府关于争当全国生态文明建设排头兵的决定》，推进了云南生态文明体制建设的进程。2014 年，云南省被列入国家“生态文明先行示范区”，云南的生态文明建设成就开始进入全国视域。

2015 年，习近平总书记在云南考察时，要求云南把生态环境保护放在更加突出的位置，明确指示云南要争当生态文明建设排头兵。奠定了生态环境对于云南发展的极端重要性，为云南进一步找准目标定位、突出优势特色、推动跨越发展指明了方向。2015 年 3 月，时任云南省省长陈豪在全国“两会”期间指出，习近平总书记在 2015 年年初视察云南时语重心长地强调，良好的生态环境是云南也是全国的宝贵财富，云南要加强生态文明建设，争当全国生态文明建设排头兵。2018 年 1 月 25 日，云南省第十三届人民代表大会第一次会议提出要全力打造世界一流的“绿色能源”“绿色食品”“健康生活目的地”这“三张牌”，云南生态文明排头兵建设迈出了关键的一步。2020 年 1 月，习近平在云南调研考察时再次强调：“云南要努力在建设我国民族团结进步示范区、生态文明建设排头兵、面向南亚东南亚辐射中心上不断取得新进展，谱写好中国梦的云南篇章。”

① 《中共中央关于坚持和完善中国特色社会主义制度　推进国家治理体系和治理能力现代化若干重大问题的决定》，www.gov.cn/zhengce/2019-11/05/Content_5449023.htm（2020-11-05）。

[1]这既是对云南已有建设成就的肯定，也是对云南未来发展方向的指引和鞭策。此后，云南省委、云南省人民政府进一步把生态文明建设作为云南的生命线，作为云南的根本任务来抓，并以“等不起”的紧迫感、“慢不得”的危机感、“坐不住”的责任感抓好生态文明建设，深入实施“生态立省、环境优先”战略，通过将生态优势转化为发展优势，在争当全国生态文明建设排头兵的道路上取得了一个又一个让人瞩目的好成绩，与此相关的学术研究也在各领域蓬勃展开。

本书以探讨生态文明建设中适合云南实际、具有云南特色的建设及发展模式，冀希能助力云南争当全国生态文明建设排头兵、国家生态文明先行示范区建设的任务，以云南生态文明排头兵建设的短期及中长期预期效益为目标，在对生态文明理论体系进行综合研究的基础上，总结和探索出一套具有示范性、引领性作用的生态文明建设模式。

2016年11月至2017年8月，云南大学西南环境史研究所先后带领并组织云南大学、云南省社会科学院等高校及科研机构生态文明相关研究人员共计三十余人，针对热带雨林保护与修复、亚洲象国家公园建设、湿地公园建设、生物多样性保护、传统生态文化传承与保护、美丽乡村建设、生物灾害防治、生态产业等生态文明建设内容，前往迪庆藏族自治州、普洱市、西双版纳傣族自治州、红河哈尼族彝族自治州、文山壮族苗族自治州及其属县开展“云南生态文明建设典型案例的实地调研”。大家不仅走访各个建设点，还与各个建设点的相关工作人员举行座谈、研讨，而且对云南生态文明建设的实际情况有了新的认识，根据多个地、州、市、县生态文明建设过程中取得的进展、存在的问题及实践经验等，进行学理性的思考及研究，经过团队成员多次的研讨磋商，决定将调研所得及各自的学术思考汇编成书，以期助益于云南生态文明建设的实践，最终据研究的具体内容，将书稿内容分为以下八个专题：理论与实践、保护与修复、建设与发展、社会与民生、宣传与教育、制度与机制、管理与措施、宣教与反思等。通过对区域绿色实践的理论分析与实践探索，为更好推动云南生态文明建设提供政策及理论研讨的资鉴。

书稿能够出版，仰赖于团队各位成员凝心聚力、共推共进的努力。由于书稿中调研时间节点为2017年，书稿有关内容的研究及撰写于2018年年底完成，对了解2018年以前云南生态文明建设现状、问题及经验具有一定的理论价值及现实意义。但因团队成员学识、精力有限，跨学科知识储备不足，很多方面的思考还有待深入；也因各方面条件的限制，书稿存在诸多错漏之处，“博学之，审问之，慎思之，明辨之、笃行之”，敬祈方家指正。

周　琼

2021年3月21日

---

① 《习近平春节前夕赴云南看望慰问各族干部群众　向全国各族人民致以美好的新春祝福　祝各族人民生活越来越好祝祖国欣欣向荣》，《人民日报》2020年1月22日，第1版。

目 录

第一编

理论·实践

第一部 [illegible]

云南边疆民族地区生态文明建设的实践经验研究[①]

生态文明建设是实现人与人、人与社会、人与自然和谐共生、全面可持续发展的科学实践和重要保障。云南边疆民族地区面临资源约束趋紧、环境污染严重、生物多样性锐减、生态系统退化的严峻形势，加强生态文明建设已成为云南边疆民族地区贯彻落实科学发展观，构建资源节约型、环境友好型社会的重要战略抉择。树立尊重自然、顺应自然、保护自然的生态文明建设理念，坚持走可持续发展道路，推进边疆各民族地区经济社会的永续绿色发展，是云南边疆民族地区大力推进生态文明建设的奋斗目标。

云南边疆民族地区自然资源禀赋良好，生态环境、生态系统和民族文化所呈现出的多样性特点丰富了生态文明建设的内容。云南边疆民族地区的生态文明建设是云南生态文明建设的重要一环，并在云南争当全国生态文明建设排头兵的过程中发挥着不可替代的作用。中共十八大将生态文明建设纳入“五位一体”中国特色社会主义建设的总体布局，这对云南边疆民族地区的生态文明建设和社会经济发展提出了新的要求。目前关于云南边疆民族地区生态文明建设的研究，其成果主要集中于边疆民族地区生态文明建设个案研究[②]、生态环境变迁与保护[③]、生态安全[④]、生态

① 作者简介：聂选华，男，云南会泽人，云南大学民族学与社会学学院助理研究员，主要从事明清时期西南灾荒史、环境史以及生态文明建设理论与实践研究。

② 李永仙：《边疆民族地区生态文明建设问题探索——以云南省西双版纳傣族自治州为例》，《中共云南省委党校学报》2009年第5期，第159—161页；张晓辉、王启梁：《民族自治地方的生态环境保护——云南省西双版纳傣族自治州的个案研究》，《西南民族学院学报》2002年第7期，第170—177页；胡晓晔：《边疆民族地区生态文明建设探究——以云南省德宏州为例》，《云南行政学院学报》2009年第5期，第115—118页；谢灿坤：《生态文明建设与社会和谐稳定研究——以云南藏区为个案》，《江苏省社会主义学院学报》2011年第1期，第75—79页；张跃、王国聘、杨加猛：《构建西南农村少数民族地区生态文明建设体系——以云南红河哈尼族彝族自治州为例》，《安徽农业科学》2013年第23期，第9675—9677页；杨红娟、夏莹、官波：《少数民族地区生态文明建设评价指标体系构建——以云南省为例》，《生态经济》2015年第4期，第170—173页；陈蕾：《生态文明建设中农户行为的激励机制研究——以墨江县、洱源县为例》，昆明理工大学2009年硕士学位论文。

③ 周琼：《云南民族生态环境的变迁与保护》，《绿叶》2012年第6期；徐梅、李朝开、李红武等：《云南少数民族聚居区生态环境变迁与保护——基于法律人类学的视角》，《云南民族大学学报》（哲学社会科学版）2011年第2期，第31—36页；罗琼芳、和尧、李波：《边疆少数民族地区生态环境的利用和保护研究——以云南德宏为例》，《职业时空》2012年第4期，第150—151、159页。

④ 刘小勤、尹记远：《生态安全视阈下的云南少数民族地区生态文明建设》，《云南行政学院学报》2012年第4期，第96—99页；董云仙等：《云南九大高原湖泊的演变与生态安全调控》，《生态经济》2015年第1期；赵翠娥、丁文荣：《云南藏区旅游生态安全及其防控研究》，《环境科学导刊》2013年第5期，第17—20页；孙海燕、王泽华、耿凯：《建设云南生态安全屏障的科技需求与对策研究》，《昆明理工大学学报》2015年第2期，第19—24页。

移民①、民族生态文化②等方面，而对云南边疆民族地区生态文明建设的整体情况探讨较少。本文拟对云南边疆民族地区生态文明建设的现状及存在的问题进行分析，并就推进云南边疆民族地区生态文明建设的科学发展提出具体的对策建议。

一、云南边疆民族地区推进生态文明建设的必要性

生态文明是超越工业文明、以解决人类和自然界之间危机为使命、关乎人类未来和发展命运的崭新的人类与自然界之间的关系模式，是对人类与自然之间关系的理论反思与实践调整③。党的十八大提出大力推进生态文明建设的要求："把生态文明建设放在突出地位，融入经济建设、政治建设、文化建设、社会建设各方面和全过程，努力建设美丽中国，实现中华民族永续发展。"④十八届五中全会又提出："坚持绿色发展，必须坚持节约资源和保护环境的基本国策，坚持可持续发展，坚定走生产发展、生活富裕、生态良好的文明发展道路，加快建设资源节约型、环境友好型社会，形成人与自然和谐发展的现代化建设新格局，推进美丽中国建设，为全球生态安全作出新贡献。"⑤云南边疆民族地区的生态文明建设是云南生态文明建设不可缺少的部分，并在云南争当全国生态文明排头兵的生态战略抉择中扮演举足轻重的作用。

（一）生态文明建设是云南边疆民族地区实现可持续发展的必经途径

云南边疆民族地区的可持续发展是边疆各民族地区社会、经济、资源和环境保护高度的协调发展。云南边疆民族地区的经济发展主要依赖于当地相对有限的自然资源和生态环境，优化资源配置，推动各民族地区的可持续发展，是推进云南边疆民族地区生态文明建设的重要课题。云南边疆民族地区的生态文明建设是深入贯彻落实科学发展观、全面建设小康社会的必然要求和重大任务，保护生态环境、实现绿色发展是边疆各民族地区经济社会有序发展的不竭动力。

---

① 罗维有：《实施生态移民，推进少数民族地区跨越发展——以云南省怒江傈僳族自治州为例》，《楚雄师范学院学报》2015年第8期，第60-63页，68页；冯芸，陈幼芳：《云南怒江傈僳族自治州实施异地开发与生态移民的障碍分析及对策研究》，《经济问题探索》2009年第3期，第68—73页。

② 林庆：《云南少数民族生态文化与生态文明建设》，《云南民族大学学报》（哲学社会科学版）2008年第5期；刘会柏、安敏：《云南少数民族生态文化及其现代治理意蕴阐释》，《学术探索》2015年第5期，第87—92页；刘会柏：《公共治理视域下云南少数民族生态文化阐发》，《云南社会主义学院学报》2015年第1期。

③ 王宏斌：《生态文明与社会主义》，北京：中央编译出版社，2011年，第6页。

④ 胡锦涛：《坚定不移沿着中国特色社会主义道路前进 为全面建成小康社会而奋斗——在中国共产党第十八次全国代表大会上的报告》，《人民日报》2012年11月18日，第1版。

⑤《中国共产党第十八届中央委员会第五次全体会议公报》，http://news.xinhuanet.com/politics/2015-10/29/c_1116983078.htm（2015-10-29）。

云南边疆民族地区地理位置特殊、地形地貌复杂，高山、河谷、喀斯特、冰川等地貌交错分布；气候类型多样，河流、湖泊等各种水体组成的水网系统密布，土壤结构、植被类型比较丰富；生物种类繁多，生态系统结构复杂。2015年1月，习近平主席在云南调研时强调："要把生态环境保护放在更加突出位置，像保护眼睛一样保护生态环境，像对待生命一样对待生态环境，在生态环境保护上一定要算大账、算长远账、算整体账、算综合账，不能因小失大、顾此失彼、寅吃卯粮、急功近利。"[①]云南与老挝、越南、缅甸等国山水相连，是一个高原山区省份，全省山地和高原面积占土地总面积的94%，河谷盆地仅占6%。云南地处祖国西南边陲，全省有25个世居少数民族、16个跨境民族、15个特有民族、8个自治州、29个自治县，是全国世居少数民族最多、跨境民族最多、特有民族最多、实行区域自治的民族最多的省份[②]。云南边疆民族地区在开展脱贫致富的过程中，必须积极响应党中央的号召，紧密结合各民族地区的实际情况和特点，探索地方经济社会与生态文明建设协调发展的有效方法和路径，加快推进生态文明建设，促进各民族地区社会经济与生态环境高度和谐并向深度发展，为巩固云南边疆地区的民族团结和社会稳定繁荣夯实基础。

云南边疆民族地区是中国大陆连接东南亚、南亚和西亚的重要枢纽，是连接印度洋和太平洋的必经通道。云南边疆民族地区的生态文明建设是中国特色社会主义事业的重要组成部分，它关系着边疆民族地区各族人民的福祉和未来，同时也将为周边国家经济发展和环境保护提供范本和借鉴。在生态文明建设的新常态下，云南边疆民族地区必须将生态文明建设置于经济社会发展的突出位置，努力推进各民族地区经济社会与生态环境协调发展，使其不断融入各民族地区经济建设、政治建设、文化建设和社会建设等各个进程，这将有利于云南边疆民族地区生态安全屏障的建立和巩固，同时也将为推动边疆民族地区社会经济的可持续发展和绿色发展提供重要保障。

云南边疆民族地区经济社会发展相对滞后，各民族地区能否如期实现生态文明建设规划目标，直接关系到云南建设生态文明排头兵的战略部署和全面实现，关系到全国共同推进生态文明建设的进程和总体规划目标。云南边疆民族地区生态环境系统复杂，一旦遭受破坏，几乎难以恢复，如何在较短时间把生态文明建设融入经济社会发展的全过程，尚面临着非常艰巨的任务，难度也较大，加快云南边疆民族地区生态环境的保护和建设，积极推进生态文明建设已刻不容缓。因此，必须制定更加切实有效的政策，加大财政资金投入，紧紧依靠边疆民族地区社会各界力量，扎实推进各民族地区经济建设与生态文明建设协调发展，为云南边疆民族地区真正地实现可持续性发展保驾护航。

---

① 中共中央文献研究室：《习近平关于社会主义生态文明建设论述摘编》，北京：中央文献出版社，2017年，第8页。

② 黄涌起：《"民族云南"释放新张力》，《民族时报》2015年1月15日，第A01版。

（二）生态文明建设是云南边疆民族地区实现绿色发展的必然要求

绿色发展是在传统发展基础上的一种模式创新，是建立在生态环境容量和资源承载能力的约束条件下，将环境保护作为实现可持续发展重要支柱的一种新型经济发展模式。云南边疆民族地区绿色的生产方式、生活方式、消费模式和价值观念将成为生态文明建设的重要对象，绿色发展将同云南边疆民族地区创新、协调、开放和共享发展成果一起成为推动云南社会经济发展转型的重要驱动力。

云南边疆民族地区地域性、民族性、文化多样性相互交织，经济社会发展呈现出特殊的复杂性和不协调性，这种复杂性和不协调性与民族地区的自然地理条件和生产生活方式相叠交，使各民族地区的经济社会与自然和谐发展成为生态文明建设进程中最为棘手的问题。随着云南打造大湄公河次区域经济合作新高地、建设面向南亚、东南亚辐射中心和融入“一带一路”倡议发展进程的深入推进，边疆民族地区将迎来新的发展机遇和挑战，如何在这一过程中推进生态文明建设，必须引起边疆民族地区社会各界的高度重视，且需要采取有效的措施破解可能会遇到的难题。

云南边疆民族地区经济增长主要建立在高污染、高能耗的传统发展模式之上，当前已出现比较严重的环境污染和生态环境破坏问题，并且云南较发达地区分阶段出现的环境问题在边疆民族地区亦渐趋集中显现，生态环境与经济发展的矛盾不断加剧。云南边疆民族地区在经济发展的过程中，工业废水、废气和固体废物排放量持续增高，并给当地生态环境造成巨大的压力。具体表现为主要江河湖泊水质恶化、水土流失加剧、石漠化无限扩展；矿产资源无节制开采，森林植被破坏，区域地面沉陷，地下水位下降；生物多样性锐减，生态系统失衡等。进而使云南边疆地区各民族的生产和生活环境也遭受严重的影响，且由环境问题造成的损害公众健康问题也渐次发生。

云南边疆民族地区资源相对短缺、生态环境脆弱、环境容量趋于饱和，环境承载能力已达峰值，并逐渐成为这一地区维系可持续性发展的制约因素。加快转变传统的经济发展方式，把资源节约和环境保护共同置于经济可持续增长和绿色发展的关键环节，加大力度保护江河、湖泊、湿地、林地、草地、农业用地等领域的生态环境，是当前云南边疆民族地区生态文明建设工作的重中之重。与此同时，云南边疆民族地区需要改变先污染后治理、边治理边破坏的状况，在转变经济发展方式的过程中正确面对环境问题、正视环境问题、解决环境问题，勇于落实和承担环境责任，下决心采取强有力的措施开展生态环境综合整治。云南边疆民族地区的生态环境保护不仅是经济问题、发展问题，更是民族问题、民生问题，必须标本兼治、统筹施策。大力推进生态文明建设，是云南边疆民族地区绿色发展的必然要求。

二、云南边疆民族地区生态文明建设过程中存在的问题

云南边疆民族地区的生态文明建设是一项庞大而复杂的系统工程。目前，虽然云南边疆民族地区的生态文明建设取得了一定的成就，但由于各民族地区基础设施建设薄弱，且处于建设小康社会和美丽乡村的工业化和城镇化快速发展阶段，对自然环境资源有着较高的需求，环境保护体系不健全、环境执法不严、环境责任推诿、环境保护意识差等主客观条件的限制，生态文明建设缺乏具体规划和指导，导致各民族地区在开展生态文明建设的过程中尚存在许多问题。

（一）工矿企业污染严重，环境问题不断凸显

在云南边疆民族地区的现代化建设过程中，经济发展方式尚处于粗放型向集约型转变的初级阶段，经济发展过程仍存在高投入、高排放、高能耗、高污染、不协调、难循环、低效率等问题，经济效益主要以牺牲自然资源和环境为代价，环境污染和生态破坏问题成为可持续发展和绿色发展的瓶颈。重金属污染是由重金属或其化合物造成的工业环境污染，主要由采矿、废气排放、污水灌溉和使用工业重金属超标制品等人为因素所致，并进一步导致环境质量的恶化。当前，我国受镉、砷、铬、铅、锌、铜等重金属污染耕地面积近2000万公顷，约占总耕地面积的1/5，其中工业“三废”污染耕地约计1000万公顷，污水灌溉的农田面积有330多万公顷。云南边疆民族地区的重金属污染比较严重，各类矿产资源的开采、冶炼、矿渣、尾矿、废渣等堆放和处理不当，雨水过后被酸溶出含重金属离子的矿山酸性废水，随矿山排水和降雨使其进入土壤和河川径流，并直接或间接地造成土壤的重金属污染，同时因环境中的重金属含量增加，超出正常阈值，直接危害矿区周围人民群众的生产生活以及身心安全。

云南省怒江傈僳族自治州兰坪白族普米族自治县铅锌矿开采致使矿区周边生活环境遭受重金属污染严重，玉米、蔬菜、水果等植物中重金属的含量都比较高。根据随机抽取当地种植的部分蔬菜，利用火焰原子吸收光谱法测定重金属的含量，结果显示，兰坪铅锌矿周边种植的蔬菜中铅、锌、铜、镉的含量大部分超出国家食品卫生标准，该铅锌矿周边蔬菜中重金属污染较严重①。兰坪铅锌矿区自然植被主要为亚热带山地草丛，植被覆盖度约为60%。2004年，中山大学研究生于法钦曾三次对兰坪县金顶镇凤凰山铅锌矿区的植被进行调查，对土壤的理化性质、植物与土壤的重金属含量进行分析，发现锌等重金属大量富集于植物。

① 张晓云等:《兰坪县某铅锌矿周边主要蔬菜水果重金属污染状况调查分析》,《微量元素与健康研究》2010年第3期，第34—36页。

推进云南边疆民族地区的生态文明建设，必须加大基础设施的建设力度，进一步控制再生有色金属工业污染物排放、防止污染物排放对环境造成污染和危害、促进再生有色金属工业生产技术装备和污染控制技术改造升级，严格防止工业“三废”污染和其他环境公害蔓延，切实保障公众健康，促进经济社会发展与环境保护相协调。2013 年，普洱市政府与云南省政府签订《普洱市 2013 年度主要污染物总量减排目标责任书》，要求全市化学需氧量、氨氮、二氧化硫总量比 2012 年分别减少 1.54%、3.24%、6.21%。到 2013 年年底，共完成 33 个省级重点减排项目、8 个市级减排项目；11 个污水处理厂项目均按管理减排要求正常运行；14 个工程减排项目已完成并投运；6 个农业源减排项目如期完成。[①]从普洱市实际情况来看，各县域的区位优势、资源优势、环境优势、文化优势对外界的吸引力越来越大，这为普洱市建设国家绿色经济试验示范区、创建国家循环经济示范区城市，为加快发展注入了新的动力和活力。加大节能减排力度，控制能源消耗总量，提高资源使用效率，调整优化产业结构，将有助于推进普洱市生态文明建设的进程。

总的来看，云南边疆民族地区的经济布局和经济结构不合理，大部分地区单一的产业结构致使生态环境资源严重透支，自然环境的承载能力逐渐加重。云南边疆民族地区的经济建设需要结合地方实际，因地制宜，按照民族地区的资源禀赋条件和生态环境容量进行科学合理布局，为推进生态文明建设创造条件。

（二）生物多样性锐减，生态环境脆弱

云南边疆民族地区贫困人口相对较多，工农业生产结构单一，生产力较为落后，许多民族地区为了谋求经济发展，过度开发和利用各种自然资源，致使生态退化趋势未能得到有效遏制，并导致一系列生态环境问题相继出现。

云南西北部地区地质特殊、地形复杂、气候多样，是世界上生物多样性和民族文化多元性最丰富的地区之一，我国水资源、有色矿产资源和生态景观资源都富集于此，这里属金沙江、澜沧江、怒江和独龙江的中上游地区，具有重要的生态服务功能。云南西北部地区自然景观多样，有自然景观 4 大类、38 小类。许多景观具有唯一性、典型性和区域代表性，但十分脆弱，且容易受到破坏。这一地区是我国植被类型和动物物种最为多样的地区之一，全省有 12 个植被型、169 个群系，滇西北就有 10 个植被型、98 个群系；据记载的高等植物（苔藓、蕨类和种子植物）有 10198 种（含种下等级），有 49 种国家重点保护植物，约占全国重点保护植物的 22.1%；记录有脊椎动物 1017 种，其中哺

① 普洱市地方志编纂委员会：《普洱年鉴（2014）》，昆明：云南人民出版社，2014 年，第 225 页。

乳动物 184 种、鸟类 580 种、爬行动物 65 种、两栖动物 49 种和鱼类 139 种，分别占云南省相应类群的 60.3%、68.4%、40.1%、42.6%和 26.6%。但由于云南西北部地区贫困面较大、贫困程度深，生产方式相对粗放低下，生产力水平较低，广大人民群众的生计高度依赖于自然资源，使区域性生物多样性保护面临巨大的压力。

改革开放以来，云南边疆民族地区的河流、湖泊以及地表径流遭受污染；森林总量呈下降趋势；草地、湿地退化严重；矿产资源开发、交通、风电、水电等重大工程建设引发的生态破坏问题未能引起各民族地区公众的高度重视，也尚未得到有效制止。云南西北部地区是北半球生态系统最具代表性的地区之一，这里保存有全球面积最大的低纬度寒温性针叶林生态系统。德钦、维西、香格里拉、贡山等县海拔在 3000 米以上地区的森林占各县森林面积的 80%以上；维西、宁蒗、玉龙、福贡、兰坪集中分布在海拔 2000—3000 米的森林占各县森林面积的 60%以上。1985 年，香格里拉县政府为恢复县境生态，农业区划工作中于金沙江沿岸一线及金沙江干、支流两侧划出 139 万亩防护林。1993 年，香格里拉县首次安排以工代赈，以长江防护林建设为中心，积极开展荒山造林。同年，香格里拉县规划出 3 个片区，因地制宜，计划用 7 年（1994—2000 年）时间建成防护林 155 930.3 亩，占规划数的 64%。1994 年，香格里拉县封山育林 52 107 亩，其中以工代赈封山育林 12 107 亩[①]。1995 年，香格里拉县加强生态效益及防护林建设，开始实施生态移民，着手将金沙江沿线虎跳峡部分农产实行易地扶贫开发，以求实现生态效益和脱贫致富双赢。

云南边疆民族地区位于横断山生态脆弱地区和云贵高原生态敏感地区，国土面积 39.4 万平方千米，94%为山地，境内河流分属长江、珠江、澜沧江、红河、伊洛瓦底江、怒江等六大水系，是我国乃至国际重要河流的中上游或源头，既是东南亚国家和我国南方大部分省区的“水塔”，也是我国乃至世界生物多样性集聚区和物种遗传的基因库，更是外来有害生物、疫病的天然阻隔屏障，生态区位十分重要，防护林体系建设任务繁重[②]。由于云南边疆民族地区农业生产、工业投产、居民生活对自然生态环境的干预力度不断加大，珍禽异兽遭到捕杀，生物栖息地遭到破坏，生物物种及种群不断减少，珍稀野生动植物濒临灭绝，自然生态环境渐趋脆弱化。

在经济发展的过程中，云南边疆民族地区城乡生态环境保护基础设施薄弱，乡（镇）、村一级的垃圾、污水处理设施未能规划建设。由于各民族的生产、生活方式存在较大差异，随着生活水平的不断提高，公众对各种商品的消费量大增，生活垃圾不断增多，河道、池塘成为垃圾场，江河流域成为垃圾链，水体受到严重污染；各类乡镇企业盲目上

---

① 迪庆藏族自治州地方志编纂委员会：《迪庆藏族自治州志（1978—2007）》，昆明：云南民族出版社，2014 年，第 325 页。1 亩≈666.7 平方米。

② 伏全：《云南防护林工程建设任重道远》，《云南林业》2014 年第 4 期，第 58—59 页。

马，工业“三废”未经处理就任意排放，造成一定范围内的环境污染和破坏；一部分企业未经政府部门授权许可，在村庄周围肆意开山取石采沙，水土流失严重，生态植被退化，乡村居民的生活环境遭受破坏。云南边疆民族地区生态环境保护资金渠道单一，投入量极少，生态环境治理工程效益难以提高，生态环境保护能力建设滞后，难以为生态环境的有效管理提供良好的支撑服务。

（三）环境保护意识淡薄，环境治理道路曲折

近年来，云南边疆民族地区的经济发展以 GDP 增速为指标，政府政绩考核唯 GDP 增长是从，各民族地区为寻求短期的经济增长，盲目加大招商引资力度，而忽视长期的经济效益和生态环境协调发展问题，致使资源短缺、环境污染、生态环境恶化等弊病滋生蔓延。尽管云南边疆民族地区短期的经济高速增长成就可喜，但接踵而至的环境污染和生态破坏等问题更加令人担忧。云南边疆民族地区比较贫困，各民族贫困地区又伴随着资源缺失、生态环境脆弱等问题，当经济贫困与生态退化相互叠加时，生产生活必需的自然环境要素就越加匮乏，水资源不足、植被覆盖锐减、土壤肥力下降、自然灾害频发，导致生产发展步履维艰，生产水平严重落后，生活难以得到有效保障，呈现出典型的生态型贫困特征。

石漠化是在喀斯特脆弱的生态环境下，人类不合理的社会经济活动造成人地矛盾突出、植被破坏、水土流失、土地生产能力衰退或丧失，地表呈现类似荒漠景观的岩石逐渐裸露的演变过程。云南边疆民族地区的石漠化问题比较严重，由石漠化扩展引发的人口问题、生存问题和能源问题严重束缚着石漠化区域各民族的发展。文山壮族苗族自治州是云南比较典型的岩溶地区，全州土地面积 32239 平方千米，山区、半山区占土地总面积的 97%，岩溶面积为 16799 平方千米，占土地面积的 53.4%。其中以中度石漠化为主，面积为 43.12 万平方千米，占全州石漠化面积的 51.84%；其次为重度石漠化，面积为 22.45 万平方千米，占石漠化面积的 26.99%；轻度石漠化和极重度石漠化面积分别为 13.52 万和 4.09 万平方千米，分别占石漠化面积的 16.25%和 4.92%[①]，全州 8 个县（市）均有不同程度的石漠化分布。文山壮族苗族自治州石漠化地区主要为少数民族聚居地区，经济文化落后，生产技术传统，粮食严重不足，山穷、水枯、林衰、土瘦相互交织，导致人地矛盾比较尖锐。文山壮族苗族自治州石漠化具有分布广、程度深和危害大等特点，一部分地区已陷入人口增长、生态恶化和贫困的恶性循环，石漠化已严重制约当地经济和社会的可持续发展进程。

---

① 王晓洋：《文山地区石漠化成因、危害及防治》，《安徽农业科学》2014 年第 29 期，第 10288—10290 页。

云南边疆民族地区环境问题的凸显，与公众环境保护认知不足和意识淡薄密切相关。云南边疆民族地区的公众环保意识中隐含着四类矛盾：一是发展经济、提高生活水平与保护环境的矛盾；二是个体环境意识觉醒与群体环保意识薄弱之间的矛盾；三是个人投入与国家投入之间的矛盾；四是主张依法保护环境与司法观念淡薄之间的矛盾。这些矛盾在边疆各民族的思想意识中普遍存在，人们的行为和意识在某种程度上与环境保护脱节，最终导致公众在日常生产和生活中表现出来的个人或集体行为对环境保护来说通常是消极的。

云南边疆民族地区存在的生态环境问题主要有城乡水污染、大气污染、固体废物污染、噪声污染、野生动植物物种减少、化肥及农药污染和公共场所污染。云南边疆民族地区生态环境遭受严重污染与破坏的原因是多方面的：一是经济发展速度过快，超过环境的承载能力；二是工矿企业唯利是从，忽视环境保护；三是区域性环保法规体系未健全，环境执法主体不明确；四是政府职能部门审批不严、执法力度不够、督察落实不力、以罚代管且疏于监管。云南边疆民族地区自然生态环境遭到肆意破坏，资源和能源被过度消耗，环境基础设施滞后，治理速度赶不上污染的速度，政府与工矿企业之间相互推卸责任，整治违法行为避重就轻、敷衍了事，致使环境治理无法落实，生态环境治理道路一再受阻，这给云南边疆民族地区推进生态文明建设敲响了警钟。

三、云南边疆民族地区推进生态文明建设的对策建议

云南边疆民族地区生态文明建设最现实、最关键的就是处理好经济可持续发展、绿色发展和生态环境保护的关系。云南边疆民族地区各级政府部门、各族人民必须从云南建设生态文明排头兵的全局和战略高度，充分认识加强生态文明建设是维系各民族群众权益、构建和谐社会的重要保障，是建设资源节约型、环境友好型社会，促进社会文明进步的重要内容；充分认识加强生态文明建设就是增强发展后劲，推进生态文明建设就是促进经济社会的和谐有序发展。

（一）统筹生态功能规划，协调经济社会发展

云南边疆民族地区在推进生态文明建设的进程中，要深入贯彻实施“生态立省、环境优先”战略和“绿水青山、节能减排、防灾减灾”计划，持续开展七彩云南保护行动、生物多样性保护和“森林云南”建设，开展生态红线保护、陡坡地生态治理、生态公益林保护、重点区域生态保护与修复、高原湿地保护与恢复等，着力推进绿色发展、循环

发展、低碳发展，促进产业发展与环境保护“双赢”[①]。积极深入贯彻落实科学发展观，坚持节约优先、保护优先、自然恢复为主的方针，牢固树立生态文明理念，对各类生态功能区实行统筹规划。以自然保护区、生态功能保护区、生态脆弱区的建设和保护为主体，保护和恢复自然生态系统的整体功能，明确各生态功能区的发展内容和目标；有效加强重点湖泊、江河流域水质治理，加强水土流失治理、石漠化范围控制和生物物种多样性保护。坚持协调经济建设与生态建设同步进行、经济效益与生态效益同步提高、产业竞争力与生态竞争力同步提升和物质文明与生态文明同步前进等各要素之间的关系，适时建立健全生态文明指标体系、生态文明评价指标体系和生态文明考核指标体系，全面提升云南边疆民族地区的生态文明建设水平。

（二）积极调整产业结构，转变经济发展方式

云南边疆民族地区有着独特的自然资源和区位条件，要牢固树立生态文明的发展理念，以民族地区的资源量和环境承载力为依据，合理调整产业结构和布局生产力，促进环境保护参与综合决策，科学制定社会经济发展目标，编制生态文明建设方案。在产业结构上，大力发展生态农业，着力发展生态工业，借力发展乡村生态旅游产业，在改造提升优势传统农业的同时，大力培育战略型新兴生态产业；在发展方式上，把节约环保与调整产业结构、污染防治与企业节约增效、发展节能环保产业与扩大需求、生态保护与优化生产力空间布局结合起来，推进经济发展方式绿色转型，建立可持续的绿色产业结构、生产方式和消费模式；在环保技术上，以人与自然和谐相处为目标，以生态发展能力为着眼点，以绿色科技为动力，拓宽环保科技融资渠道，开拓环保科技市场，推动环保技术创新，促进环保技术商品化和成果化；在经济发展模式上，坚持环境保护优先和开发有序的原则，创新生态产业发展模式，大力发展绿色经济，“争取在以循环经济、可再生能源的替代性开发等为主要特征的新生产方式竞争中占据有利位置，力争走上生态现代化之路”[②]，努力建设资源节约型、环境友好型的生态文明型社会。

（三）正确处理经济发展与人口、资源和环境的关系

可持续发展是一个包含着诸多要素在内的复合系统，其中人居于主体地位，是中心和关键，处理好人口与资源、环境、经济和社会的关系尤为重要[③]。云南边疆民族地区

① 陈豪：《争当全国生态文明建设排头兵》，《经济日报》2015 年 3 月 5 日，第 9 版。

② 王宏斌：《生态文明与社会主义》，北京：中央编译出版社，2011 年，第 171 页。

③ 董险峰：《持续生态与环境》，北京：中国环境科学出版社，2006 年，第 64 页。

在开展生态文明建设的过程中，要充分考虑各地区的人口承载力、资源支撑力和生态环境保障力，正确处理经济发展与人口、资源和环境的关系，统筹当前发展和长远发展的需要，不断提高发展质量和效益，走生产发展、生活富裕和生态良好的生态文明发展道路；坚持树立环境保护与经济发展相协调的理念，树立推进环境空气质量改善的责任担当和坚定决心，通过完善农田、交通、水利等基础设施建设，增强城乡生态公共服务能力；切实转变关于发展的传统观念，从重经济增长轻环境保护转变为环境保护与经济增长并重，从环境保护滞后于经济发展转变为环境保护和经济发展同步。在发展战略上，云南边疆民族地区要以云南省“一带一路”建设重要门户作用、发挥好“一带一路”建设区域综合先行示范区为契机，本着符合生态环境发展规律，符合各民族地区实际、符合经济发展近期和长远发展规划，坚持科学发展观，兼顾自然与社会各方利益群体的不同需求，保持各民族地区生态环境的平衡性、社会的稳定性和发展的可持续性，积极主动推进生态文明建设。

（四）建立健全生态补偿机制，落实环境保护责任制

生态法律制度不仅是生态环境保护的“护身符”，而且是生态文明的重要标志。建设生态文明，要充分发挥制度安排对生态文明建设的引导作用，制定完备的、可操作性强的制度去落实生态文明的各种具体要求，通过制度规范人们各种可能影响环境的行为，强化生态教育制度，落实生态环境保护法治，建立生态经济激励制度[①]。“生态补偿可改变成本收益的时空和动态关系，促使生态有害行为的外部非经济性内部化，实现环境公平和正义，是利益差别和社会矛盾的整合器。”[②]云南边疆民族地区推进生态文明建设，要积极建立健全资源有偿使用制度，着重建立自然保护区、重要生态功能区、矿产资源开发区和流域水环境保护区的生态补偿机制，以多样化的生态补偿机制协调区域经济发展。各级部门要紧紧围绕“确保环境安全，改善环境质量，服务科学发展”的总体要求和目标，把环境保护与推动发展方式转变、污染减排与促进经济结构战略性调整、环境治理与保障和改善民生有机结合起来，以解决影响科学发展和保障群众健康的突出环境问题。

加快推动环境保护执法监管长效机制建设，加大环境违法案件查处力度，严厉打击环境违法行为，明确执法主体和责任主体，做到“各司其职、恪尽职守、突出重点、综合整治”，建立健全环境保护执法监管共同责任机制，使环境执法监管渐进性地步入规范化和法制化轨道；深入开展整治违法排污企业、保障群众健康专项行动，开展环境问题

① 张文台：《生态文明建设论——领导干部需要把握的十大基本体系》，北京：中共中央党校出版社，2010年，第29页。
② 严耕、杨志华：《生态文明的理论与系统建构》，北京：中央编译出版社，2009年，第210页。

整改督查，根据需要建立和完善跨区域环境执法合作机制和部门联动执法机制；制定区域环境保护标准，促进工矿企业运用先进生产技术和环保工艺设备，逐步淘汰或更新资源消耗高、废物排放高的落后工艺设备，确保各项污染物排放达到地方和国家标准；促使工矿企业积极自主履行环保责任；加大环保资金投入，积极治理环境污染，制定出台环保管理制度，使环保工作从工程建设、环境治理设施运转和环境公害防范等全方位推行制度化管理，推进市场主体环保工作与绩效考评、责任追究管理机制相结合，为履行环保责任提供制度保障。

（五）弘扬民族生态文化，推进生态文化创新

生态文明建设强调给予自然环境以平等权利和现实人文关怀，先进的生态伦理观是生态文明建设的精神维度①。在长时期的社会生产和生活中，云南边疆民族地区各民族积累了内容丰富的生态文化和生态智慧，这是边疆民族地区各族人民与自然和谐共存的文化载体，是推进生态文明建设的重要驱动因素。傣族生态文化在傣族人民的稻作生产、饮食、服饰、聚落、宗教、文学、艺术和工艺中体现得淋漓尽致。傣族“万物有灵”的观念为傣家人在历史发展中确立了热爱自然、怜惜天物的标准，其中包含着原始的生态平衡内涵②。傣族丰富多彩的生态文化能够把道德原则与自然原则统一起来，将为生态文明建设起到积极的导向作用。在历史上，云南边疆民族地区各族人民群众在人与人、人与社会、人与自然相互作用的复合生态系统中创造出多样性的民族生态文化，形成独特的民族生态文明伦理观和内容独特的生态环境保护文化，这是各民族聚居地区生态文明观念源远流长的根基，也是新时期各民族生态文化的价值观念传承的根本。

云南边疆民族地区拥有坚实的生态基础和良好的生态文化底蕴，弘扬民族生态文化，使绿色价值观念深入人心，对云南边疆民族地区完成经济结构调整和发展方式转变，促进经济社会绿色发展，乃至建设美丽中国都具有重要的现实意义。因此，云南边疆民族地区要充分挖掘、传承、弘扬和保护各民族优秀的传统生态文化，促进民族生态文化有序传播；充分利用各类媒体、图书文献等手段传播生态文化，促进各民族生态文化信息化和现代化；保护和开发民族生态文化资源，在生态文化遗产丰富、保持较完整的民族地区，建设一批民族生态文化保护示范区；加强各民族地区自然保护区、森林公园、湿地公园、地质公园、植物园、动物园、民族生态博物馆以及自然博物馆等生态文化平台的建设和管理；积极发展生态农业和民族特色产业，通过森林文化、湿地文化、茶文化、

① “推进生态文明建设 探索中国环境保护新道路”课题组：《生态文明与环保新道路》，北京：中国环境科学出版社，2010年，第14页。

② 刘荣昆：《傣族生态文化研究》，昆明：云南大学出版社，2011年，第177页。

园林文化等生态文化载体，大力发展生态旅游，做大做强民族生态文化产业。

（六）提高公众生态文明意识，强化公众参与和监督

生态文明创造的生态环境、生态理念、生态道德和生态社会等，直接为物质文明、政治文明和精神文明提供必不可少的生态基础[①]。在生态环境危机面前，教育要义不容辞地承担起从心灵深处唤醒公众去热爱自然、关爱自然和保护环境的重任，对承担人类发展未来重任的中小学生进行环境教育刻不容缓。云南边疆民族地区要适时加强环境保护和生态文明建设的教育和宣传，使环境保护观念和生态文明建设理念深入公众内心。在生态文明的意识形态下，社会普遍具有进步的生态意识、进步的生态心理、进步的生态道德[②]，环保宣传和教育是培养边疆民族地区公众环境保护意识的一种最直接、最有效的手段和最基础的工作，对于提高公众的生态文明意识具有重大意义。

云南边疆各民族地区要积极动员地方社会力量参与环境保护，承认群众的环境信息知情权、环境决策参与权和环境监督权，确保公众有效行使环境权利和履行环境义务；建立政府监管、市场调节和公众参与相结合的新型环境保护综合机制，形成环境保护合力；鼓励非政府组织参与生态文明建设，开展环保宣传等社会公益活动；运用法律、政策等手段保障公众的环境参与权，引导公众全过程参与生态文明建设，建立公众参与环境保护和生态文明建设的新机制。建立生态文明重大决策听证、重要决议公示和重点工作通报制度，强化公众参与和监督；畅通生态文明信访、热线、邮箱、微博、微信等投诉渠道，实行有奖举报，鼓励生态文明公益诉讼，完善政府、企业和社会组织等参与的生态文明联动机制。

① 刘铮主编：《生态文明意识培养》，上海：上海交通大学出版社，2012年，第28页。

② 张清宇、秦玉才、田伟利：《西部地区生态文明指标体系研究》，杭州：浙江大学出版社，2011年，第2页。

云南加快推进美丽乡村建设研究[①]

美丽乡村是区域经济、政治、文化、社会和生态文明协调发展，规划科学、生产发展、生活宽裕、乡风文明、村容整洁、管理民主、人居改善，宜居、宜业和宜游的可持续发展乡村。目前，云南乡村农业生产的自然环境渐趋恶化，农业发展基础设施建设滞后，农业升级技术相对落后，农业产业经营管理简单粗放，农民生活水平受到农业生产的严重束缚。加强乡村基础设施建设，改良土壤，兴修水利，推广良种种植，保障农田基本建设，全面提高农业综合生产能力和发展潜力，促进乡村公共服务能力提升，着力提高乡村广大人民群众生产和生活水平，是推进云南美丽乡村建设的必然选择。

2014 年，中共云南省委、云南省人民政府出台《关于推进美丽乡村建设的若干意见》，要求全省应当“深入贯彻党的十八大和全国改善农村人居环境工作会议精神，建设美丽云南，推进城镇化与新乡村建设良性互动，运用省级重点村建设的经验和成果，在试点示范的基础上，从 2015 年起，进一步改善农村人居环境，大力推进美丽乡村建设。”云南乡村要按照全面建成小康社会的总体要求，扎实开展农村人居环境整治，加快改善乡村生产生活条件，积极建设宜居乡村，提高社会主义美丽乡村的建设水平。本文拟结合云南乡村实际，就云南全省各地如何加快推进美丽乡村建设，挖掘乡村发展潜能，提高乡村居民生活质量，从美丽乡村建设的现状与问题、目标、原则、模式和对策等方面进行研究，并提出建设具有云南高原特色美丽乡村的具体对策。

一、云南推进美丽乡村建设的现状及存在的问题

“建设美丽乡村的发展行动，强调的是人与自然和谐相处，突出了生态文明建设的价值理念。在城乡发展的整体背景下，美丽乡村建设行动将生态文明建设和新农村建设有机集合起来，努力实现各类资源要素向广大农村地区倾斜配置，不断推动农村人口向中心村和中心镇有效集聚。”[②]2014 年 7 月，中共云南省委、云南省人民政府出台《关于

① 作者简介：聂选华，男，云南会泽人，云南大学民族学与社会学学院助理研究员，主要从事明清时期西南灾荒史、环境史，以及生态文明建设理论与实践研究。

② 李一：《从打造美丽乡村到实现和谐发展：浙江乡村生态文明建设的路径与经验》，杭州：浙江教育出版社，2012 年，第 132 页。

推进美丽乡村建设的若干意见》，这一意见指出，云南省要在试点示范的基础上，运用省级重点村建设的经验成果，做好县域城镇体系规划和村庄整治规划的编制，要按照“培育中心村、提升特色村”的要求，推进城镇化与新农村建设良性互动，有序开展美丽云南建设。这一意见还强调，云南省“从2015年起，每年推进500个以上以中心村、特色村和传统村落为重点的自然村建设，全面推进环境整治、基础设施建设和公共服务配套，建设周期不超过2年。要通过典型示范，串点成线，连线成片，带动全省面上的新农村建设。到2018年，力争在全省的中心村、特色村和传统村落建成一批富有云南特色的‘宜居宜业宜游’美丽乡村。”此后，云南省市（州）、县、乡（镇）各级党委和政府部门积极明确目标、高度重视、科学筹划、扎实推进，组织动员广大青年积极参与美丽乡村的建设，充分发挥共青团生力军和突击队的作用，全力推进美丽乡村建设，村民自治基本得到实现，乡村民主政治建设稳步推进；基层组织关系得到理顺，党和群众关系更加密切；村民参与公益事业的积极性被广泛调动起来；各建设村的基础设施建设不断增强，农业生产力得到发展，村容村貌发生巨大变化，村民生活水平不断提高。但由于云南处于边疆、民族、山区、贫困地区，是全国扶贫攻坚的主战场之一，扶贫攻坚难度较大，导致在推进美丽乡村建设的过程中尚存在着一些亟待解决的问题。

（一）基础设施建设尚待完善

“三农问题”是云南现代化进程中与乡村整体发展水平密切相关的现实问题，农业经济的发展转型、农村基础设施的建设完善和农民生活水平的提高已成为制约云南乡村现代化进程的主要瓶颈。云南能否实现全面建设美丽乡村和小康社会的总体目标，关键取决于全省“三农问题”的有效解决。加强基础设施建设，发展现代农业和新型产业，增加农民经济收入，改善贫困地区面貌，建设生态文明乡村，是云南贫困地区实现脱贫致富的重要物质基础。

据统计，2013年底，云南乡村公路总里程达18.9万千米，1367个乡镇中有1312个实现通畅，乡镇通畅率达96%；14 015个建制村中有13 874个通公路，通达率为99%；6587个建制村实现通畅，通畅率达47%[①]。到2014年，云南完成乡村公路投资151亿元，新改建乡村公路1.9万千米，全省乡村地区的交通条件得到进一步改善。尽管云南乡村公路通车里程明显增加，但是乡村道路拓宽及硬化难度较大，乡村公路管理工程和危桥加固工程仍存在“短板”，缺乏完善的交通路网体系，广大贫困群众出行难的问题还需努力解决。

---

① 余雪彬：《云南农村公路总里程近20万公里通达率超 90%》，http://www.chinanews.com/df/2014/02-18/5852476.shtml（2014-02-18）。

2009年以来，由于气候异常，云南省遭遇了连续干旱，江河来水持续偏少，库塘蓄水严重不足，部分地区抗旱保供水形势严峻，给山区和半山区广大人民群众的生产生活带来了严重影响，尤其是严重干旱地区的部分学校师生面临着用水困难和饮水安全问题。由于云南对水利建设投资小，系统性的水库、水窖、水渠和水管等互联互通的水网建设难度大，乡村供水安全责任难以明确到位，应急供水措施无法有效落实，致使乡村农田灌溉用水和安全饮水不容乐观。

（二）乡村贫困面大，扶贫开发任务艰巨

云南省贫困地区呈现出“整体性、民族性和素质性”的贫困交织状况，是集“边疆、山区、民族、宗教、贫困”为一体的重要扶贫开发区。“十二五”期间，云南省在4年期间累计投入财政专项扶贫资金183.18亿元，使440万乡村贫困人口摘掉贫困的“帽子”。2011—2014年，云南省整合投入各类资金267.11亿元，启动实施166个整乡推进项目，完成2800个行政村、9350个自然村整村推进。但是，在推进区域发展与扶贫攻坚，突出抓好民族聚居地区综合扶贫开发，组织各贫困地区实施扶贫开发项目，探索解决集中连片特困地区脱贫发展路子的过程中，饮水不便、出行困难、住房破旧、收入微薄等问题依然集中显现，脱贫致富仍面临严峻的挑战。据2013年统计资料显示，云南省有4个集中连片特困地区（全国有14个），91个贫困片区县，数量居全国之首；全省贫困人口达661万人，居全国第二位，其中边远少数民族贫困地区深度贫困人口有120.4万人。截至2014年底，云南省仍有15个州市93个贫困片区县和重点县尚未脱贫，有乡村贫困人口574万人，消除绝对贫困有待奋发努力。

（三）建设资金来源单一，引资建设困难

云南美丽乡村的建设主要依赖于上级财政资金拨款，可谓问题重重。一是资金主要依赖于各级财政安排的专项资金和转移支付，而社会资金、群众自筹和其他投入较少，乡村金融体系对美丽乡村建设的投入没有实质性的突破。二是县、乡（镇）一级政府部门在财政资金使用与美丽乡村建设指导方面缺乏统筹，美丽乡村建设哪些建设需由国家投入，或由集体投入，或由农民投入，没有明确的规定，部门整合资金的积极性不高。三是部分市县在安排美丽乡村建设专项资金时，缺乏实地调研，没有根据各示范村的实际情况区别对待，而是搞平均分配，使美丽乡村示范建设和整村推进难以形成合力。四是涉农资金条块分割，农业、水利、林业等部门在资金分配和项目设置方面职能交叉，整合统筹难度较大。五是资金缺口较大，乡（镇）村一级经济发展不平衡，部分偏远山区和半山区缺少项目带动，乡村集体经济基础薄弱，引资建设较为困难。六是美丽乡村

建设资金管理制度落实不严，财政部门监管难度大，建设项目未做到规划先行，也未实行规范招投标，工程办理决算时效性差。

（四）整体建设和发展缺乏科学规划

科学规划、有序建设是云南美丽乡村建设的重要组成部分。但目前云南美丽乡村的建设仍缺乏科学合理规划，主要表现为：政府对美丽乡村建设的规划引领作用不够突出，对彰显民族地区优秀传统文化的策划不符合实际；美丽乡村建设示范村规划内容单一，远期和近期建设目标存在较大差距，发展规划有待完善。美丽乡村建设与发展规划与当地生态、文化、产业不协调。云南美丽乡村建设处于起步阶段，部分乡村制订的建设规划缺乏科学论证，尤其是在挖掘村庄自然、历史人文和产业元素方面不到位，村庄鲜明的民族传统和特色文化未能全部体现；部分村庄存在多次规划，规划低标准，边建设边规划，边规划边改造，导致建设项目存在不必要的重复和浪费。

（五）乡村特色产业发展不足

发展具有云南高原特色的乡村产业是新时期云南现代化美丽乡村建设的战略抉择，是提升云南美丽乡村经济发展水平的重要支撑力量。在云南美丽乡村建设的过程中，解决乡村剩余劳动力，大力发展生态农业，保障主要农产品有效供给，发展乡村生态旅游业，是增加农民收入的有效途径。当前，云南乡村特色产业发展存在许多问题，主要是特色资源开发利用深度不够，特色农产品的开发潜力未能全部挖掘，各类产业综合开发水平不高，龙头企业带动及辐射面不广，产业组织运作不规范和农民的文化素质不高，进而导致美丽乡村重点项目建设滞后，产业定位不明确，产业结构单一，产业运作模式混乱。

（六）人居环境综合整治有待加强

云南为高原山区省份，全省 25 度以上的陡坡地占土地总面积的近 40%，可供建设和耕作的土地资源相对不足。由于水土资源时空分布不均匀，农田水利建设成本高，滇中地区严重缺水，滇东南喀斯特地形众多，全省大部分地区面临水土流失严重和易遭受滑坡、泥石流等自然灾害威胁，并严重限制着乡村农、林、牧、副、渔业的发展。近年来，云南的社会主义新农村建设取得了显著的进展，但乡村房屋规划无序，生产供水困难紧张，厕所改建滞后，畜禽圈舍面积狭小，居住地淤泥清理难，生活区扬尘管控乏力，森林植被覆盖锐减等一系列问题依旧存在，致使乡村自然生态环境质量持续恶化。乡村各类生活垃圾泛滥，缺少垃圾处理设施，“白色”污染比较严重，水环境不断遭到污染，农药、化肥等面源污染问题严重。总的来看，云南乡村道路建设、通信设施、供电可靠性、消防设施、文化公共品、绿化问题比较突出，各项基础设施建设水平需要提高；各地乡土文化传承出现间断的可能性，乡村公共服务人员素质偏低，乡村公共服务水平持续下降。

二、云南美丽乡村建设的八大原则

美丽乡村“是规划科学、布局合理、环境优美的秀美之村；是家家能生产、户户能经营、人人有事干、个个有钱赚的富裕之村；是传承历史、延续文脉、特色鲜明的魅力之村；是功能完善、服务优良、保障坚实的幸福之村；是创新创造、管理民主、体制优越的活力之村。”云南美丽乡村建设是一项体现云南城乡经济发展水平、居民生活水平、公共服务能力和人与自然协调发展的系统工程和惠民工程。云南作为山区和农业大省，美丽乡村蓝图的绘制是美丽云南建设进程的重要前提。坚持因地制宜、自愿互助、民生为本、生态优先、科学规划、量力而行、安全有序和统筹兼顾的建设原则，是推进云南美丽乡村建设的内生动力。

（一）因地制宜原则

云南美丽乡村的建设，必须从云南各地乡村自然环境状况和人口规模的实际出发，根据乡村原有聚落的分布形式和特点，因地质、地形、海拔和气候的不同，制订不同的建设模式和规格，推行一户一策、一组一策和一村一策，积极优化美丽乡村建设格局；紧密结合乡村的区位优势和人文因素进行科学开发和建设，打造“一村建设一个样、两村建设式不同、三村建设千般样、四村建设万家同”的云南美丽乡村。

（二）自愿互助原则

在云南美丽乡村建设的过程中，各地政府部门要坚持维护农民切身利益的主体地位不动摇，在美丽乡村建设专家团队、指导员与户主充分协商的基础上，充分发挥村民的主体建设作用，引导广大村民投工、投劳、投资，自己动手、自力更生、自主建设；云南美丽乡村建设要由政府规划、科学引导、财政扶持、村组组织、村民自愿和邻里互助，必须尊重农民积极建设美丽乡村的意愿，不强行摊派，不搞任务分配，有序推进乡村布局和综合建设，加快美丽乡村建设步伐。

（三）民生为本原则

推进云南美丽乡村建设，要重点保障群众生活水平显著提高。要坚持从实际出发，把解决好百姓最渴望、最迫切和最需求的民生问题置于首位，着力提升乡村基本公共服务水平，切实解决人民群众最关心、最直接和最现实的民生问题；要坚持以改善民生为基础，集中力量改善乡村的基本生产条件，提高人民群众的生活水平。

（四）生态优先原则

云南美丽乡村的建设，要坚持生态优先，环保先行。在制定美丽乡村建设规划的过程中，充分考虑采用有利于保护原始生态环境的最佳建设方案，建立乡村原始生态环境保护责任制；实施山地植树造林和退耕还林还草工程，提高森林植被覆盖率；加强农田环境保护，严禁过度使用农药和化肥；强化乡村饮用水源地保护，建立健全水污染防治应急处理机制；对生活污水和垃圾实行集中有效处理，开展污染整治和环境净化；遵循乡村自然发展规律，切实保护乡村生态环境，围绕乡村生态环境、生态经济、生态文化和生态人居项目建设，大力发展乡村生态文化产业。

（五）科学规划原则

云南美丽乡村的建设，要坚持规划先行，凸显个性设计，科学合理兴建。在建设过程中，要结合各村地理区位、资源禀赋、产业发展和村民实际需要，对村庄进行科学规划，实施差异化指导，坚持个性化塑造；根据每户具体情况，量身设计可供选择的聚落样式，免费提供设计图纸，实行一户一图；以乡村长远发展为着眼点，重点突出乡村聚落、公路交通、文化教育、医疗卫生、用水供应、电能保障、信息网络和生态环境等基础公共设施服务规划，综合考虑乡村人口和环境承载能力。

（六）量力而行原则

云南大部分乡村地区属于山区、半山区和欠发达地区，乡村经济发展基础十分薄弱，乡村居民生活水平较低，各村情况千差万别、全然不同。推进美丽乡村建设，要按照各村的实际情况做好长远规划，根据政府财政投入力度、政策支持程度和村民的财力状况逐年择期改造和完善，坚持科学引导、量力而行、循序渐进；准确把握建设标准，加强乡村综合环境整治，千方百计保护青山绿水，想方设法留住家园乡愁，竭尽全力克服为应付检查而急功冒进，确保美丽乡村建设沿着正确的轨道稳步推进。

（七）安全有序原则

云南美丽乡村的建设，要积极树立安全就是发展、有序就是和谐的意识，适时强化美丽乡村建设过程中的安全意识防范。加强政府领导，落实责任担当，大力开展生产安全宣传活动，推行安全生产制度化和建设改造标准化；实行美丽乡村项目建设安全检验、质量监督，确保整个项目施工安全和建设有序；增强农民科学用药的意识，推广安全科学使用农药技术，整治农药残留超标、环境污染和农田生态破坏现象，确保粮食生产供给和家畜饲养安全；加大乡村自然灾害防治力度，建立健全区域自然灾害预防体系。

（八）统筹兼顾原则

加快云南美丽乡村的建设，各村要深入贯彻落实云南省委、省人民政府关于美丽乡村建设的意见，突出重点、统筹兼顾、协调发展。要结合村情实际，统筹乡村基础保障、改造建设和长效机制的关联互动，以点带面、各个击破、整体提高、有序建设；统筹美丽乡村建设的内容、任务和目标，开展美丽乡村先行示范点建设；统筹美丽乡村建设规划与经济社会发展、生态农业、生态旅游业和生态文化产业之间的衔接，通过项目带动、资源整合、合力推进；统筹完善村规民约的制定与城乡法治建设，在充分发挥村民主人翁建设主体的前提下，坚持用法治引导、规范和保障美丽乡村建设稳步推进，促进乡村人居自然环境的协调发展。

三、云南美丽乡村建设的三大模式

云南美丽乡村的建设，要最能彰显云南的环境优势、体现云南的生态价值、突显云南的民族文化特色；要把建设美丽乡村作为云南强化农业、惠及乡村、富裕农民的重要手段和基础工程；要根据云南乡村的区位优势，推动具有云南高原特色的美丽乡村建设。

（一）低碳生态乡村

云南要积极支持生态资源可持续性发展的低碳生态型乡村建设，一是推进各个乡村积极承担自然生态环境保护的责任，努力完成国家节能、截污、降耗和减排指标的要求；二是调整乡村经济发展结构，提高资源和能源利用效益，摒弃此前乡村先污染后治理、先粗放后集约的发展模式，发展生态农业、生态工业和生态旅游业，积极推动生态文明建设，力争实现经济发展与资源环境保护“双赢”。

2012年，云南省新建农村沼气120 113户，完成率达80.08%；实现农村改灶87 505户，完成率达87.51%，乡村能源建设二氧化碳减排成效显著。与此同时，全省各乡村推广太阳能热水器110 667台，推动大中型沼气工程建设、秸秆优质化能源利用和小型光伏发电等其他可再生能源项目稳步发展。到2012年底，全省农村沼气用户将累计达290多万户，乡村改灶累计达600多万户，太阳能热水器保有量达217万平方米。据估测，云南省2012年农村能源建设年节约标准煤400万吨，二氧化碳减排800多万吨，大约有1000万农民从中受益。2014年10月，云南省新建农村户用沼气池55 688户，完成率112.50%；推广节柴改灶124 027户，完成率82.68%；推广太阳能热水器87 076台，完成率86.21%。全省农村积极推进各项生态工程建设，大力发展清洁能源，引领山区农民走向全新的低碳生活。

昭通市巧家县是一个典型的山区县，山区面积占国土总面积的99.81%，农业人口占总人口的93%。沼气池项目是惠及乡村千家万户的“民心工程”，自20世纪70年代以来，巧家县严格实施沼气池建设审批地点、投资规模、建设期限、质量要求和效益目标，坚持“高起点、高标准、高质量、高效益”的原则，不断加大科技与经费投入，积极探索在海拔1200—2800米的高寒山区建造沼气池，开创大寨镇药峰村、山店村等高海拔地区全年正常产气供应农户生活的先例，高寒山区正常推广使用沼气池达2800余口。2010年，巧家县累计建成沼气池40 409口，完成节柴改灶67 198眼，太阳能项目3600平方米，12个乡村能源村级服务队常年在各乡镇开展后续服务。

2014年，玉溪市新平彝族傣族自治县采取加强领导、明确责任、严管资金、统一招标和物资统购等举措，开展乡村能源项目建设，投入财政资金285万元，积极开展乡村节柴改灶兴建、沼气建设、太阳能热水器安装、病旧沼气池修复、沼气服务网点建设，共完成巩固退耕还林节柴改灶900眼；建成中央预算内投资养殖小区小型沼气池（50立方米）10个，建设标准和质量均达规划要求；安装巩固退耕还林乡村太阳能热水器600台；修复病旧沼气池2500口；建成沼气服务网点1个。全县乡村各类能源项目建设稳步推进，形成森林资源节约和生态环境的保护良好格局，促进了乡村生产生活条件、经济效益、社会效益和生态效益的协调发展。

（二）民族特色乡村

大理白族自治州洱源县茈碧湖镇梨园村是一个有着悠久历史和丰富传统文化的白族聚居村，是云南省级民族文化生态村。梨园村里有树龄500—1000年不等的古梨树近万株，环境优美，风景独特，是全国农业旅游示范点。梨园村南临高原湖泊茈碧湖，东、西、北三面环山，是洱海源头聚落特征明显的白族聚居村寨。村庄依托茈碧湖湿地公园建设，以生态、绿色、环保和休闲建设为特色，对村落进行科学规划，按 3A 级景区标准对村庄环境进行全面改造提升，实施茈碧湖梨园村面源污染控制示范村建设工程，完成鹅卵石和青石板混凝土路面、排水沟、污水处理湿地等建设，并成立乡村旅游协会，加大对村内生态环境保护的监督力度，推进了村庄集浓郁历史文化和优美自然风光为一体的生态旅游业的发展。目前，梨园村建有农家乐 10 户，家庭式旅馆 9 户，其余村民设置摊点，主要出售当地的名优产品和特色小吃；另外，梨园村还大力发展种植业和乳牛养殖业，并成为村民的重要经济收入来源。近年来，洱源县政府投入 100 多万元，完成梨园村旅游开发规划的编制、村内道路改造以及旅游厕所的建设。2010 年，村庄共接待游客 6.5 万人次，旅游接待户纯收入 183 万元。2013 年 1—6 月份，全村共接待旅游者 6 万人次，旅游收入达 80 万元[①]，营造出生态保护与经济发展共赢的良好局面。

泸西县向阳乡沙马村委会山色村是一个彝汉杂居的寨子，它位于向阳乡东北部，距离泸西县城 27 千米，国土面积 3.58 平方千米。全村有 94 户 390 多人，有彝族 69 户 285 人，彝族占全村总人口的 72.7%[②]。向阳乡党委、政府积极协调资金，在山色村实施《山色民族特色旅游示范村建设项目》，对村庄进行“五改一亮一化一池一场地”改造和建设，投资 100 余万元，硬化鲁黑路口至山色村段水泥路，全长 2.5 千米，路基宽 5 米；投资 35 万元对村内现有的坝塘进行淤泥清除、护墙石方支砌、休息凉亭等建设；投资 28.2 万元，对全村 94 户农户安装自来水管网；投资 32 万元按户均补助 0.8 万元的标准进行住房提升改造建设。通过各项基础设施建设，促进了彝族文化的传承、保护和发展，使村内各民族的经济社会得到一定程度的发展，各族人民群众的生产和生活条件得到改善，村寨环境得以美化，群众文体活动逐渐丰富，增进了民族团结。

（三）宜居和谐乡村

2008 年以来，德宏傣族景颇族自治州实施一事一议财政奖补政策，全州各级财政部门筹措和兑现财政奖补资金达 28 185.39 万元，引导并带动群众和社会投资达 38 754.43 万元，直接投入村级公益事业建设，实施项目 1750 个，直接受益群众达 66 余万人。一事一议财政奖补政策为德宏傣族景颇族自治州的美丽乡村建设提供了契机，助力实现公共财政向乡村基础设施建设的覆盖，促使乡村基础设施和面貌得到改善，为农民发展致富创造了良好的时机。从 2013 年开始，德宏傣族景颇族自治州积极推进一事一议财政奖补政策转型升级，以美丽乡村建设为主攻方向，以单个项目建设不低于 100 万元省级资金补助的方式，对交通条件好、民族特色浓郁、旅游资源丰富和产业基础较好的 31 个自

① 赵菊芳：《洱源梨园村景点开发进展顺利》，《大理日报》2013 年 3 月 28 日，第 B3 版。
② 李立章：《如画山村——山色村“美丽家园”建设一瞥》，《红河日报》2015 年 2 月 6 日，第 1 版。

然村进行项目改造和建设，并鼓励各族人民群众和社会各界积极投入人力、财力和物力，有效推进“村庄秀美、环境优美、生活甜美、社会和美”的宜居、宜业、宜游型美丽乡村的建设。

待补镇距会泽县城 38 千米，是会泽的南大门。2009 年，待补镇开始实施整乡推进扶贫开发，围绕建设“现代生态高效农业示范镇、小城镇与新乡村建设‘双轮驱动’的城乡统筹示范区和会泽南部中心城镇”三大目标，以集镇建设为龙头，以美丽乡村建设为突破口，大力夯实基础设施，积极探索农业生产发展方式，全面推进扶贫开发和美丽乡村建设进程。2010 年，待补镇在野马村投入资金 6000 多万元，实施中低产田改造项目，使全村近 3 万亩的烂草海从过去的“跑水、跑土、跑肥”的“三跑”地成为“保水、保土、保肥”的“三保”地，全村的农业生产条件和生态环境得到改善，土地产出率有效提高。同时，野马村通过合理进行土地流转，发展草莓、百合花、大蒜、青花等多种特色作物种植，现代高效农业种植模式逐步建立。尤其是待补坝子里万亩灌区项目的建设，农业发展基础设施得到改善，使糯租、新发、待补和哨牌等 7 个村庄建成面积为 1.1 万亩高产稳产农田[①]，经营向规模化发展，有效促进土地保值升值，扶贫开发、环境综合治理、产业富民与美丽乡村建设得到统筹发展。

四、云南大力推进美丽乡村建设的对策

（一）因地制宜完善规划，合理布局保障建设

根据云南全面建成小康社会和社会主义新乡村建设的总体要求，结合城乡大力推进生态文明建设的战略部署，切实加强领导、科学规划、明确责任，科学编制美丽乡村建设整体规划，做到各地美丽乡村建设有方案、有部署、有举措、有督促和有行动；结合乡村实际，突出个性亮点和区域特色，基于不同村庄自然条件和产业基础的差异性，完善区域生产、生活、服务各板块功能定位，明确垃圾、污水、改厕、绿化、环保等项目建设的具体时间和要求，统筹规划、分类指导、具体施策。

根据云南美丽乡村建设的实施意见，科学决策、合理布局，坚持统一要求与尊重差异相结合；预先统筹、建立机制，坚持集中规划与分步建设相结合；突出重点、讲求协调，坚持改善环境与促进发展相结合。以交通改善、产业发展、环境保护规划为重点，以保障乡村居民住房安全、饮水安全、出行安全为基本要求，优化完善村庄空间布局和建设规划，高起点、高标准、高要求合理布局并建设具有云南高原特色的美

---

① 刘光信：《破茧成蝶的美丽蜕变——待补镇扶贫开发与美丽乡村建设纪实》，《曲靖日报》2015 年 4 月 1 日，第 ZK1 版。

丽乡村。

（二）优化资源综合利用，促进产业结构升级

有效促进乡村土地经营权流转体制改革，科学优化乡村国土资源配置和利用格局，严格保护耕地红线，推进贫瘠土地治理；加强水土流失和石漠化整治，保障基本农田的生产能力，合理开发利用乡村公共自然资源，维护国土生态空间；通过引进废物综合利用技术，加强对乡村养殖业废物、种植业废物、乡村生活垃圾、农业加工业废物的循环利用；倡导建立“资源—农产品—废物—再生资源”的物质循环利用模式，利用科学的方法对农业资源构成要素进行多层次、多用途综合开发和集约利用。

根据乡村区位优势，以科学发展观为指导，按照科学规划布局美、村容整洁环境美、创业增收生活美、乡风文明身心美的目标要求，坚持把美丽乡村建设与产业发展、农民增收和民生改善紧密结合起来，按照宜工则工、宜农则农、宜游则游的原则，全面提升产业结构层次。促进低碳发展布局清晰，深入推进低碳试点，推动乡村产业发展转型和绿色低碳发展，在平坝地区有条件的乡村建立新型产业发展模式，在山区和半山区的乡村大力推广低碳经济，积极发展生态农业、绿色支柱产业和休闲旅游业，优化乡村人居环境，提高乡村人民群众生活品质。

（三）推进人居环境治理，强化公共服务能力

加强基层民主政治建设，优化村组公共事务管理体制和机制，提升村组公共服务能力；加强乡村治安综合治理和维护，推进物质文明、精神文明和生态文明协调发展。保护并利用好乡村土地，严格控制大肆兴修和拆建，加强乡村危房改造力度，提升自然灾害防治水平；加大政府财政投入力度，把农村人居环境改造与建设逐步纳入公共财政覆盖范围；坚持拓宽社会各界参与扶贫开发的途径，调动一切积极力量，努力形成支持乡村人居环境建设的强大合力。

在云南美丽村庄创建的过程中，尊重各乡村人民群众意愿，耐心细致解决广大群众最迫切、最关心和最需要改善的基本生产生活条件。以文明、生态、宜居和现代美丽乡村为目标，加强村组道路硬化、垃圾处理、污水治理、电网改造、水利修建等基础设施建设，加强饮用水源地保护，加大乡村面源污染治理，推广太阳能利用和沼气建设，实施节柴改灶，整治村内坑塘，开展旱厕改造，开展村庄绿化美化；在有条件的村庄深入推进集党员活动、就业社保、卫生计生、教育文体、综合管理、民政事务于一体的乡村社区服务中心建设，健全以公共服务设施为主体和以专项站点为补充的服务网络格局；加快乡村通信、宽带覆盖和信息综合服务平台建设，进一步加大乡村信息点、网上信息

库、网上农副产品等项目的开发力度，促进农业产业信息化和现代化。

（四）弘扬优秀乡土文化，引领乡村文明风尚

云南各族人民在长时期的社会生产生活实践中，不断对自然环境进行适应和改造，并通过宗教信仰、习俗禁忌、民间口传文学等形式，创造出特色鲜明、内容丰富的民族文化，进而遗留下形态各异、内容充实的民族生态文化。加强云南美丽乡村建设，要以中共十八大提出的“把生态文明建设放在突出地位，融入经济建设、政治建设、文化建设、社会建设各方面和全过程，努力建设美丽中国，实现中华民族永续发展”为契机，在少数民族聚居地区大力开展生态文明建设，开展乡风文明提升行动，树立生态平衡和可持续发展的观念，大力传承和弘扬各民族与自然和谐相处的生态道德观和伦理观，将各民族独具特色的生态文化推向更高层次的发展水平。

美丽乡村建设承载云南各族人民群众的美好梦想，生产发展、生活宽裕、乡风文明、村容整洁和管理民主是云南各族人民的共同愿景。推进云南美丽乡村建设，要深刻认识各个乡村经济发展、村容环境、社会风尚、村民素质好和文化建设等方面存在的现实问题和即将面临的挑战，进一步增强乡村广大干部和人民群众加快精神文明建设和生态文明建设的紧迫感和使命感；要紧紧围绕培育和践行社会主义核心价值观，坚持以文化育民、文化惠民、文化乐民和文化富民为导向，积极加强教育引导，扎实推进好家风好家训、村规民约建设，全面提升乡村人民群众的文化素质，树立先进典型示范，深化乡村志愿服务；加强乡村基层文化设施建设，丰富人民群众精神文化生活，鼓励支持乡村文化繁荣发展，定期组织农民文化艺术节、农民运动会或乡村民族文化调研活动，引领乡村社会新风尚，为推动美丽乡村建设提供精神动力。

云南生态文明建设政绩考核机制研究[①]

2009年，云南制定的《七彩云南生态文明建设规划纲要（2009—2020年）》把生态文明建设成效纳入干部考核评价体系之中，要求建立科学的干部考核指标体系，推行政府任期和年度生态文明建设目标责任制；此规划的提出使政府官员逐渐走出“唯GDP论英雄”的时代，生态文明指标成为官员考核的重要评价标准，对于建立以政府为主导，公众、企业等广泛参与的生态文明建设辐射圈意义重大。云南的生态文明政绩考核处于探索阶段，在具体规划和落实中存在机制本身不健全、贯彻实施不彻底、监督管理不合理等问题，本文针对云南生态文明政绩考核存在的问题进行系统研究，并提出树立的理念和坚持的原则以及相应的对策建议。

一、云南生态文明政绩考核机制建设的经验

所谓的政绩考核是一项针对各级政府领导干部的施政行为和绩效完成情况进行考核的重要制度，也成为生态文明制度建设的指挥棒。云南省委、省政府在2009年出台的规划中将生态文明纳入政绩考核之中，这是一项突破性的建议方案，具有先行示范的作用。云南多个市、州积极贯彻落实省党委政府的政策，将生态文明建设纳入干部政绩考核之中。

2010年6月9日，昆明市委、市政府下发《关于加强生态文明建设的实施意见》，提出要将昆明市建设成为生态城市的目标，将生态文明建设指标作为干部任免奖惩的主要依据。将昆明市严格环境分类管理，根据优化开发区、限制开发区、禁止开发区的划分的基础上开展生态文明建设。这一意见要求，今后将从生态经济、生态环境、生态设施、生态文化、生态保障等方面确立生态文明建设指标体系和考核办法，并将其纳入各级党委、政府及领导干部政绩考核，考核结果将作为干部任免奖惩的重要依据。2013年7月15日，时任昆明市市长李文荣在昆明生态文明建设的发布会上明确指出：“在考核发展政绩时，优先考核环保指标。”昆明市近年来力求通过体制机制创新，强力推动生态环境保护和城市建设，2014年出台的《昆明市生态文明建设规划（2014—2020）》等一

① 作者简介：杜香玉，女，河北衡水人，云南大学民族政治研究院助理研究员，研究方向为边疆生态安全与生态治理、中国环境史、西南边疆灾害史及生态文明建设。

系列文件进一步明确了要把生态文明建设作为各级领导干部实际评价和领导班子综合评价考核的重要内容。昆明在“生态文明”考核具体执行上做了具体探索，引入生态文明建设、生态环境质量等多元化考核权重，把生态环境质量与市管领导班子和领导干部考核评价相结合，“党政同责”；各项生态环境指标的具体落实情况、因失职渎职造成重大环境污染和生态破坏事故严重损害生态环境质量问题等作为考核、评价干部政绩的硬指标和选拔任用干部的重要依据。

云南将生态文明纳入政绩考核之中尚处于探索阶段，昆明市作为先行示范地发挥了先导作用，其他市、州也将逐步纳入生态文明政绩考核机制。杨鸿生委员指出，要推动地方政府生态文明建设考核制度创新，把生态文明建设考核结果作为干部任免奖惩、项目审批、财政转移支付、生态补偿资金安排的重要依据，并建立生态环境保护失职渎职行政追责机制，探索实行干部自然资源和生态资产任中和离任审计。就现在云南地方政府的生态文明政绩考核情况看，系统的生态考核指标体系并未建立，但是一部分地方政府已经逐渐改变传统的片面追求 GDP 增长，开始关注生态环境的保护。如迪庆藏族自治州由原来乱砍滥伐森林转向保护森林生态积极发展生态旅游，保护了森林资源免遭毁坏；此外，充分利用当地的地缘优势发展食用菌产业，从原来单一的烤烟业走向多元，使当地群众在不破坏生态的基础上走向了致富道路；这种通过转变经济发展方式，调整产业结构，不仅有效保护了天然林资源，而且使群众致富，可谓是取得了生态保护与经济发展的双赢。梁晓丹委员在调研中发现，云南省的森林生态效益补偿标准偏低，导致部分群众对公益林保护出现了抵触情绪，国有林管护难以为继。一方面，公益林与商品林之间比较效益差距过大，公益林收益不到商品林平均收益的 1/30；另一方面，国家的补偿标准难以维持公益林管护支出。梁晓丹指出的这种情况广泛地出现在云南多个地区，地方政府在生态文明建设中投入大量资金和精力，为此作出很大牺牲，却没有得到相应的补偿。如西双版纳傣族自治州等一些地方政府的职能部门与群众联系最为紧密，笔者在调研中发现，将公益林纳入保险公司，有保险公司承担一笔补偿金额，这种方式可以缓解公众的不满情绪。

在云南地方政府推行生态政绩考核工作，官员责任是极为重大的。到 2014 年底云南的一些地区仍处于贫穷落后状态，贫困人口达 574 万人，片区县 91 个，重点县 73 个，贫困人口数量居全国第二位、片区县和重点县数量居全国第一位，其贫困面之广、贫困人数之多、贫困程度之深成为生态环境保护工作开展的阻碍因素，对于贫穷落后地区的生态政绩考核如何有效落实成为一项难题。“环境要保护，经济要发展”，官员如何处理好两者之间的矛盾，这些地区的生态考核指标体系又该如何制定。十八届五中全会提出的《生态功能区规划》中，云南大部分地区被列入限制开发区和禁止开发区，实现人口转移，限制开发区大力发展生态产业，重点生态功能区和禁止开发区要以保护为主探索新路子；43个县市区被列入重点开发区，以滇中为主体，加快产业聚集和城镇改进；这些地区以扶贫、保护为主，不再以 GDP 为准。此项规划的出台从区域性质上明确云南各个地区的发展导向，对于各地方政府的生态文明政绩考核标准的规定给予政策导向，有利于省委、省政府统一开展生态文明政绩考核工作。

针对云南的边疆民族特性，其工作开展有一定的难度，政绩考核是基于“自上而下”的行政效力实现的，“人”作为行动的主体起决定性作用。因此，在生态文明纳入政绩考核之后，必须以领导干部为引导，基层群众为主导力量，形成“自上而下”的行政区动力和“自下而上”的自主需求力整合开展生态文明建设的长久动力和长效机制。

二、云南生态文明政绩考核中存在的问题

（一）生态文明政绩考核评价体系不健全

云南省委、省政府已将生态文明纳入政绩考核评价体系，但具体的考核主体、考核目标、考核内容、考核标准、考核方式、考核结果等有待完善。

从考核主体来看，对象和范围单一。当前，云南政绩考核的对象仍是以领导干部为主，其范围涵盖各级政府机构，包括各地级市、县（区、县级市）、乡镇，缺乏与社会企事业单位、群众的有效沟通。公众不能有效表达对生态环境的诉求，将不利于民主监督，可能会造成考核结果失真。生态文明建设旨在保障生态环境良好，人民生活幸福，但是政府与人民的脱节，不利于生态文明建设。从考核方式来看，局限于政府部门，缺乏民主性。云南政绩考核的主要方式仍是自上而下，即上级对下级干部进行考核，这种考核方式有很大的弊端：上下级互通一气，考核不公正，难以具体落实责任追究；在一定程度上会导致考核结果不公平现象，并且这种考核方式缺少企业、公众等第三方的参与，不利于民主的进一步实现。从具体的考核内容来看，内容广泛，具体和细化不精确。责任追究制度不完善，云南已将生态环境纳入政绩考核中，但是具体的对象涵盖范围并未明确规定，在实施过程中，很难对生态环境保护、生态恢复、自然资源开发等方面的责任履行情况追究到具体单位、企业和领导干部个人。

从考核目标来看，一方面，整体上只注重结果，忽略过程。在政绩考核中考核目标一般作为领导干部在任期间的政绩成效完成结果，对目标的具体实施过程的关注程度不够。某些传统的领导干部为了完成任务而完成任务，很少综合考虑环境效益、经济效益和社会效益是否统一。另一方面，区域上政绩考核指标设置不合理。云南是“边疆、民

族、山区、贫困”四位一体的地区，地区之间社会经济发展极为不平衡，经济发展方式和产业结构不合理，地区间贫富差距大；地区之间环境状况各不相同，生态破坏的程度不同，因此各个区域发展指标无法统一。如果没有统一的标准参照，由各地区政府依据其实际情况制订相应指标，这必然会出现一些地区为了提高自己的行政能力而降低本区域指标的考核基数而弄虚作假。此外，政府官员对于生态政绩考核一般以短期效益为施政行为的目标。云南作为生态文明的排头兵是基于一个长久的过程而形成的，环境良好、生态修复在生态政绩考核中是作为一个长期效益而存在的。领导干部的任期一般是一到两届，从中很难看出环境保护的效果。政绩和官员提拔挂钩也带来一些问题，如一些官员为追求切身利益，想方设法实现生态环境的短期效果，一方面可能适得其反，给生态环境造成压力，影响人民日常生活；另一方面，使政绩考核的评定困难，生态政绩作为一种隐形政绩，需要长期的过程来实现。

从考核结果来看，未能有效与干部切身利益挂钩。在政绩考核中，结果作为评定官员行政能力和任用官员的标准，但当前在云南大多数地区并未将生态文明作为政绩考核中的考核指标，一方面是由于一些基层领导干部对生态文明认识不清；另一方面是生态文明建设在一定程度上影响官员的切身利益实现。此外，云南拟将实行年度考核制，考核评价结果拟将作为加强领导班子建设、科学评价干部、选拔任用干部及对干部实施奖惩的重要依据；但是在具体实施中，年度考核时间过长，对于了解干部日常进展情况不利，在环境治理方面难以有效分析具体情况，相应对策方案不能及时制定。

（二）上级指导和政策导向力度不够

这种现象主要出现在偏远的边疆民族地区，云南的立体环境和民族众多造就了各个民族之间交流困难，关于某些政策信息的传达和理解有一定的错误。一些乡镇和村寨的领导干部对生态文明建设的内涵等同于环保，认为生态文明建设就是简单的垃圾回收、废水处理等，作为基层生态文明建设的关键人物，在具体实施工作中无法将生态文明的本质传达到百姓之中。

（三）部分领导干部的政绩观存在偏差

追求经济效益是许多领导干部根深蒂固的观念，他们大多认为经济发展越快，人民就越富，生活水平就会提高，不会考虑生态承载力。这种观念仍旧存在于较为偏远的边疆民族地区，由于偏远，社会经济落后，这些地区的生态环境相对于其他地区要好，也正因为如此当地领导干部仍是存在传统的政绩观。

（四）生态文明政绩考核缺乏统一的机构管理

首先，自生态环境保护纳入政绩考核之中，在指标制定、行为监督、结果评定方面仍是林业局、农业局、水利局等部门分别管理，各个部门之间在制定决策以及在进行考核时即是每个部门达到相应指标，彼此之间相互分离，领导干部在生态文明建设工作中相互之间缺乏交流，不利于考核工作有效开展。其次，部门之间的分离会导致各个部门生态文明建设工作的脱节，不利于同一地区生态文明建设。

（五）在生态文明建设中相邻区域政府、领导干部关联性不强

云南省政府先后出台了许多生态文明改革方案和建议，却并不适宜于每个地区，针对地区差异性，云南作为生态文明建设的排头兵必须制订出更好的方案。就现在的情况看，云南与周边地区交流较少，相邻地区政府之间也缺乏有效的沟通和协商，对于生态文明建设规划局限于各自的领域。生态政绩考核的不稳定主要是由于人类的生态环境是作为一个整体存在的，水土流失、水环境污染、生物物种锐减等不仅是云南当地进行生态修复和治理就可以解决的问题，区域限制给领导干部的政绩考核带来困难。此外，跨境地区也是保护生态环境需要重视的问题。

（六）政绩考核指标体系对领导干部的约束力度不够

这种情况主要是由于政绩考核机制建设只是停留在制度层面，生态文明纳入政绩考核是领导干部所面临的一大挑战，但却将领导干部造成的生态破坏行为归入法律层面，相应的法律法规建设尚未制定。在具体实施中主要体现在自然资源资产负债表，对领导干部实行自然资源资产和环境责任离任审计。

（七）环境监督力度不够

生态文明建设主要以政府为主导，领导干部为具体实行者，广大人民群众并未广泛参与其中。环境的直接受益者是群众，直接受害者依旧是群众，但是群众的力量并未有效发挥。生态环境治理的好坏直接影响人民群众，云南在调动群众参与生态文明方面进行了很大努力，但群众的响应并不明显。

（八）生态环境补偿矛盾突出

生态环境补偿是领导干部解决生态案件纠纷的首要问题，也是政绩考核的重要内容。首先，直接的公共补偿和私人补偿方式不合理，一方面，云南边疆民族地区的天然林保

护、退耕还林等工程一直在广大地区实施，但是在一些地区由政府在退耕还林工程中所免费提供给农民的树苗成活率低，这是由于在选择树苗时并未详细考察当地土壤、温度、水分、病虫害等条件，或直接购买廉价树苗；另一方面，基层干部同企业合作，有干部劝解农民出租土地给企业种植利润较大的植被，但是由于企业管理植被不当或意外倒闭造成的损失补偿纠纷，这是当前较为突出的问题。其次，由于矿产资源开发、流域污染等造成的生态破坏问题给当地生态系统和人民生活所带来的困扰，由谁负责。此外，在西双版纳傣族自治州由于一些野生动物，如野象、野猪、野牛等所造成的与人之间的土地纠纷，动物所破坏的庄稼、村舍等，政府所给予的补偿金额太少，造成农民、政府、动物三者之间的矛盾。

三、云南领导干部在生态文明政绩考核中树立的理念

根据十八届三中全会、习近平总书记系列重要讲话关于改革和完善干部考核评价制度、完善发展成果考核评价体系精神，云南省提出了“一个指导意见，五个办法”，印发了《关于加强和改进省管领导班子和领导干部综合考核评价工作的指导意见》和分别针对州市、省直部门、高等学校、省属国有企业领导班子和领导干部、县（市、区）委书记5个综合考核评价办法，引导领导班子和领导干部从思想和行为旨在为人民服务。2015年云南省环保厅（今生态环境厅，下同）、财政厅共同出台了《云南省县域生态环境质量检测评价与考核办法（试行）》，旨在对全省129个县的县域生态环境质量进行统一量化考核，以生态转移支付资金和领导干部政绩考核为抓手，督促基层政府履行生态环境保护责任，促进云南生态环境持续改善。如何充分利用这一办法，调动政绩考核政策的贯彻落实，应坚持“三观一化”理念。

（一）树立“民官共建生态政绩观”

云南的生态文明建设，依赖于广大人民群众。领导干部的施政行为时刻影响着人民的生产生活，在治理和修复生态环境，自然资源的开发、使用和管理，环境保护等方面必须将“人民”作为关键因素考虑到实施方案中。调动广大群众参与到生态保护当中，以政府为主导、领导干部引导、党员带头、群众作为基本力量，将广大群众作为监督和约束领导干部施政行为的标杆。

（二）树立“公平、公正、公开”环境责任观

领导干部在进行环境治理的过程中可能会出现欺上瞒下、造成生态环境的重大破坏

等状况，针对这种情况，政府必须依法追究，领导干部应勇于承担责任。公平、公正的实现依赖于领导干部在处理环境责任时，秉承“谁污染，谁治理”的原则处理生态破坏案件。公开的对象主要是面向社会群体，对于领导干部、企事业单位或个人直接或间接导致的环境破坏公开处理，以防徇私枉法现象出现。

（三）破除传统为政观，树立绿色政绩观

针对云南社会经济较为落后的情况，传统的为政观一直是以经济发展作为领导干部的政绩成果，现在广大领导干部已破除传统观念，将绿色作为各项发展的主导目标。对于领导班子和领导干部必须树立绿色政绩观，杜绝以生态破坏为代价发展经济的现象。云南气候类型多样、生态环境多样、生物物种多样、民族文化多样，独特的自然和人文地理环境吸引了国内外众多人士。这些优越的条件是发展绿色产业的重要基础，也是当地绿色经济发展的关键。如果利用好这些资源进行生态文明建设，有利于领导干部由传统观念向绿色政绩观转变。

（四）坚持政治、经济、文化、社会和生态一体化建设

生态文明建设必须融入政治、经济、文化和社会建设，领导干部的政绩考核标准应以“五位一体”为指导，实现社会经济可持续发展。首先，领导干部必须秉承廉洁奉公原则，严守纪律，遵循法律，树立正确的生态政绩观。其次，领导干部必须坚持生态建设和生态经济同步发展，在生态文明建设中，考虑到人民生存和发展问题，避免两者分化。在开展生态文明建设过程中，必须兼顾环境保护和人民的生活需求，不能只强调生态文明建设，而不讲社会经济发展，也不能只求发展，不考虑生态文明建设。在生态文明建设中对于一些传统村落应该加强道路、水电、卫生等基础设施的投入，避免对民族传统建筑造成破坏；生态旅游的发展是一个难题，对于当地旅游规划中充斥的商业利益对于居民的乡村淳朴意识是一种潜在的威胁，在旅游开发商进驻这些地区时应将开发重点放在村落原始形态和景观的维护上，减少人为开发的商业市场，可从当地民间工艺入手，既可以使当地人民获得收入，又能保护传统村落。此外，旅游开发商为了满足游客需求可能会砍伐当地林木建造住房，也可能建立现代化的酒店，这两种行为都对当地生态和自然和谐造成了破坏，当地政府应制定相应的生态旅游开发规划，保持当地自然和谐之美。再次，针对云南的民族文化多样性，领导干部必须鼓励和支持民族生态文化的传承。在生态文明建设中，弘扬一种民族生态文化是极其有必要的，它可能会使人从精神层面得到升华。生态的保护不能只依赖于一些传统民族文化，它应该升华为一种固有意识扎根于各族人民的行为活动之中。

云南民族文化丰富多样，在其风俗习惯、生产生活中处处流露着敬山敬水的生态意识观念，这是许多民族中人们的普遍意识；但在很多中部或东部等城市，这种观念极为淡薄。政府需要派遣相关民族文化部门及时到各地村寨中实地考察当地传统文化中的生态观念，进行调研并采取有效措施保护传统民族风俗习惯延续，对于有利于生态环境保护的文化进行研究和汇总。在民族村寨设立专门的民族生态文化传承机构，定期邀请村民到此接受民族生态文化教育，使之得以长久继承和发展，并形成一整套独特的民族生态文化观，即人与自然之间是相互依存的，约束和限制人对自然的破坏行为，规范人们的自然道德理念，使人人心中有自然，与自然和谐共生。在此基础上，国家应鼓励和支持民族生态观念的传承，使其成为一种适宜于广大地区的环保意识。

四、云南省政府在生态文明政绩考核中坚持的原则

结合云南生态文明建设的实际情况，必须考虑政府部门和领导干部工作的多重性和交叉性、具体性、复杂性等，将生态文明价值观融入政绩考核之中，形成一套生态文明背景下领导干部责任到个人的考核机制。

（一）系统性原则

系统性是指在原有云南生态文明建设相关机构下，充分考虑各个机构之间工作任务的叠加，形成一套整体的政绩考核体系。云南省相继出台关于领导干部政绩考核的方案，其具体实施的主要人是直面群众的基层领导干部，各项工作纷繁复杂，相互之间联系密切。云南在生态文明政绩考核之下应根据具体的任务组织相关人员共同处理，避免各个部门重复工作，并制定统一的规划，综合考虑各方面职能的体现，进行系统分析，要注意各个机构之间合理搭配，实现系统化处理。

（二）导向性原则

导向性是指针对云南建设生态文明的规划和方案，明确生态文明政绩考核的指标体系建设，以生态文明价值观为基本理念，确立适宜于当地发展的政绩考核指标。十八届五中全会提出的《生态功能区规划》中，生态功能区的明确划分使政绩考核指标不再以GDP 作为衡量全部地区发展的标杆。云南大部分地区被列入限制开发区和禁止开发区，实现人口转移；限制开发区大力发展生态产业，重点生态功能区和禁止开发区要以保护为主探索新路子；43 个县市区被列入重点开发区，以滇中为主体，加快产业聚集和城镇改进；这些地区以扶贫、保护为主，不再以 GDP 为准。云南政绩考核的目标指向由经

济指标为主转向环境指标为主，这一转变对于云南经济发展方式的转变和产业结构的调整意义重大，对于各个地区领导干部的政绩考核更是一大挑战。

（三）可操作性原则

可操作性是指政绩考核指标的设定必须充分考虑其实施可行性，保证结果的客观公正。首先，必须慎重选择最终成果指标，使目标考核具备可比性和目的性；其次，注重考核指标的定性和定量分析，力求生态文明建设下的政绩考核指标具体化和明确化，保证评价结果客观；此外，充分考虑考核指标的可获得性和精炼性，从相关统计部门和职能部门（如环境监测部门）获得指标数据，确保信息来源的可信性，减少主观因素的影响，加强评价的公正性。

（四）简明性原则

简明性是指在满足考核目的的前提下，考核标准依法行事，考核内容以核心指标为准，压缩考核内容，减少考核工作量，保证考核结果准确真实。政绩考核指标既要满足生态文明建设的各方面实施成果，又必须考虑各个地区的生态政绩考核绩效情况。在考核中根据地区性质指标有所侧重，所选指标必须能够反映领导干部政绩优劣，在统计领导干部的工作成果数据时必须选择广大参评对象可理解的进行收集整理。充分强调核心指标，淡化一般指标，鼓励创新指标。

（五）可比性原则

可比性是指在生态文明建设中，政绩考核结果必须在同一地方同一职位领导干部之间进行横向比较，同级同类领导干部在年度完成情况上进行纵向比较，领导干部之间可进行民意调查比较，要根据工作性质制订考核要素，即考核指标的计量时间、空间和方法等必须讲求统一性。考核结果可在同一部门或不同部门之间进行对比，同时考核内容必须符合各个部门之间的实际情况和未来发展趋势，保证指标的相对稳定性。

五、云南生态文明政绩考核对策建议

（一）建立健全政绩考核机制，将生态文明有机纳入政绩考核，构建完善的政绩考核体系

扩大考核对象的范围，将广大人民群众纳入其中。政绩考核随着时代的发展而有所

变化，面对环境的破坏，人民的幸福指数降低。人民与领导干部的施政行为息息相关，领导干部的好坏与当地人民生活幸福与否更是密不可分。政绩考核必须将人民群众纳入其对象之中，政府为人民服务，人民监督领导干部。因此，必须成立公众对生态政绩考核提议和诉求的相关部门和网络平台。

确立考核目标，一方面，树立正确的政绩观。在政绩考核中，必须转变领导干部的传统观念，不是为了完成任务而完成任务。云南应明确主体功能区的划分，一是限制开发的重点生态功能区，实行生态优先的考核标准，不再考核当地的生产总值、工业等指标；二是禁止开发的重点功能区，全面考核当地生态环境、生态修复和自然资源的开发、利用情况；三是对生态脆弱的国家扶贫开发重点区，取消生产总值和工业等指标的考核，重点考核扶贫工作成效。另一方面，建立健全生态政绩考核长效机制。长效机制的实现需要建立短期目标，对于领导干部而言，应该制订在任期间的整体规划，生态环境的治理和修复可以拟订几个短期目标，在一定时间内实现相应目标，作为官员生态政绩考核的标准。不同的任职官员在相同的职位根据上一任官员的治理经验和存在的问题进行分析和总结制订下一个目标，由此建立一套不同目标同一体系的长久机制。

根据当地实际情况科学设置考核指标，建立统一生态文明政绩考核指标设置、行为监督、结果评定一体化机构。十八大以后，生态文明建设逐渐提上日程，并将其纳入政绩考核之中。但是相应的制度并不健全，必须依赖于统一机构的建立与制度相结合。其范围应覆盖中央、省（自治区）、市三级行政机构，其人员不宜过多，主要任务以实地考察和拟订章程为主，进行上级辐射下级分层管理，统筹安排生态文明政绩考核指标评价体系，针对具体情况制订科学的考核指标，对政府官员造成不利于环境保护的行为进行追责和追偿，秉承公平、公正、公开的原则对领导干部进行评定。

首先，“唯 GDP 论英雄”的时代已经过去，“绿色 GDP”成为当前衡量各地发展的重要指标，社会经济发展不再是人们眼中唯一的生存追求，良好的生态环境成为人们眼中的“世外桃源”。针对云南的具体情况，主要以第一产业和第二产业为主，在 GDP 的指标中，经济指标所占比重仍然显著，加剧了当地生态环境的破坏。因此，云南省应依据省内不同地区特色重新调整指标作为衡量各地的发展情况，以整体情况而言，经济效益比重不宜超过生态效益，如较为发达地区与较为落后地区根据当地发展情况适当调整生态和经济效益比重。各级部门依当地具体情况开展工作，将 GDP 作为一种促进当地发展的正能量指标，而不是一种负担。生态效益应占据最大比重，经济和社会效益次之。

其次，在云南地形多样、生态多样、民族多样的基础上，各个地区的环境指标、经济指标和文化指标的设置必须由省级部门进行实地考察和当地政府进行工作汇报，省级政府应设立相应的考核指标调研部门，针对发展状况、环境情况、生态破坏等进行相应调查，根据实际情况省级和当地政府共同制订科学的考核基数，杜绝地区政府弄虚作假现象。

再次，进一步完善考核内容，建立健全责任追究相关法律法规，以法律约束和规范官员的行政行为。一是将更多与生态文明相关的内容纳入政绩考核之中。应将生态环境保护，生态修复，自然资源开发、利用和管理进行有机整合，三者之间存在一定的重合，加快实行环境监督垂直职责管理制度，主要有水环境治理、预防水土流失、土壤污染防治、节能减排、固体废物处理、大气污染防治、生态环境基础设施建设，水资源、林业资源、土地资源、矿产资源等自然资源，针对其职责设立统一的环境监测机构。二是加快实施目标责任制，以“谁污染谁治理，谁管理谁负责”为原则，并且与生态补偿机制有效结合起来，将生态保护、治理和恢复，自然资源开发等双向纳入责任和补偿之中，明确权利和义务，务必使领导干部在行使权力的同时履行相应义务。拓宽考核方式，将企业单位、社会团体、一般群众纳入其中。以自上而下的传统方式为前提，实行上级对下级指导，下级领导干部监督上级领导干部，企业和群众广泛参与，对领导干部的施政行为进行监督，各级领导、社会单位和企业、广大群众时常进行沟通、协商和互动，由“官考官”单一方式向多元考核主体参与发展。

最后，将政绩考核中的环境指标作为提拔官员的重要标杆。生态文明的有效实施主要以政府为主导，领导干部是具体的行为实施者，必须将生态环境治理和修复与官员的切身利益结合起来，以生态好坏作为激励官员重视生态环境保护的标准。此外，在关注结果的同时，必须注重过程，实行月度量化考核制度，即由上级领导根据当地环境情况每月安排相应任务，要求官员每月将工作进展情况和成效写成工作总结提交上级领导。对于完成工作好的官员应给予奖励，工作进展一般的官员应进行督促，工作差的官员进行相应惩戒。由此规范传统的政绩考核奖惩制度，对那些为生态文明建设作出突出贡献的官员加大鼓励和支持力度，对于那些“先污染，后治理”的官员，必须坚持“谁污染，谁治理”的原则，秉承公平准则约束和规范官员破坏环境的行为。

（二）加强对少数民族基层领导干部的教育培训，提升其文化素质和领导能力

在基层领导干部中，首先，开设相应的生态文明理论课程，由政府邀请生态文明方面的相关专家定期授课；其次，由政府定期组织生态文明建设讨论会，上级领导解读生态文明建设方案或规划，各个机构之间交流经验和提出问题，由生态文明相关专家提供相应建议。针对少数民族村寨的基层干部进行定期培训，由上级领导派专门人员讲授生态文明建设相关知识，加深其对生态文明的理解，引起重视。在少数民族村寨做好生态文明宣传工作，实行村民大会、家家户户走访式的学习教育宣传模式。

（三）树立正确的政绩观，规范领导干部的行政行为

政绩观的转变是由重视经济发展转变为注重人民的幸福指数，对于领导干部是一个新的挑战，更是检验其施政行为的准则。一般情况下，人民的幸福指数是建立在良好的生态环境基础之上的，同时使人们的生存和发展得到满足。一方面，必须保障当地居民的生存之需，云南边疆民族地区生活水平落后，政府应在国家扶贫政策的支持下和“引资”方式，将重点放在加强落后地区的生态文明基础设施建设，使人民的基本生活得到保障，提高当地居民的生活水平。另一方面，政府必须兼顾经济发展和环境保护，云南的主体功能区虽已划定，GDP 指标已经不再作为大多数地区政绩考核的标准，但是人民群众的生活依赖于经济和环境。大力发展生态经济是官员的必然选择。

（四）建立领导干部生态文明工作交流和学习的平台，互相汲取经验和发现问题

加强领导干部之间生态文明建设工作的交流和互动，针对领导干部开设生态文明建设教育培训课程，邀请相关专家讲授生态文明理论课程，由上级领导干部向下级领导干部定期进行生态文明指导工作，下级领导干部定期向上级汇报生态文明建设情况和存在的问题，上下级领导干部与相关专家定期进行沟通、协商和互动，立足于不同的立场阐述自己的见解，分享各自的经验，共同探讨存在的问题。

（五）加强邻省、邻国之间区域性和跨国性合作和交流

首先，云南省政府在实施生态文明时，省际交界处是生态文明建设中的尴尬地带，政府之间必须有效沟通制订适宜于当地发展的生态文明方案，在环境追责和监督时政府之间合作管理。其次，云南与缅甸、越南和老挝相接壤，领导干部在边境地区开展生态文明建设时必须注意边境地区的实际情况，在不影响边境民族与邻国民族经济文化往来的基础上可通过边境民族传播我国的生态文明理念，提升我国的国际形象。

（六）加快编制自然资源资产负债表，量化生态环境审计标准

首先，充分把握自然资源的资产性质，编制自然资源资产负债表；应以云南重点生态功能区作为开展林木、水土、矿产等资源负债表编制试点，限制和禁止开发区在其经验基础上相继进行，如滇西南生物物种多样，热带雨林资源丰富，但土地资源紧缺，应尽快编制林木和土地资源资产负债表；滇西北湖泊湿地众多，生态环境较为脆弱，应加紧编制水资源和湿地资产负债表。其次，开展领导干部离任生态环境审计。2013 年 6 月，环境保护部（今生态环境部，下同）研究制定了《国家生态文明建设试点示范区指标（试

行)》，生态文明试点县建设指标共包含生态经济、生态环境、生态人居、生态制度、生态文化等5个系统。四川绵阳市出台的《县市区党政主要负责人离任生态环境审计评估试点指标体系》，对环境生态审计进行量化，其指标体系涵盖生态空间、生态环境、生态经济、生态文化、生态人居和生态制度等6个方面共32项，每项评估指标后附有牵头单位、评估分值和评估标准等内容，形成了完整的评估体系。云南可借鉴绵阳市这一方案，针对当地情况明确领导干部离任生态环境涉及评估指标体系。

（七）走进百姓生活，注重民意调查，以民督官

针对云南各个地区的实际情况，成立专门调查小组，主要负责网络平台与群众互动，定期到企事业单位、社区、学校、乡村走访，通过不同的群体了解广大人民群众对领导干部所实施的具体生态环境保护成效。首先，实行省、市(州)、县三级调查模式，省调查小组主要负责统一规划工作、组织各级调查小组工作人员、开展定期工作汇报等；市(州)调查小组主要负责企事业单位、社区、学校的走访工作，以问卷和访谈形式为主；县调查小组主要负责乡镇、村寨的走访工作，以实地调查和访谈为主，深入基层群众。其次，由各地区调查小组在负责区域定期开展官员实际工作的民意调查投票活动，活动方式以好和差的生态治理案件为主，组织群众以演讲的形式讲解具体案例，与环保企业合作实行一、二、三等和特等奖品形式来感谢群众支持。

（八）建立科学合理的生态环境补偿方式

首先，在与农业生产活动相关的生态环境补偿方面，实施退耕还林过程中，政府应派专门人员进行土壤、水分、温度等勘测，寻找适宜当地种植的树苗免费提供给当地百姓。其次，在政府和企业合作中在农民的土地上出现的损失，双方应同保险公司进行合作，由三方共同承担农民的补偿。

在解决人与野生动物之间的冲突时，政府必须对野象、野猪等野生动物所破坏的土地进行实际补偿(由专门人员到破坏的农田进行详细统计，依据破坏程度、破坏面积等适当补偿)，由于这一工作在实践中多是由自然保护区等职能部门的工作人员完成的，曾出现过政府补偿金额过少而造成农民不满意的情况，因此，政府应与保险公司合作对农民进行补偿，解决土地纠纷。

在处理环境补偿矛盾时，对于当下的生态破坏问题，政府应发挥主导作用，由历史遗留问题所造成的矿产资源枯竭进而导致的生态破坏的生态补偿，应以政府为主导负责治理和修复，中央政府应占大比重，地方政府占小比重。德国在解决这种问题时，中央政府是占据75%和地方政府占据25%共同出资并成立矿山复垦公司负责生态恢复工作，

对于立法后的生态破坏问题则是由开发者负责的。可借鉴这种处理方式解决一些地区的矿产资源导致的生态破坏问题；在水环境保护方面的生态补偿机制，应将公共补偿与私人补偿结合起来，对于流域生态破坏严重（如水土流失）地区组织当地居民迁移，这一方面由政府负责组织管理，由一些企业造成的水污染问题应由企业直接补偿。

云南在生态文明政绩考核之中，其引导主体是政府，具体行政人是领导干部，两者是生态文明建设的带头人，是政绩考核的主要对象。因此，在工作开展中，必须坚持统一的原则和树立统一的观念，避免出现官官相护、同流合污、欺上瞒下的现象。最终实现“自上而下”的牵引力和“自下而上”的需求力，整合上下（政府和群众）之间的合力，共同凝聚生态文明的长久效力，打造幸福和谐社会。

生态文明建设的理论与价值意义①

一、生态文明的内涵

生态文明是在生态危机日益严重、威胁人类文明发展的背景下，对传统文明形态特别是工业文明深刻反思的基础上产生的，是人类文明形态和文明发展理念、道路及模式的重大进步。从广义角度看，生态文明是以人与人、人与自然、人与社会和谐为宗旨，以可持续的生产方式和消费方式为内涵，以尊重和维护自然为前提，最终实现可持续发展。从狭义上看，生态文明是与物质文明、政治文明和精神文明相并列的文明形式之一，着重强调人类在处理与自然关系时所达到的文明程度。建设生态文明，实质上是要建设以资源环境承载力为基础，以自然规律为准则，以可持续发展为目标的资源节约型和环境友好型社会。

将生态文明建设作为以人为本、执政为民的重要内容贯穿到经济、社会、政治与文化各方面与全过程，明确突出生态文明在“五位一体”中的统领地位，坚持不懈地加以推进，是新时期“生态治理”与“文明理政”道路上的战略选择。中国特色社会主义事业总体布局，是我们党根据社会主义现代化建设的实践经验与战略构想作出的总体部署，十八大报告创造性地提出了“五位一体”，大大丰富了“现代化”的理论体系，意味着我国社会主义建设将从局部现代化到实现全面现代化。回顾我国改革开放以来的发展历程，从“以经济建设为中心”到“两手抓，两手都要硬”，从“三个代表”重要思想与“四位一体”提出到“科学发展观”的思想确立，最后发展成为生态文明统领的“五位一体”，这是对中国特色社会主义理论体系的进一步完善与发展，适应了新时期我国改革开放和社会主义现代化建设进入关键时期的客观要求，体现了广大人民群众的根本利益，反映了我们党在执政道路上对社会主义建设规律的新认识。

生态文明是协调人与自然关系的文明，其本质是追求人与自然和谐相处。人类作为地球生态系统的一部分，有义务保持整个系统的物质循环和能量流动的持续稳定。在利用生态系统的服务功能造福人类的同时，我们要注意防止过度消耗造成的资源枯竭、环境恶化。从自然观上，要认识到人是自然的一部分，人的内在价值也只是自然的内在价

---

① 作者简介：潘诗雅，女，黑龙江大庆人，昆明理工大学质量发展研究院硕士研究生。

值的一部分。从价值观上，要摒弃极端的人类中心主义和生物中心主义，强调人与自然和谐相处。从发展观上，发展的强度必须以资源环境承载力为基础。从消费观上，生态文明消费观以适度消费为特征，把人与自然放在同等的地位来思考。

生态文明是以环境资源承载力为基础、以自然规律为准则、以可持续的社会经济政策为手段，以致力于构造一个人与自然和谐发展为目的的文明形式。生态文明是人类为保护和建设美好生态环境而取得的物质成果、精神成果和制度成果的总和，是一种人与自然、人与人、人与社会和谐相处的社会形态，是贯穿于空间布局建设、生态经济建设、生态环境建设、生态文化建设各方面和全过程的系统工程，是物质文明、精神文明与政治文明的基础和支撑。生态文明将自然界作为一个整体，把生态系统作为中心，以各系统相互协调为基础，实现人类、生态环境的可持续发展，最终达到人类社会与自然环境的和谐统一。美丽中国是生态文明建设的目标指向，生态文明建设是建设美丽中国的必由之路。

生态文明是科学发展的内在要求和重要内容。生态文明是党对新形势下社会主义市场经济规律和全面建设小康社会奋斗目标在认识上不断深化的结果，与科学发展观、建设和谐社会理念相一致，指导当代中国特色社会主义伟大实践。生态文明追求人与自然的和谐相处，既是构建社会主义和谐社会的重要基础和保障，也是其重要内涵；同时，生态文明建设也是小康社会的重要内容。生态文明的核心就是“人与自然和谐相处”，这与科学发展观和构建社会主义和谐社会一脉相承，建设生态文明是科学发展观在人与自然关系上的内在要求和具体体现。生态文明理念是科学发展观的延伸、深化与发展，是以科学合理的思维方式处理人与自然的关系，这是落实科学发展观的必然逻辑，也是实践发展的必然阶段。努力践行生态文明观念对落实科学发展观具有重大意义。通过“优化产业结构，转变发展方式，实现绿色发展；促进资源节约，创新消费模式，实现低碳发展；加强政府主导，保护生态环境，实现永续发展；健全生态制度，树立核心价值，实现幸福发展；普及全民参与，促进科学决策，实现民主发展”，贯彻科学发展观，建成生态文明社会，实现中华民族伟大复兴的中国梦。

环境保护是生态文明建设的主阵地和根本措施。环境保护是生态文明建设的主阵地和根本任务，是建设美丽中国的主干线、大舞台和着力点。环保工作取得的任何成效任何突破，都是对推进生态文明、建设美丽中国的积极贡献。

二、生态文明的主要特征

生态文明作为科学、全面、系统的先进思想和战略任务，贵在创新，重在建设，成在持久。我国生态文明理念及建设实践具有鲜明的特征。在价值观念上，强调尊重自然、顺应自然、保护自然。生态文明倡导给自然以平等态度和充分的人文关怀，关注和尊重生态环境的存在及其意义，从“向自然宣战”“征服自然”向“人与自然和谐共处”转变；倡导主动遵循和正确运用自然规律，合理有效地利用自然，禁止对自然无节制地攫取，对资源无序地开发利用；倡导在发展中保护、在保护中发展，给自然留下更多修复空间，给农业留下更多良田，给子孙后代留下天蓝、地绿、水净的美好家园。

在指导方针上，坚持节约优先、保护优先、自然恢复为主。节约优先就是提高资源综合利用率，以最小的资源消耗支撑经济社会发展，促进生产空间集约高效；保护优先就是正确处理发展与保护的关系，把环境承载力作为发展的首要前提，努力不欠新账、多还旧账，促进生活空间宜居适度；自然恢复为主，就是减少人为干预，给生态环境以自我修复、自我更新的时间和空间，让其休养生息，早日恢复和提高生态服务功能，促进生态空间山清水秀。

在实现路径上，着力推进绿色发展、循环发展、低碳发展。生态文明追求经济社会与生态系统之间的良性互动，要求把生态文明建设融入经济建设、政治建设、文化建设、社会建设各方面和全过程，基本形成节约能源资源和保护生态环境的空间格局、产业结构、增长方式、消费模式，走出一条节约资源和保护环境的新道路，全面推进经济社会的绿色繁荣。

在目标追求上，努力建设美丽中国。良好的生态环境是生存之本、发展之基、健康之源。基本的环境质量是政府应当提供的公共服务。我们要坚持节约资源和保护环境的基本国策，更加自觉地珍爱自然，更加积极地保护生态，从源头上扭转生态环境恶化趋势，为人民创造良好的生产生活环境，为全球生态安全做出贡献。

在时间跨度上，这是长期艰巨的建设过程。我国正处于工业化中期阶段，传统工业文明的弊端日益显现。发达国家一二百年间逐步出现的环境问题，在我国快速发展的过程中集中显现，呈现明显的结构型、压缩型、复合型特点。生态文明建设面临的繁重任务和巨大压力，决定了它不会一帆风顺，不可能一蹴而就，需要坚持不懈地努力。既要补上工业文明的课，又要走好生态文明的路。

在建设过程中，生态文明还具有全面性、高效性和持续性。生态文明的出现并不是针对人类而言的，而是针对整个地球生态系统的发展而言的，包括经济、文化、社会、政治的各个方面。它强调在各行业、部门间建立起协调、共生的网络化系统，使物质、能源、信息在整个系统中得到循环利用，提高资源的利用效率。生态文明以生态系统为中心，以自然、社会、经济复合系统为对象，以各个系统相互协调共生为基础，以生态系统承载力为依据，以人类持续发展为总目标。

三、生态文明建设的任务

中国特色生态文明建设体系主要包括绿色、低碳、循环的生态经济体系，清洁、安全、稳定的生态环境体系，优美、舒适、宜居的生态人居体系，和谐、文明、多元的生态文化体系，高效、民主、完善的生态制度体系。生态文明建设是一项长期的、复杂的、系统的工程，涉及经济、环境、人居、文化、制度等多个方面，需要全社会的共同参与。它要求人类在实践过程中既要改变思维方式，也要改变行为方式；既要改变生产方式，也要改变生活方式；既要改变道德和观念，也要改变法律和制度。生态文化是建设生态文明的前提，强调在尊重自然的前提下利用和保护自然，给生态环境以平等态度和人文关怀；增强生态文明意识，在全社会牢固树立生态制度，是生态文明建设的保障，要结合制度创新，把环境公平与正义贯穿到经济社会决策和管理的各个方面。生态经济是建设生态文明的根本途径，要以发展绿色、循环和低碳经济实现经济的生态化，同时以建立体现自然资源和生态环境价值的市场机制实现生态的经济化，从根本上解决经济发展与资源环境的矛盾。生态人居是建设生态文明的关键，要从衣、食、住、行各个方面改造生活方式、消费模式，体现人与自然的和谐共生。生态环境是生态文明建设的内在要求和立足点，只有创造良好的生态环境，才能真正实现经济社会的全面协调可持续发展。

建设生态文明的重点工作主要包括：第一，加快转变经济发展方式，大力发展绿色经济、循环经济和低碳技术，培育壮大节能环保产业，形成节约资源和保护环境的空间格局、产业结构、生产方式、生活方式。第二，更加注重保障和改善民生，着力解决损害群众健康的突出环境问题，切实加强农村环境综合整治，实现城乡生态环境基本公共服务均等化，加强生态保护和防灾减灾体系建设，构建生态安全屏障。第三，深化节能减排，加大水、大气、土壤等污染治理力度，强化核与辐射监管能力，明显改善环境质量。第四，建立健全制度和激励约束机制，构建有利于建设生态文明的政策法规和体制机制。第五，加强宣传教育，在全社会树立和弘扬生态文明理念。

推进生态文明建设，我们需要切实把握好以下几个重大问题。一是积极探索在发展中保护、在保护中发展的环境保护新道路。二是形成节约资源和保护环境的空间结构、产业结构、生产方式、生活方式，推进环境保护与经济发展的协调融合，要按照人口资源环境相均衡、经济社会生态效益相统一的原则，控制开发强度，调整空间结构，促进生产空间集约高效、生活空间宜居适度、生态空间山清水秀。三是着力解决影响科学发展和损害群众健康突出环境问题。环境保护既要为科学发展固本强基，又要为人民健康增添保障。四是加快建立生态文明制度。五是统筹国际国内两个大局，在积极主动参与国际环发领域的合作与治理的同时，在国内根据新形势新任务的需要及时出台加强环境保护的战略举措。

四、生态文明建设的理论基础

（一）可持续发展理论

可持续发展战略是人类为了摆脱“生态危机”而作出的共同的、必然的选择。其核心是实现经济、资源和生态环境的协调一致发展，让人类子孙后代能够享有充分的资源和良好的自然环境，是一个长期的战略目标，需要人类世世代代的共同奋斗。它具有发展性、可持续性、共同性和公平性四个特性。

（1）发展性。发展不仅是可持续发展的核心，而且是可持续发展最基本的特征。发展不再是经济的增长，它要求在合理人口的数量和不超过资源、环境合理容量的前提下，实现经济、社会的发展。发展是人类社会的发展，它是人类共同的利益追求，世界上任何国家或地区的人都应该享有平等发展权，只有发展才能解决贫困和生态危机等问题，才能使人类社会进步。

（2）可持续性。人类想要谋求发展，不能以牺牲子孙后代的发展空间为代价。可持续就是要不仅实现当代人的自身发展，而且要满足未来后代人的发展。可持续发展不能以今天的利益换取明天的利益，要在发展的过程中，使生态环境和资源得以持续利用，确保人、社会与自然的整体协调发展，不断改善发展质量，使人类实现延续发展。

（3）共同性。人类共同生活在同一个地球上，任何人或国家都不能孤立于世界而实现发展，人类在发展的同时也面临着共同的危机和困难。因此，要想实现可持续发展，就必须使各个国家共同行动，寻求合作，逐步消除不利于国家地区间发展的不协调因子，使区域发展趋于协调，这样才能避免人类陷入生存危机，使人类得到共同进步和发展。

（4）公平性。可持续发展的公平性就是要协调好发达地区和非发达地区的发展，使地区利益服从国家利益，个体利益服从整体利益。人类的发展不能以损害另一部分人的发展为代价，既要保证代内公平和又要保证代际公平。

可持续发展理论强调的是社会、经济、环境的协调发展，追求人与自然、人与人之间的和谐。可持续发展作为生态文明提出的大背景，丰富了生态文明的内涵，能够促进社会—经济—自然复合生态系统的良性循环。同时，生态文明是实现可持续发展的必然途径。人类要想实现可持续发展，就必须进行生态文明建设。可持续发展战略作为我国的重要发展战略之一，对生态文明建设有着良好的指导性作用。

（二）人地关系协调论

人地关系论是人文地理学的理论基础和主要研究内容，主要探究人类活动与地理环境之间的相互关系。“人”是指人类，包括个体的人和人类社会群体，“地”是指地理环境。这里的地理环境被认为是由自然和人文要素按照一定的规律相互交织、紧密结合而成的地理环境整体，即自然环境和社会环境。

人地关系协调的内涵可以简单概括为：自然内部之间、人与自然之间、人与人之间的平衡与协调。人地关系论、协调论是人类对自身生产、发展与环境关系的认识上的巨大进步。它揭示了人地之间对立统一、互为因果的复杂关系，一方面自然环境和社会环境为人类生存发展提供物质基础，人类要想取得进步，就离不开自然和社会环境给人类提供的条件，它决定着人类社会活动的质量和深度；另一方面，人类活动又无时不影响着地理环境，人类对自然的认识、利用、改造、保护能力将关系着人地关系是否合理、协调。

吴传钧院士曾强调指出，协调人地关系的目的就是要实现可持续发展。因此，人地关系理论是生态文明建设的理论基础。生态文明是一种致力于人地关系和谐的文明形态，生态文明建设是人地关系协调论的实践，实现人地关系和谐是生态文明建设的理论诠释。生态文明建设有人地关系论为指导，可以更加有序合理地进行。

（三）复合生态系统论

近年来，随着人类对资源的开发和对生态破坏的程度不断加大，生态的概念迅速普及，使人们更加注重生态保护，生态文明观的传播也加深了人们对生态的认识，生态知识的科学化对生态文明建设有着良好的诱导作用，使生态文明理念更加深入人心。我国生态学家马世骏、王如松在总结生态控制论的基础上，提出了社会—经济—自然复合生态系统理论。“社会—经济—自然复合生态系统理论”是指以人为主体的社会、经济系统和自然生态系统在特定区域内通过协同作用而形成的复合系统，即以人的行为为主导、自然环境为依托、资源流动为命脉、社会体制为经络，人与自然相互依存、共生的复合体系。在这个大系统中，经济是社会的物质基础，社会就是在物质基础上产生的上层建筑，而自然又是一切经济和社会的基础，同时还是复合生态系统的基础。

该系统是一种特殊的人工生态系统，人类是社会—经济—自然复合生态系统的中心，对该系统的形成、演化、发展有着推动性作用。一方面人类以其创造的科学技术手段，改造和利用自然，使人类生活和文明不断演进；另一方面，人类也是自然不断发展的产物，人类的能动作用要受到自然的约束和调节，即受动性，不能肆意发挥其能动性。

在工业文明时期，人类通过利用先进的技术和工具，大肆开发利用自然资源，在这个过程中也产生了大量污染和废物。使资源日益短缺，生态环境遭到严重破坏，并引起全球性的生态危机，由此威胁人类的生存和发展，这就是忽视人类受动性而产生的结果。面对这一系列后果，要想获得生存和持续发展，人类就必须走可持续发展的道路，发挥人的主观能动性，去协调社会、经济与生态环境之间的关系。

复合生态系统可持续发展要求人类对自然界的改造、创造和协调的关系有正确的认识，用正确的价值观念来规范自己的行为，与自然和谐发展。人类通过进行生态文明建设来实现可持续发展，生态文明具有建设性的人类生存和发展的意识，它跨越了自然地理区域和社会文化模式，保证了人类自身和“自然—社会—经济”复合系统的协调发展。

（四）生态经济学理论

生态经济学是一门研究和解决生态经济问题、探究生态经济系统运行规律的经济科学，旨在实现经济生态化、生态经济化和生态系统与经济系统之间的协调发展。生态系统是经济系统的基础，经济系统在生态的基础上产生，人是经济系统的中心，发挥着重要作用。生态系统和经济系统两者相互交织融合在一起形成了生态经济关系，两者的制约与依存决定着生态经济系统的运行和前进方向，若两者相适应，生态经济系统就达到平衡的状态，若两者相冲突，生态经济系统就呈现出失衡的状态。人如果能在经济活动中发挥一定的积极作用，把握科学适当的力度，就可以保持生态经济系统协调运行。

生态经济学运用自然生态规律和社会经济规律来实现经济和自然的协调。该理论把伦理学和可持续发展的目标作为经济、生态发展的最高目标，认为应该建立可持续的经济发展模式，实现经济效益与生态效益的统一。因此，生态经济学是关于可持续发展研究与评估的科学，生态经济学是可持续发展研究的理论基础，可持续发展是生态经济学的中心内容。

五、生态文明建设评价指标体系

在生态文明建设中，将自然、人口、经济、政治、文化、社会、生态环境等容纳到同一个体系中，这六大要素是一个有机整体，在客观科学地对生态文明建设现状进行评估以后，才能够找到生态文明建设的切入点和重点，那么构建一套健全的生态文明评价指标体系，就成了推进国家生态文明建设的支点。从学者们目前在生态文明建设方面的研究现状来看，不少学者都设计和提出了生态文明评价指标体系，且得出了丰富的生态文明相关研究成果，这些研究成果为本文针对云南省生态文明建设水平评价的研究奠定了理论基础。

（一）政府层面的研究探索

在党的十七大报告中，多个部委重点强调了生态文明建设对于我国未来可持续发展的重要性，并提出了关于推进我国各城市生态文明建设的指导意见。水利部在 2013 年 1 月提出了《关于加快推进水生态文明建设工作的意见》，强调未来应当合理分配国内的水资源，推进国内水环境的健康发展；国家林业局（今国家林业和草原局，下同）在 2013 年 9 月推出了《推进生态文明建设规划纲要（2013—2020 年）》，在该规划纲要中，重点强调收入和林业生态环境的健康可持续发展；各部委构建的指标体系各有侧重点。国家发展和改革委员会、水利部等六部委在 2013 年 12 月联合颁布了《国家生态文明先行示范区建设方案》，在该方案中指出，要想构建云南省生态文明评价指标体系，就有必要从云南省的生态文明建设不同发展阶段出发，探讨不同资源所产生的主体功能，并且从不同资源角度出发来收集评价指标。国家发展和改革委员会、中央组织部、国家统计局等在 2016 年 12 月颁布了《绿色发展指标体系》和《生态文明建设考核目标体系》，这两套文件的贯彻落实，为我国其他省市构建生态文明建设评价考核指标体系奠定了基础。

其中，《绿色发展指标体系》总计收集了 56 个具体指标，这些具体指标涉及环境治理、增长质量、资源利用、绿色生活、生态保护、公众满意度等各个方面，由国家发展和改革委员会和国家统计局等多个部委联合评价。在“十三五”期间，我国各地区选择采用综合指数法来测算绿色发展指标，评价指标体系中共容纳了六个分类指数，分别是生态保护指数、环境治理指数、增长质量指数、资源利用指数、绿色生活指数、绿色发展指数。绿色发展指数由除“公众满意程度”之外的 55 个指标个体指数加权平均计算而成。这里所提到的公众满意度这一指标具有较强的主观性，主要调查社会公众对目前国内的生态环境的满意度，在绿色发展指标体系中，会单独评估社会公众的满意度这一指标，随后根据其单独评估的结果，纳入到生态文明建设的考核指标体系中。

《生态文明建设考核目标体系》则主要包含年度评价结果、生态环境事件、资源利用、生态环境保护、工作满意度这五个方面，共计 23 个指标，它是基于《绿色发展指标体系》进行核算打分的，特色在于增加了生态环境事件这一项扣分项。

我国在提出了《绿色发展指标体系》和《生态文明建设考核目标体系》这两套指标体系以后，为我国各大省市构建生态文明建设评价指标体系提供了参考。其设置的指标较为全面，绝大部分指标均为数据可获取的指标，仅有公众满意程度为主观调查指标，指标的设置和可操作性得到了保证。

（二）学者的评价实践

学术界提出的生态文明评价指标体系的约束力虽然不如各部委所提出的考评体系，但是学术界所提出的评价指标体系在社会各界所产生的影响力却更深。本文在研究云南省生态文明建设水平评价体系时，归纳和总结了学术界所提出的各类生态文明评价指标体系，将有更为重要的参考价值。

目前不少学者都从国家层的角度出发来探讨了生态文明评价指标体系，也有不少学者研究了省域生态文明评价指标体系。2012 年，吴明红在研究省级生态文明评价指标体系时，主要涉及四方面的内容，分别是环境质量、协调程度、生态活力、社会发展。2013 年，成金华、陈军在探讨生态文明发展水平时，主要从实施效果和制度执行这两个层面出发来构建了评价指标体系，在该评价指标体系中共涉及了 45 个具体指标。杨开忠教授认为在评估一个国家或一个省的生态文明指数时，可以在评估指标体系中纳入生态效率这一指标，2014 年，杨教授又修正了生态文明指数，认为在评估社会环境的空气质量时，应当重点评估环境质量指数，这是基于生态效率指数的基础上所提出的评价指标。2014 年严格从上述四个角度出发，构建了关于生态文明的评价指标体系，但是他所提出的评价指标体系中，改变了原有以经济发展为协调的评价指标，以对社会和自然的真实协调为基础，进行总体协调评价。2014 年国务院发展研究课题组在构建生态文明评价指标体系时，主要包含了 36 个具体指标，这些指标分别属于生态承载、生态制度、生态环境、生态社会、生态经济等五个方面，对生态文明建设的综合水平，都将会带来较大影响。2015 年李悦认为在省域生态文明评价指标体系中，应当纳入环境保护、生态文明制度、资源节约和国土空间格局优化这四个层面的指标，这四个层面，同时也是我国生态文明建设的主要任务。2015 年，刘伦、尤喆等在构建中部地区的生态文明评价指标体系时，其评价指标主要是从生态和谐、经济发展、环境友好和资源节约这四个层面选择的。2016 年，林涛在对福建省的生态文明建设水平进行实证分析时，收集的评估指标主要包括保障系统、经济发展、社会发展和环境保护等方面的内容。2016 年，王然提出应当将红线指标也纳入到省域生态文明评价指标体系中，他在收集了一系列指标以后，开始针对我国的省域生态文明建设现状进行实证分析，并据此提出了提高我国各省市生态文明建设水平的方案。

我国还有不少学者从不同省域生态文明建设的实际情况出发构建了生态文明评价指标体系。2013 年，张欢、成金华在研究湖北省的生态文明建设现状时，主要是从社会稳步发展、生态环境、资源条件、经济效率这四个角度出发来进行评估的，并且从这四个方面出发收集了评价指标，构建了关于湖北省的生态文明评价指标体系。2014 年，施生旭、郑逸芳在构建福建省的生态文明建设可持续发展评价体系时，为了综合性地评估福建省的生态文明建设水平，在选择评价指标时，主要从福建省的和谐建设、责任建设、低碳建设、文化建设和循环建设这五个角度出发，构建了生态文明建设评价指标体系，在该指标体系中共包含社会民生、生态红线、资源利用、空间格局、制度机制、生态保护、历史文化和产业结构等方面的内容。北京国际城市发展研究院在研究我国各省市的生态文明发展现状时，构建了生态文明评价指标体系，并契合了我国创新驱动发展战略，利用该指标体系对我国 30 多个省市的生态文明发展现状进行评估。2016 年，王然将全国 31 个省区市划分了三大类，并分别对其构建了差异化的指标体系和测算。

越来越多的学者开始深入而系统地研究生态文明评价指标体系，这些学者开始将城市和县作为研究对象进行生态文明建设成果的评估。2007 年，关琰珠、郑建华等构建的厦门市生态文明评价指标体系，主要包含 32 个具体指标，这 32 个具体指标分别来自社会保障、资源节约、生态安全和环境友好这四个层面。2013 年，秦伟山、张义丰等认为生态文明评价指标不仅仅和资源、经济、环境以及民生有关，同时国家的制度机制、历史文化、生态人居等也会对生态城市的生态文明建设水平带来较大影响。2014 年，刘举科、曾伟平等在构建城市生态文明评价指标体系时，该指标体系中的内容主要涉及社会、环境以及经济等三个层面的内容。2014 年，杜勇在构建资源型城市的生态文明评价指标体系时，其主要涉及的内容分为民生改善、资源保障、经济发展和环境保护。2015 年，张欢、成金华等在构建大中型城市生态文明评价指标体系时，该指标体系中的指标主要包含四方面内容，分别是生活宜居度、生态环境健康度、面源污染治理效率、资源环境消耗度。同年李悦在构建大中型城市的生态文明评价指标体系时，主要从城市的生产空间、制度机制、生活空间和生态空间等四个层面出发选择了评价指标。

目前学术界在研究生态文明评价指标体系方面，还很少有学者从县域和特定区域的角度出发，对当地的生态文明建设水平加以评估。2012 年，周命义在构建森林生态文明城市评价指标体系时，主要选择了社会文化、林业经济发展、生态环境保护这三个方面的评价指标，该评价指标体系专门针对森林城市进行评估，具备较强的针对性。2013 年，成金华、陈军等在研究矿区生态文明评价指标体系时，除了学习周命义教授所提出的三个评价指标以外，还从资源利用、社会发展、绿色保障、生态经济、环境保护这五个层面出发选择了评价指标，力求更加全面地评估矿区生态文明建设现状。2014 年，赵好战在针对石家庄市的县域进行生态文明建设水平的评估时，就主要从生态活力、协调程度、社会活力和经济活力这四个角度出发来构建了评价指标体系。2015 年，徐娟、方燕认为大中型城市和县域城市的生态文明建设存在较大差异性，那么地方政府就应当针对县域城市构建生态文明评价指标体系。

六、云南生态文明建设的必要性

（一）响应国家号召，确保永续发展

党中央高瞻远瞩地提出了“建设生态文明”的战略方针，这是我们党创造性地回答经济发展与资源环境关系问题所取得的最新理论成果，为统筹人与自然和谐发展指明了前进方向。生态文明建设对解决云南省现在面临的矛盾，包括环境破坏、生态受损、经济发展的资源代价过高等问题，促进社会的繁荣发展与和谐稳定，具有重要的意义。过去十几年，云南省的经济社会发展取得了很大的成就，有必要响应党中央、国务院提倡的“建设生态文明”的号召，结合自身的发展实际，启动云南省生态文明建设规划。只有积极建设生态文明，用生态文明的思想指导云南省经济建设、文化建设、政治建设和社会建设，合理利用资源，提高全民生态文明意识，摒弃“先污染后治理”的工农业生产模式，提高资源利用效率，才能保护环境，保持经济稳定发展和生态环境健康协调，达到资源和环境的永续利用。

（二）理顺建设思路，明确目标方向

大力发展生产力的思路创造了我国经济社会发展的辉煌成就，改革开放 30 年，不仅解决了温饱问题，而且初步实现了小康。然而，由于利益驱动、政绩考核等各种复杂因素的影响，出现了“唯 GDP”的倾向，这种倾向将会导致发展与生态环境之间出现不可调和的矛盾。科学发展观的基本内涵是全面、协调和永续发展，强调社会经济的发展必须与自然生态的保护相协调，在社会经济的发展中实现人与自然之间的和谐。贯彻落实科学发展观，首先必须处理好经济发展和社会发展的关系，在发展过程中坚持环保优先、生态优先的发展理念。生态文明是科学发展观的重要内涵，是践行科学发展观的要义，是建设和谐社会的基础和保障。保护生态环境处于永续利用的平衡状态，是生态文明建设的最终落脚点。云南省经济得到快速发展，人民群众生活也得到了极大的提高。但云南省之前的产业发展模式较为粗放，如果仍坚持以前的发展模式，边开发边保护，会导致生态环境功能受到影响，难以实现永续发展。生态文明建设规划将为云南省理顺发展思路，明确发展的目标和方向，对产业调整、升级等方面有积极的指导作用，同时对社会与经济的和谐发展具有重要的推动作用，有利于云南省践行科学发展观，促进良性发展。

（三）落实生态红线，完善保障体系

云南主体功能区的划分主要考虑了自然生态状况、水土资源承载能力、区位特征、环境容量、现有开发密度、经济结构特征、人口集聚状况等多种因素。生态红线是指为维护国家或区域生态安全和永续发展，根据生态系统完整性和连通性的保护需求，划定的需实施特殊保护的区域。生态红线共分为三类，其中最常见的一个是重要生态功能区的保护红线，它指的是水源涵养区，以保持水土、防风固沙、调蓄洪水等。云南省的发展需要安全健康的生态环境，这是一条经济社会的生态保护安全线，是云南省生态安全的底线，能够从根本上解决云南省在经济发展过程中资源开发与生态保护之间的矛盾。生态文明建设有利于规范区域发展的产业结构与布局，加强资源节约、环境友好型社会的建设，正确处理生态环境保护与经济发展的关系，实现绿色、低碳、循环发展。摸清云南省生态环境现状，分析生态环境特征，划定生态保护红线，构建基本生态控制屏障，提出生态保护措施，有助于打造优美环境，全面发挥生态、环境、区位优势，提升云南省的永续发展能力。

（四）提高幸福指数，促进和谐共荣

将云南建设成为“绿色云南、低碳云南、七彩云南、宜居云南、人文云南与幸福云南”是云南省生态文明建设的终极目标。改革开放 40 多年，云南省的国民经济和社会发展得到极大进步。随着居民收入和生活水平的不断提高，广大人民群众不满足于“有吃、有穿、有房”，而对生活质量，特别是环境质量、健康水平、保障体系和文化休闲等提出了更高的要求。云南省生态环境近年来已经得到了初步改善，但与居民的要求仍存一定差距。因此，应当全面提高生态文明水平，把云南省建设成国内环境优美、幸福、宜居、宜业、宜游的地区，提升云南省人民群众的生态文明意识水平，形成一个有秩序、有活力、有文化和有保障的文明和谐社会，达到人与自然和谐相处的目标，切实提高人民群众的生态文明幸福感，这是云南省广大人民群众的现实需求。

（五）加强监管力度，深化体制改革

生态文明建设需要建立完善的政府监管机制，高效廉洁的政府监管机制是生态文明建设的重要保障。云南省政府在“十二五”期间在政府监管制度和执政能力上得到了长足的进步，取得了显著的成绩。但生态文明建设要求党和政府增强把握自然与社会发展规律和执政规律的能力；要求党和政府增强应对处理执政难题与社会矛盾的能力；要求党和政府增强凝聚民心和引领社会发展的能力。云南省政府应从多方面提升自身的执政能力，大力健全政府监管机制，进一步提高政府工作效率和廉洁度，并对现有制度进行全面梳理和完善，牢固树立刚性化的制度执行理念，形成落实制度的浓厚氛围；要科学制定各项规划，使规划更加实用、合理、具有可操作性；建立岗位责任制，做到权责明确、权责对等，加大党风廉政建设宣传教育力度，不断适应生态文明建设的需要。生态文明建设有利于提高党和政府在人民群众中的公信力，能显著提高云南省政府管理部门的综合执行力和管理水平，实现执政为民、建设廉洁高效政府的目标。

第二编

保护·修复

关于稻作民族的自然生态观和自然生态保护调查——解读滇东南骆越族群的稻作文明史与生态文明的传承[①]

生态文明是当今中国及世界最重要的建设目标，稻作民族的传统生态观与自觉保护自然生态的行为，对云南省生态文明排头兵建设具有启发和促进作用，同时也可弘扬民族优秀文化。

一、滇东南六诏山脉骆越鸟部落族群后裔的历史文化调查

（一）六诏山脉孕育了人类文明

滇东南六诏山脉，为云南省文山壮族苗族自治州境内的主要山脉，贯穿滇东南文山壮族苗族自治州境31 456平方千米的喀斯特地貌。文山壮族苗族自治州这块古老的土地，以六诏山脉为主，和相邻山脉岩峰林立。文山市海拔 2991.2 米的滇东南第一高峰薄竹山，以及丘北县境海拔 2501.8 米的羊雄山、广南县境海拔 2035 米的大麦地山，还有马关、西畴、麻栗坡、富宁县境内众多海拔 1900 米的山峰，形成了独具特色的地理地貌景观。在山峰下的幽谷间，林海浩瀚，古木森森密布，地质历史上第三纪、第四纪遗留下的“活化石”——华盖木，历经数百万年，还在林间枝叶茂盛。随着大小山脉向东南延伸，形成的南盘江、依人河（盘龙河）、西洋江、南利河、驮娘江、南温河等大小河流，是孕育了人类文明，是养育着骆越族群的河流。在漫长的历史长河中，骆越族群后裔，靠河流种植水稻维系繁衍，并艰难地迈进 21 世纪。

人类及其社会生态系统的发生发展与河流相互依存，骆越族群与六诏山脉间的河流密不可分。在依人河畔的马关三车仙人洞，出土了 5 个古猿牙齿化石，“这种大型人猿类现在都归属人科，是云南更新世地层中首次发现的古猿化石”[②]。三车、元谋人科的古猿化石，证明古猿生活年代约为 170 万年前，截至 2017 年，是已知的中国境内旧石器时代最早的古人类。在依人河另一源头的西畴县城仙人洞内，1972—1973 年，中国科学院

---

① 作者简介：王明富，男，云南省文山壮族苗族自治州民族宗教事务委员会退休干部，现任文山壮族苗族自治州民间文艺家协会主席。

② 云南省文物考古研究所：《云南省边境地区文山州和红河州考古调查报告》，昆明：云南科技出版社，2008 年，第 14 页。

古脊椎动物与古人类研究所和云南省博物馆的考古专家，先后两次在该洞清理发掘出 5 枚人牙化石，经鉴定，人牙化石属晚期智人牙齿，定名为 5 万—10 万年前的“西畴人”。

考古专家在六诏山脉的许多旧石器时代地点及遗址，如“西畴人”遗址、丘北黑箐龙洞、马关九龙口仙人洞等处，发掘出土许多旧石器时代古人使用过的石器及相关文物。在六诏山脉发掘出土的新石器遗址及其文物，分布在整个六诏山脉。如文山县遗址、砚山县遗址、丘北县遗址、西畴县遗址、马关县遗址、广南县遗址、富宁县遗址、麻栗坡县遗址。通过考古专家论证，在六诏山脉出土的新石器，都是史前骆越先民使用过的双肩石器。由此证明，滇东南六诏山脉地区，曾经是骆越族群先民生息繁衍的摇篮。六诏山脉的南盘江、依人河（盘龙河）、西洋江、南利河、驮娘江、南温河，与人类文明息息相关，是人类文明的源泉和发祥地。

（二）骆越鸟部落族群后裔壮族“濮侬”支系的调查

到 20 世纪末，考古界在六诏山脉地区发现许多史前岩画。“根据云南省文山壮族苗族自治州文化局组织省、州、县文博专业人员对全州岩画进行调查结果，文山全州在砚山县、麻栗坡县、广南县、西畴县、丘北县 5 个县发现 11 个岩画点，计有图形约 1700 个。这些岩画，时代最早的为新石器时代，时代最晚的为晚期铁器时代岩画。”[①]凡是有岩画的地区，都有新石器时代的双肩石器出土，可以说明，在六诏山脉发现的岩画，是使用双肩石器的古越人所绘的。

每个民族的历史文化，靠古籍记录世代传承。为了追溯骆越族群后裔问题，进入 21 世纪，笔者在 2011—2016 年，对六诏山脉古越人后裔，即壮族的摩教古籍进行普查。在六诏山脉的文山壮族苗族自治州八县（市），笔者曾经分批培训 300 余名壮族古籍普查员，按每位普查员普查 10 个村，曾经深入全州 3660 多个壮族村开展普查工作。通过普查，基本了解骆越族群后裔有口碑古籍和文献古籍传承人 2076 人，传承收藏文献古籍 2260 多本，古籍画谱 546 幅。经过破译、筛选，已经整理编辑出版《云南文山壮族古籍典藏》十卷三千余页。在开展古籍普查、翻译、整理、出版过程中，笔者对文山壮族苗族自治州 108 万壮族的历史文化、族源等，进行整理、研究。

通过多年的研究，发现六诏山脉骆越族群先民保留的文物古迹，与后裔壮族濮侬支系传承的活态文化十分密切。

六诏山脉的骆越族群后裔壮族，分为侬、沙、土三大支系。侬支系自称“濮侬”，人口约为全州壮族人口的 60%；沙支系自称“濮瑞”和“布依”，人口约为全州壮族人口

---

① 云南省文物考古研究所：《云南省边境地区文山州和红河州考古调查报告》，昆明：云南科技出版社，2008 年，第 19—45 页。

的 25%，土支系自称“布傣”或记为“布岱”，人口约为全州壮族人口的 15%。由于历史上侬、沙、土三个支系有杂居融合关系，早期三个支系所在地域和村落里，哪个支系人口多，就自然融合变为该支系。如笔者的西畴县上新民村，有王姓两大宗族，笔者家族是当地的世居少数民族“濮侬”支系，而另一个王姓家族是从广西迁来的“濮瑞”沙支系，上新民村早期原住“濮侬”人口多，邻近的村落也是“濮侬”人口多，后迁来的“濮瑞”沙支系，就自然全部“侬”化，服饰、语言、风俗习惯都与“濮侬”完全一样，仅仅保留丧葬习俗中的棺材顺梁摆放“横”（沙横）“直”（侬直）有异。由于早期文山壮族苗族自治州三个支系的杂居融合，为此，不能准确记录各支系的人口数。

六诏山脉的壮族土支系，没有文献古籍传承，10 余万壮族土支系，唯一传承保留的是一幅清代古籍图谱，绘有早期壮族土支系和汉族共同出征的景象。土支系的迁徙古歌记载，战争结束后，土支系才返回六诏山脉定居。

六诏山脉约有 30 万壮族沙支系，现今传承的两千多部（册）摩教文献古籍里，大量记载并接受中原传来的道教和佛教文化，每逢沙支系族人寿终，都通过摩教祭司诵古籍经诗，将亡人灵魂，沿着祖辈迁徙到云南的路线，送回广西境内后，再送往佛教、道教传说的仙界。自称为“濮瑞”的壮族沙支系，早期从广西迁入六诏山脉定居。而壮族沙支系的“布依”，实属布依族，中华人民共和国成立时，原生活在贵州的仍然定为布依族，而生活在文山壮族苗族自治州的划归壮族。

六诏山脉的 60 余万壮族侬支系，和跨国定居的越南北部数十万侬族（自称“濮侬”），寿终后亡人灵魂，都通过摩教祭司诵摩经，将亡灵送到“勐布娅”（先祖故地）去落籍，即西汉句町古国故地（今广南县境）。从壮族摩教的传承和文献古籍记载研究发现，六诏山脉的壮族“濮侬”支系，是当地的世居少数民族，是六诏山脉骆越族群后裔。

六诏山脉的壮侗语族，除了“濮侬”是当地世居少数民族外，傣族、布依族等都是后来移居而来的。六诏山脉的文山壮族苗族自治州，有汉族、壮族、苗族、彝族、瑶族、回族、蒙古族、傣族、仡佬族、布依族、白族等 11 个世居民族，除了壮族是世居少数民族外，其他各民族都是唐、宋、元、明、清朝陆续迁入的。

（三）“濮侬”人的活态文化传承与六诏山脉的文物古迹研究

笔者历经半个世纪的调查和破译古籍，“濮侬”语所称的“乜栏坝”（遮天蔽日鸟母神）、“乜哄”（母系氏族社会的母王、女始祖）、“博哄”（父系氏族社会的父王、男始祖）、“盘姑”（创世神盘古）、“乜汤卍”（太阳鸟母神）、“布洛陀”（人文始祖）、“那哄、糇哄”（稻田稻谷王、皇）、“骆哄”（鸟王、鸟皇、凤凰）等神祇，来源于六诏山脉骆越先民所绘的史前岩画中的图腾图案，那些图腾图案，在壮族古籍里记载为“水墨水样”（绘在岩石上的岩画）。进入20世纪，骆越族群后裔，对先民崇拜的图腾岩画，仍然传承祭祀活动。据古籍记载，“濮侬”人崇拜鸟，认为人是卵生的，新石器时代岩画绘有骆越先民崇拜的神鸟及祈求卵生繁衍的图腾图案，进入21世纪，“濮侬”女性还传承将岩画上的“祈求卵生繁衍图”，绣在育婴背带上用于育婴。自称“濮侬”的壮族，意译“濮”是指“人、族”，“侬”为“鸟”。“濮侬”意译是“鸟人”“鸟族”，至今“濮侬”女性还传承穿着尾鸟衣去祭祀太阳鸟母。濮侬语的“骆越”，“骆”汉意指“鸟”。侬语称的“鸟”，用汉字记音为“骆、侬”，而古越语的“越”，汉译意较多，至今还没有一种意译获得公认，而“骆”解释为“鸟”已获得壮学专家们的公认。根据六诏山脉的考古文化和原住“濮侬”的活态文化传承，笔者认为，“骆越”是指六诏山脉的“鸟部落”。根据“濮侬”古籍记载和对骆越先民绘制岩画的崇拜和信仰，最早生活在六诏山脉的族群，是骆越鸟部落族群，后裔是壮族“濮侬”支系。通过半个世纪破译壮族濮侬支系古籍研究发现，滇东南六诏山脉的古代壮族社会发展史，曾经历五个社会发展阶段，如表1所示。

表1　滇东南六诏山脉古代壮族社会发展简表

社会制度	社会属性	时代划分	权力机构	备注
乜哄制	原始社会	中石器时代至新石器时代早期	民主推举的乜哄	乜哄即母皇、母王
博哄制	原始社会	新石器时代晚期至青铜器时代早期	民主推举的博哄	博哄即父皇、父王
博版制	奴隶制初期	青铜器时代	民主推举的博版	博版即部落酋长
宙町制	奴隶制社会	青铜器时代	以宙町为核心的国家机构	宙町即句町国王
宙那制	封建社会	铁器时代东汉至明、清时期	以宙那为代表的部族联盟	宙那即田主、地主

注：(1)壮族“摩教”古籍记载的早期社会，曾经历乜哄制、博哄制、博版制、宙町制、宙那制五个社会阶段。(2)古籍记载的“乜”指母；“博”指父；“哄”，汉语可意译为“王、皇、酋长、首领、领袖”等意。而“宙”可以意译为“王、头人、主人、官人”等意

（四）六诏山脉的稻作民族是较早创造“那文化”（稻作文化）的族群

骆越族群后裔开垦的稻田，古越语称“那”“纳”。自古以来，稻作民族以种稻维系生息繁衍，这个族群进入农耕以后，热恋自己开垦的“那”。在六诏山脉地区，先民们以村落附近田块“那”的形状、性质，命名自己的村落。如“那旦”（深水田）、“那凤”（席草田）、“那量”（干田）等。壮族社会出现土司后，有的村又以“那”的归属命名村落。如土司分封给其军队将士的田称“那练”；分给其工匠的田称“那掌”；分给养马人的田叫“那马”；分给其女儿的田叫“那少”或“那谢”。壮族称土官、皇族的田为“那宙”（田主）、“那塞”（官田）、“那洪”（皇田）。经查阅在六诏山脉地区文山壮族苗族自治州31 456平方千米的土地上，以“那”命名的村落有518个。可以说，骆越鸟部落族群后裔壮族，是最早在六诏山脉开耕稻田种植水稻的族群，也是创造了518个“那”地名的

先民。

1988年，张声震先生主编的《广西壮语地名选集》，收入"那""纳"地名872条。东南亚半岛，以"那"音命名的地名还很多。在中国华南及东南亚地区，广泛分布着冠以"那"字的地名，并形成"那"文化圈和独特的"那"文化现象。1997年，笔者通过研究并在《云南民族报》《云南日报》首次发表"那文化"的文章。1999年，广西民族研究所覃乃昌所长，在壮学首届国际学术研讨会上发表了《"那"文化圈论》长篇论文，论述"'那'文化圈即稻作文化圈，这个文化圈，就是稻作农业的起源地之一，南方民族对中华民族农业文明的贡献，应该引起我们的高度重视"。随后，研究"那文化"形成成为研究中国及东盟稻作民族的热门课题，而生活在六诏山脉的稻作民族，是较早创造"那文化"的族群。

为贯彻落实国家主席习近平在2013年提出的"要建设中国—东盟命运共同体"，让中国与东盟各民族走得更亲更近。"那文化"恰好是建设中国—东盟命运共同体的最佳契合点。中国文化部和广西壮族自治区人民政府研究决定，以笔者提出的"那文化"作为2015年中国—东盟国际文化论坛的主题。2015年9月16日，特邀中国7位知名专家和东盟7个国家的7位专家，到南宁出席中国—东盟首届"那"文化论坛。

二、稻作文明的考古发现及稻作民族的活态文化传承

（一）稻作文明的考古发现

河姆渡遗址发现的炭化谷粒，是距今6000年前的稻谷。"无论从长江下游自然条件的优越性来看，还是从河姆渡稻作农业已很发达，而河姆渡文化又没有明显的外来因素来看，都有理由相信长江下游稻作农业还有更早的发展历史。"①

1993—1995年，北京大学考古系、江西省文物考古研究所和美国安德沃考古基金会组成联合考古队，对江西省万年县大源乡仙人洞和吊桶环两处相隔仅800米的遗址进行发掘，发现了大量近栽培稻的植硅石和兽骨，被认为是猎兽屠宰场和打谷场。"两处遗址的文化堆积明显分为属于两大时期的上下两大层，上层距今约0.9万—1.4万年，属新石器时代早期，下层距今1.5万—2万年，属旧石器时代末期。"②

1993—1995年，湖南省文物考古所对零陵地区道县寿雁镇玉蟾岩进行了发掘，发现了兼具野生稻、籼稻、粳稻的栽培稻炭化稻粒以及火候较低的陶片。初步测定为12000

① 文山壮族苗族自治州文化局：《文山岩画》，昆明：云南人民出版社，2005年，第2页。
② 严文明：《再论稻作农业的起源》，《史前考古论文集》，北京：科学出版社，1998年，第393页。

年，后经国家文物局专家组鉴定，稻壳已有 1.8 万—2.2 万年[①]。

在广西桂林甑皮岩、南宁地区贝丘遗址（14 处）和云南广南遗址，不管是有稻谷碳化物还是稻谷加工工具，都无疑是稻作文化遗址。

中央民族大学原副校长梁庭望教授在《水稻人工栽培的发明与稻作文化》中论述："中国是世界上最早发明水稻人工栽培的国家；最早发明水稻人工栽培的是江南越人的先民，江南越人是当今江南汉族和华南西南壮侗语诸族（壮族、侗族、布依族、傣族、黎族、仡佬族、水族、仫佬族、毛南族）的祖先，壮侗语诸族的先民对中国最早发明水稻人工栽培作出了重大贡献。"中国江南是世界稻作文明起源地之一。

（二）骆越鸟部落族群后裔"濮侬"人的活态文化传承与历史断代

1. 稻作民族的尝新节

在滇东南的六诏山脉，民间传诵一句谚语："稻谷黄，侬人狂！"大意是：六诏山脉生活着 60 余万壮族"濮侬"人，汉语他称"侬人"，每年阴历 8—9 月份，侬人辛苦耕耘了一年的稻田，是稻穗金黄喜望丰收时节，是"侬人"狂欢的日子。在这个狂欢的时节，六诏山脉 60 余万侬人的千余个村寨，各自选吉日举办一年一度的"尝新节"。节日里，各户必须到稻田里摘回谷穗，蒸制喷香的新米饭，备办传统美食菜谱，履行祭祀谷神、始祖仪式。祭祀仪式结束，新米饭必须先慰劳狗，人才能享用。

壮族尝新节为什么用新米饭先慰劳狗？从史前岩画图案研究发现，在六诏山脉，骆越鸟部落族群先民，在石器时代的岩画上绘有先民饲养狗，狗与人类属共同生存状态。壮族古籍有记载，民间也有传说：很久以前，人类曾经遭遇"洪水登天"的灭顶之灾。洪水把人们的稻谷全冲走了，是狗尾从洪水中带出几粒稻谷，人们将狗尾带来的稻谷继续发展稻作农业，才有后来的稻米享用。为此，人们每年收获稻谷，都不忘狗为人们从洪水中带来的稻种，为了感恩狗，每年新米必须先让狗先吃。人类曾经遭遇"洪水登天"的灭顶之灾是何时发生的？

据学术界研究，在距今 8000—18000 年的第四纪冰川期，地球上很多地区冰川融化，大地被淹没。那时，人类栽培的稻谷被洪水冲走。这时期，刚好与考古发现的栽培稻炭化稻粒断代时间接近。可以证明，在万年左右，人类曾遭遇洪水，把人们的稻谷全冲走，是狗尾从洪水中带出几粒稻谷给人们，才有今天的稻作文明的传承。也就是壮族尝新节先喂狗的"活态文化"传承，此习俗又成为历史的"活化石"。

---

① 《95 全国考古新发现》，《光明日报》1996 年 3 月 26 日。

2. 种植“神田神谷”

在六诏山脉的西汉句町古代方国故地（今广南县境），有一座壮族人民崇拜的“博吉金”圣山，明清时期移居此地区的汉人，因大山间有九条溪水，故称“九龙山”。从古至今，句町古国故地的数十万壮族人民，对“博吉金”圣山的神灵，十分崇拜、竭诚。圣山周围有 11 个壮族村寨，共同耕耘一块形状似鸟的神田“那哄”（汉语意为“皇田、王田”），此田从古至今，仅种植一种“神谷”，古越语称“糇哄”（汉译意为“皇谷、王谷”），严禁使用农药化肥，每年仅产两百余斤红糯谷，专用于制作糯米白酒和糯米饭供品，祭祀“博吉金”圣山的诸神灵。祭日，糯米白酒仅限给 11 个村落的族长，平均每人分得半碗。糯米饭供品仅限分给 12 岁以下的儿童，每人得拇指大的一坨。

笔者在 1987—2017 年，对祭祀“博吉金”圣山开展考察，其活动形式是祭祀乜哄（母系氏族社会的母皇、女王）和博哄（父系氏族社会的父皇、父王），同时也祭祀发明稻作文明的乜哄造（创世母皇神），即古籍记载发明稻作文明的乜揽霸（鸟母神）或乜稼啦（地上的始祖猴母神）。壮族古籍记载的第一代神乜揽霸，最早出现在丘北狮子山岩洞的岩石上，是考古专家命名的“人形飞鸟图”。而壮族古籍记载，骆越先民崇拜的各种神祇，都来源于“墨水墨样”（是岩画上的图腾图）。壮族母系氏族社会的乜哄和鸟母神，也是产生在石器时代。祭祀“博吉金”圣山，属骆越鸟部落族群先民，在父系氏族社会的祭祀仪式。祭日，仅限于圣山上 11 个壮族村落的千余名男性参加。由此说明，六诏山脉骆越鸟部落族群后裔种神田神谷，用于祭祀乜哄和鸟母神，已经传承了数千年。

3. 稻魂和人魂合二为一的礼俗

骆越鸟部落族群后裔的壮族，在人生礼仪祭祀活动中，必须取稻米、稻穗祭祀。“稻穗毛”，壮语称“款糇”意译：命、魂，稻穗毛。人的“灵魂”称“命款”，意译：命、魂、毛。先民认为，每逢小孩生病，先找草药治病，若不见效，家人会去找“乜满”（女祭司）做仪式。祭司认为小孩生病，要取稻穗草结扎，草结壮语称“契款”（意译：拴；命、魂），然后让家人将稻草结带回家里，插在小孩睡的床头，病会自然好。若 60 岁以上的老人体衰多病，要请“乜满”（女祭司）或“博摩”（男祭司）到家里，取稻穗、米做添寿仪式，认为稻穗、米可以给人添寿增龄。壮族“款糇”，与“命款”的观念，就是谷魂和人魂合二为一的观念。这种观念，产生于壮族先民对稻、人同源的认识。

骆越鸟部落族群后裔将稻魂和人魂合二为一的观念，源于这个族群依赖稻作维系生存繁衍，这个族群的宗教信仰也产生于石器时代，从考古出土的栽培稻炭化稻粒断代，也是属于石器时代。骆越鸟部落族群后裔的女祭司产生于母系氏族社会，也有万年的历史，活态文化传承稻魂和人魂合二为一的观念，也有万年历史。

（三）稻作礼仪的活态文化传承

1. 稻与稗同祭

在六诏山脉的广南县的那贝村和六郎城村，每年在水稻即将抽穗时，壮族村民需到森林里取野生稗叶带回家，与稻田的稻叶举行祭祀。壮族先民认为，稻和稗共生同源同类，稻、稗皆有魂，稗比稻更具有顽强的生命力。通过稻稗同祭，将稗魂转为稻魂，祈求稻也有稗一样的生命力。这类祭祀活动，记载了壮族祖先对稻和稗的认识与栽培实践。

2. 靓女开秧门

六诏山脉丘北县的官寨地区，每个村落栽插稻秧的第一天，壮语称“阿度芭扎”，汉译“开秧门”。“开秧门”必须精选一位家人健康又显现出无限生育能力的女子栽插第一棵稻秧，认为将来的稻谷如同该女有无限的生育、繁殖能力，来年稻谷才会获得丰收。此俗源于壮族先民的宗教模拟仪式，把稻谷的丰收与女性的生育能力合二为一进行模拟。

3. 牛王节和“凿琅歪”

在六诏山脉，史前岩画记载，骆越先民生活在猛兽横行的蛮荒时代，水牛帮助人类驱赶食人的猛兽使人获得生存，而使先民对水牛产生崇拜之情。先民进入稻作农耕时代，稻作民族的稻田，数千年来，犁耙稻田主要靠水牛。赖以稻作维系生存的壮族，人与水牛相依为命，水牛变成骆越族群的图腾，濮侬女性的头帕，至今仍然缠成水牛角状。

在壮族村落，至今仍保留有牛王庙或雕塑有水牛神，每年的牛王节，都集众履行祭祀活动。在广南县的部分壮族村，每年春天开耕前，选吉日履行“凿琅歪”仪式。壮语“凿”为“戳”，“琅歪”为“水牛背”，“凿琅歪”仪式，是给耕牛理疗，以理疗的举动保护耕牛，确保来年顺利开展稻田农耕。

4. 祭铜鼓

铜鼓在世界上广泛分布，形成了完整的铜鼓文化圈，与“那文化”圈重合，稻作文化是铜鼓文化产生的人文背景，铜鼓上的太阳芒、青蛙、水牛、犁等纹饰，是稻作文化的记载，稻作民族铸造了铜鼓。中国古代铜鼓研究会理事长蒋廷瑜教授，于2004年在文山举办的国际铜鼓学术研讨会上发表论文，把六诏山脉地区出土的铜鼓，定名为“句町铜鼓”，也就是肯定六诏山脉的古代骆越先民句町族人铸造的铜鼓。

铜鼓在壮族发展史上显示出许多功能，如击鼓与神灵沟通，击鼓传递信息，战场上击鼓指挥军阵，祭祀仪式击鼓驱邪降福等。在壮族社会发展史中，铜鼓伴随先民战胜自然、战胜敌对势力、战胜邪魔。铜鼓在人们的心目中是附有灵魂的，蕴藏有战无不胜的力量，获得壮族人民的崇拜。六诏山脉骆越鸟部落族群后裔的广南县贵马村戴氏家族，传承着一对传世铜鼓，每年腊月的最后一天，聚集族人履行祭铜鼓仪式：洗鼓、杀鸭祭鼓、吸鸭血铜鼓酒、跳铜鼓舞、敲鼓占卜等。六诏山脉骆越鸟部落族群后裔的壮族，十分崇拜铜鼓。

在六诏山脉的518个“那”村范围，出土和传世的八大类型铜鼓多达140面。2004年在文山召开国际铜鼓学术研讨会，各国专家认为，小区域有这么多的铜鼓，是中国、也是世界之最。全世界已知万家坝型铜鼓已有40面，有6面是在六诏山脉出土的，研究铜鼓的专家认为，“云南文山极有可能是世界铜鼓起源地之一”。

（四）稻作民族的文间艺术

1. 神话传说

近代搜集流传在六诏山脉壮族地区的与稻作有关的神话传说有《稻谷的来历》《尝新节的传说》《吃米的传说》《弈推吃米骨》等10余篇，说明六诏山脉壮族的稻作历史悠久。

2. 民间歌谣

流传在六诏山脉壮族民间的歌谣十分丰富，壮族先民把整个稻作生产过程，用诗歌的形式记录宣教后世，已翻译整理的歌谣有《稻种歌》《泡稻种》《撒稻种》《插稻秧》《薅秧歌》《收谷歌》等50余首。

六诏山脉骆越鸟部落族群后裔传承的《稻种歌》，记载了稻种的发现和稻作的起源：

远古没有田，
从前没有稻，
前人吃草根，
后生啃茅草，
人多山光秃，
人满草不生。
山里有野稻，
谷棵长得稀，

稻源在“南町”[①]。
长在彩虹下，
稻种在天边，
“乜榄霸”发现，
“乜冞啦”带回。
陆稻和水稻，
水稻难栽培，
种稻要水田。
开田“娅哄”“闹”[②]，
种稻“乜哄”“台”[③]，
稻谷难栽培，
不死这死那，
死去一代代，
种出三棵稻，
分众人育种，
今天才有稻。

骆越鸟部落族群后裔传承的《稻种歌》，记载先民在母系氏族社会就发现稻和开始培植水稻，与考古发现的栽培稻炭化稻粒断代时间接近。

3. 民间舞蹈

流传在六诏山脉壮族民间与稻作文明有关的舞蹈有《铜鼓舞》《稻草人舞》《手巾舞》等。壮族把先民的农耕生活和整个稻作生产过程，编成歌舞，每逢隆重的节庆、宗教仪式，跳与稻作有关的舞蹈宣教后世。

三、稻作民族历经万年的稻作科技实践与传承

（一）稻作良种的培育

经考古发现，稻作先民在距今万年的石器时代更迭时期，开始驯化、种植野生稻，开始了自己的稻作农业。是什么科技手段，使数千年的稻作农业蓬勃发展？

---

① “南”为壮语，意为“水”；“町”为“六诏山脉的河谷”。“南町”也指“红水河流域”。
② “闹”指“去世”。
③ “台”指“死去”。

稻作农业，培育良种也是重要的一环。笔者经过长期考察发现，在六诏山脉广南县的者兔地区，骆越族群后裔，至今仍然按传统培育水稻良种的方法，先在旱地里育秧，再移到水田里栽插，这是古代先民从山到坝、从陆稻过渡到水稻的育种方法。这种方法证实该地区的稻作起源以及稻作文化历史悠久。

笔者的爷爷，曾神秘地传给笔者一句谚语："多溢不丢汸焚"（壮语）！这一句谚语泄露了稻作科技史的天机。就是"多溢不丢汸焚"的传统科技手段，翻译其大意是："施肥不如调种，三年不换良种，来年秋收一场空"。骆越族群的先民们，每年都在培育新良种，同时需要从异地调换同属品种进行杂交，才能保证来年种稻获丰收。

在六诏山脉地区，每隔三年需从异地调换同属稻种进行杂交的科技手段，一直沿袭到20世纪80年代，笔者也曾经跟随本村的族长外出调换稻种。

（二）民稻作物候学的实践与应用

在六诏山脉地区，海拔从100余米到近3000米不等，气候从热带、亚热带到温带都有变化，也有丰富的生物多样性资源。骆越先民在这样气候多变的地区，是怎样发展稻作农业的？

近几年来，笔者在六诏山脉的广南县骆越族群后裔壮族崇拜的"博吉金"神圣山调查发现，此山海拔将近2000米，大山脚约数百米。定居在神圣山四周的数十个稻作民族村的村民都掌握了适合不同气候育稻秧的特技。大山上的那贝村和掩同村，相距一二千米，每年开春培育稻秧时节，掩同村在上游，村民们是通过观看田头特意保护下来的一棵数丈高的育稻秧"标志树"，如果该树结的果子成熟，村民各家各户，自觉选稻种，取水泡稻谷种育稻秧。而那贝村在下游，村民们是通过观看村头特意保护下来的一丛灌木，以此木发嫩芽为育稻秧"标志树"，如果该树开始发嫩芽，则开始取水泡稻谷种育稻秧。

笔者在西畴县鸡街南利河两岸调查，定居在河两岸的数十个壮族村落，在每年开春培育稻秧时节，河源头的"版弄冠"村，通过观察山上的"楣别崧"（壮语）树发芽开始培育稻秧；河中段的"古鱼"村，通过观察山上的"楣麻油"树开花开始培育稻秧；河下游的"摩所"村，通过观察村头的"楣处"（该地区崇拜的神树，小叶榕树）树发嫩芽开始培育稻秧。鸡街南利从中国流入越南国境，一百多千米的河沿岸，都是古老的骆越族群后裔稻作民族村落，每个村都有传统的特意保护的稻作育稻秧"标志树"。

笔者在中国与缅甸接壤的云南省孟连县考察时，据傣族教师博玉嫩讲述，孟连地区气候热，傣族人可以栽两季稻，栽第一季稻时，看到芒果树开花，开始泡稻谷种育秧，约一个月后插稻秧；栽第二季稻时，看芒果成熟时泡稻谷种育秧。芒果树就是孟连地区的育稻秧"标志树"。

通过数十年的调查研究，笔者认为，傣族先民在不同地区种植水稻时，首要的技术考量，就是长期观察特定地域的各类植物，寻找其中一种与稻谷生长规律接近的育稻秧“标志树”，即稻作物候参照物。确定了物候参照物，一代接一代，按特定物候参照物种植水稻。这就是传统稻作物候学的实践与应用。这种传统物候学的实践与应用，是稻作农业历经万年在不同的地区得到承传发展的秘诀和特技。

四、稻作民族对自然生态的敬畏与保护

（一）稻作民族对水与稻的认识

依赖种植水稻维系生存繁衍的稻作民族，意识到种水稻必须有水资源，水从何处来？先民开始寻找赐水的“神”，对其祭祀，祈求“人神共娱”，获得“神”赐水耕田种稻。壮族古籍摩教经诗记载了远古先民的狩猎歌：“唷……唷……虎豹路，茅草路，悬崖路，红色路！紫色路！唷……唷……”。此歌的“红色路！紫色路！”是指被火燃烧过的路。这首古歌反映了先民借野火或人工放火烧山攻取猛兽。先民在长期狩猎生活中，发现被火烧过的山缺水，发现有森林才有水源，在古树、大树下都有水。先民进入稻作农耕时期，开始关注水资源。在长期的发展与实践中，先民认识到：有古树林木才有水，有水才能开垦稻田“那”，有“那”才能种稻，有丰收的水稻才能维系生存，人类必须保护森林。这种思维模式慢慢地形成了稻作民族与自然和谐共存的法则（图 1）。

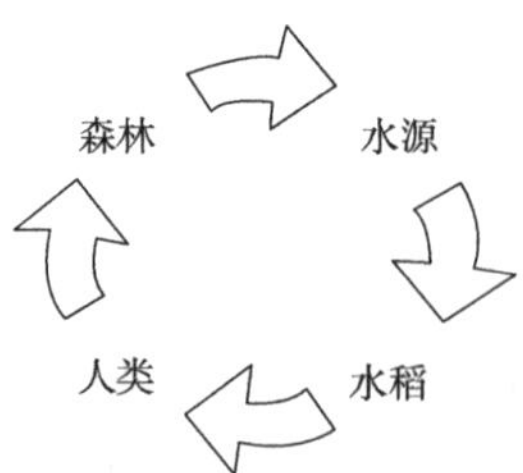

图 1　稻作民族与自然和谐共存图

稻作民族先民在很早以前就知道水资源出自森林，出自绿色的自然生态环境。为了获得丰富的水资源，稻作民族开始寻求保护自然生态，也就是追求生态文明的最初保护措施。

（二）稻作民族对自然生态的保护措施

骆越族群先民是怎样保护自然生态从而获得丰富的水资源的呢？首先是保护古树林木，保护森林里的水资源。

随着族群的繁衍，骆越先民在新石器时代晚期，属乜哄制母系氏族社会，到青铜器时代初期，进入博哄制父系氏族社会。随着族群发展壮大，许多独立的小宗族家庭聚集成小村落“版”，原来的父系氏族社会中出现了氏族联盟。随着再发展，原来的博哄制父系氏族社会的博哄变成博版（村寨之父、寨主）[①]。研究史前岩画和古籍文献发现，骆越族群先民曾经历“岩洞穴居”，出洞穴后过度为“大树巢居”，古籍记载称为“任吖”（大树丫枝屋）。约数千年前才建造“干栏木楼”定居，古籍记载称为“任鳞”（木板搭盖屋）。河姆渡遗址出土的六千年前先民创造的干栏部件，证明先民发明建筑干栏的历史已有数千年。骆越先民生活在石器时代，属洞穴居住时期，那时的大千世界让人感到迷惑，先民富于幻想，对所处的世界只能臆造解释。那时的人们对看不到形的雷、电、风，对控制光明、黑暗的太阳、月亮等有形物和无形物，都认为是有“七情六欲”的隐形的“人”或“物”，都具有超人的“神力”，并对其“神灵”进行祭祀崇拜。在六诏山脉地区的考古发现，“每一个洞穴遗址就是一个群体居住的聚落”。那时，人们把有超人神力的“神”，抽象地绘制在崖壁岩石上，也就是考古界破译的图腾图案，是先民顶礼膜拜的偶像。而壮族古籍记载，早期先民祭祀的偶像是“水墨水样”，即石器时代的岩画上的图腾偶像。先民进入稻作农耕时期，各地的“版”（村落）的稻作族群，对早期先民绘制的“神”偶像相距甚远，不可能每次祭祀都聚集到岩画的偶像“神灵”面前去履行仪式。这时期，先民崇拜的“神”都没有固定的偶像，也就在所生活的环境另树立偶像。

五、不同民族不同文化对生态文明的冲突

距六诏山脉的西畴县城直线距离 20 千米的公路处，有个小镇，叫“董马”，是西畴县董马乡所在地，也是方圆数十千米居民汇集赶街的小集镇。这个小集镇是后来兴起的，用来取代向东 2 千米处，一度繁华，后被废弃的董马老街的新集市。董马老街的“董马”，为古壮语。“董”意译为“高山上的平坝、小平原”，“马”音意同“马”，因其地马帮多而得名。董马距中国和越南国境线直线距离 25 千米，从国境线到越南河江省城约有 60 千米。据当地长老张美斌、雷书传、骆思应等人介绍，董马地区的土著民族是壮族，现在还能辨认出原壮族定居的四个村落的遗址。董马离越南很近，在 100 多年前，大量的内地汉族搬迁到董马老街经商，每天路经此地的马帮有数百匹，牛帮百余头。湖南、四川、贵州、江西、广西五省商人在董马老街建造了一座五省商会会馆。五省会馆前有一条河，河两岸是方圆 1 千米的集市，形成了清朝中国通往越南经商的驿站之一。在 100

① 明富：《北回归线上太阳神鸟腾飞的地方》，昆明：云南民族出版社，2016 年，第 48—57 页。

多年前，中越通商口岸，董马商贾云集，汉族人口猛增，因建筑用材和生活燃料需要大量砍伐壮族的山林，水资源逐年减少，原靠耕种水稻谋生的壮族居民，不能再耕种水稻，背井离乡往南边的嘎邦、六河、坝斗、越南的江利等地搬迁。后来，五省会馆前的那条河也断水枯竭，整个集镇被迫废弃。今仅存一座古老的三眼石拱桥横跨在干枯的河道上，桥的西面是原五省会馆的遗址和集镇的一片废墟。在董马老街南北向古道上，至今还留下了当时供商人住宿的李家店（今称“八块碑”）、幺铺子、卖酒坪等地名。董马老街经商古镇的废弃，是外来文明破坏生态的突出事例。

据道光《开化府志》记载，当时在西畴县境，仅有不到百人的一个汉族村，有几个村有汉族杂居。经过百余年的发展，西畴县汉族户数占全县户数的83%，汉族人口占全县人口的 81%。在不是很宽阔的山林土地上，仅 100 多年，汉族在西畴县发展到了 20 余万人，促使山林土地资源人均数猛减。由于汉族与少数民族杂居，不同的传统文化和民族心理，不同的生存方式和不同的文化，对待自然资源的不同态度，造成了不同的结果。发展到 20 世纪 80 年代，西畴县每平方千米人口密度是六诏山脉各县之最，石漠化十分严重，专家称之为“不具备人类生存之地”。西畴县各族群众遵循传统保护自然生态的观念，为了在恶劣的石漠化地区进行生存，发挥“等不是办法，干才有希望。搬家不如搬石头!”的精神，开展改造石漠化变绿洲，效果明显。

在六诏山脉地区，除了以集镇为代表的商业文明的入侵导致的生态破坏之外，中华人民共和国成立以来，一系列的社会变革也使壮族先民保护下来的古树林木，连续遭受三次重大灾难。第一次是 20 世纪 50 年代兴起的“大炼钢铁”运动，各地组织民众强行砍伐古树林木烧火炼铁；第二次是 20 世纪 80 年代土地、山林承包到农户，农户自主大量砍伐；第三次是 90 年代受市场经济的冲击，部分古树林木被砍伐出售。有些地区甚至出现因缺水而导致村落被迫搬迁的现象。笔者在广南县者兔乡水头寨后山调查，海拔 1823 米的水头后山，早期森林中溪流密布，今无森林而断水。2006 年 4 月 8 日，笔者目睹了生活在水头山下的那耐村的壮族村民，因缺水不能继续在那耐村生存而被迫往发旱小河边搬迁的情景。

六、稻作民族的生态观与现代价值

历经数千年的发展，六诏山脉地区的壮族人民，至今仍然传承着“有古树林木才有水，有水才能开垦稻田‘那’，有‘那’才能种稻，有丰收的水稻才能维系生存，人类必须保护森林”的信念，继续祭拜本村的神树、神山、神林。虽然经历社会变革和壮、汉民族杂居的文化冲击，六诏山脉地区的壮族聚集区，仍然呈现出山清水秀的景象，仍可以看到大量的古树林木。

2006 年 6 月 5 日，笔者和原文山壮族苗族自治州州长王永奎、壮族电视系列片导演谭乐水，专程到西畴县鸡街乡么所壮族村测量该村大树，经测量，其大树的胸径为 6.88 米，树冠、树根覆盖地面约 5 亩。云南电视台的谭乐水导演说他跑遍云南拍电视纪录片，西畴县么所村的神树，是他见过的云南最大的树。么所村的壮族先民，认定这棵古老的大树为本村的神树，借用传统的宗教仪式和人们的崇拜之情来进行保护。么所村的神树成了一个重要的人文生态景观。

云南省马关县仁和镇的阿峨新寨，有居民 102 户，472 人，其中，壮族 94 户，仡佬族 7 户，彝族 1 户。壮族是该村土著民族。1958 年兴起“大炼钢铁”运动，当地政府曾组织邻近几个村的村民，到阿峨新寨四周的山上，砍伐树木烧炉炼钢。1958—1960 年连砍三年，严重地破坏了该村的自然生态。至今，阿峨新寨村保护下来的古树林木，覆盖村子四周，620 亩山林绿树浓荫，水源充足，河流清澈，320 亩稻田，仍属饱水田。

坐落在广南县境内的“博吉金”圣山，海拔 1933 米。其山的神灵不仅庇护生活在山上的 11 个村的壮民，还庇护其山淌下的溪水流经的那老、那定、那六、那哈、那周、那古、那学、那达等数百个壮族村。定居在山上的 11 个村社的壮族村民，自觉组织护林队（义务护林队），定期或不定期地在大山上巡逻以守护生物资源。1994 年，省外猎人进圣山偷猎猴子（盗走 12 只），村民发现后驱走猎人，并日夜守护圣山。每年每村推选一人专门巡山护林，群众捐给守山人每人每年 150 斤谷子。壮族人民继承世代相传的爱山、祭山、护山的美德，使“博吉金”仍森林密布，古树参天。

六诏山脉的骆越族群后裔，传承了敬畏自然、自觉保护古树林木的行动，再次展现了稻作民族“那文化”（稻作文化）的巨大生命力。

七、结论和建议

通过本文的调查表明，六诏山脉地区的稻作民族，传承生态文明的历史悠久，稻作民族的“那文化”（稻作文化）具有特殊的魅力，对于促进人与自然和谐发展，发挥了重要的作用。人们应该尊重六诏山脉壮族的传统习俗，将壮族敬畏自然、保护自然生态的传统美德发扬光大。

文山壮族苗族自治州石漠化治理问题研究①

石漠化是指在热带、亚热带湿润、半湿润气候条件和岩溶极其发育的自然背景下，受人为活动干扰，地表植被遭受破坏，造成土壤侵蚀程度严重，基岩大面积裸露，土地退化的表现形式，是西南岩溶地区的灾害之源、贫困之因、落后之根，严重制约着石漠化地区的经济社会发展。

一、当前文山壮族苗族自治州石漠化治理的现状

文山是典型的岩溶地区，全州土地面积 31 456 平方千米，根据 2012 年全国第二次石漠化监测成果，岩溶面积 13 529 平方千米，占全州土地面积的 43.01%（其中：石漠化面积 8153 平方千米、潜在石漠化面积 1966 平方千米，非石漠化面积 3410 平方千米，分别占岩溶面积的 60.26%、14.53%和 25.21%），岩溶面积居云南省第一位，是全国、全省石漠化防治重点区域。八县（市）岩溶面积分布情况为：文山市 2335 平方千米、砚山县 1977 平方千米、西畴县 615 平方千米、麻栗坡县 701 平方千米、马关县 2009 平方千米、丘北县 2034 平方千米、广南县 2895 平方千米、富宁县 962 平方千米。

为遏制石漠化蔓延，改善群众生存发展环境，文山壮族苗族自治州于 2000—2002 年，在西畴县法斗乡进行了石漠化综合治理试验示范，主要实施封山育林、人工造林、沼气池建设、小型水利工程等；2008 年文山市、砚山县、广南县三县（市）被列为石漠化综合治理试点县，2011 年 4 月，全国岩溶地区石漠化综合治理工程第三次省部联席现场会在文山召开，将文山壮族苗族自治州 8 县全部纳入了岩溶地区石漠化综合治理试点县，加快了推进石漠化治理进程。此外，还研究制定了《滇桂黔石漠化片区文山壮族苗族自治州区域发展与扶贫攻坚实施规划（2016—2020 年）》《文山壮族苗族自治州岩溶地区石漠化综合治理工程“十三五”建设规划》等石漠化综合治理实施依据。2011 年以来，全州 8 个县（市）全部启动石漠化治理工程。经过多年工程治理，全州石漠化扩张趋势得到有效遏制，森林植被逐步恢复，水土流失减少，土地产出率有所提高，现初显成效，且探索总结出部分可借鉴的治理模式。

---

① 作者简介：郑周道，女，云南文山人，中共文山壮族苗族自治州委党校党史党建教研室副教授。研究方向为科学社会主义，党的建设。

（一）文山壮族苗族自治州石漠化治理取得的成效

这些年来，文山全州石漠化趋势得到遏制、生态环境明显改善、水土保持功能增强、特色产业持续发展、社会不断和谐进步，石漠化综合治理取得较大成效。

1. 石漠化趋势得到遏制

2012年前，在文山壮族苗族自治州31 456平方千米土地面积中，石漠化面积达8153平方千米、潜在石漠化面积达1966平方千米，自2011年启动岩溶地区石漠化综合治理工程以来，截至2017年9月，石漠化面积减少157平方千米。其中，轻度石漠化土地面积增加1893平方千米，中度石漠化土地面积减少747平方千米，重度石漠化土地面积减少1023平方千米，极重度石漠化土地面积减少281平方千米。通过这些数据对比表明，全州石漠化扩展趋势得到有效遏制。

2. 生态环境明显改善

自2008年国家启动石漠化治理工程以来，通过实施封山育林、人工造林、草地建设等林草植被恢复措施，全州森林覆盖率逐渐提高，增加了森林储水能力，减轻了水土流失。截至2017年，全州累计完成人工造林46.6074万亩，封山育林130.6793万亩，建立各级类型自然保护区9个，建成“省级生态乡镇”4个，“州级生态村”37个，省级环境教育基地1个，西畴县荣膺“绿色中国生态成就”奖。全州森林覆盖率由2005年的39.60%增加到51%，森林覆盖率增加11.40个百分点，全州生态环境得到明显改善。

3. 水土保持功能增强

这些年来，文山壮族苗族自治州实施了坡改梯及沉沙池、沟道整治、排灌沟渠等水土保持配套措施。2011—2017年，全州完成中坡改梯3482.48公顷、排灌沟渠511.23千米、沟道整治工程1.6千米，建成拦沙坝、谷坊共132座，沉沙池743口，蓄水池及水窖3288口，建设田间生产道路54.18千米、输水管12.25千米。通过这些水土保持配套措施，全州区域陡坡耕作比重下降，增加了土层厚度和土地有效利用面积，全州土地复种指数最高达120.68%，实现了降坡保土，合理拦蓄和利用水资源，减缓洪水冲刷强度，显著减轻了水土流失，蓄水保土功能得到增强。

4. 加快群众致富步伐

把石漠化治理与促进当地群众致富增收有效结合起来，通过石漠化整治项目，不断改善农村发展条件，引导群众积极发展油茶、核桃、八角、水果、中药材种植等林上林下产业，走出了一条“生态建设产业化、产业发展生态化”的路子，做到“治石与治贫”相结合。一方面，积极培育特色产业经营主体，截至 2017 年 9 月，全州培育省级龙头企业 25 家，专业合作社 108 家，不断壮大特色产业经济规模；另一方面，积极发展特色产业，建成油茶、核桃、八角、油桐等为主的特色经济林 507.3 万亩，木材加工原料林产业基地 1270 万亩，产值达 21.87 亿元，农民每年人均从特色经济林上获得的纯收入达到 630 元。农民人均粮食产量从 2011 年的 385.15 千克提高到 2016 年的 440.86 千克，农村常住居民人均可支配收入从 2011 年的 3864 元增加到 2017 年的 9184 元，推进了石漠化治理区域脱贫致富步伐，实现了生态恢复与经济增长双赢。

5. 社会不断和谐进步

通过石漠化综合治理，有效缓解了农村饮水、能源紧缺和交通出行等困难，人居环境得到较大改善，缓减社会就业压力问题、增加群众收入，促进社会不断和谐进步。如在全州石漠化最严重的西畴县，2013 年以来，累计治理小流域面积 186 平方千米，建成沼气池 4.36 万口，“五小水利”工程 4.3 万余件，实施土地整理 24.4 万亩，新增耕地 0.43 万亩，新增有效灌溉面积 10.9 万亩，硬化农村道路 2380 千米，村小组公路硬化率达 80%；兴街镇三光片区国家级石漠化综合治理示范点建设过程中，通过“公司+基地+农户”的运行机制，实施深度产业开发，促进农民增加土地流转收入 170 万元，在园区务工工资收入 350 多万元。

（二）文山壮族苗族自治州石漠化治理模式

文山壮族苗族自治州石漠化综合治理始终践行习近平总书记“绿水青山就是金山银山”的发展理念，根据岩溶流域分布特点、石漠化程度和地区经济状况，针对不同的自然环境，因地制宜，突出工程措施与生物措施相结合、经济建设与生态建设相结合、发展生产与劳务输出相结合、就地开发与异地开发相结合开展治理工作，探索出适合全州石漠化治理的西畴县江龙村“六子登科”模式，打造出特色鲜明的文山市大水井片区、砚山县维摩示范点、富宁县山瑶易地搬迁扶贫、西畴县“三光”片区样板等治理模式，为全州及其他同类、同质石漠化地区推进石漠化治理提供了宝贵经验和强有力的支持。

1. 西畴县江龙村“六子登科”模式

“六子登科”，即“山顶戴帽子、山腰系带子、山脚搭台子、平地铺毯子、入户水沼子、村庄移位子”的治理模式。山顶戴帽子，即采取封山育林、植树造林、生态公益林保护等措施，恢复森林植被，改善生态环境；山腰系带子，即充分利用退耕还林和沿山一带的土地，发展特色经济林，既促进农民增收，又保护了环境；山脚搭台子，对坡度小于25度的山前缓坡进行“坡改梯”，防止水土流失，增肥地力，确保人均1亩基本农田地；平地铺毯子，搞好水利建设，开展中低产田地改造和高稳产农田地建设，提高土地产出率；入户建池子，户均建一口水窖、一个沼气池、秸秆氨化池，解决农村能源、人畜饮水和牲畜饲料问题，改善农民生产生活条件；村庄移位子，对石漠化地区失去生存条件的农户实施易地搬迁，村庄向条件好的地方迁移，劳力向发达地区输出，缓解人口对生态环境的压力，增强农民自我发展的能力。

曾因石漠化严重，水源干涸，人均耕地只有0.74亩的江龙村，以自建小康示范村为切入点，按照“六子登科”这一模式，实施“山、水、林、田、路、村”综合治理，走出了一条“还原生态、控制源头、标本兼治、协调发展”之路。截至2017年初，江龙村累计投入资金277万元，包括国家补助资金194万元，群众自筹投入83万元，实施封山育林1000余亩、植树造林250亩、退耕还林336亩、生态公益林保护479亩，森林覆盖率达80.4%；建设沼气池63口，并实施节柴改灶80眼、安装太阳能102平方米；建成“三保”（保土、保水、保肥）台地160亩，提灌工程1件，小坝塘治理一个，修建三面光沟渠、排涝沟渠，人畜饮水调节池，安装管道4.2千米，家家户户用上了自来水；发展柑橘330余亩作为支柱产业，年收入80余万元，在此基础上还进行种植、养殖、运输和劳务输出，2017年初，常住居民人均收入达8100元。江龙村成为全州、全省成功治理石漠化的学习典范。

2. 文山市大水井片区治理模式

文山市追栗街镇大水井石漠化片区由于人口增加、乱砍伐开垦，石漠化趋势加剧，到2008年末，该片区森林覆盖率减少到21%。2008年，文山市开始实施大水井石漠化片区扶贫攻坚工程项目，治理面积达2万多亩，该项目区采取了工程措施保水土、生物措施保生态、良种良法提产值、劳务输出减压力的综合治理办法。截至2017年8月，整合资金2822万元，完成核桃种植5000亩、封山育林12600亩、沼气池建设325口，坡改梯地及垒石造地4556亩，同时引导农户种植烤烟、甘蔗、生姜、辣椒等林下经济增加收入。该村核桃种植预计进入盛果期后，亩均产值将提高到4000元以上，群众年增加收入达2000万元左右。通过石漠化项目的实施，使项目区群众生产生活条件得到较大改善，石漠化侵蚀得到有效遏制，为产业结构调整和科技推广应用创造了条件，项目区逐步实现了生态效益、经济效益和社会效益的全面提升，为石漠化综合治理起到了可借鉴的示范效果。

3. 砚山县维摩示范点治理模式

维摩乡是砚山县石漠化最为严重的地区，石漠化面积占全乡土地面积的83%。长期以来，过度的毁林开荒，一度让这里的生态变得十分脆弱。当年的“海子”已干涸。2009年，砚山县维摩乡开始以封山育林、退耕还林、人工造林恢复生态，以炸石垒埂坡地改梯田提高土地利用率，以发展核桃产业提高林业效益，以畜牧业化治理减少牲畜啃食山上的灌木等方式进行石漠化治理。为有效改善海子边片区的石漠化现状，化解畜牧业发展与生态环境的矛盾，砚山县引进天圣牧业公司，在海子边建立商品牛育肥基地，通过种草养畜扶持周边农户开展肉牛养殖，并主要承担商品牛集中育肥外销，以带动当地农民增收，养殖户户均收入2万元以上；2010年，还成立了砚山县达丰核桃种植农民专业合作社，扶持当地群众种植了1400亩核桃。自2015年实施精准扶贫以来，维摩乡加大了石漠化治理力度，结合前省林业厅挂钩帮扶维摩乡精准扶贫，积极探索生态文明建设和精准扶贫“双推进”的途径，在实施封山育林、加大公益林造林力度的同时，着力引导当地群众转变农业发展方式，在石漠化山区种植经济林果，并探索林下产业，使荒山变绿洲的同时，带动了群众增收，有力助推了当地脱贫攻坚取得明显成效。当前，砚山县维摩石漠化综合治理示范区正围绕“高效节水、设施农业、综合治理、打造示范”的治理目标，将维摩3.9万亩石漠化片区打造成为集“机制创建，山、水、林、田、路、村和产业发展”为一体的滇桂黔云南片区石漠化设施农业综合治理示范区，为石漠化生态治理提供了一些可借鉴的模式。

4. 富宁县山瑶易地搬迁扶贫模式

富宁县瑶族山瑶族支系主要分布在富宁县辖区内6个乡镇的石山区，共有95个村小组2070户、9217人。由于历史原因，普遍居住在自然环境极为恶劣的石漠化地区，生产生活条件十分艰苦，人口素质不高，水、电、路不通，住房、就医难，处于绝对贫困状态。为此，2010年以来，结合扶贫攻坚和石漠化治理工程的实施，对该类地区采取了搬家、种树、办教育的模式。按照“县内易地搬迁、集镇转移安置、就近就地扶持”三种扶持方式，对基本丧失生存条件，难以解决温饱的608户、2775人，实施县内易地搬迁；将居住环境恶劣的山瑶村寨120户、600人，通过在小集镇建安居房形式转移安置；对属低热河谷区和冷凉土山区，气候条件适宜，具备就地解决温饱条件的1342户、5842人，采取就近就地的方式进行扶持。为改善其群众的生产生活条件和发展空间，一方面大力发展地方特色支柱增收产业，先后在山瑶聚居的6个乡（镇）发展油茶8858亩，核桃6000亩，八角10 633亩，为当地山瑶群众年增收1529万元，种植甘蔗12428亩，每年可为山瑶群众增收 1398 万元，人均增收 1517 元；一方面建成以养殖为重点的畜牧产业和以外出务工为重点的劳务输出产业，拓宽了经济收入渠道。为提高人口素质，通过在集镇、县城设置“山瑶班”集中办学，适龄儿童入学率为 99.57%。2016 年，山瑶群众贫困人口由原来的 9217 人减少到 788 人，人均纯收入由原来的 670 元增加到 5300 元。通过“搬家种树办教育”工程，彻底改变了山瑶群众贫困的生产生活面貌，逐步遏制了水土流失，降低了石漠化速度。

5. 西畴县“三光”片区样板模式

西畴县三光片区曾是典型的石漠化低产区和少数民族聚居的石漠化重点贫困地区，先天生态环境较差，后天破坏严重，片区生态环境石漠化态势日益加剧。当地民间“树林被砍光、水土流失光、姑娘全跑光”的流传，就是其生存条件极为恶劣和极度贫困的写照。党的十八大以来，文山壮族苗族自治州紧紧抓住国家实施西部大开发和滇黔桂石漠化片区区域发展与扶贫攻坚规划的宝贵机遇，发扬“等不是办法，干才有希望”的精神，大胆干、科学干、创新干，把三光片区打造为省级石漠化综合治理示范区、国家级石漠化综合治理示范点。

一是大胆干。三光片区涉及 6 个行政村 46 个村民小组，项目估算总投资达 4.7 亿元，规划实施山地高效节水灌溉示范工程 3000 亩等，涉及面广、投资量大、风险较高，但党委政府为了促进西畴跨越发展，大胆作为、攻坚克难，推动工作落到实处，确保了建设项目稳步实施。二是科学干。围绕“山、水、林、田、路、村、产业、扶贫、机制”9 个方面，突出“六子登科”模式，突出治理重点，实施“生态修复、水利设施、农田整治、道路建设、村庄建设、产业发展、扶贫开发、机制建设”8 大工程；突出精准施策，以“产业脱贫、易地搬迁脱贫、教育帮扶脱贫、金融帮扶脱贫、生态补偿脱贫、消费助推脱贫、合作发展脱贫、医疗健康脱贫、务工增收脱贫、社会保障脱贫”十条脱贫路径靶向治穷，把三光片区打造成省级石漠化综合治理示范区、国家级石漠化综合治理示范点。三是创新干。西畴县积极探索“党委领导，政府引导，企业和市场主导，联运农户”的运行模式，进行了农村“三变”试点改革。2016 年 2 月，引进文山浩弘农业开发有限公司，实施深度产业开发，建设 1 万亩水果基地。该公司以投入基地形成的资产为纽带，通过“公司+基地+农户”的运行机制，不仅盘活了土地资源，还逐步形成当地农民变股民、农民变工人、农民变经营者的“三变”新型扶贫模式。村民可以就近就地在公司务工，保障了增收，2017 年 9 月人均可支配收入达 1 万多元。

截至 2017 年，三光片区石漠化综合治理示范区建设项目已到位资金 2.5 亿元，累计完成投资 1.2 亿元，集“生态修复、土地整治、五小水利、特色农业、统筹发展、民族团结”为一体的省级石漠化综合治理示范区、国家级石漠化综合治理示范点正逐步建成。

二、当前文山壮族苗族自治州石漠化治理面临的挑战

自石漠化治理实施以来，文山全州治理效益逐步体现，为今后的石漠化治理工作打下了坚实的基础，但仍存在一些问题亟待解决。

（1）治理任务艰巨。全州石漠化面积达 8153 平方千米，且有潜在石漠化的面积达 1966 平方千米，实际治理面积 1410.5 平方千米，尚有 6742.5 平方千米需要治理，八县（市）均有分布，工程量大、任务重。在这种情况下，要恢复生态，全面完成石漠化治理，无论采取人工措施恢复植被，还是通过如封山育林、禁牧、禁樵等自然修复措施恢复生态，都将是一个漫长的过程，治理任务还很艰巨。

（2）资金投入不足。一方面，投资标准低，人工成本高，截至 2017 年，国家对石漠化治理的投资标准仅为每平方千米 25 万元，单项投资标准也明显低于其他同类项目，比如人工造林每亩投入不能超过 600 元，难以满足治理需求，严重制约石漠化治理进程；另一方面，地方配套困难，文山壮族苗族自治州地处边疆少数民族地区，“老少边穷”问题突出，八县（市）均是国家级贫困县，县级财政薄弱，配套项目资金困难导致项目配套资金缺口较大，工作开展难度大，直接影响工作治理效果。

（3）统筹协调不够。全州只有石漠化治理项目实行统一实施，其他各块的项目前期规划时，通盘考虑欠佳，各自按照行业的要求各吹各打，同一个地块重复实施同类的工程措施，项目下达后有的部门工程措施已经完成，想做其他工程措施又不符合国家和省的要求，导致有些项目无法落地，效益得不到发挥。由于各块项目规划和实施的要求、范围、时间节点、投资等不统一，各块项目不能完全纳入石漠化治理统计，导致全州石漠化治理工作统计口径不完全一致，数据不能完全统一，统筹协调推进难。

（4）矛盾多元复杂。文山壮族苗族自治州石漠化地区山多地少，生产能力水平低下，缺水情况普遍，靠天吃饭现象普遍，当地群众靠不断开荒以耕地总量换取粮食增量，维持日常生活，生存与生态的矛盾突出，致使石漠化地区的生态环境长期得不到改善；生活能源供给方式与生态保护之间的矛盾也没有完全消除，部分地区建设沼气池条件差、难度大、入户率较低、使用率不高，部分农户仍然砍伐薪柴，影响治理成效；治理工作的开展主要依靠政府部门推动，而部分干部群众缺乏大局观念，考虑自身利益多，主动投入、参与石漠化治理少。

（5）建设管护滞后。部分地区前期工作不扎实，体现在石漠化治理工程前期工作设计和落实地块时，由于责任、资金等方面的因素，对工程前期工作重视不够，致使工程

项目落不了地。部分地区后期管护措施差，体现在治理工程完成后，由于体制、责任、资金等方面的因素，对工程建后缺乏监管。部分地区群众仍按传统的畜牧放养模式发展畜牧业，造成了林业项目遭牛羊啃食和践踏，造林成果遭到破坏；一些基础设施工程由于管护不到位，致使如沟渠、农耕路、人造林等存在人为或自然损毁现象，导致设施无法正常发挥作用。这些因素影响了治理效益发挥。

三、文山壮族苗族自治州实施石漠化治理的有效途径探索

文山壮族苗族自治州地区石漠化范围较广，危害的程度较深，成了限制文山地区经济社会发展的客观因素之一。文山壮族苗族自治州地区石漠化形成的原因较复杂，有先天不足的原因、有后天破坏的原因、有各种发展需要的综合因素的破坏。一直以来比较崇尚综合治理理论，把石漠化治理放在总体发展项目中作为子项目实施，协调岩溶地区人的发展与自然承受力的激烈矛盾，并取得明显成效。从20世纪80年代初以来，国家环境治理逐渐走向法治化、制度化，使环境治理有法可依、有章可循、有人负责，文山壮族苗族自治州切实贯彻环境保护和治理的相关法律法规，使石漠化的蔓延速度得到有效延缓，环境保护和治理的重视程度在不断增强，环境保护和治理的人力、物力和经费的投入在不断增加，宣传和教育使人们的环保观念不断提升，经济社会的不断向前发展以及计划生育政策的有效实施，使更多的人不再依赖对自然资源的破坏性索取，因而减轻了自然生态的承载压力。经济社会发展方式逐渐转型和综合治理项目的有效实施，使石漠化地区的发展逐步摆脱对有限环境资源的依赖和破坏。

文山壮族苗族自治州石漠化综合治理取得了明显的成效。石漠化片区农村人口增长得到有效控制，减轻了石漠化恶劣生存环境的人口承载压力。石漠化片区的富余劳动力外出务工和转向其他地方生存，扶贫政策和退耕还林的补贴政策使大量不宜耕种的土地退耕还林。林业部门的植树造林正在改变石漠化片区只有石头的面貌，森林覆盖率在不断增加。环境执法力度的加强和环保观念的增强使环境治理走出了“先破坏、后治理，边破坏、边治理”的恶性循环。经济社会发展方式逐渐转型，使人与自然关系逐渐趋向和谐。“绿水青山就是金山银山”的观念不断深入民心，石漠化治理的重视程度和投入力度在不断增强。文山的美丽未来可以预见。

可是，文山壮族苗族自治州石漠化治理仍然面临着巨大的挑战，问题的中心无不指向如何协调人与自然和谐发展的问题。从目前和未来的发展趋势看，关键问题是石漠化地区的生态修复问题。所以石漠化地区发展总体规划应当切实考虑如何实现生态修复和恢复应有的生态环境。如何解决生态修复过程中遇到的困难和问题，如何实现石漠化治

理经费的筹措和可持续的高投入，如何解决经费投入严重不足的问题。研究并解决石漠化治理动力不足的问题，使更多的人自发、自觉和志愿地投入到石漠化治理的事业中。认真思考石漠化地区发展的重点是解决人的生存和发展问题还是生态修复的问题。认真研究如何实现石漠化区域传统产业转型和人的生存、生活、生产方式的转变。研究增强石漠化治理的科技含量和治理的长效制度和长效机制。基于以上问题的提出探讨文山壮族苗族自治州石漠化治理的有效途径。

（一）转变石漠化治理的价值观念，把握时代发展新趋势，定位文山壮族苗族自治州石漠化治理的现实和长远意义

文山壮族苗族自治州石漠化严重和比较严重的片区主要位于边远岩溶地区的农村和部分乡镇、城市周边。文山壮族苗族自治州长期是“老、少、边、山、穷”的典型。自西部大开发以来，文山壮族苗族自治州就是扶贫开发的对象，所以文山壮族苗族自治州的石漠化治理项目一直以来都是作为总体发展项目的子项目，作为扶贫开发的项目之一，项目经费经过项目层层分流导致具体的石漠化治理项目盘子大、经费少的尴尬现象。领导层不缺乏认识和重视，执行层也不缺乏执行力，然而经费问题成为石漠化治理的瓶颈，治理成效难以取得实质性的突破。依靠综合治理的有限经费推动范围较广、程度较深的石漠化治理项目，显得动力十分有限。所以石漠化治理存在观念的偏差问题，过于注重“经济效益、社会效益、生态效益”的协调发展，突出解决石漠化片区人的“生产、生活和生态”问题，作为总体发展规划本身没有错，但作为石漠化片区的农村要想做到兼顾“三效益”和“三生”非常困难，纠结于到底什么才是石漠化治理的重点和关键的突破口。石漠化严重片区人类生存条件非常恶劣，存在“生产困难、吃水困难、出行困难、发展困难、生活困难”的困境，被称为“不适合人类生存的地方”，有的地方还提出“搬家不如搬石头”的口号，人定胜天的精神可嘉，本质上缺乏“变”的思维，囿于“城乡二元化”发展的观念，把大量的财力和精力投入到解决边远山区的各种困难问题中，使石漠化生态修复一直处于保守治疗层面，很多项目和措施仍停留在规划阶段。石漠化治理的关键是使生存在石漠化片区上的人如何逐步退出和实现石漠化生态的科学有效修复，遗憾的是现实的石漠化治理观念仍然停留在扶贫和脱贫的层面，重点放在治贫而没有放在环境治理上。石漠化治理是一项“功在当代、利在千秋”的人类伟大事业，经费的高投入不可能在短时间内获得货币回报，在经济建设的思维模式指导下，环境治理的投入一直显得疲软。

文山壮族苗族自治州地处左右邕江的上游，岩溶面积占到总面积的一半左右，岩溶地区生态脆弱，是水土保持和生态修复的重要地区。岩溶生态一旦遭破坏自然修复能力

较差，有些地方已经超出了自然修复的临界，岩石裸露，水土流失严重，已经退耕还林的土地缺乏人为修复干预，正走向荒漠化趋势，退耕不易，还林更难。从当前来看，生态建设面临很多困难，工程很大，投资很大，资金整合困难，存在投资与收益的不平衡。从长远的发展来看，生态环境建设是一项长远的发展投资，只要有人类存在就必然要协调人与自然的和谐共处关系，因为自然环境才是人类生存和发展的第一基础要素。要建设美丽文山，环境建设同样是硬性指标。从长远发展的前景考虑，生态环境建设投资是值得的。近年来，文山壮族苗族自治州地区经济社会发展势头强劲，基础设施建设得到了较大的改观，经济发展持续增长，人民收入持续增加，更多的人转向关注环境，关注健康，关注生存和生活质量。生态环境治理，生态保护以及石漠化片区的生态修复将会更多地表现为人民的诉求。

环境保护和治理工作历来都是政府牵头各部门抓落实，而人民群众的社会参与度、积极性和主动性不高，使得工作推进缓慢，难以解决大面积的生态修复问题。所以通常考虑以经济的货币手段刺激积极性，相反却进一步让这项工作陷入了等价交换的被动怪圈。人民群众的责任感、主人感和积极性没有调动起来，光靠行政和经济手段难以全面推进这项工作并取得显著成效。按照“谁破坏、谁治理，谁治理、谁受益”的逻辑，生态环境保护和治理工作更多地要考虑社会效益，真正的受益者是整个人类社会，所以我们需要全民动员打一场“人民战争”，让每个人都直接或间接地参与进来，让每个人都认识到人类与环境的密切且重要的关系，让每个人都尽到应尽之力，改变治理者与受益者不对等的现状。

石漠化治理是一项巨大的工程也是一项伟大的工程，关系到现实的发展问题也关系到未来的长远发展问题，推动这项工作和切实解决问题首先要转变观念。一是重新认识生态建设的大局趋势，转变解决现实问题为谋划长远发展的战略观念。二是转变石漠化治理的多效益思维为以社会效益为主的观念，依靠全社会的直接和间接参与推动工作的本质性进展。三是转变完全依靠财政财力投入的经济驱动治理方式为更多依靠人民群众的力量，打一场石漠化治理的“人民战争”。四是转变石漠化片区的治贫观念为环境治理的观念，依靠总体发展转变石漠化片区生存和发展的传统方式。

（二）转变石漠化治理模式把握治理的关键，打开石漠化治理工作新局面

传统“共识”认为，环境保护和治理工作是政府及相关部门的事，提到这项工作人们自然会想到依靠政府政策和项目资金的支持，如果没有政府支撑一切治理工作将没有任何进展。传统的治理模式就是政府模式即综合治理模式，现今社会、团体及个人的自发、自觉参与环境保护和治理的情绪和积极性在逐渐提高，环保维权案例也在不断增加，

环境人为破坏现象得到进一步的遏制，生态环保意识出现了向好的发展局面，这是转变石漠化治理模式的基础。

石漠化治理的政府模式，即政府（项目）+农户（公司）模式，这个模式的运作主要流程为：政府或政府部门申报项目→项目审批资金到位→项目招投标→公司或农户组织实施→政府或政府部门监督检查→项目验收→经费拨付。政府模式有很多优势，一是资金来源有保障，由财政统收统支，只要项目验收合格，经费就能及时拨付到位。二是项目的针对性很强，能够及时解决重点问题和突出问题。三是由政府主导其组织严密，执行力强，并便于全局部署和统筹安排。同时，也存在许多缺陷，一是政府的主导权威地位使得参与方面处于被动地位，所有问题的解决都把希望的目光投向政府，政府包揽一切导致负担过重，难免顾此失彼。二是石漠化治理范围大，工程大，有限的经费投入难以惠及所有石漠化治理范围，只能集中投入解决突出问题和建设重点项目，依靠示范区建设发挥带动和辐射效应。而非重点突出的片区石漠化治理工作进展缓慢。三是社会参与度低，传统政府主导模式使很多人便于推卸责任或出于劳动与货币的等价思维而行动懈怠。比如植树造林，每年的植树节只有节日之虚，没有植树之实。山林土地承包到各家各户，那些有认识、有激情、有行动的人也不知道到哪里种树，把树种到哪里，现实很尴尬。社会的行动缺乏组织、动员和有序积极参与。

石漠化治理问题关键就两个，一个是生态治理，对象是自然环境的修复和人为再造。另一个是石漠化片区生存的人口逐渐减少和环境依赖型生存方式有序退出，对象是人的生产、生活与生态的和谐问题。石漠化治理面临着巨额的经费投入和密集的劳动力投入。单纯的政府治理模式已经跟不上新时代环境治理要求，治理模式还得进一步延伸到社会的每个角落，由政府模式转变为政府+社会模式。在原来政府模式的基础上引入社会的参与，打开石漠化治理工作的新局面。引入社会参与有几大好处，一是会使环境保护、生态建设、人与自然生命共同体以及石漠化治理的观念深入到所有人心，人人都会行动起来用实际行动证明人与自然和谐共生的观念正深入民心。二是为石漠化治理经费的筹措拓宽更加广阔的空间，使更多的人有钱出钱，有力出力，形成一场大规模的“人民战争”。三是社会的参与可以形成永久的长效环境保护和生态建设机制。社会参与模式也不是全能的，应当考虑避免几种情况，一是避免形成一时的群众运动而缺乏后续管理和维护，劳多功少。二是避免“走秀”式的光有图片文字之虚而无实干之实。三是避免缺乏合理规划和科学指导，造成工作无序展开，造成资源浪费。

（三）转变石漠化治理方法，提倡精准治理理念，切实推进治理工作

文山壮族苗族自治州石漠化片区范围较广，人口密度较大，经济基础薄弱，人民群

众普遍贫困，“三农问题”典型严重，有限的发展资源得不到合理有效整合。三十多年的扶贫开发主要放在解决路通、电通、有水和土地整理上，近年来有些地方逐渐整合土地资源实行合作化和特色产业化发展。富余劳动力外出务工或生存和发展思路转变，有些村寨全村外出，有些村寨几乎只剩下老人和未成年，边远山区和石漠化片区农村正出现消退和消失现象，石漠化片区环境生态压力得到缓解，“三农问题”得到进一步的改观。许多曾经耕种的石漠化土地已经被动或主动退耕还林，石漠化治理也正面临着机遇和挑战。鉴于现实的情况讨论石漠化治理的方法问题。过去我们使用的方法主要分两块，一块是解决“三农问题”，解决石漠化片区的群众生产、生活和发展问题。另一块是石漠化土地的生态修复和再造。通常使用的方法有：一是生活的硬件设施改造，包括“三通”、房屋改造、燃炉改造等，既提升了群众的生活质量又减少了群众对薪材和建材的砍伐。二是石漠化土地人为改造，主要就是搬石头造地、坡地改造台地和填土造地等，可以有效减缓水土流失和有效提高生产效益，改变广种薄收的传统耕种方法和减少土地的再开垦，还能使大面积石漠化土地退耕还林。三是实行退耕还林补贴政策和林木种植经济愿景刺激，激发退耕还林的积极性和退耕还林速度。四是封山育林育草使生态自然恢复。五是实施天保工程，所有自然林不得砍伐，不得新开垦土地，使人为破坏范围被划定，不再延伸，仅存的生态得到有效保护。六是富余劳动力输出转移或易地搬迁，减轻了石漠化片区的生态承载压力。文山壮族苗族自治州通过石漠化治理的实践和总结，得出了“六子登科”的治理经验，2011 年 4 月 14—15 日，全国岩溶地区石漠化综合治理工程第三次省部联席会暨现场会在文山召开，文山壮族苗族自治州“六子登科”石漠化治理经验得以向全国交流和推广。可见，文山壮族苗族自治州石漠化治理花了很大的功夫，并取得了优异的成绩。

调查发现，石漠化治理的方法上仍存在一些缺陷，导致治理进展缓慢，成效不明显。对于石漠化片区，扶贫脱贫攻坚的重点工作主要用在解决人口的生存问题，产业发展仍然薄弱，一些个别村寨在国家和政府的大力扶持下，实行土地整合，引进现代农业走上了农业产业化发展道路，而普遍的石漠化片区却没有多大进展。在对石漠化片区扶贫攻坚调查中发现，先富裕起来的农户主要归结为几类，一是外出务工或已搬迁，生存与发展的方式已经转变。二是发展特色种养殖业走上富裕的道路。三是依靠政府的扶持逐渐脱贫并走上向富裕前进的方向。完全依靠传统种养殖生存和发展的农户仍然是精准脱贫的扶持对象。

石漠化治理主要是两方面，治山和治人。治山主要是退耕还林、封山育林、人工造林的生态修复工程。治人主要是解决生活在石漠化片区人口的生存、生活和持续发展增收问题。通常这两方面的工作联系不紧密，有时候还形成矛盾，一方面要退出环境依赖，另一方面要对环境有所依赖，所以综合治理的本质思想需要经济社会的整体发展，推动石漠化片区的向好历史演变。欲速则不达，达则不宜速。需要把两方面的工作紧密地整合在一起，形成利益共同体。石漠化片区，人的生存与发展的基础资源就是石旮旯地和石旮旯山，自从土地和山林经营权承包到户后，这些基础资源为解决生存问题发挥了最大的作用。环境资源付出太多，人类也索取太多。现在及将来的发展趋势是转变人类生存对环境的依赖方式，把人类已经破坏的自然环境不打折扣地归还给自然环境。如果把石漠化地区的生态建设发展成为一项产业就能解决石漠化片区的人的发展与生态发展的矛盾，也能进一步把“绿水青山”转变为“金山银山”。

对于石漠化片区来说，现在的首要任务是如何把光秃秃的石山转变为青山，方法上还得转变，总体思路应当是治山和治人紧密联系起来，形成山与人的生命共同体和利益共同体，把生态建设发展成产业化。有人可能要问，谁来买单？当然是全社会买单，不管你承认不承认，你一直都在消费生态环境，谁消费谁买单自然是合理的。怎么打破生态生产者和享受者利益不相干的现状？一是建立生态生产的利益或补偿制度，使生态生产者与消费者形成利益共同体，形成生态保护和建设的长效机制。二是建立石漠化片区生态建设产业化的长效补偿机制，变石漠化片区的石旮旯生存资源为持续增收的发展资源，使传统产业发展思维转变为生态产业发展模式。三是精准规划，稳步推进，广泛动员社会参与，过了一定的时间，石漠化问题就能解决，美丽文山就将建成。四是整合经营权和直接受益权，最好是建立国家公园制度，让整个生态建设成为一项产业，让整个社会成为生态建设的参与者和受益者，切实推进生态建设工作。五是整合社会人力、财力等资源，实行社会参与政府购买的石漠化治理运作机制。

（四）尊重生态规律科学治理，促进石漠化生态修复良性发展

生态本身就是一门科学，石漠化的生态治理也得依科学行事。石漠化片区原本有它独特的完整的生态系统，它的主要构成元素同样有光、热、大气、水分、石、土壤、植物、动物以及微生物等，每个元素在整个生态系统中发挥着它应有的作用，每个物种在其上的生存都自然遵循“物竞天择、适者生存”的规律，每个元素之间形成了“相辅相成、相惜相依”的关系。生存在岩溶地区的人同样理应也是整个生态系统的一部分，应当遵循自然规律融入自然，形成与自然相惜相依的关系，但由于人口的增多以及生存与发展的压力，他们用实际行动证明了“物竞天择、适者生存”的规律“战胜”了大自然，成了短期的胜利者，实则成了未来最大的失败者，而现实中他们正遭受着恶劣环境的惩罚，更多的人逐渐认识到石漠化片区越来越不适合人类的生存。到底岩溶地区能够承受的人口密度为多少，目前没有权威数据，人的智慧和能动性远远超出了自然的想象力，人们把眼光放到更加宽广的区域寻找更适宜生存的环境领域，实现社会发展的自然调节。

石漠化治理的总体思想应当为减轻岩溶片区的环境人口承载压力，没有必要在恶劣的生存环境中人为创造优越的生活条件，吸引更多的人在岩溶土地上继续生产生活，当然一些必要的基础设施建设是必需的，然而谁能够在其上生存，还得依靠“适者生存”的规律，而现实中这个规律正发挥着作用，岩溶片区的人口正在减少，有的转向其他地区，有的转向城市，有的变成了流动人口只有房屋存在没有常年居住的实质。那些已经遭受破坏的自然环境面临着需要修复的状态。

生态修复一般采用两种方法，一是自然修复，也就是生态的自我修复，比如封山育林，退耕还林。生态自我修复是一个漫长生态历史演变过程，少则几十年，多则几百年，上千年。原来的生态已经遭受破坏，人类即使给它安排了自我修复模式它也不可能恢复到原来的生态面貌，严重的石漠化片区环境破坏程度已经超出了自我修复的临界，丧失了自我修复的能力。调查中发现，许多石漠化片区正走向荒漠化发展趋势，退耕取得了一定的成效，还林还面临着考验。二是人工修复，比如人工种树、种草等。人工修复因参与了人为干预的成分，可以使生态修复在短时间内取得明显成效，但人工修复也不是恢复原来的生态，而是人为再造一个生态，往往与原来的生态相差甚远。人工生态物种单一，实际上是另一个脆弱生态。问题出在哪儿呢？一是从人的角度出发，以人的思维代替自然生态科学，以“改造”自然为理念中心，犯了急躁心理或政绩心理。二是过于依赖生态自我修复的能力，缺乏人为科学干预。所以现实中的生态修复存在很多问题，一是大面积的、运动式的修复工程同时推进，缺乏种、育、管的整套修复制度和机制，出现修复的数据和实效不对称。二是过分强调森林覆盖率，注重种树的第一重要性而忽视了其他生态元素的不可或缺。三是过分依靠经济远景的激发而缺乏产业与市场的实践和科学论证，有的项目只有可行性论证，缺乏“不可行性”论证，造成资源浪费或环境的二次破坏。四是修复物种选择过于强调“名特优”而缺乏适宜性判断，修复效果并没有达到预期，而那些经过几千年上万年进化来的本地物种并不被看好。修复物种的选择没有最好的，只有最适合的。

生态科学修复才是生态修复的关键技术手段。未来的生态修复需要切实考虑这些问题，一是加强生态及石漠化治理的制度科学性研究，从制度、机制、方案到具体组织实施突出顶层设计的科学性，用科学合理的治理设计诠释生态建设的成果。二是加强石漠化片区的生态修复科学研究，成立专门的研究和修复指导机构，增强石漠化治理的科学性和合理性，用科技的力量承载石漠化修复工程。三是加强研究社会参与的组织和运行制度，建立激励和责任追究机制，引导鼓励或奖励社会团体或个人的有效直接参与行为。四是加强研究生态和石漠化治理的技术手段，做好前期的准备工作和修复工程的基础工作以及修复工程的后续管理维护工程。

人象关系的调整与适应：西双版纳亚洲象情况调研报告[①]

2017 年 8 月 15—21 日，由云南大学西南环境史研究所牵头，云南省社会科学院、昆明理工大学、云南省中医医院等单位的多名学者前往西双版纳进行实地调研，调研包括地方在生态文明建设中的各个方面，诸如生态产业推进情况、人与自然关系、生态文明观念深入与普及，以及地方政府在云南生态文明建设过程中的具体工作等。由于调研主题分散，调研小组成员关注内容各不相同，按预定计划，本人在调研过程中主要关注西双版纳河流水域生态、边疆生态屏障以及人象关系等问题。但在实际调研过程中，由于对水域生态没有实地查勘，而更多关注到了西双版纳的生态产业发展情况以及亚洲象生存状况等问题。因此，本人的调研报告主要围绕西双版纳生态产业发展情况以及人象关系展开。需要说明的是，本调研报告只是一些感官体验以及在查阅了基本文献资料后撰写的初步观点。

保护亚洲象是国家法律明确规定的政策。亚洲象与人的冲突也不是最近几年才出现的问题，本次调研活动在西双版纳傣族自治州及下属的勐海、勐腊县展开，在调研过程中，当地反馈信息最多的依旧是亚洲象与人冲突的信息，随着这些信息的不断累积，调研小组认为有必要对西双版纳的亚洲象问题进行回溯性的调研，关注近些年来亚洲象与人冲突的历史与处理办法，并努力为当下人象关系缓和提出部分参考意见。

生态文明建设追求人与自然的核心发展，其最高目标也是希望实现人与自然的和谐共生。而人与动物的对立关系，也是制约着西双版纳近些年来生态文明建设成效的重要因素。人与动物之间的关系，并不是简单的人与动物之间的冲突，背后涉及人地关系、产业布局、政策法规等方方面面的内容。因此，以西双版纳的人象关系为案例，可以透视西双版纳生态环境变化轨迹，生态文明建设的过程等内容，是考察生态文明建设的一项有效参照指标。

一、西双版纳亚洲象分布与经常活动区域

亚洲象是我国一级保护动物，被世界自然保护联盟列为濒危物种。目前野生亚洲象

---

① 作者简介：耿金，男，云南富源人，云南大学西南环境史研究所讲师，研究方向为水利史、环境史、历史农业地理、西南史地。

主要分布在云南省的三个地区：思茅、西双版纳北部及南部。从2014年的监测数据形成的分布图上可以明显看出大致分布。

在西双版纳，亚洲象主要分布在西双版纳国家级自然保护区的勐养、勐腊和尚勇3个子保护区及其周边地区。目前，由于森林砍伐、农田扩张、公路修建以及非法盗猎等原因，使亚洲象的天然栖息地不断减少和破碎化，导致不同区域间的种群处于相互隔离的状态，遗传多样性显著下降[①]。

本次调查主要在勐腊县的尚勇管理所辖区进行走访。在勐腊地区尚勇保护区内，象群主要活动在勐满辖区的南坪村、河图二村、上中良村；大树脚辖区的下保山、中保山、大臭水、南亮以及龙门辖区的大龙哈等村寨。其中受象灾最严重的是南坪、河图、上中良、下保山等几个村寨。亚洲象在每年7—10月从保护区内出来到周边村寨活动，这个季节是玉米、水稻、甘蔗成熟的季节。在南坪、河图等村寨，每到这个时候，农民都在抢收作物，跟大象比速度，否则将颗粒无收。野象对庄稼的损害并不止于取吃，而且有时还在田里嬉戏、玩耍，对作物造成大面积的破坏[②]。

二、人象冲突应对

大象在西双版纳傣族自治州一直是傣族的吉祥物，但是近些年亚洲象却成为当地村民的梦魇。回溯历史，不难发现，亚洲象与人的冲突也与人口增加并不断挤占动物生存空间有关，一方面是大规模的毁坏雨林种植橡胶，另一方面则是人口的不断进入，比如在西双版纳设立的各种建设兵团、国有农场，吸引了大量的人口进入西双版纳，其中以湖南人最多。目前的观点基本认为人口增加与大象栖息地减少是冲突的主要原因。近几年由于野生亚洲象的增加，大象活动区域与人类活动区域有了更多的重叠。人口增加、受经济利益驱使，西双版纳不少河流、山谷沿岸都变成了农田，以供人们种植橡胶、茶叶与玉米。据统计，1991—2008年，亚洲象造成的损失仅粮食一项累积高达2905.7万千克，1991—2010年，有201人受到亚洲象攻击，其中30人死亡，171人受伤[③]。

1. 冲突历史与过程

有报道的文献记载，1994年在勐醒农场，曾发生野象袭击并使一名橡胶场女工死亡事件，当地人说，这一带原本是“象窝子”，开垦成橡胶林后，象便开始攻击人。在此之

① 柳林等：《西双版纳亚洲象的栖息地评价》，《兽类学报》2015年第1期，第2页。

② 王斌等：《亚洲象等野生动物对西双版纳尚勇自然保护区周边村村寨的影响》，《生态经济》2007年第1期，第32页。

③ 张立：《中国亚洲象现状及研究进展》，《生物学通报》2006年第11期，第1—4页。

前已有多次发泄，如将树上的胶碗踩入土中，将小的橡胶树拔倒，此后见人就追[①]。此后，每年都有亚洲象伤人致死案例发生。

2. 应对方式的变化

人类在应对人象冲突的最早办法就是人象分离，从1988年开始将保护区中的人家搬迁出保护区，当时的目的在于保护亚洲象。此后，随着橡胶种植在20世纪90年代以后持续扩展，人象冲突矛盾越来越频繁，特别是2000年以后。当时一些专家及地方保护人员认为缓解人象冲突比较现实的办法就是将人象分开。也有专家认为既然保护野象，就要容忍退让，用赔偿村民损失的办法，多种些玉米、芭蕉让野象吃，自己收一些，还有主张少数村民专门给野象种植食物，由政府发工资等。当时一些人对这种优待野生象的做法持反对意见，认为亚洲象毕竟是野生动物，有自己的生活环境和行为方式，如果由于人类的行为而使亚洲象向人类环境靠拢，使它们改变原来的生活方式，逐渐向半野生的方向发展，到那时人象冲突将不是减少而是增加[②]。

所以，更多的办法还是以人象分离为主，当地的老百姓为把大象分离，也用了许多办法，比如举火、产生噪声、挂红布、挖沟、种薄荷、榕树等隔离植物，还有就是亚洲象第一次进寨子就要撵出去，来几次撵几次，以后亚洲象就不再来了。20世纪90年代世界自然基金会（WWF）向版纳捐赠了80套电围网，装在野象经常去的地方，这种电围栏用一根细铁丝连着一套太阳能电池，可利用阳光蓄电，一旦遇到撞击可在一瞬间放出极高的电压，将碰撞物击倒。但亚洲象很快又学会了应对办法，或用鼻子卷起树枝击打围栏，使其短路，或趴在地上，匍匐前行，或者用厚厚的脚掌猛踏过去[③]。这种办法，根本上并不解决问题，2000年以后也在一些地方继续使用，比如勐腊县勐满镇的南坪村，就曾用过这种太阳能电网。效果不但不明显，还激起野象的攻击性。

在本次调研过程中，笔者走访了西双版纳自然保护区位于勐腊县的尚勇保护所，保护所工作人员提及保护区周边的南坪村人象冲突案例。南坪村是1988年从尚勇保护区的核心区搬出来的，当时的目的就是保护野象，村子距中老边境只有十几千米，人口100多人，大多是瑶族。据2010年专门反映南坪村人象冲突的文章介绍：南坪村从保护区迁出后，由于村子坐落的特殊地理位置，处于人象冲突的最前沿。当时野象严重干扰村民的生活和生产。南坪村以种植橡胶为主要经济来源，每到割胶时节也是人象冲突的高发时期，由于野生亚洲象经常出没，天黑以后村民很少出门，割胶时间也

① 陈远发：《亚洲象，人类与你寻求和解》，《野生动物》2005年第3期，第10页。
② 陈远发：《亚洲象，人类与你寻求和解》，《野生动物》2005年第3期，第10页。
③ 陈远发：《亚洲象，人类与你寻求和解》，《野生动物》2005年第3期，第10页。

一推再推，农作物被野象糟蹋。村民介绍 4 头野象 4 个晚上就吃光将近 80 亩粮食，野象让村子一年下来颗粒无收。保护区管理局与世界自然基金会合作，在农田周边修建太阳能电缆、防象沟、防象壁、生态隔离等防护设施，但效果不明显，反而增加了大象的不安全感和攻击性[①]。

主动种植粮食作物的尝试。亚洲象是大型食草动物，一头成年大象每天至少需要 150 千克的食物，为了便于取食和完成其生命活动，每头亚洲象占据的生境面积可达数十万平方千米[②]。因此，一些保护区基层工作人员在常年的工作经验积累基础上，也提出了在保护区内种植亚洲象喜食的粮食作物和当地野生植物，减少亚洲象进入村庄，以免发生人象冲突。比如在 2005 年西双版纳国家级自然保护区勐养子保护区管理所即开展亚洲象食物源基地建设。从 2005 年建立基地以来，至 2012 年已经先后 89 次将亚洲象吸引到这一区域活动，减少其对周边村寨的影响。并提议适当增加食物源基地的面积和数量，逐渐改变食物源基地的种植结构[③]。对于后一点，目的在于从根本上逐渐改变亚洲象对粮食作物的口味依赖，逐步加大种植本地野生植物的种植面积，诸如棕叶芦、野芭蕉、构树、竹类等。

3. 补偿的变化

在十几年前，亚洲象损毁的粮食、经济作物赔偿很低，查阅 2003 年的赔偿标准，稻谷 7 分钱/斤，玉米 4 分钱/斤，小麦 5 分钱/斤，橡胶 5 分钱/株，水牛 26—28 元/头，猪 17—24 元/头。亚洲象肇事死亡一次性赔偿金额只有 1.2 万元。据统计，从 1991—2001 年，总共向受害群众支付各种赔偿费 624 万元，仅占受害群众实际损失的 9.51%。2004 年西双版纳傣族自治州勐海县委书记曹孟良表示，野生象肇事频繁发生，农民的损失一年比一年严重，拿到的补偿却只有可怜的一点。一方面督促老百姓保护野生动物，但老百姓有了损失，地方政府又无力解决问题。当时在大象出没地区，村民中有这样的看法：认为大象是当地的负担，如果没有大象，当地生活会过得更好[④]。最近几年的赔偿全部纳入保险范畴，具体赔付由保险公司核定。

① 陈宁一：《西双版纳的人象大战》，《环境》2010 年第 1 期，第 29—30 页。

② 陈明勇等：《中国亚洲象研究》，北京：科学出版社，2006 年，第 28—81 页。

③ 李中员：《亚洲象食物源基地建设对缓解人象冲突的作用》，《林业调查规划》2012 年第 5 期，第 83-84 页。

④ 陈泽伟：《西双版纳探“象灾”》，《瞭望新闻周刊》2004 年第 37 期，第 39 页。

4. 保险

云南省人民政府于1998年就在全国率先制定了《云南省重点保护陆生野生动物造成人身财产损害补偿办法》,省财政厅每年安排野生动物肇事补偿经费以解决野生动物肇事问题。据统计,2006—2009年的三年间,亚洲象肇事损失在300万—1000万元,平均每年600多万元,云南省林业厅在安排野生动物肇事补偿经费时,虽然给予西双版纳重点倾斜,但补偿经费缺口仍然很大,当地百姓得到的补偿比例较低。此后,西双版纳国家级自然保护区管理局与中国太平洋财产保险股份有限公司西双版纳中心支公司达成西双版纳亚洲象公众责任保险协议,也是中国第一份亚洲象公众责任保险合同。购买保险后,百姓赔付比率提升了,以伤人为例,2000年初大象踩死1人,仅赔偿5000元,以后虽增加到了1万元、1.2万元,乃至5万元,还是远未达到应赔偿数。但买保险后,大象踩死1人,将赔偿20万①。目前的研究统计分析也显示,保险赔偿对提高赔付比重有极大作用。平均补偿率从14.31%上升到90.84%②。

对于保险赔偿的提升,在调研的几个点都有相似的肯定回应。在瑶区乡桥头寨也曾经出现过亚洲象,大象在当地损害农民经济作物、粮食作物也有赔偿。损害1棵橡胶赔偿10元,1棵咖啡赔偿5元。如果按照成本价来算,除去土地、人工等成本,每棵橡胶的成本至少在40元。亚洲象在本地也有伤人致死的事件,而且在勐海县这种情况就更多。对于亚洲象,既要防止伤人,又要保护。如果出现死亡人员,伤亡1人赔偿20万元左右。

在勐腊尚勇保护所所辖区域(图1),则亚洲象损害赔偿概率更高。但保护区管理所的工作人员也表达了目前保险公司面临极大的赔付困难。保险公司对推进保险工作积极性不高,原因是赔钱的概率高。对于老百姓而言,虽然相比此前赔偿比率已有大幅提升,但与期望仍有差距。另外,由于保险公司毕竟人力有限,在核对受损情况过程中难免有不足,比如在一些亚洲象经常出没和觅食的区域,一些民众不认真种粮食作物,只是为了挣补助,以玉米为例,一些农户一米才种一棵,任作物自由生长,地里杂草丛生,虽然亚洲象也来吃粮食且被吃完,但是本身种的量也很少,还是没有起到依靠补助来缓解人象冲突的初衷。

---

① 武建雷、贺佳飞:《云南为亚洲象买保险》,《云南林业》2009年第6期,第17页。

② 陈文汇、王美力、许单云:《中国亚洲象肇事致损、补偿的现状与政策分析》,《生态经济》2017年第6期,第143页。

图 1 从尚勇保护所到龙门保护站路上的宣传牌

三、对策建议

2018 年，新华社英文头条报道了一则新闻，标题大意是“在找寻亚洲象威严道路上的中国”（China on the Way to Revive Majesty of Elephants），讲述了西双版纳自然保护区在近几年拯救大象的具体案例。截至 2018 年，西双版纳保护区大象救助中心从 2008 年成立以来，已经拯救了 13 头野生亚洲象，其中有 10 头仍在保护区接受医疗和康复训练。通过这些年的保护工作，亚洲象从 20 世纪 90 年代，中国只有 180 头增加到目前超过 300 头。

根据有关数据统计，2011—2017 年，野生亚洲象依然还是造成了 32 人死亡，159 人受伤。但也应该看到，仅 2018 年保护区工作人员就种植了 100 公顷大象喜爱的食物，如竹子等。保护区希望通过人工种植植物为大象提供食物，大象可以远离村庄，避免与人类发生冲突。自 2014 年，云南已在全省推行商业性野生动物保险，其中亚洲象是重点保险赔付对象。新华社的报道中提及生病或者受伤的野生大象会主动寻求人类的帮助，这是最近这些年保护区人象关系的重大变化。一位当地的工程师介绍，野生大象会故意把生病的成员留在村庄附近，以获得人类救助。

从这条新闻人们依旧看得到人象冲突的代价，仍然有人员伤亡的出现。但是却给人们处理人象关系提供了基本的参照，即逐步构建起人象之间的互信关系。有常年在基层从事野生象报道的记者对历史时期的人象关系有这样的总结：“当时，觉得有人的地方就有吃的，人不会伤害野象，野象觉得安全。有大象的地方，虎熊等猛兽也很少出现，这让人类也感到安全。”[①]这种人象相互依赖、相互信任的状态是近几十年被打破的，要修复人象关系，根本上要先建立起人象互信。笔者在短暂几天的调研过程中，听基层工作人员反馈最多的信息也就是亚洲象与人冲突的案例，而在处理人象冲突关系时，其中也不乏切实可行的建议从基层工作人员的表述中被传递出来。

虽然在十几年前针对应对人象冲突问题的处理办法中，有专家就反对专门给野象种植食物，但是从近几年的实行效果来看，一味的人象分离，作用并不明显，笔者认为在亚洲象经常活动区域设立专门的食物种植区，交由农民种植维护，并由保护区及其他相关管理部分跟踪评估粮食受损情况，进行等量、等价赔偿，或者是多倍赔偿，以从根本上缓解目前人与象的矛盾。

如今学者们经过梳理文献并结合实地调研，大致总结出目前人象冲突的主要原因，包括生境破坏、取食物种的减少和习性的变化、现代交通的切割、人为的主动侵犯和亚洲象的报复行为。并且也提出了一些防治人象冲突的具体措施，诸如改造生境，即控制橡胶种植面积与区域，使亚洲象的栖息地不再出现“孤岛化”；建立生态廊道，将大象活动的分散区沟通起来，促进种群间的交流；以发展旅游为主，逐渐替代种植经济；完善补偿机制，提出应该将补偿机制纳入财政预算，建立长效经济补偿机制。完善亚洲象商业保险补偿机制，提高赔偿金额[②]。就目前调研过程中的情况看，以上措施不可谓不全。但具体操作过程还有不少需要协调的部门与工作，仍有不少细致的工作需要落实。

首先，应对人象冲突，逐步从人象隔离向人象沟通转变。早先在处理人象冲突过程中，基本以“防”为主要手段，这种手段的根源仍在于亚洲象食物源的不足，而人为设置的障碍设施不仅不能起到阻隔的作用，还进一步激化了人象矛盾关系。在走访过程中，当地村民以及保护区的基层工作人员都表示，亚洲象有很强的记忆力和报复性，人为激化的矛盾又将进一步加剧人象之间的冲突关系。

其次，在亚洲象经常活动的村寨周边，主动为亚洲象解决食物问题，营造人象和谐的社区管理模式。尚勇保护所的工作人员介绍，上文中提及的南坪案例，在前几年曾经有好的处理办法，但近几年因经费问题没有继续实行了。工作人员介绍：勐腊勐满镇的南坪（南坪村为勐满镇大广村委会下辖的自然村）以前经常受到大象骚扰，种的庄稼基本每年都被大象吃掉，或是毁坏了，当地的老百姓迫不得已，许多人去老挝打工，地方政府得知后，从财政经费里拿出一部分钱购买粮食送给老百姓，但不能从根本上解决问题。后来就对老百姓的粮食作物进行补偿，不改变老百姓种植的具体安排，但保护局对粮食作物的生长进行跟踪评估，督促种植、管理，分三四次评估，分别包括面积评估、

① 陈宁一：《西双版纳的人象大战》,《环境》2010 年第 1 期，第 29 页。

② 廖涛：《西双版纳人象冲突及其防治措施》,《绿色科技》2013 年第 10 期，第 18—20 页。

中耕管理评估、出穗时评估、产量评估等，最后一次评估是：大象是否吃掉了粮食作物？是大象吃了还是农民自己收回了？先根据粮食的生长情况，大致估算出每家每户的产量，再结合综合数据，包括种植面积等，计算、评估出应该给老百姓补偿多少粮食，由保护局到市场购买粮食，挨家挨户分发粮食。这种方法既起到了为亚洲象提供食物的目的，又能控制贫困人口。由于发放粮食乃根据是否有粮食种植，以及作物生长情况、亚洲象损坏程度等综合因素，因此，可以避免出现部分好吃懒做之人坐等补助的情况。经过几年的尝试，人象关系有所缓解。

这种模式在保护区推行了几年，但是近几年没有继续了，原因是项目经费没有了，无法继续推进。就基层工作人员经验看，该措施目前仍然是最有效缓解人象冲突、矛盾的做法，可以说是成功的。希望最后形成一种依靠政府支持，老百姓自愿参与的社区管理模式来保护亚洲象。只有建立了互相信任，人象关系才会有根本性的改变。

最后，可以将亚洲象保护提高到国家公园建设的战略高度，为亚洲象国家公园的建立与运行提供专项的经费支持，并进入国家财政预算。使经费支持能够直接落实到亚洲象生存环境维护的各项开销上，这其中就包括对民众作物损失的跟踪补偿。

对于西双版纳傣族自治州而言，保护好既有的资源与环境，本身就是最大的开发、发展。不一定要通过产业的发展来带动经济的发展，对于具有很好禀赋资源的西双版纳傣族自治州，可以走保护资源与环境带来的增值效应，以推动当地的发展。在访谈过程中，保护所工作人员也在强调，勐腊县就是因为地处边疆、交通不便，所以才保留住了大片的原始森林，才有众多的野生动植物的生长、繁衍，很多经济很发达的地方，走过了经济发展后环境破坏的路子，对于西双版纳而言，这种路是不能走的。相信从地州县政府到省里等各级政府对这样的理念应该是能达成一致的。但具体如何开展、推进，还是有难度。生态补偿机制在国家层面如何设计，省与省之间的补助机制如何协调，都还是目前最大的问题。

笔者认为在补偿、扶持过程中，可以根据野象出行的常规路线，重点关注野象经常出现的一些村子，对这些村子进行重点扶持，支持亚洲象保护工作，为人与动物和谐关系处理提供一种版纳的经验与参照。更为重要的是，亚洲象在西双版纳活动，本身已经成为西双版纳的重要资源与价值所在。处理好人与象之间的关系，本身也是为西双版纳未来发展作出积极的尝试。

西双版纳国家级自然保护区调研报告①

自然保护区建设一直是我国环境保护事业的重要工作。20 世纪五六十年代以来，我国的自然保护区建设工作已经逐步开展，1956 年我国建立第一个自然保护区——广东鼎湖山自然保护区②，为更好保护生物多样性提供了保障。截至 2016 年，我国共建立各种类型、不同级别的自然保护区 2750 个，其中陆地面积约占全国陆地面积的 14.88%；国家级自然保护区 446 个，约占全国陆地面积的 9.97%。云南省已建各种类型、不同级别的自然保护区 161 个（国家级 21 个、省级 38 个、州市级 55 个、县区级 47 个），总面积约 286 万公顷，占全省总面积的 7.3%，基本形成了布局合理、类型较为齐全的自然保护区网络体系。自然保护区的建设逐步完善，但在后期的管理、维护等方面却存在着很多难题和困难，主要体现在经济发展与环境保护方面的冲突与矛盾，如何在保障民众生产生活的前提下，保护生态环境是当前自然保护区建设中的难题。

西双版纳傣族自治州位于云南西南边陲，与缅甸、老挝接壤，受印度洋西南季风和太平洋东南季风影响，全年湿润多雨，森林植被茂密，有“植物王国”“动物王国”之美称。西双版纳傣族自治州自然保护区早在 2007 年便被联合国教科文组织列入“国际生物圈自然保护区网”。整个西双版纳国家级自然保护区由勐养、勐仑、勐腊、尚勇、曼稿五个子保护区组成，总面积 24.251 万公顷，是一个以保护热带森林生态系统和珍稀野生动植物资源为主的大型综合性自然保护区；保护区内生活有 2100 余种野生动物，其中，亚洲象、印支虎、绿孔雀、印度野牛、白颊长臂猿、蜂猴等 120 种国家重点保护动物更是保护物种中重点的重点；在五个子保护区中，勐腊和尚勇子保护区边境与老挝接壤，边境线长达 108 千米,该跨境区域正处于全球 12 大生物多样性热点之一的印支半岛生物多样性热点地带，生物多样性极为丰富③。在近几十年来，西双版纳傣族自治州国家级自然保护区建设迅速展开，但在实际建设中却面临着一系列挑战，并出现了很多问题，包括生物多样性保护、自然资源利用、保护区民众保护意识、保护区民族文化传承四个方面。为此，2017 年 8 月 12—22 日，云南大学西南环境史研究所耿金博士、云南省社会

① 作者简介：杜香玉，女，河北衡水人，云南大学民族政治研究院助理研究员，研究方向为边疆生态安全与生态治理、中国环境史、西南边疆灾害史及生态文明建设。

② 杨云、李建友主编：《西双版纳纳板河流域国家级自然保护区社区合作管理的理论与实践》，北京：中国农业大学出版社，2010 年，第 13 页。

③ 西双版纳傣族自治州自然保护区管理局提供资料。

科学院曹津勇副研究员、云南大学“一带一路”研究院史雷博士、云南中医学院廖志军博士、昆明学院陈文博博士、时云南大学西南环境史研究所博士生杜香玉、昆明理工大学硕士生潘诗雅一行到景洪市、勐海县、勐腊县3个市县进行现场调查、走访座谈。

笔者专门对纳板河流域国家级自然保护区进行深入了解，又通过从西双版纳傣族自治州自然保护区管理局获取的一些资料及座谈对于西双版纳傣族自治州自然保护区管理情况有了较为全面、系统的认识。在此基础上，总结归纳当前西双版纳傣族自治州自然保护区管理的现状、存在的问题，并提出相应对策建议，以期更好地协调自然保护区村寨民众生存发展与自然环境保护之间的矛盾，促进社会经济环境可持续发展，实现人与自然和谐共生。近年来，西双版纳傣族自治州自然保护区建设日趋成熟，以纳板河流域国家级自然保护区、西双版纳热带雨林国家公园、中老跨境生物多样性联合保护及亚洲象保护工作所取得的成绩尤为突出，但也存在一系列问题。

一、纳板河流域自然保护区调研情况

（一）纳板河流域国家级自然保护区现状

纳板河自然保护区位于云南省南部、西双版纳傣族自治州中北部景洪市与勐海县接壤地带，北边、东边以澜沧江为界，南从纳板河与澜沧江交汇处。全区有5个村民委员会，涉及31个村民小组，分别隶属景洪市嘎洒镇所辖的曼点村寨、纳板村委会和勐海县勐宋乡所辖的糯有、蚌岗、大安村委会。

1. 自然环境

纳板河流域国家级自然保护区地处西南地区横断山系纵谷区的最南端，自然条件优越、地形地貌复杂、土壤类型多样、海拔高度变化明显，形成了独特的小气候和小生境，为动植物提供了良好的生存条件。

从气候条件来看，保护区自然条件复杂，年降雨量1100—1600毫米，年平均气温18—22℃，热量丰富，雨量充沛。从地形来看，保护区以平坝、山地为主，地势呈西北高东南低；区内最高点为拉祜马峰，海拔2304米；最低点是纳板河与澜沧江交汇处，海拔539米。从土壤类型来看，主要有砖红壤、赤红壤、红壤、黄壤。从占地面积来看，纳板河流域国家级自然保护区土地总面积为266平方千米（约40万亩），划分为核心区、缓冲区、实验区三个功能区，核心区的主要功能是保护自然生态系统，同时可进行生态监测和科学研究，以安麻山系为主体，位于纳板河上、中游东侧与澜沧江之间，最高海拔为1561.5米，内无村寨，面积约39.06平方千米，核心区有观测塔一座，硝塘3个，区内生物资源都有定期以巡护员为主体的监测。缓冲区位于核心区外围，一方面可防止核心区受到外界干扰和破坏，起到一定的缓冲作用；另一方面可用于开展生态村建设、热带雨林修复试验、社区再生资源的永续利用和地区性生态维持系统的保护与修复、能源利用、生物监测等科学研究工作。该区位于纳板河东侧紧连核心区的地段，面积约71.33平方千米。实验区面积约157.88平方千米，位于纳板河西侧的集水区，该区是保护区内村寨生产生活的主要聚居地，农田及林地经济作物分布众多，但荒山荒地亦有分布，可开展农林牧业等各种试点以及珍稀濒危植物的繁育，营造水源林、薪柴林和用材林。从自然资源来看，保护区内动植物资源极为丰富。其一，水资源丰富，保护区内集水面积在7.5平方千米以上的大小河流共13条，自西向东流入澜沧江，其中最大的河流为纳板河，河长24.5千米，流域集水面积211平方千米。其二，动植物种类多样，保护区的主要保护对象是以热带雨林为主体的森林生态系统及珍稀野生动植物，区内具有西双版纳所有的8个植被类型（13个植被亚型28个群系），已知高等植物有291科1220属2945种/变种；国家重点保护的野生植物21种，其中国家Ⅰ级保护植物3种，国家Ⅱ级保护植物18种；保护区内有脊椎动物35目100科477种，昆虫522种。国家重点保护动物68种，其中一级重点保护动物12种，二级重点保护动物56种；已知大型真菌38科90属 156 种。其三，经济植物资源众多，如野生可食用植物 196 种，占区内植物种树的10.03%，药用植物191种，占区内植物种树的9.77%[①]。

2. 社会经济发展

从保护区的社会经济发展历程来看，可以划分为四个阶段。第一个阶段是农业自给自足阶段，20世纪50年代，保护区仍是传统的生产生活方式，傣族生活在平坝地区，主要以种植水稻、采集捕鱼为生；拉祜族居住在海拔较高的山上，以种植旱稻、玉米，采集狩猎作谋生。第二阶段是外来移民进入和农业改革阶段，20世纪60年代之后，政府通过鼓励居住偏远的住民迁移到人口稠密的纳板河流域，建立村寨，开垦农田，在促进当地经济社会发展的同时，也破坏了当地生态。随着人口增加，土地开垦加剧，很多原始植被消失。第三阶段是以土地承包为标志的农业改革时期，1982年以后，社会经济政策发生转变，农民可承包土地自行种植；这一时期，在国家政策导向、市场需求、经济利益的驱动下，大面积的橡胶林地占据了农田林地，在一定程度上由多元的农作物种植转变为单一的橡胶种植，加速了生态系统失衡。第四个阶段是生产结构优化调整阶段，

① 杨云、李建友主编《西双版纳纳板河流域国家级自然保护区社区合作管理的理论与实践》，北京：中国农业大学出版社，2010年，第72—75页。

主要是近几年来，逐渐从种植水稻、玉米，发展为种植花生、烤烟、蔬菜等经济作物，茶叶、砂仁、橡胶等特殊经济作物，包括杧果、芭蕉、柚子、西瓜、柑橘等水果，已经关注到单一种植橡胶对于生态环境破坏的严重性，进而转变了单一的生产结构，保证了生态系统的复杂性。

截至 2016 年，保护区内所有居民全部为农业人口，主要产业包括种植业、林业、牧业、渔业，有较少的运输业、商业和工业。保护区范围内有 6 个村委会，32 个村民小组。居住着傣、哈尼、布朗、拉祜、彝、汉等 6 个民族，2016 年总人口共 1532 户 6384 人，人均年收入 8328 元，如图 1 所示①。从保护区村寨的基础设施来看，电话、电视、互联网已经全部覆盖，各村委会都设有医疗点，生活用水全部集中饮用山泉水，经沉淀池沉淀后用管道输送到户；部分村寨也使用自来水；也有村寨住户仍用竹槽导取山泉水；但在雨水集中时期，日常生活用水较为浑浊，但并不影响村民用水。从土地利用情况来看，按照西双版纳财政局等部门提交的《西双版纳傣族自治州国家重点生态公益林区划界定工作成果报告》，2004 年纳板河保护区有重点公益林 1663.4 公顷，其中有林地 12 759.93 公顷，疏林地 1070.6 公顷，灌木林地 23.93 公顷，宜林地 2776.3 公顷。保护区总土地面积约 26 600 公顷，其中属于勐海县的土地面积 15776 公顷，景洪市土地面积为 10 890 公顷。按事权划分，属于国有部分 19 670 公顷，集体部分 6996 公顷；在国有部分中，湿性季节性雨林有 4179 公顷，河滩及其他用地 102 公顷；在集体部分中，有天然林 4164 公顷，经济林 1360 公顷，农业用地 1112 公顷，村寨居住地 360 公顷②。

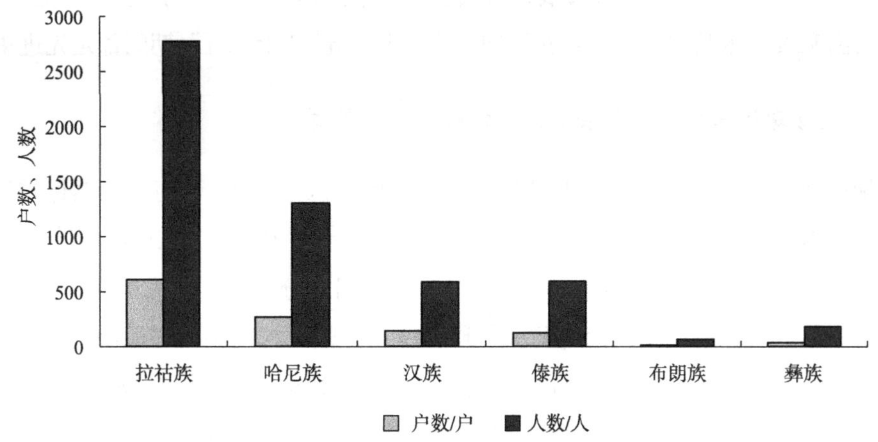

图 1 纳板河流域自然保护区村寨少数民族人口

① 图 1 由纳板河流域国家级自然保护区管理局工作人员曹宏光（工程师）提供。

② 杨云、李建友主编：《西双版纳纳板河流域国家级自然保护区社区合作管理的理论与实践》，北京：中国农业大学出版社 2010 年，第 67 页。

3. 管理机构

从机构的设立来看，纳板河保护区于1991年7月经云南省人民政府批准建立为省级自然保护区，1992年7月成立纳板河流域自然保护区管理所，为正科级事业单位，2000年4月晋升为国家级自然保护区。2007年9月，保护区管理机构经云南省编制委员会办公室批准升格为正处级事业单位。保护区管理局机关内设行政办公室、资源保护部、科研监测部、社区工作部4个科室，同时驻有一个西双版纳傣族自治州森林公安局的派出机构——纳板河保护区派出所。2017年，保护区管理局人员编制30人，现有人员27人。其中硕士研究生4人、大学本科8人、专科5人；有专业技术人员12人，其中正高1人，副高8人。保护区派出所人员编制7人，现有干警7人①。

（二）纳板河流域国家级自然保护区已开展工作及其成效

纳板河保护区在西双版纳保护区建设中极具典型性。近二十年来，保护区以生态环境保护为重点，同时带动当地社会经济发展，通过探索适合当地环境保护和经济发展的共生模式，更好地保护了生物多样性。纳板河流域国家级自然保护区由省管理，分为三个区：核心区、缓冲区、实验区，5个自然村都在保护区之中。对周围村民进行环境教育，每年开展1周的培训。合理规划住房、用地、林子、水利（改变封山育林、生产生活方式、经济发展模式），实现人与自然和谐。对33个自然村村民进行培训。组建生产队，进行护林防火，护林员队伍主要靠村民发展，有夫妻、兄弟护林员，认识到了生态产业的重要性。纳板河国家级自然保护区在“九五”“十五”“十一五”“十二五”期间都是先进集体。

1. 完善森林保护与防火条例，加强防火宣传教育

纳板河保护区按照《中华人民共和国自然保护区条例》《云南省自然保护区管理条例》和《西双版纳傣族自治州自然保护区管理条例》的相关规定制定《森林防火预案》和《森林防火实施方案》。通过明确各领导、各部门的分片分干防火责任制，签订《森林防火责任书》，建立24小时森林防火值班制度。并鼓励村委会、村民小组自愿加入到森林防火任务之中，保护区在区内村寨聘请了38名护林员，组建了50人的应急扑火队伍，完善了全区的资源保护网络体系，保护区的资源管护能力得到了加强。通过群众大会、放映森林防火电影、发放宣传材料、张贴宣传横幅标语等多种方式加大宣传力度，做到横向到边，纵向到底，不留死角。由于组织有力、宣传到位、措施得当，保护区多年无

① 该部分数据资料由纳板河流域国家级自然保护区管理局工作人员曹宏光（工程师）提供。

森林火灾发生，使区内的野生动植物资源得到了最大限度的保护[①]。

2. 加强保护区监督管理力度，强化并完善治安防控与巡护工作

一方面，建区以来，保护区已完成了勘界立标工作，保护区范围界线清楚。建设了曼点管理站、过门山管理站、江边水上管理站、蚌岗管理站、糯有森林防火瞭望塔等设施。配备了巡护车辆、巡护舰艇、巡护摩托及电脑、相机、GPS 等设备。另一方面，为更好地加强生态保护，保护区建立、完善了巡护制度，明确巡护线路、巡护频率以及巡护人员，全区设置了多条固定巡护线路；在巡护中使用“野外巡护观察记录表”进行数据收集，将巡护信息输入数据库 GIS 系统存储分析，为制订保护管理措施提供了依据。每年开展日常巡护、监测巡护、稽查巡护、武装巡护等各类巡护 300 余次，巡护里程 1 万千米以上，及时掌握林情、社情，及时发现、制止和打击各种破坏野生动植物资源的违法犯罪行为[②]。

3. 针对保护区的特殊性，积极开展有效的资源林政管理工作

一是严格执法，做好保护区的资源林政管理工作。认真贯彻执行国家和地方有关自然保护区的法律、法规和政策，严厉打击各类破坏野生动植物资源的违法犯罪行为，积极配合当地公安机关收缴民用枪支，有效地保护资源。二是探索新的管理模式，突出管护效果。结合保护区内村民生活需求的实际，保护区对辖区内村民拥有的油锯、自养的野生动物进行登记造册，并按国家相关规定进行监督管理。三是利用科学管护手段，提高资源管理效率。保护区将区内国有林、集体林、农地等范围界限用 GPS 录入地理信息系统进行科学管理分析，不定期地进行监控核查，积极开展侵蚀侵占林地非法种植铲除工作。经过多年的有效保护管理，保护区自然生态系统和自然景观的完整性得以较好保存，生态环境得到较大改善，珍稀濒危野生动植物资源种群数量显著增长。保护区森林覆盖率由建区时的 45.3%提高到现在的 86.74%；各种破坏资源的案件已由 1991 年时每年的 80 余件减少到现在的每年 20 余件[③]。

4. 注重人才培养，科研监测能力基本形成

保护区一贯重视基础科研及监测工作和人才的培养，通过参与重点项目实施、对外交流与合作，采取请进来、派出去学习相结合，已培养出一批能够独立完成许多科研工

① 该部分资料由纳板河流域国家级自然保护区管理局工作人员曹宏光（工程师）提供。
② 该部分资料由纳板河流域国家级自然保护区管理局工作人员曹宏光（工程师）提供。
③ 该部分资料由纳板河流域国家级自然保护区管理局工作人员曹宏光（工程师）提供。

作的专业人才，并分别于 1989 年、2001 年、2004 年、2011 年组织开展了 4 次生物资源综合调查和补充调查；从 2004 年起，保护区独立开展了野生动植物、水资源、气象、野生动物损坏庄稼、国家重点保护野生动植物、外来入侵物种、社区经济、商饮点、医疗点等长期专项监测工作；开展了维管束植物、苔藓植物、大型真菌、野生可食用植物、野生药用植物、珍稀濒危植物、兽类、爬行类、两栖类、鸟类、鱼类、昆虫类等专项科学研究；建立了保护区地理信息系统。为提高监测效率和数据的准确度，保护区在区内建了固定监测样线、固定监测样地，安装了红外监控相机，并建成了 2 个自动气象监测站和 1 个自动水文观测站，实施了对数据的自动传输。通过科研监测工作的实施，保护区已培养了一批在当地具一定影响力的人才，现有 6 名专业技术人员，分别作为环境生态、动植物、土地利用、矿产开采、环保咨询等方面的专业人员被州内相关部门聘为专家，参与环境影响评价、科技成果鉴定、项目验收鉴定等工作①。

5. 对外合作取得长足进展

保护区积极参加对外合作，促进交流。建区以来，参与实施的主要合作项目有：国家“八五”科技攻关“西双版纳纳板河流域自然保护区生物资源有效管理与开发的研究”，中德技术合作“云南省西双版纳热带林生态系统管理”，亚洲开发银行“西双版纳生物多样性保护廊道建设示范”，中德合作研究“西南山区农业景观保护与生态系统资源利用的策略和技术”，中德合作研究“湄公河地区可持续的橡胶业管理”等项目。保护区管理局与世界自然基金会、生态环境部南京环境科学研究所、中科院西双版纳植物园、云南省环境科学研究院、云南省林业调查规划院、北京大学、清华大学、同济大学、上海师范大学、云南大学、西南林业大学、德国 7 所重点大学等国内外科研机构与高等院校建立了良好的合作关系，保护区现已成为云南大学、上海师范大学、西南林业大学、中科院西双版纳植物园等科研院所的实习基地。通过合作与交流，为保护区引进了先进的保护理念和科技知识，促进了保护区的发展，同时保护区也为国内外科技工作者提供了一个较好的科研平台，为培养更多的专业人才奠定了基础，也扩大了保护区的对外影响力②。

6. 探索社区共管机制，实现人与自然和谐共生

保护区探索出一条社区共管模式，即在林地权属不变的条件下，采取当地群众参与管理的运行机制。在保护当地自然资源的同时促进了当地社会经济发展。

（1）开展宣传教育，社区群众环保意识明显提高。保护区进行宣传教育的对象包括

① 该部分资料由纳板河流域国家级自然保护区管理局工作人员曹宏光（工程师）提供。
② 该部分资料由纳板河流域国家级自然保护区管理局工作人员曹宏光（工程师）提供。

政府官员、社区民众、学校学生，共同开展宣传教育活动，提高政府及民众的环保积极性。其一，召开各种重要会议，以会议的形式推进政府官员的宣传工作；其二，利用植树节、森林防火期、爱鸟周、世界环境日、野生动物宣传月等，开展知识讲座、法律宣传等活动；其三，在社区内的小学开展环境保护等宣传活动，并组织小学生知识竞赛、举办生物多样性保护夏令营；其四，通过在社区放映电影、录像，发放环境保护宣传手册，办专栏，进行家访等活动，加强保护区与社区之间的紧密联系，从学生开始培养热爱大自然、保护大自然的环保意识，增强社区群众的环保意识，使保护区与社区之间达成共识。这些活动的开展，使生物多样性保护等方面的法律法规观念深入人心①。

（2）引进项目和资金，改善社区基础设施建设。保护区根据村寨实际情况和需求，通过引进项目和资金，建设社区公路和输电干线，安装人畜饮水设备，基本实现了通路、通电、通水。保护区支持区内小学的房屋修缮、提供桌椅、捐赠图书等。此外，还帮助部分村寨修筑小型水坝、沟渠，改善农田水利设施。这些工作使社区的基础设施建设得到了很大改善，从而得到当地群众的大力支持。保护区多方争取项目资金来帮助社区发展经济，二十年来累计投入资金 550 余万元人民币，帮助社区 9 个村民小组和 2 所小学解决了人畜饮用水，帮助 17 个村民小组改造高压输电线路，为 7 个村民小组修筑水坝，新修或完善了 18 个村民小组的入村公路，修建了桥涵 8 座，节能改灶 35 户、为 7 个村民小组的部分村民建了 200 多口三位一体的沼气池，帮助 5 所小学维修、建盖教室，为西双版纳傣族自治州小学、糯有小学建起了小型图书室，投入 25 万元完成了州人民政府安排的勐海县勐宋乡回老村扶贫任务。在世界自然基金会、澳大利亚明爱基金会等项目的支持下，开展了理财能力、妇女能力、家禽家畜饲养、水果种植管理、水稻旱育秧、珍贵野生动物驯养技术等方面培训，20 多年来共举办了 300 余次各类培训班，参与培训近万人次。通过培训和示范，村民依靠科技，发展了生产、增加了收入②。

（3）推广先进科技，提高生活水平和收入。保护区向社区着力推广先进的农业技术和节能技术。首先，聘请农技人员教授农业先进技术，举办培训班、推广良种、改善农产品质量，提高产量，在很大程度上改变了社区传统落后的生产方式；在保护区项目的支持下，在社区开展了种植（橡胶、茶叶、水稻、石斛、大麻、玉米、土沉香、当地速生用材树林等）、养殖（鸡、猪、鱼、孔雀）培训，大力开发非木质林产品，发展农副产品加工，促进农业产业结构调整。其次，由于传统落后的生产生活方式在很大程度上造成了自然资源的压力，尤其是农村生活用材；为降低木材消耗，保护社区周边森林，保

① 杨云、李建友主编：《西双版纳纳板河流域国家级自然保护区社区合作管理的理论与实践》，北京：中国农业大学出版社，2010 年，第 96 页。

② 该部分资料由纳板河流域国家级自然保护区管理局工作人员曹宏光（工程师）提供。

护区在示范区修建了三位一体的沼气池，架设太阳能热水器，规范社区民众薪炭利用。

（4）鼓励社区群众参与自然保护区的管理。社区共管工作以社区群众的积极参与为前提，通过保护区与社区的互动协调地方关系，化解双方之间的利益冲突。保护区成立之初便开展了广泛的宣传和各种尝试，使当地社区与保护区在资源保护与开发利用方面基本达成共识，保护区与区内的三个乡镇成立了“社区共管委员会”，制订了联系制度，对区内的资源管理和经济发展等方面的重大事宜进行协商，使社区共管在制度上得到了保障。

（三）纳板河流域国家级自然保护区存在的问题

截至2017年，纳板河流域国家级自然保护区在协调经济发展与环境保护之间仍旧存在一系列问题，如保护区内村寨人口的老龄化现象、人象冲突、管理资金不足、科技人员匮乏，甚至一些保护区管理条例不适合当地发展。

1. 经济发展与环境保护仍旧存在矛盾

保护区生态环境保护与当地村寨社会经济发展仍旧存在一些矛盾，主要体现在当地群众谋发展致富愿望强烈，但这对于当地政府生态环境保护造成一定压力，一些基础设施的兴建（如一些重大交通设施的修筑）在一定程度上会破坏当地环境，而无法更好地使当地民众获得更为便利的交通条件、基础设施，导致保护区与当地民众之间的潜在问题。对于保护区内群众而言，关乎切身利益远远超过对环境利益的关注，而自然保护区本身建立也需要群众的参与和支持，但在现代化速度加快的过程中，保护区必然与社区群众之间存在矛盾与冲突。

2. 环保督察力度大，保护区压力较大

保护区划定之后，即明确了中央、省环保督察范围。但由于保护区内人类活动极为频繁，核心区划定前后此种情况仍旧存在，而且保护区内生产生活活动较多，一方面，保护区在限制当地民众进行生产生活方面的难度较大；另一方面，保护区内的民众也要生存，不可避免地要进行开发。中央、省环保督察审计力度较大，保护区一旦划定，便很大程度上杜绝了人类生产生活活动，加剧了保护区与区内群众之间的矛盾，保护区在面对生态红线划定时处于两难局面。

3. 保护区管理部门与当地各级政府之间的协调不够

纳板河保护区由前省林业局直接统辖，与当地政府部门之间的整合与协调能力不足。

主要表现在环保部门支持力度不够、与当地各级政府部门之间存在利益冲突。首先，保护区与当地林业部门、水电部门等机构之间的关系应该极为密切，林业部门对于保护区主要是实行林政执法、林业技术推广、宣传教育、项目规划、提供资金和技术援助以及信息共享；州环保部门主要是实行环保执法、监督、业务指导，但在实际操作过程中，存在部门工作不协调的问题。其次，保护区与村委会、乡镇政府、县政府、橡胶农场之间应该是重要的合作关系，但也存在利益冲突，如与县政府则会出现地方经济发展与保护区资源管理方面的冲突。

4. 条例冲突

纳板河管理保护条例与国家、省、州人大制定条例存在冲突。因无法修改条例，与当地实际情况有所出入，有些条例很难执行并展开。纳板河保护区是按照流域作为自然单元进行的分区，区内村寨并不搬迁，保护区的“社区公管”模式涉及自然保护区自然资源的开发政策、自然资源的权属认定等问题，但我国、省、州人大关于自然保护区的立法尚不完善，缺乏一定的系统性、层次性、协调性。

5. 保护区内群众承受风险能力不足

由于保护区内自然条件复杂，野生动物，如野象、野猪等破坏庄稼现象严重，虽已由保险公司补偿，但补偿金额过低，从 2010 年开始，保护区与保险公司合作，由保险公司承担森林防火、病虫害、动物等造成的损失，但保险额度不够，只是赔偿损失的 40%，难以达到老百姓的需求。尤其一些种植业和养殖业也存在一定风险，难以保证村民较为持久稳定的经济来源。致使一些村民继续掠夺自然资源，对自然环境造成压力。

6. 保护区内监测力度不足，缺少精准数据

红外相机的监测力度仍旧不足，首先，体现在设备不足，对于亚洲象、蜂猴、苏门羚、灰头鹦鹉等野生动物监测一部分仍旧依赖于人为监测，监测效率和数据的精准性有待于加强；其次，由于资金不足，造成红外监测力度不够。纳板河保护区由于自然植被茂密，外来物种入侵监测难度较大，如紫茎泽兰、飞机草、薇甘菊、水葫芦等外来入侵物种并未有较为准确的数据。

7. 人象冲突仍旧突出

人象冲突一直是保护区存在的隐患，亚洲象对于当地村寨居民以及农田造成了严重影响。经统计，全省亚洲象 300 多头，现在野外跟踪调查还有 250—270 头，其监测主要

是区间监测，由村民、护林员与监测人员共同进行，根据大象出没的痕迹进行鉴定。亚洲象本身是较为温和的动物，为何在近几十年来出现此种情况，与当地人类活动侵蚀亚洲象生存空间难以脱离关系。

8. 经济发展与外来文化冲突问题

随着社会经济的发展，先进的科技必然会逐步深入各个地区，经济发展的需要、市场利益的追逐是社会发展的必然趋势。保护区在近几十年来，随着现代化的进入，对于当地传统的生产生活方式、价值观念产生了较大的冲击，当地民族文化在一定程度上难以满足人民日益增长的物质文化生活需要，而且传统与现代化元素碰撞时，传统的生态文化呈现淡化趋势。

（四）纳板河流域国家级自然保护区下一步工作建议

1. 根据当地特色，发展可持续性生态产业

纳板河保护区拥有优越的自然资源禀赋。首先，利用当地独具特色的景观资源以及众多少数民族文化，发展以田野风光、民族特色村寨、原始雨林、珍奇动物等旅游模式，在保护当地环境的基础上，保障民众生活。其次，利用实验区发展茶叶、橡胶、香蕉、竹笋、野生蔬菜等经济产业。

2. 加强与当地各级政府部门之间的沟通、交流与合作

保护区必须加强与当地各级政府部门的沟通，建立一个由保护区牵头，生态环境厅、水利厅、林草局协调，与州、县、乡（镇）各级政府部门通力解决与民众之间的冲突与矛盾。

3. 建立健全法律法规体系

建立健全法律法规体系为保护区建设和管理提供了可靠保障。首先，从国家层面来看，加大立法制度，完善相关法规条例；其次，从地方政府管理层面来看，根据地方实际情况，健全相关保护制度；此外，保护区必须根据自身实际，制定相应保护条例。

4. 仍需加强生态文明宣传力度，使生态文明观念深入人心

保护区管理部门对于环保宣传确实取得了一定成效，但对于生态文明宣传并未有针对性操作，地方政府官员仍将环保等同于生态文明建设，地方民众更是无法了解生态文

明建设的重要性。因此，对于地方政府官员而言，应当定期请生态文明专家举办生态文明建设经验与教训交流会；对于地方民众而言，应当通过知识竞赛、宣传手册等多种手段、多种形式向民众灌输生态文明相关知识，通过与当地生产生活、文化相结合的方式让生态文明观念深入人心。最后，应建立长效生态文明教育机制，师资培训，研发地方性生态教材、校本教材，甚至是全省教材。

5. 发扬和传承少数民族传统生态文化

发扬和传承少数民族传统生态文化对于保护当地生态环境具有重要作用。一方面，建立少数民族生态文化博物馆、传习馆，通过保留传统生态文化展品来传承民族文化，保护区内已经建立了傣族文化传习馆，但有关生态文化的内容较少，应加强此方面的工作；另一方面，建立少数民族传统生态文化保护区，加紧其具体内容的规划，并以示范村的形式展开可操作性工作。

6. 加强多样化监测

保护区重点监测对象分为两类：一类是长期监测对象，包括野生动植物、水资源、气象、野生动物损坏庄稼、国家重点保护野生动植物、外来入侵物种等；另一类是科学研究监测对象，维管束植物、苔藓植物、大型真菌、野生可食用植物、野生药用植物、珍稀濒危植物、兽类、爬行类、两栖类、鸟类、鱼类、昆虫类等。保护区建了固定监测样线、固定监测样地，安装了红外监控相机，并建成了 2 个自动气象监测站和 1 个自动水文观测站，实现了数据的自动传输。红外监测对于了解保护区内生态系统的情况具有重要作用，应进一步增加红外监测的区域范围，利用多种手段，如遥感监测、科研监测等方式，时刻了解保护区自然状况，提高监测效率和数据精准性。

二、中老跨境生物多样性保护调研情况

（一）中老跨境生物多样性联合保护现状

中老跨境生物多样性联合保护是西双版纳国家级自然保护区管理局在保护跨境地区生物多样性的一项重要工作，对于我国乃至周边国家的生态环境保护具有极大的现实价值。在西双版纳国家级自然保护区的五个子保护区中，勐腊和尚勇子保护区边境与老挝接壤，边境线长达 108 千米，该跨境区域正处于全球 12 大生物多样性热点之一的印支半岛生物多样性热点地带，生物多样性极为丰富。然而，处于中老两国边境线的自然资源

因跨境少数民族不合理的山地开发现象，过渡攫取边境地区的野生动植物资源，严重影响了跨境生物多样性保护。

2009 年 11 月，正式划定“中国西双版纳尚勇—老挝南塔南木哈生物多样性联合保护区域”，标志着中老联合保护跨入了一个全新阶段。为加强生物多样性保护，中老双方新增联合保护区域“中国磨憨—老挝磨丁”“中国磨憨—老挝乌多姆塞”“中国尚勇—老挝丰沙里”，并就三片区域的规划达成了共识；2012 年 12 月在老挝丰沙里省举办的“第七次中老生物多样性跨边境保护交流年会”上，中方正式与老方南塔、乌都姆塞和丰沙里省的自然资源和保护区管理部门签订了合作协议，在中老边境一线新增三片联合保护区域，即南起中国西双版纳尚勇子保护区（老挝南塔省南木哈国家级自然保护区）、北至勐腊子保护区（老挝丰沙里省北缘），南北长约 220 千米，东西宽 5 千米，面积约 20 万公顷的“中国西双版纳—老挝北部三省跨边境联合保护区域”正式形成。2006—2016 年，中老两国跨境生物多样性联合保护区为巩固保护成果，提高区域边民保护意识，双方共同举办了 7 次边民交流会，边民保护意识明显得到提高。2017 年 4 月 25—27 日，中老跨境联合保护区域野外联合巡护在尚勇保护区举行；2017 年 5 月 24—26 日，西双版纳傣族自治州人民政府、前西双版纳傣族自治州林业局、西双版纳国家级自然保护区受南塔省农林厅邀请参加在老挝南塔省举办的第十一次中老跨境生物多样性保护交流年会；2017 年 6 月 26—30 日，西双版纳国家级自然保护区管护局在勐腊县组织实施了中老跨境联合保护区域野外监测技术与野生动物保护主题分享暨珍稀濒危物种调查培训班①。经过中老双方的共同努力，跨境地区的中老边民的生产生活、环保意识均有所提高，动植物资源也得到保护，但在取得一定成绩的同时也存在一些问题。

（二）中老跨境生物多样性联合保护存在的问题

项目资金局限和不足造成一些项目工作未能开展，语言障碍、通信不畅导致双方交流理解低效和部分项目工作的滞后，野外调查设备不足影响项目活动的推进。中老跨境联合保护工作主要承担单位是西双版纳傣族自治州国家级自然保护区管理局，在发展项目方面，缺乏人才，语言沟通交流存在问题；地方与老挝合作，支持力度小，经费从管理局到州再到省里有关部门报销需层层审批，周期过长，行政效率低，难以实现合作项目的可持续性。此外，在中老跨境生物多样性保护工作当中，因我国边民与老挝边民生活水平、观念认知有一定差别，对周边群众的管理、约束力度较弱。

① 该部分数据资料由西双版纳傣族自治州国家级自然保护区管理局中老合作办工作人员提供。

（三）中老跨境生物多样性联合保护对策建议

中老跨境合作，联合保护力度大，需要一定的经费和人员保障力度。中老跨境生物多样性合作成效明显，生物多样性保护走在前面。一方面，中老合作工作已经开展 11 年，提高了国家影响力，中老交流年会上双方互相交流、轮流主办；积极推进同老挝北部三省（南塔省、丰沙里省、乌多姆赛省）农林厅项目开展工作，有效地推进中老跨境生物多样性联合保护各项目工作。另一方面，争取国际组织、国内组织的加入，为构建绿色生态长廊的保护作出积极贡献。此外，在中老交流与合作过程中，必须重视提高双方便民的生态文明认知理念，通过调动边民保护生物的积极性，提高其生态文明意识。

三、典型模式——西双版纳热带雨林国家公园

（一）西双版纳热带雨林国家公园建设情况

西双版纳热带雨林国家公园是西双版纳傣族自治州国家级自然保护区的重要组成部分，对维护和修复热带雨林生态系统具有重要作用。西双版纳热带雨林国家公园是云南省人民政府批准首批进行试点建设的 3 个国家公园之一，位于云南省西双版纳傣族自治州境内，由地域相近而互不相联结的勐海、倾诺、勐养、勐仑、勐腊、尚勇 6 个片区组成，总面积 2854.21 平方千米，占全州土地总面积的 14.92%。

1. 面积和功能分区

西双版纳热带雨林国家公园以自然保护区资源为依托、并适当扩大范围，由六大片区构成，规划总面积 2854.21 平方千米（表 1）。其中，原保护区面积 2425.10 平方千米，占国家公园总面积的 84.97%；国家公园新增面积 429.11 平方千米，占国家公园总面积的 15.03%。新增区域中，保护区范围内集体权属土地 358.01 平方千米、占国家公园总面积的 12.54%，区外国有权属土地面积 71.1 平方千米、占国家公园总面积的 2.49%（主要是攸诺片区、澜沧江水面、勐远绿道和大沙坝水库回水区域水面）。《西双版纳热带雨林国家公园总体规划》保护用地面积 2784.25 平方千米、占总面积的 97.55%，游憩用地总面积 69.96 平方千米、占国家公园总面积的 2.45%。由自然生境区（严格保护区）、生态保育区、传统利用区、游览展示区和公园服务区五个功能区组成。其中，自然生境区控制面积 1800.26 平方千米，占国家公园总面积的 63.07%；生态保育区控制面积 669.3 平方千米，占国家公园总面积的 23.45%；传统利用区控制面积 314.69 平方千米，占国家公园总面积的 11.03%；国家公园规划共设置七个服务区，其中景洪城区游客中心为一

级服务区，野象谷、攸诺景区、望天树、景洪电站、勐仑、曼搞设置二级服务区[①]。

表1 西双版纳热带雨林国家公园规划范围结构表[②]

片区	国家公园总面积/平方千米	比例/%	原保护区面积/平方千米	新增面积/平方千米	
				保护区内集体权属土地	其他
勐养片区	1129.39	39.57	998.4	118.99	12（水面）
攸诺片区	40	1.40	0	0	40
勐仑片区	121.33	4.25	109.33	12.00	0
勐腊片区	1157.91	40.57	926.83	211.98	12.5+6.6
尚勇片区	313.10	10.97	311.84	1.26	0
勐海片区	92.48	3.24	78.7	13.78	0

2. 主要保护对象

西双版纳热带雨林国家公园主要保护对象包括两类，一类是以热带北缘雨林、季雨林森林生态系统为标志的热带森林生物多样性及热带珍稀濒危野生动植物种群及其生存环境；另一类主要是保护原生态少数民族各具特色、相互交融所形成的文化多元性[③]。

3. 生态旅游总体布局

西双版纳热带雨林公园利用自身资源优势以开发旅游的形式引进项目，以此支持热带雨林的保护和修复工作。可以简称“一五三八十”项目：“1 个生态旅游集散中心、5 大核心生态旅游景区（品牌）、3 条主干生态旅游线路、8 个生态旅游片区、10 个生态旅游重点发展项目[野象谷设施改造与升级建设项目（重点项目）、攸诺生态休闲建设项目（重点项目）、望天树生态体验旅游区建设项目（重点项目）、曼旦原生态文化体验建设项目（重点项目）、绿道建设项目（重点项目）、勐远溶洞康体旅游建设项目（重点项目）、澜沧江生态观光建设项目（一般项目）、长田坝专业生态旅游区建设项目（一般项目）、雨林谷及绿石林科普科考升级改造项目（一般项目）]以及三大类生态旅游产品（大众生态旅游产品、专业生态旅游产品、生态休闲旅游产品）[④]。

① 该部分资料由西双版纳国家级自然保护区管理局工作人员提供。
② 该部分资料由西双版纳国家级自然保护区管理局工作人员提供。
③ 该部分资料由西双版纳国家级自然保护区管理局工作人员提供。
④ 该部分资料由西双版纳国家级自然保护区管理局工作人员提供。

（二）西双版纳热带雨林国家公园存在的问题

热带雨林国家公园的建立对于更好地保护热带雨林资源意义重大。热带雨林对于调节气候、防止水土流失、防御暴风、抵御寒潮、维护生态系统平衡以及保证地球生物圈的物质循环有序进行具有重要作用。一方面，在热带雨林保护方面，成果有，但也有破坏；目前，保护区对于热带雨林的保护工作持续进行，其成果较为明显，但在一些沟谷地带的热带雨林仍旧因为人为活动受到一定破坏，如主要种植砂仁围住周边树林，致使大树无法生长，也有的砍伐小树，只保留大树。另一方面，热带雨林的修复工作停留于科研层面，缺乏可操作性；根据笔者实地调查和访谈保护区管理人员，当前保护区在热带雨林修复中并未开展任何工作，他们认为沟谷地带的热带雨林没有任何修复的余地，热带雨林只要不再受到破坏即可，不可能再进一步修复，其主要原因是保护区内有村寨，村寨百姓要生存要发展，修复也就意味着剥夺老百姓的生存基础。

（三）西双版纳热带雨林国家公园建设对策建议

西双版纳热带雨林国家公园是自然保护区的重要部分，对于热带雨林的保护起到重要作用，在一定程度上也为热带雨林修复提供了保障。但面对热带雨林保护与修复过程中出现的一系列问题，如何才能更好地实现热带雨林保护的全民意识是转变当前困境的重要前提。首先，除政府部门、科研机构以外，非政府组织是热带雨林保护与修复工作更好开展的重要成员，保护区已经有热带雨林基金会，但由于资金、项目、人员问题并未持续进行，下一步工作应将力度转到非政府组织上，利用这一非营利性组织开展热带雨林保护与修复。其次，定期向政府部门官员和基层干部培训热带雨林相关知识，使其充分了解和认识热带雨林的价值和意义，更应向保护区内群众大力宣传，通过多种方式和手段使热带雨林保护观念深入人心。

四、思考

通过此次对西双版纳自然保护区的实地调研，虽然一系列政策、法律法规等相继出台，资金、项目、人员看似已经落实，但在实际操作过程中仍旧存在一系列问题。自然保护区的建设和管理并非一日一时之事，更为重要的是后续工作。在总结保护区经验和成果的同时，笔者也有一些思考。首先，亚洲象国家公园试点是由西双版纳傣族自治州首次提出的，但如何往高层推动，继续抓紧落实，虽然规划已经编制，但应如何打造亚洲象平台，推动亚洲象保护与防御；其次，面临经济发展和环境保护的压力，保护区出现片断化，生物走廊的建设更好便于物种交流，但如何在推动保护的同时，协调村寨的发展；此外，地方政府部门在规划方面只有执行的权利和义务，无法指定，规划到底如何细化是一直存在的问题。另外，近十年来，大型动物，如印度野牛、亚洲象逐渐减少，勐海、澜沧的亚洲象一度出现见人就攻击的现象，很大程度上是因保护区周边被开发光，外边食物获取便利。人与保护区是对立的，自然保护区划定是一种强制性行为，哪些区域可动可不动，这一问题不只保护区存在，也是人类社会发展过程中的一个重要问题，如何更好地实现人与自然和谐共生值得进一步思考。

云南省普洱市生物多样性保护调研报告[①]

生物多样性是生物与环境形成的生态复合体以及与此相关的各种生态过程的总和，包括生态系统、物种和遗传多样性三个层次。生物多样性是人类赖以生存和发展的基础，是生态安全和粮食安全的保障。加强野生动植物保护和自然保护区建设管理，保护生物多样性、生态系统多样性和遗传物种多样性，是保护环境、实现可持续发展的重要任务，对生态文明建设具有重要意义。2010 年，国务院常务会议第 126 次会议审议通过并发布了《中国生物多样性保护战略与行动计划（2010—2030 年）》，提出了我国近期的生物多样性保护总体目标、战略任务和优先行动。为响应国家政策号召，进一步加强云南省生物多样性保护工作，有效应对生物多样性保护面临的新问题和新挑战，云南省人民政府也在 2013 年制定和发布了《云南省生物多样性保护战略与行动计划（2013—2030 年）》。

普洱市是云南省面积最大的州市级行政单位，地处我国重要地理单元和动植物区系的过渡地带，生物多样性资源十分丰富；也是“中国面向西南开放重要桥头堡”“森林云南”和“国家绿色经济试验示范区”建设的重点区域。近年来，随着普洱市社会经济的快速发展，普洱市确立了“生态立市、绿色发展”的战略，把生态建设和环境保护摆在了更加突出的位置，其生物多样性保护工作日益受到各级政府和社会各界的关注。普洱市委、市政府把生物多样性保护作为建设美丽普洱的根本保障和重要载体，多方采取措施，在政府积极主导、扩大交流合作、全民共同参与等方面积极探索并取得了明显成效，为打造人与自然和谐共生的美妙家园奠定了坚实的基础。

一、普洱市生态文明建设调研情况

（一）普洱生态文明建设的优势和机遇

党的十八大以来，普洱市在生物多样性保护方面做了许多努力，也取得了十分突出的成就。云南大学西南环境史研究所云南大学服务云南行动计划“生态文明建设的云南模式研究”项目组始终立足于西南环境史研究，并基于“生态边疆”的研究理念，对云南省生态文明建设和研究予以重要关注。选取云南省生态文明示范区普洱市进行走访调

① 作者简介：巴雪艳，女，云南曲靖人，复旦大学博士研究生，研究方向为云南地方史、水域史、环境史。

研，考察其生物多样性保护的工作现状与实际成效，提炼总结保护机制和措施，吸取有益经验，以期为云南省其他地州的生物多样性保护工作提供有益模式的借鉴与参考；同时，发掘普洱市生态文明建设中的一些难点和挑战，以期为今后的生物多样性保护提供一些解决路径和方案。

普洱市地处中国西南边疆、大湄公河次区域中心地带，土地面积 4.5 万平方千米，是云南省面积最大的州市，与越南、老挝、缅甸接壤，边境线长 486 千米，是我国西南地区唯一“一市连三国”的州市。普洱地处低纬度、中海拔，属亚热带季风湿润气候，普洱热区面积达 2.85 万平方千米，居云南省第一位，拥有大面积的亚热带长绿阔叶林，是北回归线上保存较为完整、不可多得的一片绿洲。普洱境内 16 个自然保护区总面积达 14.2 万公顷，拥有高等植物 5600 种、动物 1496 种，因而成为云南省动植物物种最丰富的地区，被誉为“动植物王国缩影”和“生物种质基因宝库”，形成保护生物多样性、构筑西南生态安全屏障的核心区域，是国家实施桥头堡战略的“黄金前沿”和“生态前沿”，也是探索国际共同促进生态环境保护合作模式的理想区域。

在国家大力推进生态文明建设的背景下，生物多样性的保护工作也是生态文明建设的一个重要内容。普洱市是云南省生物多样性最丰富的州市之一，生物资源东西并储、南北兼具，且近年来在生物多样性保护方面取得诸多成效。加强对普洱市生物多样性保护工作的调查与研究，有助于推动云南生态文明建设的进程。

加快建设生物多样性宝库和巩固西南生态安全屏障，既是国家对云南提出的要求，也是国家支持云南的重点，普洱市是云南省生态文明建设的先行者和示范者，其生物多样性保护在政策制度建设、生物多样性价值评估、生物多样性保护宣传教育、生物多样性国内外交流合作等诸多方面取得巨大进展和成效，在全省都具先行意义。通过调研，总结和梳理普洱市生物多样性保护的先进模式和内容，加以总结提炼，为其他地州相关工作提供借鉴和参考；同时发掘实际工作中的困难，提出相关建议，从而进一步推进云南生物多样性保护工作的步伐和成效。

（二）普洱市以生物多样性保护工作为主的规划与设计

普洱市得天独厚的地理位置和气候环境孕育了其丰富的生物多样性。普洱市具有典型的山地地貌特征，地势北高南低，哀牢山、无量山、怒山余脉由北向南纵贯全境；其次具有典型的低纬度高原季风气候，其境内气候温和、雨量充沛、干湿分明、类型多样、气候垂直分带显著，加之李仙江、澜沧江、怒江三大水系流经，普洱市生态系统类型极为多样，拥有热带雨林、季雨林等森林生态系统类型和湖泊、河流等水生生态系统类型，根据《云南植被》对“植物群系”的划分，普洱市生态类型约有 55 种，其中陆地生态系统有 13 个植被亚型约 35 个群系，水生生态系统约有 20 个群系。普洱市目前已记录的高等植物 352 科，1688 属，5600 多种，占云南省的 32.9%。其中，种子植物 245 科 1441 属 5000 多种，蕨类植物 22 科 83 属 300 多种，苔藓植物 85 科 164 属 300 多种，有国家级保护珍稀植物 58 种。已记录的野生动物有近 2000 种，包括兽类 200 余种、鸟类 460 余种，两栖和爬行类 80 余种，鱼类 240 余种；其中国家 I 级保护动物约 24 种，如亚洲象、西黑长臂猿、灰叶猴、绿孔雀等。此外，普洱市拥有大量的农作物野生型、过渡型、野生近缘种，以及地方特有农作物和畜禽品种系，遗传资源多样性同样很丰富，是茶树和陆稻遗传多样性的分布中心。普洱市生物多样性的特点包括：动植物区系过渡性明显，植被类型和植物物种多样，淡水鱼类多样，野生植物资源丰富。

近年来，普洱针对生态环境保护制定了一系列的政策举措，加大投放、实施了保护地建设、迁地保护园区建设、生态公益林保护、天然林保护、退耕还林、农村能源建设、保护交流与合作等行动，生物多样性保护工作付诸诸多行动。

1. 制定生物多样性保护政策与规划

2010 年 12 月普洱市建立了生物多样性保护联席会议制度，明确了联席会议组成人员、主要职责、工作制度。2011 年普洱市人民政府发布《关于加强生物多样性保护的决定》，明确了加强生物多样性保护的目标任务和具体措施。普洱市委、市政府先后发布《普洱市生物多样性保护联席会议工作制度》《绿色科学发展示范项目合作框架协议》等指导性文件；完成普洱市生态市及生态县建设规划、《普洱市国家森林城市建设总体规划》《普洱市城市景观规划》《普洱市集中式饮用水水源保护区规划方案》《普洱国家公园总体规划》《普洱市五湖国家湿地公园规划》《普洱市桑蚕产业发展规划》等产业规划；以及《普洱市环境保护“十二五”规划》《普洱市林业“十二五”发展规划》《普洱市“十二五”旅游规划》等系列“十二五”规划，为生物多样性保护工作的开展奠定了坚实的基础。2013 年制定了《云南省生物多样性保护战略与行动计划普洱市实施方案（2013—2020 年）》，该方案制定了 6 大保护目标和 7 项主要任务，划定 5 个保护优先区域，提出了 5 大保护优先领域和 37 个优先项目，成为普洱市生物多样性保护的指导性文件。这些规划和实施方案构筑了普洱市生物多样性保护工作的目标和行动准则，良好地指导生物多样性工作的开展。

2. 建成以自然保护区为主体的生物多样性保护体系

自 20 世纪 80 年代普洱开始建设自然保护区以后，截至 2017 年，普洱目前已建成自由保护区、风景名胜区、国家森林公园、国家湿地公园等保护地类型组成的相对完善的就地保护地体系。截至2019年，普洱市共建立自然保护区16个，其中国家级自然保护区2个，省级自然保护区5个，县（区）级自然保护区9个，保护区总面积为217万亩，占全市土地总面积的3.2%。共建成省级风景名胜区6个，即孟连大黑山、思茅茶马古道、景谷威远江、镇沅千家寨、景东漫湾及普洱风景区。从2008年开始投资建设普洱国家公园，目标建成“全球南亚热带森林生态系统科普教育基地”和“全球南亚热带珍稀动植物救护基地”，有效保护区域内中国面积最大、最完整的季风常绿阔叶林为标志的南亚热带森林，以及以亚洲象、冠斑犀鸟、原鸡、兰花、藤枣为代表的南亚热带珍稀濒危动植物。自2010年起，普洱推动以思茅河为主线，洗马湖、梅子湖、信房湖、野鸭湖、那贺湖为核心的普洱五湖国家湿地公园、西盟勐梭龙潭国家湿地公园的规划和建设工作。还建立了由无量山国家级自然保护区代管的“景东翅子树保护小区”以及由太阳河省级自然保护区代管的“莱阳河柿保护小区”两个极小种群物种保护小区（点）。迁地保护体系，包括迁地保护园区建设，野生动植物救护繁育中心建设，珍稀鱼类增殖放流站建设，地方禽类保种场、保种区建设。

3. 建立野生动植物监测、科研体系

在就地保护体系和迁地保护体系基础上，建立了野生动植物管理、监测、科研网络体系，开展了野生动物的科研监测、栖息地保护和宣传教育等方面的工作。2014年，普洱国家公园管理局完成了普洱国家公园生物多样性监测基地调查，编制《普洱国家公园生物多样性监测计划》，并通过了前云南省林业厅组织的专家评审。2015年，针对普洱国家公园内的植被、保护植物、动物、鸟类、两爬及环境要素等重点监测对象，依据云南省《自然保护区/国家公园生物多样性监测技术规程》，建立永久植被监测样地13个，永久野生植物样地9个；人为干扰永久监测样地9个；建立兽类、两栖爬行类、鸟类、外来物种入侵以及旅游活动干扰监测样带（梯度样方）23条（梯度样方132个）；建立森林气象要素设施8个。监测对象包括季风常绿阔叶林、思茅松林、季节雨林、藤枣、合果木、蔡阳河柿、水鹿、巨松鼠、猕猴、黑颈长尾雉、白鹇蛇雕、蓝尾蝾螈以及森林水文监测、森林土壤监测等。通过科研合作，加强资源共享，使得普洱国家公园在大样地、藤枣、蔡阳河柿等普洱国家公园的重点科研监测对象上有了长足的进步，提升科研监测水平和服务能力。

4. 生物多样性保护宣传教育工作

2011年11月，普洱学院成立了生物多样性科学教育馆。生物多样性科学教育馆，以“科普教育”为目标定位，旨在向大中小学生和社会公众宣传生物多样性的重要性及其面临的危机，树立良好的生态道德观和正确的环境保护意识。设置“地球——生物多样性的家园”“人类的生存与发展离不开生物多样性”“保护生物多样性就是保护人类自己”三大版块内容，还特别重点突出“北回归线上的绿海明珠”普洱生物多样性的特殊性。通过图片、实物、影像等形式，科学、系统地向观众介绍生物多样性的相关知识，并开展知识讲座、生物摄影（绘画）展、标本制作等观众参与性活动项目，倡导人们关注生物多样性、研究生物多样性、有效保护和合理利用生物多样性。这既是普洱市开展保护生物多样性的一个科普教育基地，也是一个良好的对外合作交流的重要窗口。

5. 积极开展国际合作与交流

从20世纪80年代起，先后有美国、日本、荷兰、瑞士等国学者对无量山、哀牢山等进行科学考察，普洱市生物多样性保护的国际交流也随之频繁，在资金、科研等方面获得支持。2012年，普洱市政府与太平洋保险公司合作，将野生动物肇事补偿保险试点推广覆盖全市。全市共投保550万元，将所有县（区）野生动物肇事损失赔偿全部列入公众责任保险的范围。在澜沧县建立了象损替代发展基金，以小额贷款的形式，让村民低利息借贷资金，发展生态环保型种植和养殖业，增强了受益群众保护野生动物的积极性。2013年以来，普洱国家公园管理局同中国林业科学研究院资源昆虫研究所、西南林业大学等科研单位签署了合作协议并展开合作，合作内容主要有在普洱国家公园内监测季风常绿阔叶林、思茅松林等植被，开展藤枣、太阳河柿等重点保护植物的监测研究，同时开展该区域的土壤、水文、气象等方面的监测工作。

二、景东县与镇沅县的生物多样性保护实践

（一）景东县生物多样性保护实践

景东县生态环境好，资源富集，哀牢山、无量山两个国家级自然保护区是地球同纬度带上生物资源最为丰富的自然综合体，全县有林地面积 468.9 万亩，森林覆盖率达66.82%，是全国、全省的重点林区之一。动物种类繁多，有国家一类重点保护动物西黑冠长臂猿89群500余只，约占全球的50%，被誉为“世界黑冠长臂猿之乡”。此外，有金丝猴等一类保护动物11种，穿山甲等二类保护动物16种，在不到万分之一的国土面积上保留了占全国三分之一的物种，被称为“天然物种基因库”“天然绿色宝库”“天然氧吧”“人类望向自然的眼睛”“野生动植物生长的天堂”“黑冠长臂猿生活的乐园”。自

2008年以来，景东县响应国家、云南省和普洱市的号召，积极推进环境保护和生态文明建设，相继出台实施了《景东县环境保护条例》《景东县环境保护条例实施意见》，编制了《景东生态县建设规划》《景东县生态环境保护规划》和全县13个乡（镇）《生态环境保护规划》，有力支撑了自然保护区建设和生物多样性保护工作，在生物多样性和生态系统服务价值评估等方面取得很多突破与创新。

1. 景东县自然保护区的保护与发展

景东县拥有无量山、哀牢山国家级自然保护区，这两个保护区被世界自然基金会确认为具有全球保护意义的A级自然保护区，是地球同纬度带上生物资源最为丰富的自然综合体，在不到万分之一的国土面积上保留了占全国1/3的物种，堪称“天然物种基因库”。2011年9月，景东县人民政府与中国科学院西双版纳热带植物园达成合作共建“景东亚热带植物园”，该项目建设得到普洱市委、市政府的高度重视和支持，被纳入普洱市建设国家绿色经济试验示范区总体规划，给予专项资金支持和帮助。景东亚热带植物园建设园址位于无量山、哀牢山自然保护区之间，锦屏镇与文龙镇交界处，距景东县城20千米，属山地地形，最高海拔1882米，最低海拔1225米，高度差约660米。建设园区原生植被保存完好，种类繁多，已记录种子植物130科1160种，其中有景东翅子树、栌菊木、喜树、兰科等国家级重点保护植物。2014年11月，《景东亚热带植物园总体规划》和《景东亚热带植物园建设项目可行性研究报告》通过评审，项目总体规划得到研究通过，水土保持方案、环评报告也已得到批复。该项目被定位为系统性收集保存、区域特色鲜明、物种特色突出、科学内涵丰富、艺术园貌优美的亚热带植物园。建设规模为植物园专业园区占地面积1.3万亩，规划总投资6.1亿元，全园功能区划分为5大区、2亚区、28小区，收集保存亚热带樟科、壳斗科、木兰科、山茶科以及杜鹃花科等植物为主，以及野生药用植物、当地民族植物、稀有濒危植物以及其他重要经济植物。建设内容分为物种收集与专类园区建设、基础设施建设、园林绿化建设、综合管理服务设施建设、居民新区建设五个工程，建设周期分2期5年建设完成，第一期3年（2015—2017年），第二期2年（2018—2019年）。

景东亚热带植物园建设是普洱市“十三五”期间建设国家绿色经济试验示范区的重要支撑项目之一，也是第一个由“中”字头尖端科研机构主导的重点项目，更是普洱市践行生态文明建设的生动实践。景东亚热带植物园建设后，一方面可以收集和保存我国亚热带地区的物种，无量山、哀牢山的生物多样性可以在此得到培育和展示，它也将成为全云南省、全国、全世界标志性的亚热带植物园，成为研究生物多样性的科学家的殿堂，必将推动普洱多样性生物研究和开发步入一个崭新时代。另一方面，结合当地民族文化打造亚热带生态文化建设的亚热带植物园具有唯一性，也将成为景东的又一张靓丽的名片，带动景东的旅游发展。该园既是亚热带植物科研科普的圣地，又是生态和旅游的基地，实现生态效益、经济效益和人文效益的多赢成果。

除了正在建设的亚热带植物园区，景东县还加强“两山”自然保护的管理立法。2015年12月，景东县委正式成立《云南省景东彝族自治县无量山哀牢山保护管理条例》立法领导机构，到2017年2月该管理条例得到市人大会议审核通过，并被批准自2017年10月1日施行。这部地方性自治条例的制定，为“两山”的自然保护管理、建设和生物多样性保护，提供了法的保障。

2. 景东县积极推进生物多样性保护宣传与教育

景东县环保局于2013年4月8日编制上报了《景东县生物多样性科普展馆建设项目》《云南无量山生物多样性保护项目》《云南景东无量山生物多样性保护及西黑冠长臂猿保护建设项目》。科普展馆项目建在景东县青少年活动中心，展馆面积2000平方米，硬化、绿化800平方米，制作展品及展板面积达800平方米，户外宣传展品板展面积500平方米。无量山生物多样性保护项目，科教中心占地面积2000平方米，制作各类动植物标本2万份、大型公益性宣传标牌4个，此外还进行人员培训1万人次。无量山生物多样性保护及西黑冠长臂猿保护建设项目，通过开展科普图片展览、摄影、绘画、书法、征文等活动，宣传本地区在保护西黑冠长臂猿方面的好人好事，宣传报道打击破坏野生动物专项整治活动。这些项目及活动的开展，使得公众生物多样性保护意识有所提高，推进保护区资源保护、科研监测、宣传教育和社会发展，提高生物多样性保护能力和环境资源管理水平。

3. 景东开展生物多样性和生态系统服务价值评估项目[①]

生物多样性和生态系统服务价值未得到权威部门认证，特别对辖区内明星物种没有系统科学地评估，就不能有效控制生态系统退化、更好地保护生物多样性，因而不能获得国家较大生态功能区转移支付资金支持，景东县高度重视此项工作。2014年7月，景东县邀请中国环境科学研究院和云南省环境科学研究院相关专家，调研景东生物多样性和生态系统服务价值评估项目。2015年1月8日，中国环境科学研究院下发《关于建设生物多样性国际项目示范县的函》，把景东列入全国生物多样性国际项目 5 个示范县之一。2015年1月21—22日，景东县应邀参加了联合国环境规划署、德国联邦自然保护

① 景东县人民政府：《景东生态县建设规划（2011—2020）》，https://max.book118.com/html/2018/0525/168504695.shtm（2018-05-25）。

局和中国环境科学研究院在北京召开的生态系统和生物多样性经济学利益相关方国际研讨会。2015 年 3 月 10 日，景东县与中国环境科学研究院正式签订了生物多样性国际示范县建设项目。2015 年 3 月 12 日，景东县成立了生物多样性和生态系统服务价值评估项目领导小组，把生物多样性和生态系统服务价值评估景东示范县项目列入该县 2015 年十项重要工作之一。2015 年 4—5 月，景东向中国环境科学院提供了生物多样性和生态系统服务价值评估项目开展的相关资料。2016 年 12 月，《生物多样性公约》缔约方大会第十三次会议在墨西哥召开，普洱市景东县作为唯一受邀的示范县代表，出席中国环境科学研究院和联合国环境规划署共同主办的“中国 TEEB 行动与地方实践”会议，并就该县这一项目实施情况及近年生物多样性保护经验做了交流发言。

（二）镇沅县生物多样性保护实践

镇沅彝族哈尼族拉祜族自治县位于云南省西南部，思茅地区东北部，处于横断山脉纵谷区东南余梢，哀牢山和无量山纵贯全境，与河流相间，构成北高南低、北向南走的“五谷五岭”地貌轮廓。镇沅县是国内一类林区县，截至 2007 年，镇沅县有林地面积 397.5 万亩，有活立木蓄积量 2110 万立方米，森林覆盖率达 67%，国家一、二、三类保护植物 23 种；有草场 228 万亩，牧草 94 科 455 种；有野生动物 519 种，其中有国家一、二、三类和省级一、二类保护动物黑长臂猿、虎、豹等 30 余种；中药材主要有石斛、何首乌、龙胆草、防风、续断等 56 科 123 种。

镇沅县牢固树立绿色发展理念，坚决实施“生态立县、绿色发展”战略，优化区域经济布局，统筹城乡绿色发展，大力推行绿色生产方式，努力建设四大绿色产业基地，不断加强生态建设和环境保护，全力推动全社会绿色发展，生态文明建设亮点频现。2015 年以来，镇沅县在普洱市的领导下，充分发挥镇沅县独特的地理优势、结合县情开展生物多样性保护工作。镇沅县制定《镇沅县城生物多样性保护规划》《县城绿地系统树种规划》《镇沅县城湿地资源保护规划》《镇沅县城古树名木及后续资源保护规划规划》，在规划的指引下，推进哀牢山国家自然保护区建设。哀牢山国家自然保护区中的亚热带中山湿性常绿阔叶林，是我国目前连片面积最大、植被最完整、林相最原始的森林，孕育繁衍了极其丰富的野生动植物资源。该自然保护区在镇沅县境内，较为有名的是千家寨野生古茶群落，是迄今发现的世界上最大规模的原始野生型大树茶群落，上坝古茶树王树龄约为 2700 年，是迄今发现的最古老的普洱茶野生茶树，对茶树遗传多样性保护和起源研究有重要价值。千家寨哀牢山还是省内最重要的鸟类迁徙廊道之一，每年有大量鸟类经过此地。

1. 生物多样性保护中国水利行动项目

“生物多样性保护中国水利行动”项目，由全球环境基金提供赠款支持，联合国粮农组织作为执行单位，联合中国水利部、云南省水利厅、重庆市水利局以及大自然保护协会共同开展。项目从 2013 年开始，2015 年 12 月 1 日获得批准，2016 年 9 月 6 日财政部和联合国粮农组织签署政府合作框架协议，项目选择重庆和云南为试点地区，重庆巴南区五步河、江津区塘河和云南普洱市景东县川河、镇沅县补麻河和恩乐河为试点河流。该行动分四年实施，在四年实施期内，通过相关资助，项目将沿补麻河、恩乐河进行沼泽恢复、改善湿地及生物栖息地，从而保护生物多样性，同时开展政策研究、宣传推广等活动。此项目的开展，可以在今后水利工作中更好地考虑生物多样性保护的要求，提供政策、技术等方面的建议，是镇沅县进一步参与生物多样性保护的积极实践。

2. 地方畜禽品种保种——镇沅县瓢鸡林下养殖

在这次调研中，有机会了解到普洱市的地方畜禽保种品种之一的瓢鸡。瓢鸡，也称无尾瓢鸡或闭毛鸡，它的体型小而紧凑，尾部羽毛下垂，臀部肌肉发达，腹脂厚，使整个臀部丰腴圆滑，加之瓢鸡脚矮，神似葫芦水瓢，故名瓢鸡、闭毛鸡。瓢鸡是镇沅县珍稀特色家禽品种，2009 年 9 月 15 日，瓢鸡被列入云南省濒危畜禽品种保护名录，2010 年，农业部将瓢鸡列为国家畜禽遗传资源新品种，2011 年 1 月列入国家遗传资源保护品种目录，2011 年 10 月，镇沅瓢鸡入选云南省“六大名鸡”。

镇沅云岭广大瓢鸡原种保种有限公司占地 150 亩，主要以安全纯生态的瓢鸡原种保种、养殖、销售为主。从 2009 年开始，该公司一共投入 2500 万元，建标准化种鸡舍 7 栋，配有全自动加温设备、自动化喂料系统、自动饮水系统和自动清粪系统。鸡舍主要分为孵化厅、人工授精室、质检室、种蛋库、生产用房等，有 3 台孵化机和 1 套出雏机，养殖配套设施设备齐全。该公司主要针对瓢鸡进行原种保种开发研究，并与各乡镇畜禽养殖农民专业合作社联营合作，由云岭广大瓢鸡原种保种有限公司提供鸡苗和技术支持，重点发展林下瓢鸡生态养殖。据介绍，目前，镇沅县共有 42 个瓢鸡养殖合作社，发展并带动瓢鸡养殖农户约 4000 余户，存栏瓢鸡约 30 万羽。同时，镇沅以“公司+合作社+基地+农户”为主要推进模式，加快瓢鸡原种保种场、瓢鸡养殖专业合作社、瓢鸡养殖大户及瓢鸡屠宰加工厂等项目建设，并扩大瓢鸡养殖生产规模，努力打造瓢鸡养殖、生产加工基地。镇沅县从 2009 年开始发展瓢鸡产业，目前已形成较为完善的瓢鸡产业化发展体系，进一步带动镇沅养殖产业的发展，既保护了这些地方稀有品种，又成为当地农民增收的重点产业之一。

除了注重地方遗传种质资源——瓢鸡的保种与开发工作外，2017年，镇沅县还积极推进多年生水稻的种植改良。在全县进行稻鱼共生绿色生态高效示范田550亩，其中示范片500亩，恩乐镇和古城镇核心样板50亩。核心区预计稻鱼共作的水稻平均单产达400千克，鱼单产100千克。示范区预计稻鱼共作的水稻平均单产达350千克，鱼单产80千克，两个项目资金共投入30万元，技术培训共530人次。

三、普洱市生态文明建设的成效、问题与建议

（一）普洱市生态建设的成效

经过实际走访，结合文献资料的梳理，普洱市在生物多样性保护工作中取得较大成效。

1. 生物多样性保护体系基本建成

普洱市在《关于加强生物多样性保护的决定》《普洱市生物多样性保护联席会议工作制度》《普洱国家公园总体规划》《普洱市五湖国家湿地公园规划》《云南省生物多样性保护战略与行动计划普洱市实施方案（2013—2020年）》等政策和规划的指导下，已建成以自然保护区为主的，包括风景名胜区、国家森林公园、国家湿地公园等保护地类型，以及相对完善的就地保护地体系和迁地保护体系。普洱市共建立自然保护区16个，其中国家级自然保护区2个，省级自然保护区5个，县（区）级自然保护区9个，省级风景名胜区6个，保护区总面积为217万亩，占全市土地总面积的3.2%。这些保护体系成为普洱市生物多样性保护工作的主战地。在此基础上，普洱市建立了较为完备的野生动植物管理、监测、科研网络体系，积极开展野生动物的科研监测、栖息地保护和宣传教育等方面的工作，5大保护优先领域和37个优先项目等一系列生物多样性保护项目正在加紧实施和推进。

2. 积极推进生物多样性和生态系统服务价值评估工作

中国生物多样性价值评估及主流化项目，是以生物多样性国际项目示范县建设为依托，开展生物多样性与生态系统服务的价值评估。具体任务是将森林、湿地、水等自然资源及其为人类提供的产品和服务货币化，这些价值评述结果会被纳入决策、区域发展规划、商业开发、减贫，以及生态补偿和政绩考核题词等方面，可以为生物多样性保护和可持续利用决策提供依据和技术支持，推动实现生物多样性保护与可持续利用。

3. 生物多样性保护宣传教育体系渐趋完善

一是创建各级教育基地。从普洱学院的生物多样性科学馆，到糯扎渡水电站的“生物多样性保护教育基地”、磨黑中学的“环境保护教育基地”以及以自然保护区、国家公园、风景名胜区等为基础的生物多样性保护教育基地，都为生物多样性保护的教育普及提供了良好的学习场所。二是多渠道宣传教育。通过电视、网络、各类图片、实物、摄影、发放宣传册等宣传方式，开展知识讲座、生物摄影（绘画）展、标本制作等观众参与性活动项目，科学、系统地向观众介绍生物多样性的相关知识，倡导人们关注生物多样性、研究生物多样性、有效保护和合理利用生物多样性，为普洱市普及生物多样性的宣传教育发挥积极作用。

4. 积极开展与国际组织及国内科研的合作交流

一是积极开展各项合作项目。1998—2002 年，在无量山实施“中—荷合作云南省森林保护与社区发展项目”；2001 年至今，与中科院昆明动物研究所合作，在无量山开展了无量山第一次黑冠长臂猿种群数量与分布调查工作，合作共建世界上第一个黑冠长臂猿野外监测研究站；2009—2018 年，与英国野生动植物保护国际合作，在无量山和哀牢山开展第二次黑冠长臂猿种群数量与分布调查,以及黑冠长臂猿规范化巡护监测等工作；2009 年至今，与云南省绿色环境发展基金会合作，在无量山大寨子开展了“黑冠长臂猿栖息地植被恢复和食源基地试验示范建设项目”；2011 年至今，与大理学院合作，开展无量山灰叶猴食性及其对栖息地的选择研究，2011 年与西双版纳热带植物园合作，建设景东亚热带植物园等。二是召开学术会议，2012 年 9 月召开“中国灵长类专家组 2012 年会暨国际黑冠长臂猿研讨会”。三是参加国内外学术会议，2016 年 12 月，景东县代表队参加了在墨西哥召开的《生物多样性公约》缔约方大会第十三次会议，并出席中国环境科学研究院和联合国环境规划署共同主办的“中国 TEEB 行动与地方实践”边会。通过加强国际国内交流，学习其他先行地区的先进经验、先进做法，逐步探索出一条适合本区域生物多样性保护与经济协调发展的共赢之路。

（二）普洱市生物多样性保护中的问题

经过实地调研，主要发现以下几方面的问题：

（1）缺乏经费，融资机制不健全。截至 2017 年，用于自然保护区和生物多样性保护的经费来源有上级扶持、本级财政预算、资源有偿使用费、生态转移支付资金、社会捐赠、科研经费等，但是真正分配到基层用于生物多样性保护的经费少之又少。

（2）相关部门人员设置较少且无相关经验和专业知识。首先，在和景东县、镇沅县环保局等相关工作人员的座谈中，我们了解到虽然设立了自然保护区、风景名胜区、国家公园等，但是一些县级自然保护区内相关管理人数少，且没有固定编制，有的甚至没有机构和固定经费来源。其次，实际在自然保护区做事的人受教育水平低，缺乏相关经验和专业知识，不利于生物多样性保护工作的开展。

（3）生态红线的划定与周边乡镇农户的生计矛盾。目前没有良好合理的生态红线划分办法，给相关执法人员以及当地民众生产生活带来极大困难。一些村镇与保护区距离太近，特别容易受到人类的干扰，一些受教育程度低的贫困群众，对野生动植物资源依赖程度高，会造成生物多样性资源过度利用。

（4）自然保护区分布不均。实地调研的景东县和镇沅县，因拥有无量山、哀牢山两个国家级自然保护区，近年来生物多样性和生态系统服务价值评估、地方畜禽遗传种质保护和开发方面都取得极大突破，但是普洱市地域广阔，结合《普洱实施方案》来看普洱市还存有一些保护空缺区，如孟连大黑山、澜沧野生古茶树群落分布区、江城满老江东岸和腊湖河流域等、川河—恩乐河两岸（景东县文井镇和者后镇，镇沅县城、勐大镇和恩乐镇）等区域均有各自独特的生物多样性特点，但目前尚未建立自然保护区。生物多样性本地信息缺乏，普洱市除哀牢山、无量山等少数自然保护区系统开展了生物多样性本底调查之外，其余多数地方尚未深入开展生物多样性本底调查工作，尤其是澜沧、西盟、孟连、景谷和江城县等地的调查力度很低。生物多样性本底信息的匮乏已严重阻碍和限制了生物多样性保护的科学决策。

（5）缺乏生物多样性管理的综合评估体系。目前只有《普洱市人民政府关于加强生物多样性保护的决定》，以及《云南省生物多样性保护战略与行动计划——普洱市实施方案（2013—2020）》作为普洱市生物多样性保护的指导性文件，但尚未建立一个公开、透明、可操作性强的考核指标以及综合评估体系，普洱方案已经进行了较长时间，但是公众对各个项目的实施进度、成效、区域生物多样性的恢复情况不甚了解。

（三）普洱市生物多样性保护的建议

把握生态文明建设的机遇，加强生态保护与建设，把普洱市建成中国面向西南开放的大通道、大前沿上的绿色生态安全屏障和种质基因库。生态建设以提高森林覆盖率为主向保护生物多样性和满足社会对生态环境的定向需求转变。普洱市在生物多样性建设方面取得诸多成效，应该在《云南省生物多样性保护战略与行动计划——普洱市实施方案（2013—2020）》的指导下，继续加强和推进相关保护工作。一是进一步加强自然保护区和国家公园等保护体系的规范管理，启动自然保护区网络体系建设，积极争取国家及各项投入，实施完成无量山国家级自然保护区二期建设工程，加强保护区基础设施建设；实施国家级自然保护区巡护规范化、监测标准化建设，发挥自然保护区科研、科普、种质资源利用和保护成效展示功能；建立国家级自然保护区保护成效评估机制，完善管理体制，提高管理能力。二是加强野生动植物的监测、保护，尤其是以自然保护区为重点，查清国家和省级重点保护野生动植物的种群数量、分布区域、栖息地状况和受威胁情况，建立野生动植物资源档案、数据库和监测体系，全面提高野生动植物和自然保护区管理水平。除了这些常规的方面，今后普洱市生物多样性保护工作还应特别注意以下几个方面。

1. 积极拓展融资方式

只有拥有充足的资金，才能开展更多的保护。除了政府各级财政资金投入外，还应积极争取社会融资、科研经费和国际资金援助。一是积极加强对无量山、哀牢山特有的珍贵名木和药材进行培育、种植和推广，对诸如野猪等部分野生动物进行驯化、驯养、繁殖，对大红菌等野生食用菌进行促繁，倡导以专业合作社、公司+农户+基地等模式，增加收入进而反哺生物多样性保护建设。二是待景东亚热带植物园建成后，吸引科研项目及合作。三是通过国际环保组织等多种渠道，争取各类国际援助资金。

2. 加强生物多样性宣传教育和专业培训

一是以国家公园、森林公园、风景名胜、森林博物馆以及城镇生态绿地为载体，建设生态文化教育基地，通过电视、网络、宣讲会等多形式、多渠道，以各机关、企事业单位、学校等为基础，构建生物多样性保护宣传体系，让更多的人了解生物多样性的保护方面的政策和制度，参与生物多样性保护工作。二是定期举行市、县各级相关部门人员的培训工作，邀请省内、国内、相关领域的专家，进行短期生物多样性专题培训，提高管理技能和专业水平，以便更好地开展相关工作。三是加强生物多样性本土科研能力建设，完善学科与专业设置，加强人才培养和引进，才能有效提高生物多样性保护的科研技术能力。

3. 加紧推进全市范围的生物多样性和生态系统服务价值评估

景东县在生物多样性和生态系统服务价值评估方面为全市做了良好示范，为加快全市其他县区的生物多样性保护提供科学依据。同时加强对无量山、哀牢山国家级自然保护区以外地区如孟连大黑山、川河—恩乐河等省级自然保护区或是尚未建立保护区的区域的摸底调查，了解基因、物种和生态系统的分布、结构等相关情况，完成生物多样性本底调查和编目，并结合《云南省主体功能区区划》《云南省生态功能区区划》，以此推进普洱市生态红线的划定,进而推动普洱市生态文明建设以及绿色考评指标体系的建设。

4. 推动生物多样性管理的综合评价体系建立

生物多样性管理的综合评价体系有助于强化全市生物多样性保护项目的推进、管理和监督，包括考核指标、实施进程公开透明展示、公众监督体系等内容。

第三编

建设·发展

云南省生态文明建设中的生态补偿机制现状分析①

云南省是我国原始生态环境保存较为完好的地区，也是生态最为脆弱的地区。怎样保护好云南省的自然环境，协调好环境保护与经济发展之间的关系，是现阶段云南省政府亟须解决的重要命题。生态补偿作为生态文明的重要内容，对生态文明建设发挥着重要的作用。虽然云南省过去的生态补偿取得了一系列的成效，但就现阶段而言，依然存在着许多问题。本节从云南省的基本省情出发，指出云南省生态补偿面临的主要问题，总结过去生态补偿实践中的一些经验，然后为以后的生态补偿提供相应的建议和对策。

随着经济的迅速发展，环境的破坏和恶化问题日益加剧，已成为我国社会发展的瓶颈之一。保护环境，建设社会主义生态文明显得日趋紧迫和重要，而生态补偿机制作为生态文明建设的重要组成部分，越来越受到国家、政府和社会的普遍关注。早在 2005 年，国务院就出台了《国务院关于落实科学发展观加强环境保护的决定》，其中就要求："要完善生态补偿政策，尽快建立生态补偿机制。中央和地方财政转移支付应考虑生态补偿因素，国家和地方可分别开展生态补偿试点。"2013 年，在第十二届全国人民代表大会常务委员会第二次会议上，国家发展和改革委员会主任专门向全国人大常委会报告了生态补偿机制建设工作情况。

云南省早在 1983 年就开始对磷矿开采征收覆土植被及其他自然环境破坏恢复费，这是我国关于生态补偿机制的较早探索。此后，云南省先后出台一系列的生态补偿政策，进行了许多富有成效的生态补偿实践，探索了生物多样性保护、水环境保护等领域的生态补偿机制，但随着经济发展和环境保护的矛盾日益凸显，建立一套完善、公平公正、积极合理、行之有效的生态补偿机制迫在眉睫。近几十年来云南省各种生态问题凸显，保护好当前的环境尤为紧迫。生态补偿机制作为环境保护的重要内容，对推进生态文明排头兵建设具有重要作用。本文从现阶段云南生态补偿机制的概念和理论出发，分析云南省生态补偿机制的现状、取得的经验以及存在的问题，将对七彩云南生态文明建设提供重要的对策参考。

---

① 作者简介：王彤，男，安徽省潜山人，云南大学西南环境史研究所博士研究生，主要研究方向为中国环境史、疾病史。

一、生态补偿机制的概念及基础

（一）生态补偿机制的概念

“生态补偿”最先是由国外学者提出的，是一个由经济学、生态学和环境学相互交叉而成的概念，国人最初普遍对生态补偿的认识也不明确，直到20世纪90年代，国外学者对生态补偿的认识才日趋明晰，而我国的“生态补偿”最先是在对矿区生态修复的实践中提出来的，随着时间的推移和生态的变化，“生态补偿”概念的内涵和外延也在不断加深和拓展，不同学者对生态补偿的认识都有差别，但有一点共通之处，即从最初的一种纯粹的自然现象，成了一种促进环境保护的社会经济方法和手段。生态补偿机制的概念、内涵、外延等方面的研究成果也非常多，不同学者从各自的学科视角出发，有着各自的理解和表述方式，虽然人们的角度、侧重点等各有不同，但都有几个共同的要素，即是为保护环境而产生的一种经济调节手段、一项收费行为，具有促进环境保护、社会和谐的重要意义。

（二）理论基础

1. 公共物品论

公共物品论是微观经济学理论的重要组成部分，由美国经济学家保罗・萨缪尔森（Paul A. Samuelson）提出，是指每个人对某一种物品有着相同的消费机会，一个人消费会影响到另一个人消费。[①]和其他物品相比，公共物品有两大典型特征，即非竞争性和非排他性。森林、山地、草原等都属于公共物品的范畴，任何公民都可以任意地消费和使用，但如果每一个人都缺乏保护的意识，就会导致了无节制的索取，当开发和利用超过了环境资源承载力后，就会不可避免地出现“公地悲剧”。[②]

由此可知，公共物品属性决定了环境、资源及其所提供的生态服务功能等必然会面临过度使用和供给不足等问题。生态补偿机制就是通过制度创新，确定不同类型公共物品的补偿主体和客体，明确各方的责任、权利和义务，根据具体实际，制定补偿的标准和方式，通过付费等有偿使用的方式让大众的环境产品得到合理的回报，提高人们的环保意识和生态责任，让资源环境得到保护和恢复。但是，有偿使用的最终目的是让人际和代与代之间都能享受得到公共物品的实惠，让我们的环境公益物品得到永续发展。因此，制定的有偿使用标准要实际、合理，不能因为有偿使用使公共物品变相私有化，这

---

① （美）保罗・萨缪尔森：《经济学》，杜月升等译，中国发展出版社，1992年，第1203—1207页。

② 刘丽：《我国国家生态补偿机制研究》，青岛大学2010年博士学位论文，第37—41页。

样才符合生产补偿的初衷和最终目的。

2. 明晰产权理论

不管是公共物品还是私人物品都是有产权的，私人物品的产权比较明确，主体和客体之间的权责也比较清楚，但是，也还存在模糊的地方。因此，首先要明确私人生态产品和资源的产权关系，确定补偿的范围和标准等，让每个生态利益受损者都能够得到相应的合理补偿。

产权明晰的重点在于公共物品产权的明晰问题。因为目前我国大部分生态环境和自然资源的产权都属于国家和集体，利益主体和客体之间的界限和权限都非常的模糊，这与我国现阶段市场经济非常不适应，没有明确的主体对公有环境资源破坏者进行追责，即使追责，也没有相应的补偿依据和标准，得不到真正的落实，这导致了破坏生态环境的成本偏低，也使产权转让相对困难，有些资源难以被有效利用。[①]

3. 环境资源价值理论

自然资源与生态环境和其他产品一样，也是有价值的。中国生态系统服务价值的研究最早运用于对我国森林和矿产等资源开发的经济效益估算，如 1982 年张嘉宾等人用影子工程法和替代费用法估算了云南怒江等县的森林固持土壤功能的价值和森林涵养水源功能的价值。[②]1997 年国外学者提出了“全球生态服务价值核算”的概念，进一步明确指出了生态服务的价值。

由于大部分环境资源都属于公共产品，大多数情况下人们可以无偿使用，且没有明晰的产权界限、具体的范围和标准，也没有相应的监管措施和专门的执法人员，人们难以意识到环境资源的显性价值，也就没有环境保护的意识。因此，国家要适当发挥宏观调控的职能，制定相应的政策法律法规，明晰产权，明确权属等，将环境资源价值量化，确定环境资源价值量化的标准，补偿的依据、范围等，使之具有可操作性，让人们意识到环境的作用和价值。但到目前为止，生态补偿机制的具体政策措施仍难应用于实际的生活中。[③]

① 孙继华、张杰：《中国生态补偿机制概念研究综述》，《绿色经济》2009 年第 2 期，第 83 页。
② 斯丽娟：《甘肃生态补偿机制研究》，兰州大学 2011 年博士学位论文，第 24—25 页。
③ 刘丽：《我国国家生态补偿机制研究》，青岛大学 2010 年博士学位论文，第 42—44 页。

（三）现实基础

1. 自然环境基础

云南省位于中国西南边陲，低纬度、高海拔，地理位置特殊，地形地貌复杂，立体气候明显，生物多样性突出，素有“动物王国”“植物王国”“有色金属王国”的美誉。但是，云南的生态系统非常脆弱，环境污染和生态破坏日趋严重。云南的山区面积广，坡度大，水土流失和石漠化尤为突出。由于不合理的开发和破坏，森林面积急剧下降，虽经过近几年的大力修复，但与以前比较还相差甚远，且森林结构不合理，种类单一，主要表现为原生林数量少，区域性的经济速生林面积过大，故森林的稳定度低，抵抗力弱，生态防护功能不足，不仅使有害生物入侵和扩散风险性增大，也挤压了本土生物的生存空间，导致出现多样性降低等一系列环境问题。[①]

2. 社会经济基础

云南省的工业化和城镇化起步晚，发展慢，发展方式相对落后，粗放型经济仍占主导地位。云南省的产业结构主要以工矿企业为主，不可避免地产生了大量的工业废弃物，有些废弃物甚至没有经过任何过滤和处理就直接排放到了江河，这不仅污染到了当地的环境，对整个流域的环境也是巨大的破坏。

2008—2015 年，随着污染的加剧，云南省出现了一系列的环境污染事件，对当地的经济和民生的发展带来了诸多不利影响，也给当地的社会形象蒙上了阴影。典型的有 2008 年阳宗海砷污染事件、2011 年曲靖铬渣污染事件、2013 年东川牛奶河事件等环境污染事件。以阳宗海砷污染为例，2008 年 9 月，家住阳宗海湖边的村民们突然被村干部告知，阳宗海的水不能喝了，也不能在湖里游泳了。村民都感到非常的困惑，因为他们喝这里的水已八年了，为什么突然不能喝了，也不能他用了，后来经过检测才知道，由于沿湖企业违法排污，阳宗海的砷浓度严重超标，而云南澄江锦业工贸有限责任公司是造成阳宗海水体砷污染的主要来源之一，使得原来的“高原明珠”变成了一湖毒水。水体污染的背后，暴露出了当地环境保护的诸多问题，如地方政府的相关职能部门存在审批把关不严、执法力度不够、督查落实不力、整治违法行为避重就轻、敷衍了事等。[②]

城市环境问题也日渐凸显，污水处理率低，大量城市污水未经处理就直接排入江河湖库，加剧了污染，基础设施不完善，各种垃圾和废物得不到有效处理，安全隐患问题

---

① 七彩云南生态文明建设规划纲要编制工作领导小组编：《七彩云南生态文明建设规划纲要（2009—2020 年）》，内部资料，2009 年，第 6—7 页。

② 周生贤等：《生态文明与可持续发展》，北京：人民出版社，2011 年，第 112 页。

突出。同时，农村的环境污染也在不断加剧，特别是农业面源污染尤为严重，土壤环境质量不断下降，农村的垃圾得不到有效处理，环境处理设备与设施落后和不完善等问题都十分突出。①

二、云南生态补偿机制建设过程中的经验

（一）云南省政府出台一系列生态补偿政策

2000年，云南省就提出了“绿色经济强省”的目标，强调要努力发展经济，增加绿色经济的比重。2006年12月，云南省委、省政府又做出了《关于加强环境保护的决定》，其中就包含有“开展生态补偿试点，逐步建立生态补偿机制”的条款。2008年2月，云南省政府在《云南省人民政府关于加强滇西北生物多样性保护的若干意见》中提出：“力争‘十一五’期间，在生态保护、环境治理、水能矿产开发生态补偿、新能源利用和科研等方面投入70亿元左右”“开展自然保护区、重要生态功能区、重大资源开发项目、城市水源地保护等四个领域的生态补偿试点工作”“逐步完善区域生态补偿机制”，明确提出了生态补偿的重点领域。2011年12月，云南省委正式做了“三个计划”“四个同步”的任务安排，提出云南省“争当全国生态文明建设排头兵”的目标，其中就提出要建立、健全云南省的生态补偿机制。2012年12月1日起实施的《云南省牛栏江保护条例》明确规定，云南省人民政府应当建立生态补偿机制，将牛栏江保护经费纳入财政预算并加大财政转移支付，多渠道筹集资金用于扶持并改善牛栏江保护区内居民的生产、生活条件。

2014年9月，云南省财政厅出台了《云南省森林生态效益补偿资金管理办法》（以下简称《办法》），将中央和省级财政中的公益林生态效益补偿资金进行统一规范管理，以确保补偿资金的安全、高效和快捷运行，其中还提出各地也要建立起统一的管护体系，使全省公益林管护标准由兼职向专业转变，管护时间由季节性管护向常年性管护转变，管护类型由一般性管护向重点型管护转变，这就有效地打破了目前管护模式粗放、管护效果不理想的困境，达到了“管补分离”的效果。《办法》还取消了原来按比例兑现补偿金的规定，进行补偿资金的再细化，细分为管护费和补偿费，使补偿标准更明确，兑现更高效，收入比以前更高。到2015年上半年，云南省财政厅、环保厅等相关部门，结合本省的省情，积极探索，逐步建立和完善了一套以生态价值补偿为主体、生态质量考核奖惩为辅助的生态功能区转移支付制度体系，对云南生态文明建设和生态环境保护做了

① 倪喜云、尚榆民：《云南大理洱海流域农业面源污染防治和生态补偿实践》，《农业环境与发展》2011年第4期，第84—85页。

生态补偿方面的制度性规范，形成了保护生态环境和建设生态文明的有效制度合力。

（二）云南省政府行之有效的生态补偿实践

改革开放后，云南省采矿业的发展迅速，对生态环境造成了严重的破坏。早在1983年，针对采矿业对生态环境造成的严重影响和破坏，云南省环保局以昆阳磷矿为试点，以每吨矿石提高0.30元的方式进行收费，并将所收费用用于采矿区复土植被及其他生态破坏恢复治理。1996年，云南省开始了森林生态补偿的初步实践，开展了森林分类区划试点，2001年第一次完成全省两类林区划，2004年开展了国家重点公益林区划界定，并开始实施补偿，标准为每年5元/亩，云南省非天保区1600万亩纳入补偿，补偿金8200万元。2006年国家下达云南省非天保区补偿面积2817.3万亩，补偿金13436万元。至此云南省非天保区国家级公益林全部纳入补偿范围。2008年开展了地方公益林区划界定，2009年国家再次扩大云南省国家级公益林补偿覆盖面，共补偿4517.5万亩，补偿金22588万元。2010年开展了国家级公益林分级区划，2011年进行了县级实施方案修编，2012年开展了全省公益林区划落界，形成了相对稳定的公益林补偿体系。

截至2013年，全省国家级和省级公益林补偿实现管护和补偿全覆盖，补偿面积13207万亩（国家级公益林8540万亩，省级公益林4667万亩）。①

此外，2009年开始，大理白族自治州也进行了洱海流域农业的生态补偿实践，实施改厕、改厨、改厩和沼气池配套建设的工程，简称为“一池三改”或“三位一体”沼气池建设，洱海流域累计建成“一池三改”或“三位一体”沼气池8984口。同时，大理白族自治州财政部门投入了专项资金1000万元用于洱海流域农业面源污染的治理和畜牧业的补贴，补偿的范围涵盖了养猪发酵床、猪舍改造、堆粪发酵池、牛粪种植双孢菇等领域。②

三、云南生态补偿机制建设面临的主要问题

（一）退耕还林和天然林保护问题

云南省的退耕还林和天然林的补偿标准过低，且补偿措施很不合理。目前我国退耕还林（草）工程的补偿标准十分单一，全国仅分为黄河流域及北方地区和长江流域及南方地区两个标准。这样的补偿标准就导致了地区间资金分配的不平衡和不合理，导致了

---

① 云南省天然林保护工程办公室：《云南省森林生态效益补偿的实践与思考》，《云南林业》2012年第2期，第12—13页。

② 倪喜云、尚榆民：《云南大理洱海流域农业面源污染防治和生态补偿实践》，《农业环境与发展》2011年第4期，第83—84页。

一些地区出现“过补偿”，而另一些地区却是“低补偿”。而云南省则属于低补偿之列，如云南省经济林每年平均产出为 36 元/亩，但在云南的许多地方，实施的却是目前我国每年每亩 5 元的补偿标准，山林是山民全部的生活来源，这样的补偿标准显然难以满足他们起码的生活需要。

云南省自 1998 年宣布实施禁止砍伐天然林的政策后，地方财政和林农的收入普遍锐减，特别是丽江、怒江等林业主产区，当地财政收入有一半以上是来自木材产业，当地农民大多也以木材业为生，禁止砍伐天然林的政策出台后，他们的年收入大幅度下降，如丽江市的 4 个县因停止采伐天然林，农民每年减少收入 3955.7 万元。这些天然林和退耕还林的资金都来源于中央和云南省的两级财政支出，数量有限，但补偿对象的基数大，基本覆盖了全省的林农，必然会导致补偿标准低，群众的积极性不高。另外，退耕还林补偿政策没有考虑农民由种粮而来的一些连带收入，以及农民调整生产结构而带来的附加收入等，往往这些连带和附加收入比纯粹的种粮收入要多，但政府仅对农民的种粮收入做出补偿，很不合理。而且耕地变林地后也同样需要农民的养护，这同样需要资金的投入和支持，但这些后续的管护费都被政府所遗漏和忽略。故云南省在今后的补偿中，要努力缩小补偿范围，提高补偿标准，增加单项补偿份额，让补偿真正落到实处，让人民能够切实享受到生态补偿的实惠。

（二）水环境保护的问题

云南省水域面积广，水环境污染日益严重，生态环境亟须保护，但目前仍没有一条完整的水环境补偿机制，且对为保护水环境而影响发展的区域没有相应的补偿。云南地处长江、珠江、澜沧江等六大江河的源头或上游，是“三江并流”的主要集水区，此外，还有许多较小的河流、湖泊、湿地等。由此可知，云南省的水资源十分丰富，水环境区域广。保护好本区域江河、湖泊及周边的环境，使之清澈美丽是我们义不容辞的责任和义务，也是我们无可推卸的责任。以污染最为严重的滇池为例，近十几年来，中央和云南地方政府已投入数百亿元的治理资金，但都没达到预期的效果，滇池水质依然富营养化严重，周围的湿地景观也遭到了破坏。省内的南盘江水系、红河水系等 15 条主要河流也都受到了不同程度的污染，红河哈尼族彝族自治州 5 个集中式饮用水源已经有 2 个不能用于饮用，1 个只能勉强用于饮用。境内其他河流也都面临着类似的困境，流域内生态环境保护和经济发展及利益分配的矛盾十分突出，严重制约了云南省的生态环境保护和生态文明建设的推进。

保护好良好的水环境，建立起流域内的生态补偿机制显得尤为重要。虽然云南省曾在建立水环境的生态补偿上进行了一些尝试和实践，但已经不能适应当前的经济发展。

以洱海的水环境生态补偿为例，虽然大理白族自治州早在1988年就制定了《云南省大理白族自治州洱海保护管理条例》(以下简称《条例》)，并于1998年和2004年进行了两次修订。2008年，大理白族自治州政府还根据《条例》先后出台了洱海水污染防治、水政、渔政、航务、垃圾处理、滩地管理等一系列配套规范性文件，并提出了相应的生态补偿政策，使洱海管理逐步走上了科学化、规范化轨道。但随着社会经济的快速发展，生态补偿机制不健全问题日益凸显，首先表现为没有完整的生态补偿政策，近年来洱海流域以不同渠道得到中央和云南省的资金补偿，但分散于各行业主管部门，而行业部门之间又处于条块分割状态，各自为政，无综合协调机制，难以统一规划，整合资金，发挥生态补偿的整体效益。另外，在保护洱海流域水环境的过程中，当地经济做出了巨大的牺牲，却没有得到相应的补偿，如洱源县为了保护好洱海的源头，在招商引资、农业发展等方面都做出了巨大的让步，地方经济发展也因此相对滞后，而这些并没有得到国家相应的补偿。

（三）云南岩溶区的石漠化治理问题

云南是全国岩溶分布最广的省区之一，也是岩溶石漠化严重的省份。全省16个地州(市)均有岩溶分布，128个县(市、区)中115个有岩溶分布，占全省土地面积的27.1%。近年来，云南岩溶区的石漠化现象日趋严重，石漠化面积不断增大，部分非石漠化岩溶区向石漠化发展，轻度石漠化逐渐向重度石漠化方向发展。云南省石漠化治理困境的首要问题是资金短缺，其次是产业结构调整、升级困难。

文山壮族苗族自治州是石漠化较为严重和典型的地区之一，1990—2002年的10多年间，石漠化土地面积均呈扩展的趋势，其扩展速率在0.8%—3.2%，到2011年，石漠化面积多达全州总面积的32.2%，而这些石漠化严重的区域往往是交通不便、地理位置偏僻的地区，这在很大程度上给治理工作带来了很大的困难。目前石漠化治理最大的困难是资金短缺。与其他生态问题不同，石漠化的防治需要更多的资金投入，当前1平方千米的岩溶面积治理需20万元的资金投入，随着石漠化的不断扩大，需要的资金也越来越多。石漠化区域往往又是集老、少、边、穷为一体的区域，每年财政都靠补助，配套资金筹措相当困难，更没有能力自己筹集资金来进行治理，项目资金缺口较大。

另外，当地的产业发展也存在一定的问题，如当地的砖瓦厂数量众多，且多建在土层很厚、土质条件很好的地方，许多土质很好的土都被烧制成砖运走，留下来的大多是一些沙土或石头。制砖业的发展虽然能在短期内解决就业和收入问题，但对土地的破坏是永久性的、不可恢复的。制砖厂产生的一些废气和污水也对周边的环境造成了污染。

当某一区域可用来烧砖的土方被挖完后，厂主们又会换到另一区域，石漠化也会随之扩展到这一新的区域，直到所有的土方被挖尽，石漠化也就扩展到了整个区域。这种竭泽而渔的产业虽然能在短时间内带来可观的经济效益，但不利于长远的可持续发展。因此，改变当地的产业发展模式，寻找一种新的绿色发展路径，既能促进当地的经济发展，又能有效地遏制当地石漠化的产生和蔓延，才是长久之计。

（四）生物多样性保护问题

云南省由于其特殊的地理位置和立体式的独特气候类型，孕育了极为丰富的自然资源，是我国 17 个生物多样性关键地区和全球 34 个物种最丰富的热点地区之一，生物多样性为全国之首，素有"植物王国"、"动物王国"和"基因宝库"的美誉。但是，近年来随着经济的发展，云南省的生物多样性受到严重威胁，生物多样性下降趋势尚未得到有效遏制，遗传种质资源流失严重，生态系统服务功能退化，外来入侵物种威胁加剧。物种入侵的方式有两种：一种是生物的自然入侵，如紫茎泽兰原产于墨西哥，大约在 20 世纪 40 年代由中缅边境传入云南省，现已在云南省广泛分布，紫茎泽兰在入侵过程中分泌化感物质，影响其周围植物的生长发育，它的提取物具有消灭农业害虫的作用，但是它同样会引起土壤群落的动态变化，土壤动物类群数减少，多样性指数下降。另一种是人工引进，如从 20 世纪 50 年代开始，云南省就开始大规模砍伐热带雨林，大面积种植橡胶树、桉树等外来经济树种，这些人工引进的树种并没有进行过任何的中间试验，就大范围地推广。这些外来物种来到了一个新的区域，如果没有天敌或很少有天敌的话，就会成为优势物种，迅速蔓延，挤占本地物种的生存空间，导致本地物种的消退或灭亡，如野芭蕉被引进几年后，在澜沧江两岸的部分地段就已长得漫山遍野，蚕食着原生植被和丰富的热带雨林群落，导致当地的其他物种急剧减少。

导致外来物种入侵、生物多样性下降的主要原因是决策的盲目性，产业结构不合理。决策者只看到眼前利益，而没有长远的考虑，认为引进某一物种能够给当地当前的经济发展带来一时的效益，就不顾一切盲目引进，待到这个物种不能创造经济价值的时候，又会全部铲除，换为另一种新的能够创造经济价值的物种，就这样恶性循环，导致生物多样性越来越低。目前我国环境评价机制最大的漏洞也在于此，具有很大的盲目性和随意性。这也客观上为引进外来不良物种提供了可乘之机。因此，在今后的生态文明建设和环境保护的实践中，我们应尝试建立一套完整的环保机制，防止环保政策朝令夕改、人亡政息的情况发生。

四、对策建议

（一）建立明晰的生态补偿全责机制

明确补偿的主体和对象，其实就是“谁补偿”和“补偿谁”的问题，也是我们生态补偿的前提。这个问题看似简单，实际很复杂，关键就是要明确产权，但就目前而言，我国的公共产品的产权没有很清晰的界定。以云南省芒市森林的产权归属为例，其可分为国家级公益林、省级公益林、商品林三种。可以看到，芒市的森林产权很不明晰，只明确了国家和省级公益林补偿的主体属于政府，而商业林补偿的主体属于谁就很不清晰。补偿的面也非常的广，涵盖了芒市辖区内所有的乡镇、村委会和管护责任区，必然会导致补偿标准偏低，这样群众的积极性就不高，政府和林农之间还会因补偿资金问题产生矛盾，由此滋生一系列的问题。因此，我们急需细化补偿机制的主体和对象。又如芒市，可以从商业林中再划分出补偿主体，让那些破坏和消耗森林的矿山和工厂承担起生态补偿的责任，再把补偿的对象细化到每个遭受经济损失的林农，这样既可以促使各个责任主体保护环境，又使得真正的生态利益受损者得到相应的补偿，这样就更具针对性，实施起来更加简单、明确，避免了补偿主体间的相互推诿、补偿对象范围的无限扩大等不合理现象的发生。

对于生态补偿的标准和办法方面，要考虑到生态保护所导致的直接经济损失，如可以通过野生动物破坏居民农作物造成的直接经济损失估算；另外还要考虑到生态保护所导致的间接经济损失，如生态保护地区为了保护生态功能而放弃的发展经济的机会成本，如由于生态保护的要求，当地必须放弃一些产业发展机会，如水源保护区不能发展某些污染产业、沙尘暴控制区不能放养或需要限制牲畜的数量而造成的间接经济损失，从而影响农牧民的经济收益。

（二）拓宽融资渠道，建立“造血型”补偿机制

具体可分为两个方面：一是增加资金的来源；二是改变补偿的方式。按照公平合理的一般原则，生态补偿的主体应包括国家、社会和地区自身，补偿也分为国家补偿、社会补偿和自我补偿三大类，而目前云南省的补偿资金大多来源于中央的财政投入，但从长远来看，在积极吸引国家投入的基础上，地方政府也要努力发挥更大的作用，这就需要在进行社会公益性建设的同时，引入市场竞争机制，开展生态产品的市场交易，拓宽融资渠道，增加社会补偿的份额，也为自我补偿积累资金。

现行的补偿方式多以资金补偿为主，但目前云南省最紧缺的是足够的资金，在资金有限的情况下，我们要转变补偿方式，还可以通过基础设施的投入和技术援助等多种方

式进行补偿，其中基础设施的投入包括改善饮水灌溉和交通条件等，技术援助包括绿色教育和农牧业技术的传授等，这样就保证了补偿机制的长期性和实效性。“造血型”补偿主要是依靠人才与技术的补偿，运用项目支持的形式，将补偿资金转化为技术项目安排到被补偿地区，帮助生态保护区群众建立替代产业或者为无污染产业的推进提供资金补助与政策支持。这样可以增强地方生态可持续发展的能力，形成自我发展机制，使外部补偿转化为自我积累能力和自我发展能力，从而提高自我补偿的能力。

（三）转变经济发展方式，调整产业结构，形成一条完整的环保产业链

政府应限制高耗能、重污染的企业，积极引入与环境相协调、低消耗、无污染的绿色环保产业，给予这些绿色产业一定的资金补助，提高它们的生产积极性。

如玉溪关闭了抚仙湖沿岸大量污染企业，实施“三退三还”政策。同时，为了解决面源污染问题，玉溪市积极调整产业结构，首先是引导农民将高肥、高药的作物改种为低肥、低药和高效益的品种，如大力推广蓝莓和莲藕。有关试验显示，种植蓝莓与菜豌豆相比，每亩减少氮肥用量 84%，减少磷肥用量 73%。其次是引导农民向三产转移，政府支持发展旅游等现代服务业，为农民提供相应的职业技能培训，吸引农民就近就地转移就业。做大三产的重点是旅游开发，在这方面抚仙湖具有得天独厚的优势。抚仙湖本身是 200 亿立方米一类水质的“高原明珠”，同时毗邻世界遗产澄江化石地，旅游资源富集且具有不可替代性。此外，各级政府对旅游业发展的重视和支持，对因产业结构调整而受到影响的农牧民根据其具体情况进行相应的补偿。大理白族自治州政府在 2002—2012 年，也在洱海环湖地带实施了“三退三还”与生态补偿专项措施，其中包括“退塘还湖”“退房还湿地”在内的流域水质保护工程，如 2009 年，大理白族自治州在改造罗时江生态湿地公园时，投入租用土地进行湿地建设，种植水生观赏植物，如莲藕、茭白等，并且在不同时期更换适宜湿地的植物，这样使湿地氮去除率达 30%，总磷去除率达 40%，给当地村民每亩 250 千克原粮的一次性实物补贴，这样农民得到了经济实惠的补偿，湿地的生态效益也得到了提高。

（四）积极寻求省际、国际的生态补偿机制合作

云南省虽然地处西南边疆，但其自然环境（如山川、河流、动植物等方面）与周边省份都有着千丝万缕的联系，不管哪一部分环境被破坏都会对周边的环境产生影响，这样的生态补偿就会涉及多个省份，只有它们之间相互协调、共同努力才能完成。这就需要中央政府居中调节，为跨省流域生态补偿搭建一个平台，明确上游省份和下游省份的责任和义务。下游省份作为流域生态补偿的主体，上游省份作为被补偿的主体，

上、下游省份之间达成流域生态环境协议，确定生态补偿标准，构建省际流域生态补偿机制。另外，省内跨市流域生态补偿由省政府协调推动，省域内跨市流域生态补偿也应建立在流域环境协议基础之上，在达到流域环境协议要求时，下游市域必须向上游市域生态建设主体提供补偿，而在未达到流域环境协议要求时，上游市域必须向下游市域提供补偿。

云南省还与越南、老挝、缅甸、印度等东南亚和南亚国家接壤，国境线长达 4060 千米，生态环境与这些国家有着天然的联系，如元江（红河）、澜沧江（湄公河）、怒江（萨尔温江）、大盈江（伊洛瓦底江）四大水系均为跨国河流，需要云南省与以上各国共同努力才能更好地保护环境。以澜沧江—湄公河为例，澜—湄流经中国、缅甸、老挝、越南、泰国、柬埔寨 6 个发展中国家，但现有澜—湄的合作机制——湄公河委员会仅限下游 4 国，中国、缅甸都不是正式会员，只是以观察员的身份非正式地参与，上、下游国家在水资源保护和利用的权责方面都存在严重分歧，而湄公河委员会又无强制性，导致其在跨流域补偿方面发挥的作用十分有限，因此，流域内各国要在新的政治和法律基础上，根据不同地区的不同开发程度制定出让各国都可接受的补偿标准。

（五）借鉴和吸取国际与国内其他地区生态补偿的经验

欧美国家早前也无生态补偿机制，但在环境保护的实践过程中一步步完善和形成了自己的一套生态补偿体制，并发挥了巨大作用，如美国国家公园的建设。美国所有的国家公园都是联邦政府的非营利机构，国家公园的资金主要有三个来源：国会拨款、门票收入、商业收入。其中国会拨款占 90%，门票收入在预算中的比例非常低，却主要用于环境和资源保护建设及环保宣传教育等，实行收、支两条线的管理制度。1965 年美国国会更是颁布了《特许经营政策法案》，规定了国家公园在保护生态旅游资源的前提下进行授权经营，并规定了企业的经营行为。法案还对公共住宿、娱乐设施和服务设施等进行了严格的控制，以防止无管制、随意使用这些设施的行为出现。我们的国家公园和自然保护区可以借鉴美国国家公园的管理办法，设置专项的生态补偿基金，约束无序的经济行为，使环境保护措施落到实处。

我们还可以借鉴国内其他省份的生态补偿经验。如江西的三清山风景区就实施了其特有的“三清山”模式：“净菜上山、洗涤下山、垃圾下山”“山上游、山下住”“人让树、路让树”“黄金周限客令”。2006 年，江西省十届人大第二十二次会议通过了《江西省三清山风景名胜区管理条例》，明确规定三清山管委会为资源所有者代理人，行使管理权，作为旅游资源使用费的征收主体，征收对象为依托风景名胜资源从事经营活动的单位和个人，同时有着明确的收费标准。这个管理方案权责明晰，注重差异化和动态化管理，很好地避免了“一刀切”现象的发生，这些也都值得云南学习和推广。

生态补偿机制的建立和完善不是一朝一夕能够完成的，而是一个长期探索的过程，需要我们对它的正确理解和适当的把握。首先我们要弄清什么是生态补偿以及生态补偿机制，它的内涵和外延又是什么，它的理论基础来源在哪，而云南省的现实基础又如何，它的特殊性又在哪，完善云南省的生态补偿机制又面临哪些问题。只有把生态补偿问题的普遍性和云南省的特殊性相结合，符合云南的实际，才能够起到正面的引导作用。同时，云南的生态补偿机制的设立既要具有普遍性，又要具有全方位的视野和全国的高度，只有这样才能走在其他省（区、市）的前列，才有成为全国生态文明建设排头兵的可能。只要认识到云南省生态补偿机制存在的问题，找出生态文明建设的重点，制定出合适、合情、合理的措施，云南省一定会成为全国生态文明建设的排头兵！

云南省生态文明建设评价指标体系构建路径研究①

近年来，云南全省生态环境系统以习近平生态文明思想为指导，以重点环境问题整治和重要环境保护工程建设为抓手，全力推进生态文明建设的各项实践，取得了诸多经验和成绩，亦有一些教训和不足，如何对之进行较为合理准确的定量评价，是当前云南生态文明建设过程中需要解决的问题，学界对云南生态文明建设和指标评价体系亦有一些回顾②和思考③，但关于指标评价体系的构建路径还需进一步探讨和研究，如采用怎样的原则、运用什么样的框架、指标评价体系标准的解释范畴及其计算方式的设定都是尚需深入思考的问题。本文拟从国家和云南省有关部门及单位颁布的生态文明建设法规和举措出发，分析生态文明建设指标体系构建及其评价中内容的选取、指标的确定以及解释的尺度，介绍了指标评价体系的现状并提出了改进和完善的方法，以便为云南生态文明建设提供更为完善的保障。

一、生态文明建设评价指标体系构建的基本原则

指标体系的构建是对生态文明建设进行科学化分析的依据。建立生态文明指标体系应秉承实事求是的科学态度，坚持因地制宜、突出区域特色、大胆创新相结合的工作方针。

（一）系统性与层次性相结合原则

生态文明建设是一项涉及全社会及每个人切身利益的新型复合系统工程，它不仅包括生态环境、人居、文化及制度等各个层面，而且涵盖了社会发展、经济转型、法律完善等不同社会系统。④生态文明建设系统性原则是指着眼整体和全局的理念，运用系统优化的思维，进行全方位、多领域的统筹与规划，并结合不同区域和部门的实际情况，综合分析和解决具体生态问题。具体实施方法是从整体出发，设立一个总分系统，把评

---

① 作者简介：潘诗雅，女，黑龙江大庆人，昆明理工大学质量发展研究院硕士研究生。

② 周琼：《云南生态文明建设的历史回顾与经验启示》，《昆明理工大学学报》（社会科学版）2016 年第 4 期，第 22—36 页。

③ 孔雷等：《关于构建云南生态文明建设评价指标体系的思考》，《林业建设》2013 年第 5 期，第 17—20 页。

④ 杨红娟、夏莹、官波：《少数民族地区生态文明建设评价指标体系构建——以云南省为例》，《生态经济》2015 年第 4 期，第 170—173 页。

价目标与指标体系有机结合，再根据不同的标准和多种要素细分为若干个不同层次的子系统，下一层指标要尽可能地完整表达上一层指标的含义，且同时避免各类指标出现重叠的现象。

（二）科学性与可行性相结合原则

构建生态文明建设指标体系需要着眼于生态文明建设过程中的各项实践安排，并按照科学的标准和程序进行指标的筛选和确定工作，以确保各项工作的真实性及统计数据的可靠性。数据计算处理时要力求科学，子系统中的具体指标要能清晰地显示出生态文明建设各领域主要建设目标实现的程度，因生态文明建设指标体系的构建要对城市生态文明建设有前瞻性和指导性，只有在全面把握现有建设现状基础上，才能给予最大限度的综合评价与指导，故需要在科学研究和充分论证的基础上，科学合理地构建指标体系的结构，形成能准确评价的指标体系。同时，当前云南经济社会发展正处于转型和变革时期，面临诸多问题和复杂过程，指导各项工作的指标方针必须具有实用性和可操作性。因此生态文明指标体系的构建也应尽可能与云南区域社会经济发展水平相适应，在充分实践调研的基础上，力求做到官方统计数据与行业规范标准及典型个体提供的数据等多层面数据有机结合，进行充分考辨，以确保数据和信息的真实可靠，同时在确保数据来源准确、可靠的基础上，充分考虑数据的可获得性及可量化性。在获得大量可靠数据的基础上，利用相关统计分析软件，构建可行性程度高的指标系统，为相关决策者提供翔实可靠的决策依据。

（三）导向性与创造性相结合原则

云南省生态文明建设指标体系是反映云南全省为达到生态保护和建设的预期目标需要采取的措施与方法，因此必须具有全局性、前瞻性、导向性。但因生态文明建设既是目标又是过程，因此对于指标体系的设计要与时俱进、勇于创新，还应因时而异、因地制宜，综合反映生态文明建设的现状及发展趋势，便于进行预测与管理，起到导向作用。

二、云南省生态文明建设评价指标体系的构建框架

云南省生态文明建设指标体系应与全省社会经济发展相适应，全面且突出重点，要涵盖经济、环境、人居、文化、制度的各个方面，突出环境保护需求、产业结构转型要求、资源集约节约利用要求和社会文明程度提升要求。综合已有研究、云南省生

态文明建设发展现状和“五位一体”的现代化战略布局，结合云南省的区域特点，依据《七彩云南生态文明建设规划纲要（2009—2020年）》《云南省国民经济和社会发展第十三个五年规划纲要》《绿色发展指标体系》，在生态环境、生态经济、生态人居、生态文化和生态制度的框架下，选取二级和三级指标，完善评价指标体系。下面采用表1中的指标体系，层层递进，分层说明各级指标的设计目的、理由，指标的内涵及获取、评价方法等内容，展现一个完整的评价体系。在指标体系中，将所有指标分为约束性指标和预期性指标。约束性指标是指在生态文明建设中国家对有关部门提出的工作要求，各级政府要确保该指标的实现；预期性指标是指在生态文明建设中政府期望的发展指标。

表1　生态文明建设评价三级指标框架（以绿色产业为例）

一级指标	二级指标	三级指标	单位	指标属性	基本值	理想值	参考依据	指标来源
生态经济	绿色产业	农产品综合抽检合格率	%	预期性	93	98.37	A	★
		省级以上知名农产品品牌个数	个	预期性	/	100	A	★
		农产品中无公害、绿色、有机农产品种植面积比例	%	预期性	10	15	B	●
		绿色产品市场占有率（高效节能产品市场占有率）	%	预期性	50	60	A	★
		服务业增加值占GDP比重	%	预期性	45	50	A	★
		战略性新兴产业增加值占GDP比重	%	预期性	8	15	A	★
		第三产业增加值年均增长率	%	预期性	6.7	9.9	A	★
		绿色产业培育示范工程完成情况	/	/	/	/	B	●

注：A为《云南省国民经济和社会发展第十三个五年规划纲要》；★为《云南省国民经济和社会发展第十三个五年规划纲要》确定的资源环境约束性指标及主要监测评价指标，对于无法用数据来衡量的指标，如工程完成情况、生态考核中的各种制度，在评价方法中需专家通过现有材料进行相应打分，所以基准值与理想值皆用“/”表示；B为《云南省生态文明建设排头兵规划（2016—2020年）》；●为《云南省生态文明建设排头兵规划（2016—2020年）》主要评价指标

三、云南省生态文明建设评价指标解释和计算公式

针对当前评价体系指标太多与核心指标缺乏并存的问题，考虑到生态文明建设目标导向性、数据可得性、权威性、可重现性、一致性、可比性、非相关性、完整性等要求，这里分别从空气指数、水质标准、森林覆盖率、社会承载率等方面筛选和构建了多维度生态文明建设评价指标解释体系，并在此基础上进行权重分析和整合，最终形成了不同指标所占比的计算方式。

（1）化学需氧量排放总量减少是指一定时期内，化学需氧量排放量相比前一时期的降低率[①]。化学需氧量排放量指报告期当年工业、农业、城镇生活、集中式污染治理设施的化学需氧量排放总量。计算公式为：

化学需氧量排放量=工业化学需氧量排放量＋农业化学需氧量排放量＋城镇生活化学需氧量排放量＋集中式污染治理设施化学需氧量排放量

$$\text{化学需氧量排放总量减少率}=\left(\frac{\text{本年化学需氧量排放量}}{\text{上年化学需氧量排放量}}-1\right)\times 100\% \quad (3\text{-}1)$$

（2）氨氮排放总量减少是指一定时期内，氨氮排放总量相比前一时期的降低率。氨氮排放总量指报告期当年工业、农业、城镇生活、集中式污染治理设施的氨氮排放总量。计算公式为：

氨氮排放量＝工业氨氮排放量+农业氨氮排放量+城镇生活氨氮排放量+集中式污染治理设施氨氮排放量

$$\text{氨氮排放总量减少率}=\left(\frac{\text{本年氨氮排放量}}{\text{上年氨氮排放量}}-1\right)\times 100\% \quad (3\text{-}2)$$

（3）二氧化硫排放总量减少是指一定时期内，二氧化硫排放总量相比前一时期的降低率。二氧化硫排放量指报告期当年工业、城镇生活、集中式污染治理设施的二氧化硫排放总量。计算公式为：

二氧化硫排放量＝工业二氧化硫排放量+城镇生活二氧化硫排放量+集中式污染治理设施二氧化硫排放量

$$\text{二氧化硫排放总量减少率}=\left(\frac{\text{本年二氧化硫排放量}}{\text{上年二氧化硫排放量}}-1\right)\times 100\% \quad (3\text{-}3)$$

（4）氮氧化物排放总量减少是指一定时期内，氮氧化物排放总量相比前一时期的降低率。氮氧化物排放量指报告期当年工业、城镇生活、机动车、集中式污染治理设施的氮氧化物排放总量。计算公式为：

氮氧化物排放量＝工业氮氧化物排放量＋城镇生活氮氧化物排放量＋机动车氮氧化物排放量+集中式污染治理设施氮氧化物排放量

$$\text{氮氧化物排放总量减少率}=\left(\frac{\text{本年氮氧化物排放量}}{\text{上年氮氧化物排放量}}-1\right)\times 100\% \quad (3\text{-}4)$$

（5）危险废物处置利用率是指报告期内危险废物处置和综合利用量占危险废物产生量、处置往年贮存量和综合利用往年更存量之和的百分比。危险废物指列入国家危险废物名录或国家规定的危险废物，具有爆炸性、易燃性、易氧化性、毒性、腐蚀性、易传

① 李宇卿：《我国能源消费预测模型实证研究》，上海师范大学 2018 年硕士学位论文，第 17—42 页。

染性等危险特性之一的废物。计算公式为：

$$危险废物处置利用率=\left(\frac{危险废物处置量+危险废物综合利用量}{危险废物产生量+处置往年贮存量+综合利用往年更存量}\right)\times100\% \quad (3\text{-}5)$$

环境污染治理投资占全省地区生产总值比重：指用于环境污染治理投资占当年全省地区生产总值的比重。计算公式为：

$$环境污染治理投资占全省地区生产总值比重=\frac{环境污染治理投资}{全省地区生产总值}\times100\% \quad (3\text{-}6)$$

（6）城镇生活垃圾无害化处理率是指报告期内生活垃圾无害化处理量与生活垃圾产生量的比率[①]。在统计上，由于生活垃圾产生量不易获得，可用清运量代替。

生活垃圾清运量指报告期内收集和运送到各生活垃圾处理场和生活垃圾最终消纳点的生活垃圾数量。生活垃圾指城市日常生活中产生的实际和法定固体废物，包括居民生活垃圾、商业垃圾、集市贸易市场垃圾、街道清扫垃圾、公共场所垃圾以及机关、学校、厂矿等单位的生活垃圾。计算公式为：

$$生活垃圾无害化处理率=\frac{生活垃圾无害化处理量}{生活垃圾清运量}\times100\% \quad (3\text{-}7)$$

（7）城镇污水处理率是指报告期内由污水处理厂处理的污水量占污水排放量的比例。按城市污水集中处理率和县城污水集中处理率分别报送。污水处理厂是指处理市政排水管网收集的生活污水及符合排入城镇下水道相关要求的工业废水的污水处理厂。计算公式为：

$$城镇污水处理率=\frac{污水处理厂污水处理量}{污水排放量}\times100\% \quad (3\text{-}8)$$

（8）工业废水排放达标率是指工业废水排放达标量与工业废水排放总量的比率。其中，工业废水排放达标量是指全面达到国家与地方排放标准的外排工业废水量，既包括经处理后达标外排的工业废水量，也包括未经处理即能达标外排的工业废水量。计算公式为：

$$工业废水排放达标率=\frac{工业废水排放达标量}{工业废水排放总量}\times100\% \quad (3\text{-}9)$$

（9）地级及以上城市空气质量优良天数比率是指地级及以上城市空气质量指数为0—100的天数占全年天数的百分比。根据《环境空气质量指数（AQI）技术规定（试行）》（HJ633—2012）规定：空气质量指数（AQI）划分为0—50、51—100、101—150、151—200、201—300和大于300六档，对应空气质量的六个级别，从一级优、二级良、三级

① 甄宗傲：《印尼城市生活垃圾理化特性及热转化特性的实验研究》，浙江大学2019年硕士学位论文，第27—40页。

轻度污染、四级中度污染，直至五级重度污染、六级严重污染。计算公式为：

$$地级及以上城市空气质量优良天数比率=\left(\frac{\sum 地级及以上城市空气质量优良天数}{城市个数\times 全年天数}\right)\times 100\% \tag{3-10}$$

（10）细颗粒物（$PM_{2.5}$）未达标地级及以上城市浓度下降。地级及以上城市 $PM_{2.5}$ 年平均浓度是指省内所有地级及以上城市 $PM_{2.5}$ 年平均浓度的算术平均值。采用算术平均法依次计算城市监测点位单点日平均浓度、城市日平均浓度、城市年平均浓度、区域年平均浓度。具体计算方法参照《环境空气质量评价技术规范（试行）》（HJ663—2013）。计算公式为：

$$细颗粒物未达标地级及以上城市浓度降低率=\left(\frac{当年年平均浓度}{上年年平均浓度}-1\right)\times 100\% \tag{3-11}$$

（11）地表水达到或好于Ⅲ类水体比例是指根据云南省各水域水质状况，计算得出的断面达到或好于Ⅲ类水体比例，监测断面为环境保护部门下发的《“十三五”国家地表水环境质量监测网设置方案》中确定的国控地表水断面。计算公式为：

$$地表水达到或好于Ⅲ类水体比例=\left(\frac{地表水水质达到或好于Ⅲ类的监测断面数}{监测断面总数}\right)\times 100\% \tag{3-12}$$

（12）地表水劣Ⅴ类水体比例是指根据云南省各水域水质状况，计算得出的断面劣Ⅴ类水体比例。监测断面为环境保护部《“十三五”国家地表水环境质量监测网设置方案》中确定的国控地表水断面。计算公式为：

$$地表水劣Ⅴ类水体比例=\left(\frac{地表水水质为劣Ⅴ类的监测断面数}{监测断面总数}\right)\times 100\% \tag{3-13}$$

（13）地级及以上城市集中式饮用水水源水质达到或优于Ⅲ类比例是指报告期内地级及以上城市各集中式饮用水水源地一级保护区内水质达到或优于《地表水环境质量标准》（GB3838—2002）或《地下水质量标准》（GB/T14848—2017）的Ⅲ类标准的取水量之和占各集中式饮用水水源地取水总量的百分比。计算公式为：

$$地级及以上城市集中式饮用水水源水质达到或优于Ⅲ类比例=\left(\frac{达标水源数量之和}{饮用水水源总数量}\right)\times 100\% \tag{3-14}$$

（14）重要江河湖泊水功能区水质达标率是指报告期内水质评价达标的水功能区数量与全部参与考核的水功能区数量的百分比。计算公式为：

$$重要江河湖泊水功能区水质达标率=\frac{水质评价达标的水功能区数}{参与考核的水功能区数}\times100\% \qquad (3\text{-}15)$$

（15）受污染耕地安全利用率是指已采取农艺措施调控、品种替代种植、种植结构调整或治理与修复等措施的受污染耕地面积之和占本区域全部受污染耕地面积的比例。

（16）单位耕地面积化肥使用量是指化肥总施用量与耕地面积之比。计算公式为：

$$单位耕地面积化肥使用量=\frac{化肥总施用量}{耕地面积} \qquad (3\text{-}16)$$

（17）单位耕地面积农药使用量是指农药总施用量与耕地面积之比。计算公式为：

$$单位耕地面积农药使用量=\frac{农药总施用量}{耕地面积} \qquad (3\text{-}17)$$

（18）森林覆盖率是指报告期末以行政区域为单位的森林面积占区域土地总面积的百分比。森林面积指郁闭度 0.2 以上的乔木林地面积和竹林面积，国家特别规定的灌木林地面积、农田林网以及村旁、路旁、水旁、宅旁林木的覆盖面积。计算公式为：

$$森林覆盖率=\frac{森林面积}{土地总面积}\times100\% \qquad (3\text{-}18)$$

（19）森林蓄积量是指报告期末一定森林面积上存在着的林木树干部分的总材积。

（20）湿地保护率。湿地指天然或人工、长久性或暂时性的沼泽地、泥炭地或水域地带，带有静止或流动的淡水、半成水、成水体，包括低潮时水深不超过 6 米的水域以及海岸地带地区的珊瑚滩和海草床、滩涂红树林、河口、河流、沼泽森林、湖泊、盐沼及盐湖。

湿地保护面积指报告期末受到各类方式保护的湿地面积总和，包括位于国际重要湿地、湿地类型自然保护区、湿地公园、湿地保护小区内的各类湿地面积。

湿地保护率指列入保护范围的湿地面积占湿地总面积的百分比。计算公式为：

$$湿地保护率=\frac{湿地保护面积}{湿地总面积}\times100\% \qquad (3\text{-}19)$$

（21）可治理沙化土地治理率。可治理沙化土地是指在目前的技术经济状况下，气候、水资源等条件许可，经过人为干预，能恢复林草植被，表现出风沙活动减轻，土地退化状况好转，生态改善等特征的沙化土地。

可治理沙化土地治理率是指完成治理的沙化土地面积占可治理沙化土地总面积的百分比。计算公式为：

$$可治理沙化土地治理率=\frac{完成治理的沙化土地面积}{可治理沙化土地总面积}\times100\% \qquad (3\text{-}20)$$

（22）单位 GDP 能耗降低率是指报告期内单位生产总值能源消耗（简称：单位 GDP 能耗）与基期单位国内生产总值能源消耗相比的降低幅度。计算公式为：

$$单位GDP能耗=\frac{能源消费总量}{GDP}\times 100\% \quad (3\text{-}21)$$

$$单位GDP能耗降低率=\left(\frac{本年单位GDP能耗}{上年单位GDP能耗}-1\right)\times 100\% \quad (3\text{-}22)$$

（23）单位 GDP 二氧化碳排放降低率是指一定时期内，每产出一个单位的国内生产总值所排放的二氧化碳量相比前一时期的降低率。该指标反映国家或地区应对气候变化、参与控制二氧化碳排放方面的工作成效。计算公式：

$$单位GDP二氧化碳排放量=\frac{二氧化碳排放量}{GDP} \quad (3\text{-}23)$$

$$单位GDP二氧化碳排放降低率=\left(\frac{本年单位GDP二氧化碳排放量}{上年单位GDP二氧化碳排放量}-1\right)\times 100\% \quad (3\text{-}24)$$

（24）非化石能源消费占能源消费总量比重是指报告期内消费的非化石能源占全部能源消费的比重。非化石能源则是指除化石能源以外的能源类型，即除煤炭、石油、天然气等化石能源之外的水能、核能、风能、太阳能、地热能、海洋能、生物质能等一次能源，计算公式为：

$$非化石能源消费占能源消费总量比重=\frac{非化石能源消费量}{能源消费总量}\times 100\% \quad (3\text{-}25)$$

（25）用水总量是指各类用水户取用的包括输水损失在内的毛水量。

（26）万元 GDP 用水量下降是指每万元的国内生产总值所需的用水量相比前一时期的降低率。万元 GDP 用水量是指生产 1 万元产值需要的用水量。用水量为取水量与重复利用水量之和。计算公式为：

$$万元\ GDP用水量下降=\left(\frac{本年万元GDP用水量}{上年万元GDP用水量}-1\right)\times 100\% \quad (3\text{-}26)$$

（27）单位工业增加值用水量降低率是指每单位工业增加值所需的用水量相比前一时期的降低率。工业用水量指工矿企业在生产过程中用于制造、加工、冷却（包括火电直流冷却）、空调、净化、洗涤等方面的用水，按新水取用量计，不包括企业内部的重复利用水量。计算公式为：

$$单位工业增加值用水量=\frac{工业用水量}{工业增加值} \quad (3\text{-}27)$$

$$单位工业增加值用水量降低率=\left(\frac{本年单位工业增加值用水量}{上年单位工业增加值用水量}-1\right)\times 100\% \quad (3\text{-}28)$$

（28）农田灌溉水有效利用系数是指报告期内灌入田间可被作物吸收利用的水量与灌溉系统取用的灌溉总水量的比值。它是衡量灌区从水源引水到田间作物吸收利用水的过程中水利用程度的一个重要指标，也是集中反映灌溉工程质量和灌溉用水管理的一项综合指标。计算公式为：

$$农田灌溉水有效利用系数=\frac{净灌溉水量}{取用灌溉水总量} \quad (3\text{-}29)$$

（29）耕地保有量是指年末耕地面积，等于上年结转的耕地面积减去年内各项建设占用、农业结构调整、灾毁及生态退耕面积，加上年内土地开发、复垦、土地整理、农业结构调整及其他方式增加的耕地面积。计算公式为：

$$耕地保有量=上年末耕地面积-年内减少耕地面积+年内增加耕地面积 \quad (3\text{-}30)$$

（30）新增建设用地规模是指规划期内净增加的建设用地数量与建设过程中建设周转用地数量。

（31）单位 GDP 建设用地面积降低率是指一定时期内，每产出一个单位的国内生产总值所需建设用地面积相比前一时期的降低率。单位 GDP 建设用地面积是指在一定时期内（通常为一年），每生产 1 万元国内生产总值（GDP）所占用的建设用地面积。计算公式为：

$$单位\text{GDP}建设用地面积=\frac{建设用地面积}{\text{GDP}}\times100\% \quad (3\text{-}31)$$

$$单位\ \text{GDP}建设用地面积降低率=\left(1-\frac{评价年单位\text{GDP}建设用地面积}{上年单位\text{GDP}建设用地面积}\right)\times100\% \quad (3\text{-}32)$$

（32）一般工业固体废物综合利用率。一般工业固体废物综合利用量是指报告期内企业通过回收、加工、循环、交换等方式，从固体废物中提取或者使其转化为可以利用的资源、能源和其他原材料的固体废物量（包括当年利用的往年工业固体废物累计贮存量）。指报告期内一般工业固体废物综合利用量占一般工业固体废物产生量与综合利用往年贮存量之和的百分比。计算公式为：

$$一般工业固体废物综合利用率=\left(\frac{一般工业固体废物综合利用量}{一般工业固体废物产生量+综合利用往年贮存量}\right)\times100\% \quad (3\text{-}33)$$

（33）农作物秸秆综合利用率是指报告期内综合利用的秸秆量占秸秆可收集资源量的百分比。秸秆综合利用包括秸秆肥料化、饲料化、基料化、原料化、燃料化利用，如秸秆气化、秸秆饲料、秸秆还田、秸秆编织、秸秆燃料等。计算公式为：

$$农作物秸秆综合利用率=\frac{综合利用秸秆量}{秸秆可收集资源量}\times100\% \quad (3\text{-}34)$$

（34）规模畜禽养殖场（区）废弃物综合利用率是指畜禽养殖场（区）废弃物总综合利用量占畜禽养殖场（区）废弃物总产量的百分比。计算公式为：

$$规模畜禽养殖场（区）废弃物综合利用率 = \frac{畜禽养殖场（区）废弃物总综合利用量}{畜禽养殖场（区）废弃物总产量} \times 100\% \quad (3\text{-}35)$$

（35）农膜回收率是指农膜回收量占农膜使用总量的百分比。计算公式为：

$$农膜回收率 = \frac{农膜回收量}{农膜使用总量} \times 100\% \quad (3\text{-}36)$$

（36）能源消费总量是指一定地域内，国民经济中的各行业和居民家庭在一定时间消费的各种能源的总和。包括原煤、原油、天然气、水能、核能、生物质能等一次能源，通过加工转换产生的煤气、电力、成品油等二次能源和同时产生的其他产品以及新兴技术合成的诸多新能源。又如水能、风能、太阳能、地热能等可再生能源，可以通过一定技术手段获得，并作为商品能源使用。在核算过程中，一次能源、二次能源消费不能重复计算，因此能源消费总量分为终端能源消费量、能源加工转换损失量和能源损失量三部分。计算公式为：

$$能源消费总量 = 终端能源消费量 + 能源加工转换损失量 + 能源损失量 \quad (3\text{-}37)$$

（37）农产品综合抽检合格率是指从省内一批农产品中随机抽取少量产品（样本）进行检验，据以判断该批产品是否合格的比率。抽样检验是根据样本中产品的检验结果来推断整批产品的质量。计算公式为：

$$农产品综合抽检合格率 = \frac{农产品抽样合格数}{农产品抽样数} \times 100\% \quad (3\text{-}38)$$

（38）省级以上知名农产品品牌个数。农产品品牌指的是由农业生产者或经营者，通过合理合法的特色经营而获得的特定产品，经由一系列的特定符号体系的设计和传播，形成特定的消费者群、个性、通路特征、价格体系、传播体系等因素综合而成的特定的整合体。打造省级以上知名农产品品牌对提高云南省农产品竞争力、农产品质量安全水平，满足不断提高的农产品消费需求水平，发展生态农业具有重要意义。

（39）绿色产品市场占有率（高效节能产品市场占有率）是指高效节能产品销售量占产品市场销售总量的百分比。计算公式为：

$$绿色产品市场占有率 = \frac{高效节能产品销售量}{产品市场销售总量} \times 100\% \quad (3\text{-}39)$$

（40）战略性新兴产业增加值占 GDP 比重是指报告期内战略性新兴产业增加值占国内（地区）生产总值的比重。战略性新兴产业是以重大技术突破和重大发展需求为基础，对经济社会全局和长远发展具有重大引领带动作用，知识技术密集、物质资源消耗少、成长潜力大、综合效益好的产业。根据《国务院关于加快培育和发展战略性新兴产业的决定》及国家统计局发布的《战略性新兴产业分类》，战略性新兴产业包括节能环保产业、新一代信息技术产业、生物产业、高端装备制造产业、新能源产业、新材料产业、新能源汽车产业。计算公式为：

$$战略性新兴产业增加值占GDP比重=\frac{战略性新兴产业增加值}{GDP}\times 100\% \quad (3\text{-}40)$$

（41）城镇绿色建筑占新建建筑比重是指报告期内城镇绿色建筑的面积占新建建筑面积的百分比。绿色建筑是指在建筑的全寿命期内，最大限度地节约资源、保护环境和减少污染，为人们提供健康、适用和高效的使用空间，与自然和谐共生的建筑。

城镇新建绿色建筑面积是指报告期内城镇新建民用建筑（住宅建筑和公共建筑）中按照绿色建筑相关标准设计、施工并已全部完工，具备住人和使用条件，经验收鉴定合格或达到竣工验收标准，可正式移交使用的各栋民用建筑面积的总和。计算公式为：

$$新建建筑中绿色建筑比重=\frac{绿色建筑面积}{新建建筑面积}\times 100\% \quad (3\text{-}41)$$

（42）城市建成区绿地率是指报告期末建成区内绿地面积占建成区面积的百分比。

建成区指城市行政区内实际已成片开发建设，市政公用设施和公共设施基本具备的区域。

绿地面积指报告期末用作园林和绿化的各种绿地面积。包括公园绿地、生产绿地、防护绿地、附属绿地和其他绿地的面积。计算公式为：

$$城市建成区绿地率=\frac{建成区内绿地面积}{建成区面积}\times 100\% \quad (3\text{-}42)$$

（43）农村自来水普及率是指报告期内农村饮用自来水人口数占农村人口总数的百分比。农村人口是指居住和生活在县域（不含）以下的乡镇、村的常住人口。计算公式为：

$$农村自来水普及率=\frac{农村饮用自来水人口数}{农村人口总数}\times 100\% \quad (3\text{-}43)$$

（44）农村卫生厕所普及率是指报告期内使用各类卫生厕所的农户数占农村总户数的百分比。其中农村卫生厕所包括三格化粪池式、双瓮漏斗式、三联沼气池式、粪尿分集式、完整下水道水冲式、双坑交替式和其他类型（通风改良式、阁楼式、深坑防冻式等）卫生厕所。农村总户数是指县域（不含）以下农户总数。计算公式为：

$$农村卫生厕所普及率=\frac{使用各类卫生厕所的农户数}{农村总户数}\times 100\% \quad (3\text{-}44)$$

（45）城镇化率是指一个地区城镇常住人口占该地区常住总人口的比例。计算公式为：

$$常住人口=当地的户籍人口+外来半年以上的人口-外出半年以上的人口 \quad (3\text{-}45)$$

$$城镇化率=\frac{城镇常住人口}{常住总人口}\times 100\% \quad (3\text{-}46)$$

（46）居民人均可支配收入是指调查户在调查期内得到的可支配收入按照居民家庭人口平均的收入水平。计算公式为：

$$居民人均可支配收入=\frac{\sum(居民家庭可支配收入\times调查户权数)}{居民家庭人口数\times调查户权数} \quad (3\text{-}47)$$

（47）劳动年龄人口平均受教育年限是指在一定时期内，劳动力受教育年限的平均数。这是一项反映劳动力文化教育程度的综合指标，表现劳动力文化教育程度的现状和发展变化。按照现行各级教育年数的一般规定，大专及以上文化程度为 16 年，高中为 12 年，初中为 9 年，小学为 6 年，文盲为 0 年。其中受大专及以上文化程度教育人口为 C1，受高中教育人口为 C2，受初中教育人口为 C3，受小学教育人口为 C4。计算公式为：

$$劳动年龄人口平均受教育年限=\frac{(C1\times16+C2\times12+C3\times9+C4\times6)}{总人口} \quad (3\text{-}48)$$

（48）基本养老保险参保率是指实际参加基本养老保险的人数占应参加人口总数的百分比。计算公式为：

$$基本养老保险参保率=\frac{实际参保人数}{应该参保人数}\times100\% \quad (3\text{-}49)$$

（49）党政干部参加生态文明培训比例是指参加生态文明专题培训的党政干部人数与总人数的比例。计算公式为：

$$党政干部参加生态文明培训比例=\frac{参加生态文明培训党政干部人数}{党政干部总人数}\times100\% \quad (3\text{-}50)$$

（50）公共交通出行比例是指评价区内乘坐地铁、公共巴士、专营的士等公共交通工具出行的人数占该区以机动车形式出行人数的比例。计算公式为：

$$公共交通出行比例=\frac{公共交通出行人数}{机动车出行总人数}\times100\% \quad (3\text{-}51)$$

总之，云南生态文明建设指标评价体系需要结合云南生态文明建设的地域特色实践，从过程到结果，从绿水青山到绿色惠民，抓住绩效评价这一“指挥棒”“牛鼻子”，多方位、多角度、多环节与多情景考核，始终以人民满不满意为标准，以环境质量改善为指向，着重构建长效激励机制，促进全社会参与。由于生态文明建设绩效评价尚处于探索阶段，在今后一段时间内要创造性地运用绩效设定、绩效评估、绩效提升等工具和方法，形成从上到下、由内到外的强大激励和动力机制。[①]

① 周宏春等：《生态文明建设评价指标体系评析、比较与改进》，《生态经济》2019 年第 8 期，第 222 页。

云南省普洱市生态城市建设调研报告[①]

生态城市，是建立在人与自然关系深刻的基础上，以低耗能、低污染、低排放为特征，以和谐、高效、可持续为发展目标的人类聚居地，是实现经济社会、资源环境全面协调的全新城市发展模式；同时，也是一个运用现代科学技术手段来建设和改造人居环境的综合性的生态系统，是社会可持续发展的更高阶段的需要。生态城市，作为一个外来概念，国内学界也对其进行了大量研究。国家环保总局（今生态环境部，下同）在2002年、2004年和2005年分别下发关于《生态县、生态市、生态省建设指标（试行）》及实施意见和考核的通知，成为我国生态城市建设的重要政策指南。在这样一种大背景下，全国各级城市建设也逐渐趋向低碳、和谐、高效和可持续的生态城市建设实践。

2016年1月，《中共普洱市委普洱市人民政府关于努力成为生态文明建设排头兵的实施意见》印发实施，普洱市国家绿色经济试验示范区建设平台，着力构建“一核两翼三带”区域发展新空间，形成优势互补、良性互动、特色突出、协调发展的区域发展新格局。按照主城区、次区域中心城市、县城、重点镇、乡镇和村庄六个层次，加快推进新型城镇化建设，全力打造“天赐普洱·世界茶源”城市品牌。推动思宁一体化区域性中心城市建设，加快景谷、澜沧区域性次级中心城市发展，加快推进各县城建设，加快中心集镇、边境口岸发展，推进特色小镇建设，促进产业与城镇融合发展，形成布局合理、功能互补、山坝结合、特色鲜明的高原生态宜居城市群。普洱市在城市建设方面取得诸多成就，探讨其城市发展中的积极成效与模式，对云南省城市生态文明建设具有重要作用。

城市建设本身就是一个复杂的综合工程，涉及经济发展、产业结构调整等诸多方面，本文基于调研时间的紧迫以及获取资料的有限性，暂只提取普洱市生态城市中城市绿化景观、城乡人居环境卫生、生态意识培养几方面，其他诸如经济、旅游、制度等内容，调研组其他成员均有涉及，在此不予讨论。

一、普洱市生态文明建设调研基本情况

普洱市位于云南省西南部，总面积4.5万平方千米，是云南省土地面积最大的州市，

① 作者简介：巴雪艳，女，云南曲靖人，复旦大学博士研究生，研究方向为云南地方史、水域史、环境史。

其辖区内有1个区和9个民族自治县，有26个民族、14个世居民族、5个主体少数民族。普洱市具有良好的区位优势，地处大湄公河次区域合作的中心，“一市连三国、一江通五邻”，是我国面向南亚、东南亚的辐射中心的前沿，全球北回归线上最大的生态绿洲，“南方古丝绸之路”——茶马古道的起点，享有“天赐普洱·世界茶源”“中国咖啡之都”的美誉。

普洱市“十一五”提出“绿色普洱、生态普洱、文化普洱”的发展思路，“十二五”提出“生态立市、绿色发展”的发展战略，直至成为国家绿色经济试验示范区。普洱市认真贯彻落实“把云南建设成为全国生态文明排头兵”的重要指示精神，坚定不移地致力于生态文明建设，打造生态产业、弘扬生态文化、构建生态家园，探索建设生态文明与发展绿色经济相结合的科学发展、绿色发展、跨越发展道路。经过多年的努力，普洱市进一步优化了空间开发格局，持续改善了自然生态环境，初步形成了以普洱茶和咖啡为代表的特色生物产业基地、清洁能源基地、现代林产业基地、休闲度假养生基地四大产业基地。此外，包括绿色基础设施试验在内的一批试验示范工程，也正加快推进。据统计，目前普洱森林覆盖率达68.7%，中心城区的空气优良率达99.2%。普洱市4个县被纳入国家重点生态功能区，创建省级生态文明乡镇16个，省级绿色学校35所，市级生态村646个。普洱市先后成功创建国家卫生城市、国家园林城市（2013年）、国家森林城市（2015年），被确定为可再生能源建筑应用示范城市、全国水生态文明城市试点、国家循环经济示范城市，荣获“2016创建生态文明标杆城市”等称号，是全国首个绿色经济试验示范区，并获得“第四届全国文明城市”提名。

2008年开始，普洱市积极创建国家文明城市、园林城市、森林城市等过程中，在城市规划与绿色发展方面做了许多努力，也取得了十分突出的成就。云南大学西南环境史研究所承担云南大学服务云南行动计划“生态文明建设的云南模式研究”课题，该项目组始终立足于西南环境史研究，并基于“生态边疆”的研究理念，对云南省生态文明建设和研究予以重要关注。选取云南省生态文明示范区普洱市进行走访调研，考察其生态城市建设的工作现状与实际成效，提炼总结保护机制和措施，吸取有益经验，以期为云南省其他地州城市的发展提供有益模式的借鉴与参考；同时，发掘普洱市生态城市建设中的一些难点和挑战，以期为今后的工作提供一些解决路径和方案。

加快国家级绿色经济试验示范区建设，建设生态市，走经济、社会、资源、环境可持续发展、协调发展的道路，是普洱市发展的根本选择和必要要求。普洱市是云南省生态文明建设的先行者和示范者，其在森林城市建设、水生态文明城市建设、特色小镇、城乡人居环境长效机制等诸多方面取得了巨大进展和成效，在全省都具先行意义。通过调研、总结和梳理普洱市的先进模式和内容，加以总结提炼，为其他地州相关工作提供借鉴和参考；同时发掘实际工作中的困难，提出相关建议，从而进一步推进云南生物多样性保护工作的步伐和成效。

二、普洱市生态城市建设总体情况

（一）普洱市生态城市建设实践

1. 城市建设与发展的相关规划

2008 年，普洱市启动国家园林城市的创建工作，于 2012 年正式向住房和城乡建设部提出申报，于 2016 年获得“国家森林城市”称号。2011 年 5 月，普洱市启动了生态市建设工作，成立了由市长任组长的生态市建设领导小组，市环保局委托云南省环境科学研究院编制《普洱生态市建设规划（2011—2020 年）》，2013 年《普洱生态市建设规划》经审核通过并颁布实施。与此同时，普洱市 10 县（区）生态县（区）建设规划也基本编制完成，有 7 个县通过论证。2014 年 3 月，国家发展和改革委员会批复了《普洱市建设国家绿色经济试验示范区发展规划》，对 2014—2020 年普洱市的绿色发展做出重要指引。2017 年以来，生态市建设与普洱创建国家卫生城市和国家森林城市相辅相成，结合国家绿色经济试验示范区共同建设。2016 年，出台《普洱市进一步提升城乡人居环境五年行动计划（2016—2020 年）》，以城乡规划为引领，以提升居民生活品质为核心，大力实施“四治三改一拆一增”工程和“七改三清”工程，加快《普洱市中心城区海绵城市专项规划（2016—2030）》的编制。2017 年初，通过《普洱市省级生态文明市建设实施方案》，普洱市将建设稳定可靠的生态安全体系、清洁高效的生态产业体系、永续利用的资源保障体系、人与自然和谐的生态文化体系和环境优美的生态人居体系。这些规划指导普洱市“南拓、北建、东扩、中改”的城市建设，在中心城区先后建设了中心商务区、创基尚城、普洱大世界等商业区和城市综合体，以充实旧城商贸中心功能。

2. 实施美化、绿化、亮化工程

第一是灯光改造。思茅区按照“风景美、街区美、功能美、生态美、生活美”的标准，整治民居建筑、街区环境和完善基础设施，对辖区内大量临街建筑物进行立面、色彩、风格及楼体灯光的改造，完善和美化了道路交通标示、街具、公交车站、人行道等设施，形成了青砖、灰瓦、白墙、木线条、普洱红和普洱青等建筑元素组成的独特建筑风貌，极大地提升了普洱城市的品质和品位。第二是绿化工程。思茅区按照“因地制宜、宜景则景、宜片则片、宜林则林、见缝添红”的原则，加强城市道路、山体、水系、湿

地、林地建设绿化隔离带、绿道、绿廊等绿化，实施对城市边角、道路沿线、公园绿地、绿化薄弱区和老旧小区墙体、公交站点、停车场等立体空间的绿化景观改造，不断提高公园服务半径覆盖率。结合创建全国文明城市工作，对普洱大道、茶苑路、振兴路、康平大道、石龙路、白云路、机场路及南、北收费站等路段的绿地绿化进行了升级提升，面积 16 万平方米；对城区梅子湖公园、倒生根公园、茶文化名人园、世纪广场、红旗广场和主、次干道等绿地绿带进行查缺补漏，共计十几万平方米。选用香樟、蓝花楹、凤凰木、黄花风铃木、常春藤等 30 余种绿化苗木，种植、摆放草花 150 万盆。同时，结合贯穿城市的主干道和城市楔形绿带、防护带等设施，构建城市发展轴及景观绿化渗透轴，种植各类花卉 50 余万株，调整部分长势不好、适应性差的绿化树种，打造乔、灌、花、草、地被植物的合理的立体层次景观，改造绿地 20 公顷，绿地率达 39.4%。思茅区城市绿地面积、城市人均公园绿地面积、建成区绿化覆盖率、森林覆盖率等均得到较大提高，城市生态生命景观体系初步建立。第三是城市亮化方面。将城市灯光分类别推进，实施普洱学院环岛、石龙路环岛、洗马湖公园环岛及茶城大道 50 幢楼体及城市主街道亮化提升工程，在灯型选择上注入人文、彰显特色，突出普洱特色，充分使用节能环保、做优、做特灯光工程，达到“白天看景、晚上观灯，景灯合一”的美化效果，城市道路装灯率达 100%，亮灯率 95%。

3. 因地制宜改造老旧小区

2012 年，思茅区响应云南省城镇棚户区改造，结合地下综合管廊和海绵城市建设，改造旧住宅区、旧厂区、城中村，计划用 3 年时间实施棚户区改造 3969 户。该项目已纳入云南省 2013—2017 年棚户区改造计划，区政府与企业签订《普洱市思茅区 2013—2017 年城市棚户区改造项目合作开发协议》，以云南省城乡建设投资有限公司为融资平台，共同向国家开发银行申请棚户区贷款，已获授信 19.4 亿元贷款额度。2016 年共实施棚户区改造 1900 户。同时结合创建全国文明城市，对中心城区 206 个老旧小区进行了提升改造，解决了老旧小区道路硬化、亮化等方面存在的问题。通过拆迁建绿、拆违还绿、破硬增绿等形式，合理搭配乔灌木，增加开花植物，营造绿色舒适的小区环境。

4. 加强水环境生态保护和修复

第一是大力推进城市湿地公园建设。在湿地公园建设中，思茅区合理选择应用乡土、适生植物，保护好城市的山水林田湖等生态细胞，已建成北部湿地公园和梅子湖湿地公园。第二是综合整治中心城区河道环境。思茅河主河道及 8 条支河道流经城区，河道总长 58.39 千米，环境综合整治项目投资概算 139 103 万元，目前正在实施思茅河南部、中部片区河以及支流石屏河、石龙河、曼连河、老杨箐河等河道清淤、开挖、支护、截污、道路、桥梁、植被恢复等工程，最终将建成一个集休闲、观光为一体的带状公园。通过湿地公园建设和中心城区河道环境综合整治工程，对城市生态环境进行保护，并通过水环境治理和周边相应绿化景观建设——这也是普洱市“水生态文明试点城市建设”的任务之一，有助于水环境生态保护，形成特色鲜明的水文化景观，提升了城市景观工程质量。

5. 多渠道改善农村人居环境

思茅区在极力提升城市人居环境的同时，以创建生态乡镇为契机，实施了 24 个农村环境综合整治示范项目和 37 个传统村落环境整治项目，大力开展“七改三清”工程，改善农村人居环境。改造农村公路，村组投工投劳，自筹资金，区政府每千米补助 30 万元，该区实现了 100%行政村道路硬化，硬化里程达 507.43 千米。改造农村民房，加强民房建设，改善农村贫困居民居住条件，2007—2016 年共完成危房改造 12 522 户，2017 年实施 550 户。改造农村饮水，编制了《思茅区农村饮水安全巩固提升“十三五”规划报告》，全区总投资 2691.29 万元，帮助 8.275 万人解决了饮水安全问题。改造农村用电，实施“2016 年自筹转中央农网和小城镇”“中心村农网改造升级”两个批次项目，项目总投资为 753 万元。改造农村牲畜养殖圈舍，引导农民单独建畜厩等附属用房或建养殖小区，实现人畜分离，实施南屏镇曼歇坝村标准化生猪生产基地和龙潭乡老鲁寨村科学养禽示范区建设项目。完成牛圈建设 2700 平方米，贮草棚建设 2050 立方米。改造农村厕所、改建农村厕所 7125 户，镇区公厕覆盖率达 100%，村庄公厕覆盖率达 100%。农村综合环境卫生得到改善，群众的卫生意识日益加强。建设绿色生态宜居新农村。按照“建设重点村、提升特色村、整治一般村”的要求，结合传统村落、古村落、特色村寨、美丽乡村和恢复重建、易地搬迁及农村危房改造等工作，对乡镇进出口、村内空地、水库四周、河道沟渠两侧、村庄道路等地，选择符合本地生态体系的植物，进行增绿补绿；鼓励居民建住房，利用有限空间种花、种树，积极创建园林乡镇和绿色村庄，整体提升城乡人居环境。

6. 调整机制使城市管理更加规范

除了加强城市市政建设、绿化建设以及提升城乡人居环境外，普洱市还特别重视城市的规范管理。2016 年 9 月，思茅区将原隶属于住建局的城市管理综合执法队剥离出来，升格为普洱市思茅区城市管理综合行政执法局，将旅游执法、市场监管、环境保护等管理职能划归其管理。新局一组建，就大力开展执法培训，提高执法人员的整体素质，严格依法执法，文明执法。该局对重点路段和区域进行整治，严肃查处占道经营、乱摆乱放、乱贴乱画、乱搭乱建等违规经营现象，城市市貌得到较大改善。

（二）镇沅县创建国家园林县城实践

2015年以来，镇沅县按照“做特城镇、做美乡村”的思路和“高起点规划、多渠道投入、高标准建设”的原则，强力抓规划、抓统筹、抓创建，构建了城乡协调发展的新型城镇化体系，率先在全省制定城镇规划建设管理条例，规范城市管理，深入推进“森林镇沅”建设和“七彩云南・生态镇沅”保护行动。镇沅县编制完成县城总体规划，包括《镇沅县城绿地系统规划》《镇沅县城蓝线管理办法》《镇沅县城历史风貌保护规划》《镇沅县城绿地系统树种规划》《镇沅县城湿地资源保护规划》《镇沅县城古树名木及后续资源保护规划》等规划，同时编制乡村规划20个，统筹推进“多规合一”。实施提质扩容工程，县城建成区面积达3.2平方千米，城镇化率达33%。初步完成者东集镇搬迁，建成县民族文化馆、博物馆、镇通桥、无量湿地、双情长廊等一批市政精品工程，城市“两污”处理率达100%，无违章私搭乱建现象，建筑物、公共设施和广告设置等与周围环境相协调，环境整洁有序、美观。

1. 实施系列绿化工程建设，构建园林绿化系统

县城园林绿化是县城建设的重要组成部分，是县城文明的标志。为加快县城绿化建设步伐，改善县城生态功能，优化县城人居环境，镇沅县从2013年开始，按照“建设生态和谐、适宜居住、三维绿色、健康发展的国家园林县城”的要求，在省级园林县城基础上，强化市政工作、绿化建设，倾力打造“山水相依、水绿相连，人在城中、城在绿中”的魅力县城。镇沅县构筑县城“一环、四绿楔、两廊、两轴、多点”的山水园林格局，实施县城南面和西面山体、蛮寨山“三山”绿化景观建设。把人民路、学海路、绿海路延长线以及恩古路、恩水路建设成道路林荫景观大道，形成林荫路系统，改造向阳公园、休闲公园等旧公园，大寺箐公园和歇气坡公园纳入县城规划，并利用原有山体植被提升公园品质。在树种选择上，按照“配套设施、完善功能、丰富树种、绿化造景”的原则，建设和保护防护绿地、生产绿地、风景林地。这些绿化、美化改造，使得城区绿化率达33.2%，加强了县城规划控制范围的管理，严格保护县城周围山体自然植被，形成独特的自然风貌。

2. 镇沅县哀牢特色小镇建设

镇沅县把城市基础设施建设和城乡环境卫生整治行动结合起来，按照“一创三固”

巩固提升各项创建成果，推进“世界茶王·芳香镇沅”城市品牌建设，打造精品特色小城镇。哀牢小镇在建设初期便精心规划了功能布局、户型结构和配套设施，突出与自然山水融合一体的设计理念。独具民族特色的民居建筑，“青瓦白墙蓝腰带，斜厦花窗马头墙”是哀牢小镇给人的印象。在哀牢小镇旁边是一个滨河带状公园——无量公园。该公园是一个以补麻河—恩乐江地形地貌为依托，以原生及新型多彩湿地植被为基础的综合湿地生态公园，总占地面积 13.32 公顷，绿地面积 8.04 公顷，绿地率为 60.36%，公园内有民族文化馆、民族广场、民族文化博物馆、下沉式广场、湿地区、滨河带状区、健身区、儿童娱乐区、餐饮区、双情长廊健康步道等功能，是镇沅县城一座景色优美，集观光、休闲、科普、健身、游憩为一体的综合公园，为居民提供一处可观、可赏、可游、可玩的绿地，成为县城一抹亮丽的风景。

与此同时，镇沅县还启动了 8 个乡（镇）“一水两污”基础设施建设；完成农村危房改造 6106 户，城镇棚户区改造 150 户；建设美丽宜居乡村 23 个，实施古村落保护 50 个，完成勐大镇文卜村、振太镇文索村杨家小组传统村落保护开发。成功创建省级生态县，获得省级生态乡镇称号 3 个、市级生态村称号 99 个。

三、普洱市生态城市建设的成效、问题及建议

（一）普洱市生态城市建设的成效

1. 逐步摸索出一条适宜的城市发展道路

普洱市生态城市法规制度、组织领导、科学规划等管理方面都取得了较大成效。全市各县（区）制定了切实可行的发展规划，如《普洱市国家森林城市建设总体规划》，坚持生态与经济共赢、景观与人文相容、城市与乡村互动三个原则，在进行国家森林城市建设的具体工作中，突出抓好点、线、面及相关工作氛围的内容，努力实现“点上要做亮、线上要做精、面上要做厚、氛围要做浓”的四个重点目标。具体开展了城市和湿地绿化，并以道路、河道为重点，着力打造绿化景观长廊；通过城区绿地系统建设、村镇绿化工程、重点生态工程区工程等项目统筹城乡建设；除此之外还大力实施生态文化工程，提高群众森林城市建设的参与度。又如《普洱市进一步提升城乡人居环境五年行动计划（2016—2020 年）》，将城乡人居环境提升行动与文明城市、园林县城、生态城市创建和脱贫攻坚等工作紧密结合，推动城市和农村人居环境的整体改善。

2. 城市的规划与建设突出本土民族特色

普洱市的城市建设都注意保持独特性。思茅区很多建筑物在规格、颜色以及与周围绿化景观的搭配上，都保持一致性。而镇沅县非常注重县城原有自然风貌的保护，突出县城文化和民族特色，保护历史文化、文物古迹及其所处环境，县城广场也充分展示了县城历史文化风貌，其新建的哀牢小镇也始终保持“青瓦白墙蓝腰带，斜厦花窗马头墙”的独特民族特色，努力做到县城布局合理、和谐、整洁、美观。此外，游走在普洱市、镇沅县城的大街小巷，所见到的绿化树种、花卉都是当地的乡土物种，镇沅县还建立了县城古树名木保护管理的地方性法规，古树名木建档立卡；另外，镇沅县还鼓励绿化企业或个人在县城规划区外或近期建设用地区域外建设苗木基地，积极培育有一定数量适应当地条件、有独特性、抗性的本土绿化苗木，确保乡土树种自给率达80%以上，常年有胸径5—8厘米的乡土乔木树苗提供县城绿化工程,为县城园林绿化储备足量的优质本土树种苗木，也注重城市生态系统和城市健康。

3. “多渠道引水，以龙头放水”的人居环境提升资金保障格局

在政策资金保障方面，充分利用好国家资金的同时，吸引和引进社会资本、银行资金，多渠道地参与城乡人居环境项目建设。目前普洱市已搭建城投、交投、旅游开发等投资融资平台，国家开发银行、上海浦东银行支持普洱农村基础设施建设的30亿将于2017年上半年投入到位，普洱市正形成“多渠道引水，以龙头放水”的人居环境提升资金保障格局。

4. 多渠道、多形式的宣传工作增强公众认知

在创建文明城市过程中，普洱市充分发挥电视、报纸、广播、网络等媒体，以及户外和社会的宣传作用，积极开展“文明，让城市更美好”“文明普洱精彩有我”“小手拉大手，共建文明城”“创建文明城市，志愿者在行动”“文明普洱茶城在行动”“文明城市创建日”“‘五化’社区创建”等系列活动和全面创建活动等，充分利用创建知识培训、好人好事和道德模范宣讲、好家风家训传承主题活动、文艺演出、组织宣讲员宣讲等多种形式，进机关、进企业、进学校、进社区、进农村、进家庭，最大限度调动群众的参与热情和内在动力，逐步形成“全城动员、全员参与，市区同创、市县联创”的大格局，不断提高群众的参与率、知晓率和支持率，提高公民素质，宣传提升城乡人居环境的好经验、好做法，充分调动社会各界参与城乡人居环境提升行动的积极性、主动性，营造良好的社会氛围。

（二）普洱市生态城市建设存在的问题

1. 城乡水环境问题治理力度不够

目前普洱市对生态城市的认识和理解还存有误区，把生态城市建设简单地理解为表面的绿地面积增加和人居环境的改善，这就导致城市建设不全面。城市河道水环境治理，以及农村面源污染依旧未得到有效解决。

2. 缺乏公众参与城市建设的保障机制

城市规划在设计之初理应广泛收集公众意见，进行公众听证会等，调动市民的参与积极性，共同建设城市。然而公众并未发挥真正的效用，仍然是政府为主导的建设模式。生态城市建设前后，都未建立完善的公众参与保障机制。

（三）普洱市生态城市建设的建议

1. 进一步提升城镇建设及管理

一是结合城区海绵城市建设，加快推进思茅河河道治理和“五湖两库”污染防治工程，同时加快地下综合管廊、路网、广场、湿地等市政工程建设步伐。二是加快特色小镇的建设步伐，推进美丽乡村建设。一方面，继续做好传统村落的保护与发展工作，突出少数民族独特性；另一方面，进一步提升农村人居环境，加快推进农村“七改三清”环境整治工程，开展污水、垃圾处理为重点的农村环境综合整治。

2. 发动各方力量推进生态城市建设

城市的建设应该充分发挥全体市民的作用。一是加强政府自身建设，坚持问题导向、目标导向、落实导向、效果导向，提高政府的执行力、落实力，落实好行政执法责任追究制度，自觉接受各级监督。二是建立完善的响应机制，首先要丰富宣传方式，让公众全面了解生态城市的建设，并在制定规划和建设过程中，吸纳公众的意愿、看法和建议；其次要制定监督制度，可以让公众监督生态城市的建设与管理，发挥群众的能动性。

西双版纳生态产业发展情况调研报告①

生态文明建设既是国家战略，也是地方实现可持续发展的必然选择。在建设生态文明的云南模式过程中，需要根据云南各地实际情况，本着实事求是的态度，充分发挥云南独特的自然资源与少数民族丰富的文化资源优势，走生态发展道路。

在生态文明建设过程中，最核心的问题仍旧是要如何处理好发展与保护的关系。生态文明建设过程中必须抛弃“发展就要破坏”的理念，寻找地方社会发展与生态良性共生的平衡之道。无论是产业的调整，还是人与动物的新型关系构建，都是为了探索人与自然、人与人、人与社会和谐相处的路径与方法。西双版纳傣族自治州是我国目前生态环境保护较好的区域，拥有大片的热带雨林，当地丰富的生物多样性成为我国重要的生物资源库。目前西双版纳傣族自治州在地方发展与环境保护过程中，已经有比较长期的尝试，积累了不少经验。根据西双版纳傣族自治州人民政府制定的生态文明州建设规划总结，我们也大致清楚目前西双版纳傣族自治州在生态文明建设过程中的基本定位。

西双版纳傣族自治州始终坚持把良好的生态环境作为生存之基、发展之本，把“生态立州”列为全州经济社会发展六大战略之首。特别是党的十八大以来，坚持把生态文明建设作为重要基石，秉承“有林才有水、有水才有田、有田才有粮、有粮才有人”的朴素生态文化观，确立了“保护生态环境、发展生态经济、弘扬生态文化、建设生态文明”的发展思路，以“护好一片林（热带雨林）、建好两个园（环境友好型胶园和生态茶园）、种好一棵树（珍贵树种）、办好两个厂（垃圾处理场和污水处理厂）、改变两方式（生产和生活方式）”为切入点，全力推动生态环境保护；以特色生物、旅游文化、加工制造、健康养生、信息及现代服务、清洁能源为主攻方向，大力发展生态经济；以雨林文化、普洱茶文化、傣医药文化、水文化、农耕文化、民俗文化为重点，着力传承弘扬独具特色的生态文化。通过不断努力，走出了一条具有西双版纳特色的生态文明建设之路。②

西双版纳傣族自治州的重要产业基本以农业、种植业为中心，具体而言，是以橡胶、香蕉、茶叶、稻米种植为主的农业基本格局，尤其以前三者的比重最大。其中橡胶与香

---

① 作者简介：耿金，男，云南富源人，云南大学西南环境史研究所讲师，研究方向为水利史、环境史、历史农业地理、西南史地。

② 所引文件来自《西双版纳傣族自治州创建国家生态文明示范州工作总结》，资料由西双版纳傣族自治州人民政府提供，2017年8月。

蕉在生态文明推进过程中，存在诸多问题。而生态茶叶在当地的生态定位与地方经济发展中，已经有比较成熟的路径模式，也取得了比较好的生态与经济效果，是目前西双版纳傣族自治州生态产业中相对而言比较成功的案例。以下就西双版纳傣族自治州当前产业发展中存在的一些基本问题进行汇总，并在生态文明建设的大背景下，就西双版纳傣族自治州的产业如何实现自我转型与跨越发展提出一些参考性的建议。

西双版纳傣族自治州（图 1）成立于 1953 年 1 月 23 日，位于云南省南部边陲，系北回归线以南、亚洲大陆向东南亚半岛过渡地带。全州辖景洪、勐腊、勐海三个县（市），土地总面积 1.91 万平方千米。东、西面与江城县、普洱市相连；西北面与澜沧县为邻；东南部、南部和西南部分别与老挝、缅甸山水相连，邻近泰国和越南。州政府驻地景洪市距昆明 692 千米，与泰国直线距离 200 余千米，东距北部湾 400 多千米，西距印度洋孟加拉湾 600 余千米，全州边界线 966.3 千米，约等于云南省边境线总长的 1/4。

图 1　西双版纳傣族自治州数字高程模型①

西双版纳傣族自治州下辖一市两县（景洪市、勐海县、勐腊县），有 31 个乡镇和 1 个街道。2016 年末全州常住总人口为 117.2 万人。世居着傣、汉、哈尼、拉祜、彝、布朗、基诺、瑶、佤、回、壮、景颇、苗等 13 个民族，少数民族人口 76.95 万人，占户籍总人口的 77.7%。全州生产总值 366.03 亿元，第三产业产值占 GDP 比例 47.87%，城镇

① 数据及地图来自《西双版纳资源环境承载力评价》，资料由西双版纳傣族自治州国土局（今自然资源局）提供，2017 年 8 月。

居民人均可支配收入25233元，农民人均纯收入11049元。[①]

一、橡胶、香蕉的产业困境

西双版纳傣族自治州自20世纪50年代开始大规模种植橡胶，当时西方国家对新中国实行封锁禁运，国家将西双版纳傣族自治州和海南定位为橡胶生产地，西双版纳傣族自治州设立了众多的大型国有农场，招徕大量汉族进入西双版纳傣族自治州进行橡胶种植。之后到20世纪80年代初实行家庭联产承包责任制，地方政府鼓励农民在坡地上种植橡胶，直到20世纪90年代国家一直对橡胶价格进行补贴。进入2001年，随着中国加入世界贸易组织，国内的橡胶价格受到国际市场的影响。此时的橡胶价格高涨，进一步刺激了西双版纳傣族自治州的橡胶种植。西双版纳傣族自治州橡胶种植分保护区种植与非保护区种植，保护区橡胶种植面积增长最快的时代集中在2000—2010年，2010年以后扩张率明显减少；非保护区橡胶种植面积增长更快。[②]至2012年底，云南橡胶种植面积达55.64万公顷，成为全国最大的橡胶种植基地，而且有一半的胶林用地来源于砍伐热带季雨林。橡胶大面积种植在带来巨大经济利益的同时，也对区域生态环境、气候和水文资源等产生了不可忽视的影响。[③]

对于西双版纳傣族自治州的橡胶种植历史，学界已经有多篇文章进行过分析讨论。大致而言，1948年，西双版纳傣族自治州开始引进橡胶，1953年开始形成橡胶园。20世纪六七十年代，国家从保障战略工业原料安全的高度，从内地组织大量汉族移民到西双版纳傣族自治州发展国营橡胶种植。从植物习性上看，橡胶主要分布在海拔800米以下的区域，但是前些年随着橡胶价格的上涨，橡胶种植盲目扩张，不断突破橡胶种植的海拔与坡度限制。对于橡胶种植的负面影响，目前也是学者关注和讨论的热点，并形成一些基本共识：橡胶的大面积种植，首先导致一系列生态问题的出现，诸如区域小气候的变化，橡胶种植区由早年的湿热向干热转变，湿度下降，同时也对依靠湿热、水雾生长的植物造成影响，如茶叶的品质与雾气密切相关；其次，造成胶林地区的水土流失、水源涵养功能减弱、生物多样性减少等消极影响。但西双版纳傣族自治州橡胶产业已发展成一艘“工业巨轮”，完全砍掉橡胶恢复雨林也不现实。因此，学者们也一直探讨在保护现有雨林基础上，如何降低橡胶的生态损失，认为发展橡胶林下经济是提高经济效益

---

① 数据来源于《西双版纳傣族自治州创建国家生态文明示范州工作总结》，资料由西双版纳傣族自治州人民政府提供，2017年8月。

② 廖谌婳等：《西双版纳橡胶林面积遥感监测和时空变化》，《农业工程学报》2014年第22期，第170—180页。

③ 刁俊科、李菊、刘新有：《云南橡胶种植的经济社会贡献与生态损失估算》，《生态经济》2016年第4期，第203—207页。

和减少经济损失的有效途径。[①]归纳言之，即在保持目前胶园面积不扩大基础上，在橡胶林中套种其他作物，如短期作物玉米、花生、菠萝、茶叶、咖啡、砂仁等，也可以在林下养殖等，在西双版纳傣族自治州将这种改变单一种植结构和经营方式的胶园称“环境友好型胶园”。至于林下种植、养殖效果如何，我们在本次的调研中也给出了案例参照。

在西双版纳傣族自治州还有一项重要的经济产业，即香蕉种植。2000 年以前，香蕉仅仅是西双版纳傣族自治州房前屋后或田边地角种植，以供本地自食的一种经济作物。但从 2001 年以后，西双版纳傣族自治州开始大面积种植，面积由 2001 年的 0.75 万亩，发展到 2015 年的 40.1 万亩，发展模式也由零散个体种植向连片种植转变，由小农经济向商品经济转变。[②]而近年来由于香蕉枯萎病传播蔓延，一方面山地香蕉种植面积在扩大；另一方面整个香蕉市场行情低迷，产业陷入低谷。

此次调研过程中，傣族地区的坝子区域大多种植了香蕉，香蕉种植成片相连，大多为外地人租本地土地进行种植，本地人较少规模种植。本次调研中在与勐腊县瑶区乡桥头寨的访谈中，大致了解了西双版纳傣族自治州目前的香蕉种植情况。

在勐腊县瑶区乡桥头寨的调研中，我们得知目前西双版纳傣族自治州香蕉种植的大致成本。大体而言，种植香蕉的成本主要在前期投入上，基本上 1 亩的成本在 1 万元左右，其中第一年的成本最高，基本上 1 棵的成本在 50 多元，成本中地租占了一大部分，好的农田租金为 2000 元/亩，山地 1800 元/亩。其他就是人工、开挖、肥料、农药，也占了成本的很大部分。

香蕉种植一次一般可以收 4—5 年，但也分情况，有些种得好的可以收 5—6 年。但如果在田坝里，这个收获期会更短，主要是田坝里水比较多，传染性病害容易发生。山地的收获期总体上要更长一些。橡胶地砍掉后，之后的 3—4 年都无法种植粮食作物。如果继续种植香蕉，还不到结果期香蕉就“生病”死了。

在西双版纳傣族自治州的调研过程中，由于大部分的香蕉种植都是外地种植户来承包土地进行大规模种植，这些外地种植户大多是四川人，另外广西、贵州也有一部分。这些种植户来西双版纳傣族自治州租农田种香蕉，为保证香蕉产量与质量，对农药的使用量是比较大的，这在整个西双版纳傣族自治州都是十分严重的生态问题。在走访中我们也得知，当地人很少吃本地生产的香蕉，而是选择吃本地小芭蕉，后一种不打农药，属于自然生长。

这种局面的出现本身受整个香蕉大市场的影响，外来种植户以种植香蕉牟利，而全国的香蕉市场波动又影响着西双版纳傣族自治州的香蕉种植与生产，出于成本与风险控

---

① 刁俊科、李菊、刘新有：《云南橡胶种植的经济社会贡献与生态损失估算》，《生态经济》2016 年第 4 期，第 203—207 页。
② 高凡等：《西双版纳州香蕉产业发展状况及政策建议》，《中国热带农业》2018 年第 1 期，第 13—18 页。

制的原因，也会更多依靠农药。在调研过程中，桥头寨村民也讲述了村里村民自己种香蕉的历史，但在前几年的市场冲击下，基本家家亏本，不敢再租地种香蕉。

香蕉种植还有一个最严重的生态影响，即占用大片水稻田，导致整个西双版纳傣族自治州的水稻种植业被挤压，西双版纳傣族自治州的稻米种植主要集中在勐海县。从调查走访的情况看，勐腊县的水稻种植面积较少，大部分本地村民需求的稻米也要到市场购买。水稻田本身是一个良性的生态系统，在传统社会时期，傣族地区以水为邻，依水而居，田中有水，水田种稻，形成西双版纳地区良性的人—水—田共生互赖的生态景观格局，也铸就了傣族传统文化的核心内涵。但随着西双版纳傣族自治州大片土地改种橡胶与香蕉，这种传统水田农耕环境被完全改变，地方的生态、文化也将受到严重冲击与影响。

因此，从调研的情况看，无论是橡胶还是香蕉，在西双版纳傣族自治州都是体量、规模极大的产业，要完成产业的升级与调整，必须要根据本地实际情况进行科学的设计与规划，逐步完成，切忌调头过快，否则会带来更为严重的社会、经济与环境问题。

二、西双版纳生态产业布局情况

根据西双版纳傣族自治州最新制定的生态文明建设规划草案，西双版纳傣族自治州重点开展“三大生态修复工程”，分别是环境友好型胶园、生态茶园和珍贵用材林基地建设，面积分别达 33 万亩、44 万亩和 56 万亩。并发展林下生态养殖，出栏林下优质生态商品鸡 58 万羽，大益牌普洱茶、小耳猪、茶花鸡、罗非鱼、丝尾鳠、小糯玉米等“西双版纳”系列优质特色生态农产品的品牌效应日益显现。[①]

本次调研主要关注西双版纳傣族自治州的环境友好型胶园与生态茶园。2009 年，西双版纳傣族自治州政府首次提出建设“环境友好型胶园”的构想，当时与中国科学院西双版纳热带植物园联合开展研究和探索。提出 4 种建设环境友好型胶园模式：①“头上戴帽、腰间系带、足底穿鞋”模式，即在山顶种植生态功能好的经济林木或恢复自然林，山腰种植橡胶，山脚种植稻谷、香蕉、珍贵林木等经济作物。②“林农混种”模式，即周边围林、林下植灌、灌下养禽，在胶林周边种植其他生态功能好的经济林木，形成防护林，胶林下种植与橡胶树相生相伴的保水、保土、保肥灌木，灌木下养禽增肥。③“网络化混种珍贵林木”模式，将胶林分割成板块状，每块边沿地带种植珍贵林木，形成隔断防护林。④“退胶还林”模式，通过先种植珍贵林木，再逐步砍伐胶林的方式，完成

---

① 数据来源于《西双版纳傣族自治州创建国家生态文明示范州工作总结》，资料由西双版纳傣族自治州人民政府提供，2017 年 8 月。

退胶还林。[①]本次考察的桥头寨环境友好型胶园如果从类型上看，应当属于第二种，即“林农混种”，在胶林中套种咖啡豆以及橡胶树上接种石斛，但还没有发展林下养殖业。不过，从实地调研考察来看，这种类型的环境友好型胶园推行效果并不理想。

西双版纳傣族自治州是著名的茶叶之乡，特别是西双版纳傣族自治州的很多地名本身就含有“茶叶”的意思，如“勐腊”傣语即为“产茶的地方”。在西双版纳傣族自治州的1市2县31个乡镇均有茶叶分布，2013年的数据显示，西双版纳傣族自治州的全州茶叶面积达5.5万公顷。由于传统茶园存在物种结构单一，农药、化肥污染严重等生态问题，因此在西双版纳傣族自治州很早就开始探索生态茶园的发展道路。通过人工营造，实现茶园中多种生态位物种的共生共利。生态茶园模式大概有三种：其一，茶—草/作物模式，适合割裂茶园，特别是新垦幼龄茶园、茶林嵌合型茶园和已封行的土坡茶园等；其二，茶—林/果—草/作物模式，适合地块较大的成片中、低海拔专业（纯）茶园；其三，茶—绿肥套种模式，一般选用的绿肥多为豆科植物，与茶叶套种可以提高光能利用率，改善土壤肥力。[②]本次实地调研，本小组的调研地为勐腊县北部义武镇生态茶园，从实地考察情况看，当地生态茶园属于茶—草模式，茶树下不种植任何作物，长有自然生长的杂草。

生态茶园在实地调研过程中形成两种反差较大的路径：在古树茶园区，生态茶园的理念得到较好的体现，从茶叶的采摘、加工以及园区的生态维护（如杂草清除等）都以较少的人工干预为前提，不打农药，不施肥，茶叶的价格也十分高昂，在目前国内茶叶市场中处于中高端；在一般的台地茶区，还是有大量人工干预，也喷洒少量的农药，维持成本高，价格反而很低，茶叶价格在数元至十数元不等。因此，在整个西双版纳傣族自治州都推行这种生态茶园仍然是当地政府与农户需要努力的方向。当然，这本身也受市场价值作用的影响。

调研小组在勐海的调查过程中也关注到了当地一些特别的生态产业，虽然在规模上有不足，但确实是基于西双版纳傣族自治州的资源所开展的，具有可行性。比如在勐海县勐遮镇的依布农庄的生态复合型农业，利用稻田种稻、养鱼养鸭以及田埂上种植蔬菜等方式，实现了整个农庄的生态运行。这种农业生产方式从历史上看，有相对悠久的历史传统，在明清时期广东地区的桑基鱼塘在理念上与此相同，当然，桑基鱼塘的出发点是为了最大限度地利用土地资源。而真正的稻田养鸭、养鱼的生态农业耕作方式在浙江以及贵州的一些地方也已经有了很好的经验。对于西双版纳傣族自治州而言，这种农庄示范基地当然仍是十分必要的，但如何能将规模扩大，并且形成西双版纳傣族自治州独

---

① 杨劼：《西双版纳探索环境友好型生态胶园建设》，《云南林业》2014年第3期，第18页。

② 周外、李胤、李宁：《西双版纳生态茶园建设与可持续发展》，《云南农业》2015年第9期，第13—14页。

特的特点与优势，现在来看，仍有许多需要思考并进一步关注的问题。

另外，在勐海地区还有比较传统的生态造纸产业。但是造纸的材料也大多依靠树木树皮，如果能最大限度地开发当地的竹子资源，可能当地的生态造纸产业可以走得更远。

三、环境友好型胶园：汉族村寨——桥头寨的实例调研

勐腊县委宣传部推荐调研小组前往县北部瑶区乡的桥头寨环境友好型胶园进行考察。桥头寨属于勐腊县瑶区乡纳卓村委会，位于勐腊县北部。从县城驱车前往，大概 1 个小时车程，途中经过望天树景区，一路都有高耸挺拔的雨林植物。

桥头寨属于汉族村寨，大多村民是 20 世纪 70 年代后期从普洱迁移过来的。截至 2017 年，村子里只有 358 人，基本都是汉族，有一部分哈尼族（只有三四家），这里的哈尼族是内地的，不是边疆的哈尼族，也是从普洱迁来的。当时这里还没有村寨，只是在现在的寨子旁边有一个大型的国有农场。勐伴镇有许多的国有农场，其中有许多在 20 世纪 50 年代以后就以种植加工橡胶为主。当时的移民分两批进来，老家都是思茅的，在靠近思茅、西双版纳边界地区。第一批来的时候是 1979 年，那时候上海知青回城返乡了，所以第一批来的就全部进农场了；第二批来的要稍微晚一些，在得知本地可以垦殖后，原先移民老家的农户又迁一部分进来。

从海拔分布上看，桥头寨村位于坝区与山区的中间地带，再往海拔高的地区则是瑶族村寨。因此，由于海拔还接近坝区，所以当地也种植橡胶，而且 20 世纪 90 年代以后，橡胶种植规模还不小，但目前由于市场不景气，橡胶产业困难重重。当地在政府的推动下，尝试在橡胶林中种植石斛、小粒咖啡以及砂仁等林间作物，被称为环境友好型产业。

（一）砂仁种植

村寨目前主要靠种植橡胶、水稻、玉米等农作物生计，另外有一点点砂仁。在橡胶大面积种植前，村子里的经济花销主要靠收砂仁，也有一些甘蔗，特别是每年小孩入学的学费。

橡胶在当地种植的时间其实不长，在 1980 年以前，桥头寨村都没有种植橡胶。村支书介绍，他们家是 1986 年开始种植橡胶的，橡胶种下后要八年才能收割，割胶才十多年。在此以前，当地小孩 9 月 1 日开学的学费就靠种砂仁；3 月 1 日开学的学费主要靠种甘蔗。甘蔗是 11 月份开始砍，砂仁是 8 月份开始收，其他收入没有了，种粮食无法卖出去，价格便宜，也没有销路。

现在村里的砂仁种植规模很小，年轻人也不愿去采收。原因有两方面：其一，摘砂仁基本都在雨季，主要是 8 月份，雨季里要去摘砂仁，要进入林子里的话，砂仁叶子会

伤人，全身会起疙瘩，年轻人不愿吃这个苦。其二，保护区对进入林区种植砂仁管理更严格了。砂仁生长虽然要背阴环境，但也需要有一定的阳光，因此要将一些小树砍掉，这与保护区维持生物多样性的管理原则有冲突，因此保护区管理局控制采摘人员进入，砂仁种植也受到了影响。

（二）橡胶种植困境

截至 2017 年，村子里种橡胶最多的人家有将近百亩，但只有少数几家，数量少的人家大概有 20 余亩，平均下来可能在 40 亩。如果按照 40 亩计算，一年也就 3 万块左右。桥头寨的橡胶种植得相对较晚，大龄高产的橡胶树基本没有。2010 年、2011 年橡胶价格最好的时候，1 千克 35 元左右，现在 1 千克 7—8 元，那个时候有些人家有 100 多亩橡胶林，一年有 70 万—80 万元的收入。

由于价格低，而且桥头寨地处勐腊县北，海拔略高，橡胶树的生长情况不如一些海拔低的地区，因此产量本身也不高。在目前这种胶价市场格局下，橡胶种植也成为当地老百姓的"鸡肋"产业。

橡胶种植前期的成本高、周期长，种下去等了七八年才可以割胶，现在还没割几年，要砍掉，实在舍不得；另外，虽然目前的橡胶价格偏低，但有收入总比没有要好。砍掉橡胶树，又能种什么呢？用一句话概括现在的橡胶，那就是"食之无味，弃之可惜"。但在桥头寨，面对橡胶价格持续走低的市场态势，已经有些村民砍掉部分橡胶树。图 2 中砍掉的橡胶树被作为生活燃料堆放在自家门口。

图 2　砍掉的橡胶树

（三）环境友好型胶园：产业调整的尝试

村子这几年橡胶价格不理想，砂仁也不种了，那么县里有没有安排新的产业补充进来呢？村民和村干部的回答是“没有”，迟疑后又说还有在林间种石斛和咖啡豆。从之后的考察情况看，效果不太好，对于他们而言，这种搭配可有可无，并没有对村子的经济状况有大的影响。

在考察前调研小组就已经对西双版纳的“环境友好型胶园”充满期待，勐腊县委宣传部也推荐桥头寨“环境友好型胶园”作为考察点，那到底在桥头寨的实际情况又是怎样的呢？带着疑问，调研小组实地察看了村里的胶园。

考察的胶园位于主干公路边，一进入胶园就看到这片胶园的独特之处，即区别于其他地方胶园的是，这片胶园在林间种植了咖啡豆，并且在橡胶树上嫁接了石斛。不过从现场观察及与村小组长的谈话中得知，无论是石斛或是咖啡豆，在胶林中都生长不好，产量也不行。

现在胶林里的铁皮石斛还只是让尝试性地种植，主要是以钉子将石斛钉在橡胶树上，待其生根后寄生在橡胶树上，形成与橡胶共生的生态效应。现在石斛种植是政府免费发放树苗，目前还没有来收，所以还不清楚价格以及销售途径。石斛现在是天然的状态，不打药水，长的个头很小。

村小组长指出，其个人对这种套种、共生的环境友好型胶林没有抱太多的希望。主要是因为从生物学角度而言，胶林里套种，咖啡豆本身也需要阳光，但是由于咖啡豆被胶林遮挡，所以长势不好。从胶林中套种的咖啡豆分布情况也可以很明显看出，有无阳光照射对咖啡豆生长影响很大。在胶林外种的咖啡豆长势很好，豆子个头也明显要比胶林内的大，所结的豆子数量也要更多；而林间的咖啡豆从植株体型上看，也相对矮许多；从咖啡豆的大小看，也明显比胶林外围的小。可见，所谓胶林里套种咖啡豆，咖啡豆本身的生长情况也不是很好。但目前的情况是，咖啡豆在林间种植是否又对胶林造成影响，如果没有影响，而且咖啡豆只是一种额外的收入，在不影响农民的种植成本、也不用花费太多农药成本的情况下，相比于胶林里没有其他任何植物，套种咖啡豆还是有一些效果的。对农户而言，有咖啡豆的收入总比没有要好。

四、对策建议

目前橡胶种植区已经开始培育环境友好型胶园，但从考察的个案看，当地在距离真正的友好型胶园的发展道路上还有不小的距离。在学界的研究中，也已经关注到了目前单一胶园管理方式的不足，胶园单一的种植模式以及精细化的管理方式，已不能适应现在的绿色可持续发展理念，也与当地的生态文明建设有差距，认为种植橡胶的地区应该转变“粗放式”的管理模式，发展丛林式的橡胶林群落，发掘现有的生物资源优势，充分利用群落空间资源，改变产业结构，提升产业模式，形成复合的人工群落类型。[①]这不仅可以降低单一橡胶种植带来的市场风险，而且能够最大限度地恢复生物多样性，改善、提升西双版纳傣族自治州的生态服务功能。

但就目前调研中存在的问题，最关键的是如何探索出适合在胶园中种植的植物，这一点在桥头寨的案例中，我们没有获得有价值的路径参考。如何改变目前的困境与状态，笔者认为以下对策不仅对于营建“环境友好型胶园”有参考价值，对于推进整个西双版纳傣族自治州的生态产业升级转型也具有参照意义。

（1）加快科研转化落地步伐。从实地调研情况看，中国科学院西双版纳植物研究所在当地的植物研究中具有绝对的先天优势，而且从目前调研的情况看，作为科研机构，西双版纳热带植物园在经济作物的引进培育上已经开展了大量工作，比如南美油藤，多年生木质藤本植物，其种子油脂可以食用，原生长在海拔 80—1700 米的南美洲安第斯山脉地区热带雨林，自 2006 年中国科学院西双版纳热带植物园就成功引进了该作物，通过转基因技术对我国主要油料作物（如油菜、花生等）进行遗传改良，改善其种子亚麻油酸的含量，以提高我国食用油的品质。目前，在当地这种南美油藤栽培技术已基本成熟，但由于成本过高、技术性强，推广效果不明显。除此之外，从现场的实地调研反馈情况看，在橡胶林中种植其他作物的情况并不多见。

（2）政府做好为农服务、引导农民布局产业的工作。在桥头寨的调研过程中，村民与村干部都表达了对政府来主导某种产业规划的强烈愿望。目前的橡胶种植更多是在市场经济刺激下形成的自发行为，这种单一产业布局受市场波动的影响极大，近几年国内外橡胶价格下跌，农民收入陷入困境。

（3）尊重物种自身生物性，探索真正适合林下种植的共生物种。通过对桥头寨的调研，我们发现，无论是寄生在橡胶树上的石斛，还是套种在林间的咖啡豆，就目前的生长态势看，都不乐观。特别是咖啡豆在林下由于缺乏阳光照射，生长并不好，产量也不高。当地村民对于这种套种的效果也不乐观，也希望科研机构与政府能够探索一些真正能与胶林共生的植物。在改变单一产业结构的同时，逐步扭转当地橡胶种植这艘“巨轮”的航向。

（4）加大西双版纳竹类资源的深加工、利用。西双版纳有着丰富的竹类资源，从竹属种类上看，自然分布的有 18 属 80 余种，以及 20 多种变种和变形种，就竹子种类而言，

① 岩香甩等：《云南西双版纳种植橡胶林群落资源植物调查研究》，《中国野生动植物资源》2016 年第 6 期，第 53—58 页。

约占我国竹类的 1/5，占全省的 1/2，分布的竹类大多为大型丛生竹。[①]这种丰富的再生资源为西双版纳的生态产业发展提供了先天优势。调研小组在勐腊县瑶区乡桥头寨的调研过程中发现，当地村民一方面对未来继续开发利用何种资源充满困惑，但是另一方面也表达了当地除了橡胶、香蕉等资源外，还有大片的竹林资源，一直以来也没有想过要如何开发利用。西双版纳是以傣族为主要聚居地的区域，傣族传统的竹楼就是依靠当地丰富的竹林资源，但是近些年，或是因为混凝土材料的便利，或是因为竹林资源的控制，傣族建筑中再用竹子作原材料的已经很少了。从走访的村寨看，所有的傣族建筑基本上只是保留了傣族竹楼的外在结构，而建筑材料已经完全不是竹子。这种建筑材料、方式的变化，对于当地独特的傣族文化的吸引力是一个极大的冲击与淡化。笔者提议，西双版纳在竹类资源的利用上，需要有更多的扩展空间，在建筑材料上，尽量恢复传统傣族的竹子建筑风格，用傣族竹楼建筑吸引更多外地游客观光、住宿、旅游。

另外，对于西双版纳适合竹林种植的地区进行适度种植，在此基础上开发竹子的附加产值，诸如各种竹子为原材料的工艺品、生活用品。目前竹类深加工技术与产业链条都已经十分成熟，西双版纳本身具有的优势资源，在借用外来的技术基础上，应该能取得比全国其他地区更大的产业优势。

（5）恢复部分区域的稻田种植，培育生态稻米品种。西双版纳是我国传统的稻米生产基地，在历史上有大片的水稻田，但是在此次的考察过程中，调研小组发现西双版纳产业布局中，海拔低的山区、半山区多种植了橡胶，平坝地区则大多种植了香蕉，原本的稻米生产区成了旱地。这种市场经济主导下的产业格局调整虽然有其合理性，但也可能因市场本身的盲目性与滞后性而出现问题。笔者在考察后认为，在西双版纳傣族自治州尽量恢复传统的稻作区域，恢复水田作业面积，并努力培育高品质的本地稻米，实现生态与产值的双提升，可能是西双版纳农业布局与生态调整上需要重点关注的问题。

最后需要说明的是：调研目的不在于揭短，而是希望通过实地的走访，深入了解具体项目的开展情况，发现其中的问题，并不断完善既有的规划与设计。对于西双版纳如此大体量的橡胶种植，在面对环境破坏、市场波动等外在压力的背景下，加之其作为西双版纳传统的支柱产业，要在短期内完成产业的转型或者替代，是十分困难的。其中的利害关系已经不是单纯的政府政策制定的问题，而是涉及方方面面，诸如长期依靠橡胶种植为生的民众利益，以及橡胶种植的后期惯性影响等。因此，要做好西双版纳的环境友好型胶园，还有一段艰难的道路要走，但通过调研，我们坚信有希望在整体上实现西双版纳生态州的目标下，完成西双版纳生态产业、环境友好型胶园的探索与实践工作。

---

① 杨清等：《西双版纳丛生竹的纤维形态与造纸性能》，《中国造纸学报》2008 年第 4 期，第 1—7 页。

富民、特色、绿色、健康：生态文明建设与绿色产业发展——普洱市普洱茶产业发展调研报告[①]

党的十八大以来，普洱市深入贯彻落实中央、云南省委关于加快推进生态文明建设和绿色发展决策部署，落实努力成为生态文明建设排头兵战略定位的要求，不断加快转变经济发展方式，提高发展质量和效益，推行绿色生产方式，建设绿色产业基地，推动全社会绿色发展，为筑牢国家生态安全屏障、建设绿色普洱奠定了坚实基础。茶产业既是富民产业、特色产业，又是绿色产业、健康产业。2015 年，普洱市现已建成有机茶园 10.9 万亩，生态茶园 159.66 万亩，成为普洱茶最大的生产基地，茶产业发展取得了长足进步，但仍存在诸多问题。进一步发挥优势、打生态牌、走特色路，加快普洱茶产业绿色发展，不仅能有效促进农业供给侧结构调整，增加农民收入和地方财政收入，有利于探索绿色发展新途径，落实生态文明发展新举措，真正打响“天赐普洱 · 世界茶源”的城市品牌。

一、普洱茶产业绿色发展的优势与问题

（一）主要优势

普洱是茶文化的发祥地，早在三千多年前就对野生茶树进行栽培驯化，完成了茶树从野生到人工栽培的过渡，2013 年被国际茶业委员会授予了“世界茶源”的最高名号；普洱是北回归线上保存最大、最完整的一片绿洲，地处世界大叶种茶树种植“黄金地带”的“核心地段”，生态环境条件在全国处于领先地位，具有发展茶产业得天独厚的优势。

（1）自然生态条件得天独厚。普洱市属以南亚热带为主的山地季风气候区，在太阳辐射、大气环流、特定地形地貌综合影响下，具有低纬、季风、山地的气候特点：年均气温 15—20.3℃，年无霜期在 315 天以上，年均降雨量在 1500 毫米左右，负氧离子含量在 7 级以上，湿度在 80%以上，海拔在 300—3400 米，山地面积占 95%以上，土壤全系红壤和砖红壤，pH 在 4 至 6 之间。冬无严寒、夏无酷暑、气候宜人、四季如春，享有“绿

① 作者简介：和六花，女，纳西族，云南丽江人，云南大学西南环境史研究所博士研究生，云南省少数民族古籍整理出版规划办公室副研究员，主要从事西南环境史、民族古籍研究。

海明珠”“天然氧吧”之美誉，这样的生态环境为茶树生长和优质普洱茶生产奠定了良好自然条件基础。

（2）普洱茶综合品质独特。普洱茶鲜叶为乔木型大叶种，内含生物碱、茶多酚、维生素、氨基酸、芳香类物质等，经相关部门检验分析，普洱茶水浸出物总量在48%以上，茶多酚类物质在 32.5%以上，茶游离氨基酸在 4.18%以上，使得普洱茶具有抗氧化、阻断和遏制癌细胞形成的功效，可促进新陈代谢，延缓人的衰老。同时，随着暖胃、减肥、降血压、降血糖、降血脂、防治冠心病、防治动脉硬化等功效的挖掘，普洱茶适应了现代生活节奏加快的需要。

（3）普洱茶品牌价值持续攀高。近年来，普洱茶在国内国际市场上迅速升温，成为继红茶和绿茶之后的第三大茶类。国家农业部委托浙江大学中国农村发展研究院的中国农业品牌研究中心联合中国农业科学院茶叶研究所《中国茶叶》杂志、浙江大学茶叶研究所等权威机构，自 2010 年起，每年都对全国 110 多个茶叶区域公用品牌的价值进行全面评估并公开发布位次。普洱茶区域公用品牌价值从 2010 年的全国第四位，到 2017 年已上升为全国第一位，品牌价值达 60 亿元，表征品牌未来持续收益能力指标的品牌强度乘数达 20.1，是唯一一个品牌强度乘数超过 20 的品牌，远高于其他茶类，未来收益能力潜力巨大。

（4）产业发展基础雄厚。普洱茶历史悠久，源于古，兴于唐，称于明，盛于清，全市境内有距今 3540 万年的景谷宽叶木兰化石，有 2700 多年历史的镇沅“世界野生茶树王”和 1700 多年的邦崴过渡型古茶树，有 2.8 万亩景迈山千年栽培型古茶园。中华人民共和国成立后，经过 70 多年的发展，茶产业成为普洱“衣食万户”的大产业，覆盖全市 10 个县（区），茶农 130 万人，占总人口的一半。农民来自茶产业的年收入占到人均可支配收入的近 20%。2016 年末，全市茶园面积 164 万亩，干毛茶产量 10.67 万吨，实现综合产值 203.4 亿元，面积、产值均居全省第一位。创建农业部茶叶标准园 14 个，对 153 户茶叶初制所进行了改造提升，促进了茶叶标准化、清洁化生产。全省共有 17 家企业获准使用普洱茶专用标志，普洱市占了 15 家。2017 年 5 月，普洱茶被农业部选定为中欧地理标志产品互换农产品。

（二）存在的问题

普洱茶产业发展总体情况较好，但仍存在茶园种植集约化程度低、茶叶加工企业规模小等发展瓶颈，同时还面临着茶产品有害微生物、重金属含量等方面的质量安全问题，以及茶汤萃取新技术的开发与应用等方面的挑战，不利于普洱茶产业的绿色发展，亟须加以改进和提升。

（1）观念认识方面。部分地方对普洱茶产业绿色发展方向目标不明确、不统一，缺乏对普洱茶产业绿色发展的战略紧迫性、科学系统性和生产连续性的认识，缺少统筹规划的指导和管理，导致普洱茶产业的结构调整、转型升级和绿色优化不协调、不一致，普洱茶产业与现代农业、绿色工业和现代服务业融合发展相对滞后。

（2）茶叶生产方面。缺少现代农业生产经营理念，产业还处于传统农业发展模式，茶业单产还处于较低水平，劳动效率较为低下，远低于世界其他产茶国的水平。与此同时，由于茶叶生产本身的季节性，加之组织化程度不高和技术服务支撑体系不够完善，茶园的耕作、施肥、修剪、采摘的手工化操作较为普遍，极易出现劳动力紧张，导致采摘不及时，茶叶弃采现象较为严重。

（3）茶产品加工方面。现有茶叶企业大多小、散、杂、弱，生产经营管理方式落后，生产成本过高，缺少引领茶产业发展的企业“航母”。部分企业生产场地及环境卫生条件较差，设施老化，加工工艺不规范，产品质量不稳定，感观品质较差，卫生指标不合格。多数产业基地规模小、分布散，产量普遍低而不稳，多数产品处于初级农产品阶段，科技含量较低，高端产品研发不足，深度开发和多元发展格局尚未形成，资源优势难以变成竞争优势。

（4）茶叶销售方面。销售渠道主要还是一家一户、分散自由的交易方式，专业市场、配送中心和营销网点仍然不足，现代流通体系不健全。“一茶多销”现象较为突出，为了争夺市场，同一企业同一品牌有不同的销售价格；同一品牌不同企业对同一客户的销售价格也不同，无序竞争和恶性竞争导致茶叶生产者和茶品牌受损，不利于茶产业的健康可持续发展。

二、普洱茶产业的绿色功能与发展方向

普洱茶产业是包括与茶产品生产、加工、经营、销售、流通、管理等相关的企业、管理者、生产者个体等经济活动主体的集合，是融合一产、二产、三产，与“绿水青山”共生共存的综合性特色产业。要加快普洱茶产业绿色发展，应依托普洱市“绿水青山”的资源本底，深度挖掘拓展普洱茶产业的农业、文化、旅游等功能，找准普洱茶产业绿色发展的主攻方向。

（一）农业功能及发展方向

茶是农业产业的范畴，具有农业生产、生活、生态等基本功能。首先，茶与地理环境息息相关，茶叶的种植、生产直接受当地水土条件、光热组合等自然地理要素的影响；

其次，茶作为人们生活中的必需品（柴、米、油、盐、酱、醋、茶）之一，与人们的饮食生活密切相关；再次，茶叶是一种农产品，具有一般性的农产品生命周期，茶叶的“生产、加工、流通、销售”等产业环节也遵循农产品的基本流通规律；最后，茶为多年生常绿木本植物，具有涵养水土、调节空气等生态环境功能。基于此，加快普洱茶产业绿色发展，不应仅仅是按照农业生产基地的基本要求进行种植、生产和管理，而要根据所在茶区的水、土、气、肥等自然环境条件，按照“产业化+标准化+生态化”的要求建设新型园区，按照无公害、绿色、有机的标准将普洱茶种植、生产、加工等环节相互衔接，以做优“三品一标”茶产品为着力点，利用生物发酵技术、细胞技术、酶技术等，利用有益微生物开发新型茶饮料和营养保健茶产品，提高茶品质、茶产量和茶资源利用率，实现普洱茶产业链条的园区化培育，实现由生产基地往园区化发展的整体提升，建设绿色高品位的普洱茶产业园区。

（二）文化功能及发展方向

其一，茶是地域文化，具有地域的象征和标识功能，尤其以普洱茶为典型代表。其二，茶是饮食文化，唐代陆羽《茶经》记载：“茶之为饮，发乎神农氏”；清代顾炎武《日知录》记载：“自秦人取蜀以后，始有茗饮之事”，如今，茶饮、茶食、茶品、茶点等更是社会饮食的组成部分，具有交友、会客、养心等多种功能。其三，茶是乡村文化，茶文化的形成与乡村文化密切相关，茶已渗透到乡村的社会生产和生活领域，以茶歌、茶诗、茶词、茶网等为载体，通过乡村性地方戏剧、民间曲艺、传统手艺、传说传奇、茶礼仪式、民族茶事等民俗风情加以体现。其四，茶是健康养生文化，茶具有食用、医疗等多种功能，据《神农本草经》记载：“神农尝百草，日遇七十二毒，得茶而解之”，宋代有诗云：“自从陆羽生人间，人间相学事春茶”，陶弘景《杂录》记载：“茗茶轻身换骨”，品饮茶汤更是“沁人心脾、齿间流芳、回味无穷”，现代医学也表明，茶中所含的成分将近 500 多种，具有延缓衰老、抑制心血管疾病、有助于预防和抗癌等多种健康养生的功能。基于此，加快普洱茶产业绿色发展，要打好文化牌，深挖普洱民族文化和茶文化富矿，依托文化，在茶园区、茶产品、茶品牌等方面实现创意，把茶文化打造成普洱的记忆、普洱的符号、普洱的形象，让普洱因茶而兴、因茶而名，产品和地名结合得更加完美，建设好普洱各族人民的共同精神家园。同时，以茶文化提升茶经济，发挥“文化搭台、经贸唱戏”的功能，打造普洱茶兼具艺术性、文化性和生活性的休闲健康养生新型产业模式。

（三）旅游功能及发展方向

茶是旅游产业范畴，具有独特的旅游功能。茶茗、茶具、茶诗、茶网、茶歌、茶馆、茶文化极具“特、奇、异、古”等旅游特色，可满足游客“求新、求特、求奇、求异、求知”等旅游需求，创意旅游空间极大。同时，传统名茶的产地也是自然风景优美的旅游胜地，如澜沧景迈山万亩茶园，哀牢山国家自然保护区内的千家寨“世界茶王”古茶树，以及遍布市境内的大大小小的“茶马古道”胜迹等。基于此，加快普洱茶产业绿色发展，要把茶区的自然环境与人文环境、茶的生产与制作、茶俗、茶器、茶文物和各种茶文化遗迹等都统筹整合为旅游资源，以茶为主题、以茶资源为基础、以茶园或茶基地为载体、以市场为动力、以旅游为内容、以一体化为目标、以产业化为导向形成经济链，实现茶旅一体化发展。

三、加快普洱茶产业绿色发展的路径模式

普洱是北回归线上保存最大、最完整的一片绿洲，是构筑西南生态安全屏障的核心区域，承担着建设国家绿色经济试验示范区、争当生态文明建设排头兵重任，这也是加快普洱茶产业绿色发展的内在要求。怎么发展，怎么转型，关键是要坚持“创新驱动、绿色发展”理念，围绕重点，抓特色、抓整合、抓升级，采取创新措施，通过点上突破、线上联通、面上延伸，“点、线、面”的全面发力，做大、做强、做优“绿水青山”的普洱茶产业。

（1）点上突破，创建高品质绿色生态茶园。加快从传统茶园种植向有机化、科技化、绿色化的现代精致生态茶园方向转型。依据生态学原理，建立以茶为主、多种经营、立体种植、可持续发展的现代化新型有机茶基地。对有机茶基地建设的环境条件、功能区划分、有机茶土壤选择、施肥要求、树种种植确立明确的内容。针对当前茶叶生产中普遍存在过量和不合理施用化肥和农药，严重威胁生态环境和茶叶质量安全的问题，制定茶园化肥农药施用限量标准。优化茶园土壤培肥、有机肥替代化肥及运筹、营养诊断、水肥一体化等技术，完善茶园病虫预测预报和性信息素、病毒、窄波灯杀虫、挥发物诱杀等化学农药替代技术。成立普洱茶有机认证联盟，制定有机茶叶标准体系，建立茶叶有机溯源机制，实现统一品牌营销与推广。加强普洱茶新品种、新育苗方式研发，应用互联网技术，建立茶园环境自动监测系统，加强茶园田间作业机械、农艺农机融合、茶叶加工自动化生产线等研究，推广种植新技术，提升机械化水平，形成标准化茶叶生产技术模式，制定技术规程，在典型茶区进行规模化示范应用，以提高茶叶生产的整体质量和效益。把科技转化为种茶致富的动能，促进茶农的高效收益，摸清农民需求，创新科技下乡服务模式，加强高校合作建立茶技术研究所，申请发明专利推广应用，启用农业物联网技术，实现茶叶生产管理的现代化、科学化。

（2）线上联通，打造全业态衔接茶产业链。清醒认识自身优势和短板，主动顺应跨

界融合的潮流趋势，紧抓生产、加工、经营、销售、流通、管理环节，打通多业态产业之间的关联，全方位开发普洱茶产业产品，着力打造上下游联动发展、各领域相互支撑的全产业链条。以普洱茶叶为基础，完善茶产品结构，加强以茶为核心及以茶为概念的各类相关产品开发，创新茶产品深加工，构建普洱茶特色商品体系，扩大茶加工制造业规模。在当前茶初制、精制的基础上，进一步深化茶产品加工，开发多种形式的熟茶、生茶、礼品茶、工艺茶等各类茶产品，丰富普洱茶产品种类，多方面挖掘普洱饮用、收藏、赠礼等价值，提高茶品经济效益。开发普洱茶周边文创商品，以文创产业带动茶特色加工制造业升级。导入文创理念，包装和塑造普洱茶文创商品品牌，设计和开发毛绒玩具、文具、日用品、茶具、茶包装袋等普洱茶周边商品，以文创产业带动特色商品加工业、特色手工业的发展，扩展茶主题的第二产业范畴，扩大第二产业规模。以旅游与茶产业深度融合为切入点，提升普洱茶产业的品牌知名度和产品体验度，并促进商贸产业、物流产业、文创产业、健康产业、互联网金融产业、地产业等相关产业发展，构筑茶主题等特色服务业体系，提升第三产业的地位与规模。立足茶叶观光，依托多样性的自然景观和特定文化景观，以茶为载体，以丰富的茶文化内涵和绚丽多彩的民风民俗活动为内容，进行科学的规划设计，涵盖观光、求知、体验、习艺、娱乐、商贸、购物、度假等多种旅游功能的特色文化主题茶园。大力发展休闲农场等新型业态，推动茶园休闲化，实现“茶园变公园，劳动变运动”的休闲旅游模式，以“主题庄园、休闲农场”为特色、科技农业为抓手，建设集农业体验、田园观光、教育展示、文化传承于一体的现代休闲农业园区，开展普洱休闲度假旅游。

（3）面上延伸，构建集群化茶产业联合体。坚持绿色、创新发展和规模化、国际化方向，建立“从小到大、大浪淘沙、自我修复、生生不息”的企业成长机制，加速汇聚创新资源，鼓励企业自主创新，打造具有国际竞争力的普洱茶产业联合体。着力壮大茶叶市场主体，加快重大项目引进和龙头企业培育，采取“公司+合作社+基地+农户”的产业化组织模式，与基地及茶农建立利益联合机制，通过引进、扶持、孵化等多种方式，催生小企业“铺天盖地”，促进大企业“顶天立地”。按照“政府引导、企业主体、平等互利、优化配置”的原则，鼓励和引导企业通过市场机制，运用资本平台嫁接优势，进行强强联合、兼并重组和股份化发展，实现资源优化配置，推进产业集聚集群发展。通过“互联网+茶产业+金融+现代物流”的创新理念，运用互联网有效链接茶农、茶企、茶商、茶馆、消费者，以及现代物流企业和金融机构，整合茶叶类商品现货交易的信息流、物流、资金流等，形成一个完备的交易体系，建立公开、公平、公正、高效的投融资大宗茶叶交易平台。加大对古茶园及其茶叶品质特征，以及古茶树养护、高端普洱茶加工技术的研究，实施“品牌、专利、标准”三大战略，进一步鼓励发明创造，激励自主创新，提高知识产权的创造、管理、保护和运用能力，培育一批拥有自主知识产权的知名品牌和具有核心竞争力的优势企业。着力建设普洱茶专业人才高地，优化人才挖掘、培养、引进机制和工作、生活环境，打造吸引人才集聚、激发人才创新潜能的良好氛围，提升普洱茶产业绿色发展的"软实力"。利用好"世界茶源"这个唯一性、排他性的宝贵资源，集中力量打造集绿色、生态、有机为一体的特色独有品牌，让普洱茶领军云茶，走出云南、迈向全国、走向世界。

滇西县域生态农产品生产及运作模式①

一、概论

（一）滇西农业概况

滇西生态资源富足、生态农业发达，形成了以生态养殖、生态种植、高原反季节蔬菜栽培、养生农业为主要模式的生态农产品生产体系。然而，多数生态农产品生产批量较少，规模经济尚未形成，以合作社和家庭为单位的农场模式仍然处于劣势地位，无法与规模庞大的农产品中间商和工业产品制造公司抗衡，因此在供应链中处于不利地位。大力发展滇西生态农产品生产市场，为消费者提供优质食品，为制造企业提供优质原料，必须加强在供应链中的控制，形成上游的核心竞争力。

生态农业是在城市化工业化进程加快、全球污染加剧、传统农业不能满足公众需求的现实下诞生的。保护农业的生态平衡，依据农业生产规律组织生产，成为生态农业发展的重要前提。然而，仅仅研究供给侧的生态农业运作是远远不够的，生态农业经营体制机制必须获得需求侧的响应。因而，供给侧和需求侧的供应链运作显得尤为重要。

以保山为例，2015 年第一季度保山特色生态农产品加工完成总产值 30.64 亿元，同比增长 4.19 亿元，增幅达 15.83%，再创佳绩。这是该市连续八年围绕主导产业发展壮大基地，打造优质特色农产品加工基地以来取得的又一丰硕成果。保山市生态农产品集中分布在茶叶、水果、咖啡、石斛、杧果等具体领域，小粒咖啡、透心绿豆等已经具有较高的知名度。然而，保山生态农产品生产和运作领域仍然存在不少问题，需要进一步研究深化。

（二）国内外研究现状

“生态农业”（ecological agriculture）一词在 1971 年由美国土壤学家威廉・阿尔布瑞奇（William Albreche）提出。1981 年英国农学家沃辛顿（M.K.Worthington）对“生态农业”提出了较为科学的界定，并沿用至今。她认为生态农业是生态上能自我维持、低输入，经济上有生命力，在环境或伦理和审美等方面不产生大的、长远的及不可接受的

---

① 作者简介：孙爱真，女，河南商水人，法学硕士，广州航海学院马克思主义学院教授，研究方向为生态哲学、生态经济。

变化的小型农业系统。生态农产品是在保护、改善农业生态环境的前提下，遵循生态学、生态经济学规律，运用系统工程方法和现代科学技术，集约化经营的农业发展模式，生产出来的无害的、营养的、健康的农产品。显而易见，发展生态农业能够提高农产品质量，增加农民收入，保护农村环境。在我国发展生态文明的现实要求下，发展生态农业、提供生态农产品已经成为一个紧迫的任务。

1. 生态农业的模式研究

从宏观上看，世界上有两种生态农业类型。一种是以欧美为代表的生态农业类型，针对资源短缺和环境污染问题，主张少用或不用人工性化学品。另一种是以中国、印度等人口大国为代表的替代农业类型，一方面受到饥饿、灾荒、贫穷等因素影响；另一方面也面临资源短缺和环境污染问题，必须寻找两全其美的办法。在实践中，生态农业并不排斥化肥、农药等，同时与传统农业技术相结合，期望达到生态与经济的良性循环。

从微观上看，不同地域的自然条件差异决定了生态农业发展模式必须多样化。翟勇提出了生态位立体开发利用模式、农业生态环境综合治理模式、物质和能量多级利用的食物链组装模式、规模化多元复合型生态农业模式、农村能源生态模式，并分区域将其总结为北方“四位一体”生态农业模式、南方“猪—沼—果”生态农业模式。刘刚、张春艳把中国生态农业发展模式归为三类：城镇近郊多功能都市生态农业模式、农产品主产品规模化生态农业模式、生产条件较差农产区综合效益优化模式。

2. 生态农业产业化研究

农业产业化于20世纪50年代初期起源于美国，随后很快传到西欧和日本。国外对生态农业产业化的研究偏重将其作为可持续发展农业问题，侧重生态指标方面的研究。国内关于生态农业产业化的提法开始于最近几年，可供参考的资料并不多，目前多限于对生态农业产业化概念的探讨，对技术体系建设、经营模式及其社会化服务体系建设等方面也有所阐述。张壬午、王斌、李树、徐保根、吴树波等对生态农业产业化给出了相似的定义，即生态农业产业化是遵循发展农村经济与农业生态环境保护相协调、自然资源开发与保护增值相协调的原则，基于生态系统承载能力的前提下，充分发挥当地生态、区位优势及产品的比较优势，在农业生产与生态良性循环基础上，开发优质、安全、无公害农产品，发展经济、环境效益高的现代化农业产业。

3. 生态农产品的研究

学术界对生态农产品进行细分的研究较少，多数研究是在生态农业和生态产品的框架下进行的。史坦莎等研究了基本生态服务的价格关系问题；吴学灿、洪尚群、李风岐提出了“国有私营”的生态产品供求思路；王晓云研究了合理运用生态产品贴现率确定生态补偿额度的问题；钟大能以西部民族地区生态环境建设为例，对生态产品经营效益的财政补偿机制进行了研究；高建中提出了中国森林生态产品补偿标准五阶段论。

4. 云南生态农业的研究

云南生态农业的发展具有悠久的历史。晚清民国时期，云南侨商从国外引进农作物优良品种，腾冲华侨董南轩从缅甸大山引进了大叶茶种，封少藩从外地引进茶种在窜龙种植成功。崔景明研究了云南坝区的生态农业，认为在推广农业机械、科技栽培技术时应注意对环境及生态农业的保护，开展适应当地粮食作物品种的种植及改良，并积极推行稻麦复种制。周琼、李梅研究了清代中后期云南山区农业生态的现状，认为玉米、马铃薯等高产农作物在云南山区、半山区广泛种植，虽促进了清代云南的山区开发及民族经济的发展，但也使云南生态环境随之发生了重大变迁。肖建、朱泓宇分析了云南发展高原特色农业的条件、特点、模式，提出了相关的政策建议。周兵从生态经济发展观、生态农业内涵及模式的角度，论述了生态农业将是云南省经济发展的一个新增长点。

综上所述，国内外对生态农业及生态农产品的研究已经积累了诸多成果。在产业化、发展模式、产品提供等方面取得了积极进展。然而，生态农业的区域性特点决定了滇西的生态农业发展模式必须立足于区情、县情、乡情、村情，立足于生态文明建设的大前提，探讨适合高原农业发展的生产方式和运营模式。

（三）研究目标

本文立足于滇西粮仓的农业资源优势，力图围绕生态农产品供给，在农村、农业、农民资源整合方面做出探索。因此，研究对象被界定为滇西生态农产品，研究问题是生态农产品如何实现供给需求的匹配。

具体目标如下：第一，从决策咨询的角度看，本节的目标在于通过洞悉当前滇西生态农产品供给和需求环节的发展现状和存在的问题，提炼滇西生态农产品新的生产和运作模式。第二，从学术贡献的角度看，本文的目标在于总结农村生态产品供给的特定规律，涵盖了供应端、需求端、中间商三类参与主体，并结合滇西实际，力争提出具有一定理论价值的学术观点。

（四）研究思路

首先，严格按照提出问题、分析问题、解决问题的思路推进研究工作。在提出问题方面，主要是通过数据收集、文献资料整理，发现当前滇西生态农业、生态农产品生产中存在的困难和问题，这些问题非常重要且至今尚未解决。这些问题中，有些是局部性的，有些是全局性的，必须对问题进行详细而具体的界定。

其次，在分析问题环节，本课题采用“影响因素—原因”的实证分析方法，在众多影响因素中，提炼出权重最大、最重要的影响因素作为原因。比如“滇西反季节蔬菜竞争力不足的原因分析”，就需要这种实证分析，以保证足够的说服力。

最后，在解决问题环节，重点在于创新发展思路、凝练发展模式、概括发展规划。只有达到上述三个方面，才能真正为政府及其职能部门的决策提供参考。政策建议的提出力求具体、具有可操作性，能够有针对性地解决现实问题。

（五）逻辑框架

本节的总体框架是，基于经济管理中的供求理论，围绕生态农产品供给、异地需求（线上）和本地需求（线下）三个方面进行，重点在于供求运营模式的研究，见图1。

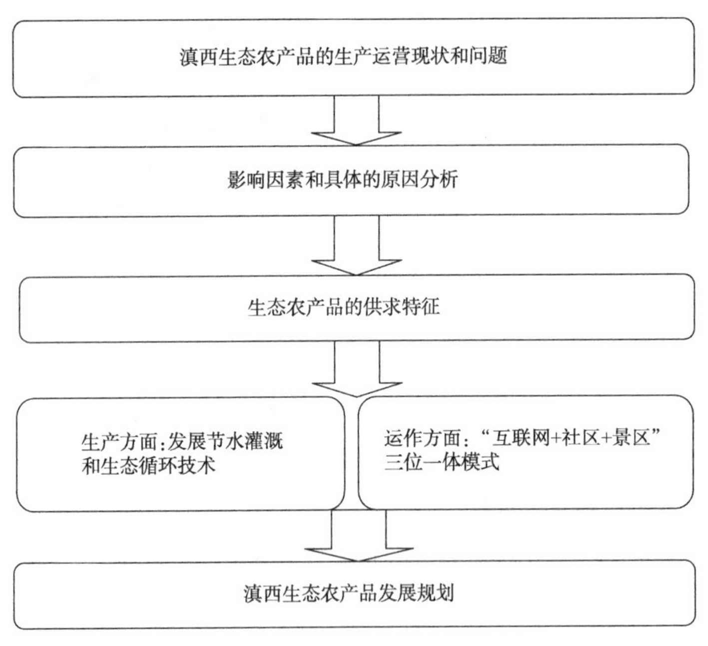

图1 滇西生态农业运营模式图

（六）创新

第一，学术价值的创新。生态农产品运营的关键是组织体系是否有效运行。以往的研究多数借鉴企业组织模式，认为家庭农场、合作社这种承包模式是农产品运营的主要组织模式。然而，农业区域分布的分散性，农民和集体组织的资本稀缺性、知识稀缺性，这些都决定了家庭农场、合作社这种农民自发的经营组织有很大的局限性。本课题站在国家和社会的视角，认为生态农产品具有一定的公共产品属性，滇西山多地少的特点又决定了生态农产品难以大面积种植，因此生态农产品的供给必须采取地方政府（县级、乡镇政府）主导的体制，采用“县乡政府规划+农村经营组织市场运作”的机制。这些观点具有一定的理论创新性。

第二，实践价值的创新。滇西生态农产品的运作是一个资源配置的问题，是解决地方财政收入来源的问题，也是提高农民收入之迫切需要，具有很强的现实性。本文基于供给需求的视角，在科学划分异地需求（线上）和本地需求（线下）的基础上，提出了异地需求依靠“互联网+社区”、本地需求依靠景区的思路。形成了“互联网+社区+景区”三位一体的总模式，在充分调研完善的基础上，具有一定的实践价值。

二、滇西生态农产品的特征及供应链分析

（一）滇西生态农产品的典型特征

（1）总体上看，地形以山地为主。滇西地处云南省昆明市以西，包括丽江、楚雄、大理、保山等 10 个地州市。地势以高山峡谷为主，气候类型总体上属热带亚热带季风气候。立体气候特征明显，有怒江、澜沧江、金沙江三大河流。滇西生态农产品多数在山地种植，高原山地农作物和经济作物普遍。山地地形远离工业污染区，在一定程度上有利于有机生态农业的发展，但同时也带来了物流瓶颈，物流成本高是滇西生态农产品发展的掣肘。

（2）人均有效耕地少，分散式生产特征明显。云南第二次全国土地调查数据显示，云南有旱地 7108.57 万亩，占耕地比例 75.9%。滇西具体数据基本与此一致。旱地质量低、产量低、人均有效耕地少是滇西区域的主要特征。同时，农业生产的分散式特征在滇西表现尤为明显。高海拔、山地地形造成了大多数可耕地无法集中连片，农户的分散式生产造成家庭农场的规模难以扩大、土地流转难以实现，农业的组织模式只能分散进行，机械化工具难以全面推进，路网建设堪忧。

（3）产品品种丰富、附加值高，但产量和品牌价值较低。滇西生态农产品品种丰富，核桃等各类坚果丰富，茶叶类产品丰富，杧果、龙眼等水果产品丰富，蕨菜、树花、山葱、苦菜、刺五加、野生菌等无公害蔬菜丰富。位于弥渡县的滇西蔬菜批发市场，每年蔬菜批发量 70 万吨，交易金额近 7 亿元，成为滇西蔬菜批发交易的中心。最近几年的云南大旱使得农作物产量和上市时间难以保证，影响了市场占有率。昌宁等地生态农产品

发展虽然附加值较高，但品牌价值低。

（4）形成了四类生态农产品生产模式。一是生态养殖模式。在龙陵县勐蚌生产的栗果猪，猪料是栗树果和山茅野菜，由于采用放养模式，肉质非常细嫩，市场售价较高。二是“猪—沼—果”生态种植模式。该模式提供了大量的供沼气池发酵的原料和生态有机肥，节省了能源开支和果树肥料投入成本，使得果实光泽度高、品相和内质甜度较好。三是纯天然的反季节蔬菜种植模式。不同于塑料大棚的人工模式，滇西高原生态蔬菜能够满足冬季大部分地区的需求。四是养生农业模式。高原水果类、坚果类农产品兼有生态和药用优势，“云南三宝”是典型代表。

（二）滇西生态农产品供应链运作模式

家庭联产承包责任制下，作为独立的个体而非法人单位，农户自身销售产品的成本过高、代价过大，必须加入销售的中间环节。

（1）合作社+农户销售模式。农户是农业生产的最小组织单位，合作社是农户的集合体，往往由2—3户农户通过协商的形式，经过农业经营管理部门的注册成立，能够在一定程度上享受国家关于合作社的优惠政策和技术指导。滇西为云南主要的农业生产区域，云集了各类合作社，以烟草合作社最为成功。核桃、蔬菜等合作社销售模式和普通农户的销售模式基本相同，都属于单打独斗的类型，在与下游收购商的谈判中处于劣势。

（2）经纪人销售模式。农业经纪人是农产品供销的中介，类似于商人的角色。众所周知，商人主要的盈利来源于产品价差，因此农业经纪人必须与农户和收购企业谈判，以商定采购价格、销售价格。在农产品集中成熟时，生态农产品市场类似于完全竞争，在这种市场下，价格是基本确定的。一般地，农业经纪人是由资深农业大户转型而来，他们熟悉生态农产品的市场供给和需求，能够适时做出采购量和采购价格的决策。然而，在滇西农业经纪人并不多。

（3）销售公司+农户销售模式。该模式的精髓在于，生态农产品的收购方为销售公司，农户无须在销售环节付出精力和成本。相比于前两种模式，该模式增进了生产方与销售方的关系，使农户可以专注于生产，提高生态农产品的数量、质量和有机性。然而，农户在该模式下牺牲了一部分利益，如价格比市场价低，产品成色、包装、质量等又有着较高的要求。但交易的便捷使这种模式在滇西较为普遍。

（4）直供模式。直供模式是农户或合作社直接向需求方供货，属于订单式生产的一种，如农超对接、农校对接。该模式由于取消了交易的中间环节，由供给方直接满足需求方，因此在多个方面是双赢、多赢的。当前，滇西部分州市的生态农产品实现了需求方直接控制生产数量、质量，对施肥、用药、种子、采摘、储存都要严格按照标准化生产进行，这种全流程管控提高了生态农产品的质量，实现了真正意义上的有机和生态。

（三）滇西生态农产品供应链的契约类型

（1）批发价契约。在合作社+农户销售模式、经纪人销售模式、销售公司+农户销售模式中基本采用批发价契约。其流程是：采购商与农户协商定批发价—农户转移货物所有权—采购商确定零售价—满足需求—剩余库存采购商自行消化。其特点是农户、采购商双方只是简单的买卖关系，买卖完成，所有关系即终止。农户对零售价的确定不干涉，不存在退货、回购、赊销、退款等一系列售后服务问题。适用于价格较低、品牌价值低、一次性购买的情形。批发价契约带来的典型结果是零售价混乱，从而破坏了农产品形象，最终使农户和合作社难以建立自己的品牌和信誉。

（2）收益共享契约。收益共享契约主要体现在直供模式中，且采用的范围极小。部分直供模式仍然采用传统的批发价契约、数量折扣契约等，减弱了直供模式的合作前景。其流程是：采购商与农户商定生产数量和价格—采购商确定零售价—满足需求—按比例分配收益—剩余库存双方消化。其特点是加强了采购商、农户双方的利益关系和联系。该契约类型适用于保质期较短、易腐品、无法退货等情形。

三、滇西生态农产品现状及存在的问题

（一）滇西农村现有的发展路径

滇西农村生态资源优势明显，这是由当地的省情、市情决定的。如何高效率地配置这些生态资源，从而早日摆脱贫困，是当务之急。

1. 从水资源条件看，滇西低海拔地区具有发展生态农作物的优势

滇西分布着怒江、澜沧江等大江大河，每年降雨丰沛，水系四通八达，年均可利用水资源量约为 3470 亿立方米。滇西低海拔农村地区有着悠久的农业发展史。长期以来，以滇西坝区为中心的地带在战胜饥荒方面贡献巨大。这里有较大面积的平地，湿润的气候适合多种农作物种植，是“云南粮仓”。低海拔山区和坝区适合发展花卉、烟草、传统农业等产业。

2. 从气候资源条件看，滇西高海拔地区具有发展林牧业的优势

滇西高海拔地区林木、牧草资源十分丰富，是林业、畜牧业发展的宝贵区域，相

对于低海拔地区，这里以寒带气候与立体气候为主，昼夜温差较大，而且较为干旱，因此更适合发展林牧业。林牧业对生态环境的破坏较少，生产经营投资较少，可以利用森林的自然属性实现自我修复和良性循环。同时，要杜绝盗伐、乱砍、滥伐毁坏林木等涸泽而渔的行为，通过砍补平衡、林下养殖等手段尽可能减少生态破坏，维护生态系统健康可持续发展，从而在山区森林的源头保持生态资源优势，保持发展林牧业的优势。

3. 从生物资源条件看，滇西农村具有发展生态旅游业的优势

滇西农村具有丰富的生物资源条件，集新鲜空气、干净的水、阳光、宜人的气候于一体，这里没有工业污染，没有土壤污染、水污染、空气污染，是我国传统乡村的一片净土，是多民族聚集地，是传统文化富集地。特别是云南毗邻国境，异国风情、民族风情、地域文化独具特色，为生态旅游增加了附加值。近年来，滇西乡村生态旅游热点频繁、效益陡增，形成了“分类推进”（旅游特色村、少数民族特色村寨、古村落保护开发）的乡村生态旅游典型模式。

（二）滇西生态农业取得的成绩

（1）借助“互联网+”，高原特色农业取得了一定的发展。德宏傣族景颇族自治州梁河县在高原特色农业发展中有独特的优势，该县运用互联网这个平台，利用互联网缩小与发达地区的差距，实现高效特色农业增产增收。截至 2015 年 10 月，该县涉农企业有 3 家开展了电子商务，个人在网上开店经营本地农特产品 50 余家，规模最大的卡卡西农家店 2015 年上半年营业额达到了 100 万元以上。梁河农业信息网浏览人数递增，由 2009 年的全省第 112 名提升到 2013 年的第 30 名。手机短信服务实现全覆盖，日均用户 6 万人以上。

（2）部分县域村集体实现了土地流转。土地流转是祥云高原特色农业发展的突破口。截至 2017 年 11 月，该县农村土地流转面积达 11.54 万亩，规模化经营比重达 34%；夯实以高标准农田建设为主的农田基础设施建设，农田有效灌溉面积已由“十一五”末的 20%提高至 63%，特色产业基地实现了“从无到有、从小到大”的转变。2016 年以来，永胜县委、县政府统筹规划，采取基层党组织带头发挥作用的方式，积极为企业和农户牵线搭桥。以土地招商、吸引外地企业前来投资兴业等方式，促使土地向大户和合作社、惠农企业集中。通过土地流转，既完善了基础设施建设，又解决了大量农村富余劳动力的问题，实现了双赢。

（3）科技在生态农业中作用明显。科技创新有力支撑了滇西优势产业的快速发展。

核桃、鲜切花、甘蔗育种水平全国一流，楚粳 28、云瑞 88、云粳 26、热垦 523、热垦 525 等新品种，以及测土配方施肥技术、甘蔗温水脱毒种苗生产技术入选农业部主推品种和技术。培育花卉新品种 419 个，花卉新品种数和种类居全国第一；拥有自主知识产权的大宗鲜切花新品种占全国总数的 90%以上，鲜切花产量超过全国总产量的 75%。大理核桃、德宏柠檬等特色产业进一步提质增效，楚雄的神秘果、迪庆的特色油料植物青刺果开发，边境小县永德建起了世界第一大澳洲坚果育苗中心。

（4）政企合作深入推进。楚雄州与云南农垦集团签订了战略合作协议，双方积极沟通交流，云南农垦集团多次到楚雄州考察，形成了合作共识，人工食用菌、哀牢密架山猪、“好买卖”乡村新型商业中心等合作项目有序推进。将子午镇打造成全省农业供给侧结构性改革综合体示范点，加快推进南华县野生菌交易中心项目建设，把野生食用菌打造成百亿元产值的产业。德宏傣族景颇族自治州政府与北汽集团、吉林省长春皓月公司、云南景成集团共同签订了《云南德宏现代农业生态循环农业项目合作意向书》。立足当地资源，以肉牛养殖、深加工为核心，融合农业产前、产中、产后环节，集成种植、养殖、加工、冷链物流，以及“互联网+产业链”协作新模式，发展现代生态循环农业新模式。

（三）滇西生态农产品发展现状的实证分析

1. 滇西生态农产品发展调查

为了深入了解滇西生态农产品的生产现状，我们选取昌宁县柯街镇、腾冲市界头镇、丽江市古城区束河镇，探讨这些区域在发展生态农产品方面的不同特点。

（1）基本情况。昌宁县柯街镇是保山、德宏通往昌宁、临沧等地的交通要道。这里自然条件优越，土地、光热、水利等自然资源充沛，有粮食、甘蔗、烟草、畜牧、水果、蔬菜等 6 项支柱产业。这里的主要特点是农户经营分散，土地流转困难，各自为政，合作社发育不足。

腾冲市界头镇有两大特色：一是“万亩油菜花”，该景观入选中国美丽田园，该镇被评选为“云南省十大宜居住小镇”之一；二是烤烟生产规模化、合作社化。全镇 26 个烤烟生产合作社组建腾冲界头烤烟生产大合作社，覆盖该镇 28 个社区，社员达 7000 余名。

丽江束河镇是世界文化遗产丽江古城的重要组成部分，于 2005 年入选 CCTV“中国魅力名镇”。依靠“一个资源、一个企业、一个特色旅游城镇”的模式，使得得天独厚的资源得到充分利用。在发展生态旅游过程中，实现了四个结合：公司开发与政府监管相结合，公司开发与居民参与相结合，公司开发与古镇保护相结合，公司开发与基础设施建设相结合。

（2）农户访谈。柯街镇农户：这里农户以务农为主，劳动力外出务工的同时兼顾农业生产，但由于土地较少且较为分散，经济作物难以形成规模，因此农民收入较低，个别地方贫困问题仍然存在。

问 1：你认为，这种分散经营的主要原因是什么？

答 1：贫困，缺少有钱人（资本），土地流转慢。

问 2：你们种植经济作物、蔬菜瓜果，有没有什么技术标准？

答 2：基本没有标准。都是按照往年的经验，加上企业收购的要求。

问 3：销售方面，如何做？

答 3：自己找客户，有的有经纪人。

界头镇农户：通过合作社，农户的烤烟生产上规模，特别是连片的土地流转，国家修的田间水渠、道路大大方便了集约化生产，受烟叶收购价格影响，烤烟效益较好。“万亩油菜花”的旅游项目有一定起色，但由于距离县城较远，又没有固东镇银杏村出名，因此效益一般。

问 1：你认为，这种集中经营的主要原因是什么？

答 1：烟草局投资水利、烤房这些基础设施，土地流转方面由村集体组织，合作社也能发挥作用。

问 2：你们种植经济作物、烟叶，有没有什么技术标准？

答 2：经济作物没有标准，也是按照往年的经验。烟叶严格按照乡里收购站的标准，基本上烂熟于心。

问 3：销售方面，如何做？

答 3：经济作物自己找销路，烟叶由乡里收购站收。

東河镇农户：由于東河古镇的影响力较大，这里主要发展旅游，并且由于靠近城区，效益较好，生态农产品为其次。

2. 滇西生态农产品发展的影响因素

通过对上述三个地区的走访，我们总结了滇西生态农产品发展的影响因素：

（1）生产环节。规模化、资本、技术标准是三个最重要的影响因素。

经济学的常识告诉我们，在产品生产方面，任何竞争优势的获取都难以离开规模化，只有达到了一定的规模、达到了盈亏平衡点，才有机会盈利。规模化是充分条件。

然后就是资本，是必要条件。滇西地区属于云南重要的粮食产区，以农业为主，相对比较贫穷。农民没有足够的资本积累，在企业化和工业化运营方面欠缺很多。由于农民缺少抵押或质押物，难以获得融资的机会，因此资本一直匮乏。

在生产的技术标准方面，形成了两个分水岭：有组织的烟草行业技术规范，治理体系稳定；其他经济作物基本没有成熟的技术标准，属于经验管理的范畴。

（2）需求环节。从需求方面看，主要有两类：异地需求、本地需求。分散式生产形成的产品多数只能满足本地化的需求，服务于本地市场。而集中生产的过剩产品多数要销往外地。但无论如何，销售环节都必须得到重视，农户的营销意识当前仍比较薄弱。如何充分满足本地需求和异地需求，如何开拓更广阔的市场，是滇西生态农业必须回答的问题。

（3）社会支持环节。滇西农业的市场化水平仍需提高，特别是市场意识方面，要树立顾客至上的理念，以终端需求引导生产，实施供给侧新思维。市场化水平的提高不是一朝一夕的，需要政府和社会组织的共同努力。从全球范围看，农业仍然属于弱势行业，需要政府和社会的扶持，而滇西又处于干旱、高原、贫困的交织地区，仅仅依靠农户自力更生是远远不够的。

（四）滇西生态农产品存在的主要问题

1. 宏观层面的问题

（1）高原民族贫困地区的空间分布，呈现出与生态脆弱区部分重叠的特征。我国生态脆弱区主要有八种类型，在西南地区主要有岩溶山地石漠化生态脆弱区、山地农牧交错生态脆弱区两类，其中山地石漠化最突出，尤以贵州喀斯特地貌区域最为严重。山地石漠化直接恶化了农业种植条件，加剧了水土流失，使得山区、半山区缺水严重，以养殖种植为生的民族地区群众难以获得持续的农业效益。高原民族地区与生态脆弱区部分重叠，以高寒区、高原区、深山区、石山区和地方病高发区为主，使得反贫困任务艰巨。事实上，生态脆弱区应该减少人的活动，退耕还林、还草，从而减少贫困救济的范围。然而，在当前的山地城镇化进程中，高原民族地区移民搬迁计划的覆盖面较小、群众生产生活习惯难以改变等原因仍然制约着反贫困的推进。

（2）绝对贫困区主要分布在云川藏的边界地带。《中国农村扶贫开发纲要（2011—2020年）》指出，西南绝对贫困区的主战场在滇黔石漠化区、滇西边境山区、武陵山区、乌蒙山区、西藏、四川等6个区域。在滇西边境山区以及澜沧江流域，特别是云南第一大少数民族彝族，世居高原的生活习惯使得彝族商品意识、市场意识较为淡薄，更没有工业化的现实基础，交通和商贸的制约使得收入微薄。该地带受中心城市的辐射较弱，长期处于自我生存、自我发展、自我脱困的局面下，输血严重不足。同时，受制于大山困扰，城镇之间距离较远，市场体系尚未形成，因此城镇之间的农村地带就成为经济社会发展的陷落带。

（3）农民几乎没有资本。依据经济学规律，政府的公共服务总是有一定的辐射范围，需要进行甄别和确认，效率相对较低，往往不能在第一时间满足农户的需求。而真正让农户走上经济独立道路的，是壮大其经济基础。从经济学对私人产品和公共产品的划分看，使贫困农户有机会获得和出售自己的私人产品，才是脱贫致富的上策。当农户获得足够的资本积累，能够壮大经营规模，有一定的农产品剩余，可以扩大销售市场时，脱贫问题才能从根本上缓解。

（4）贫困广度大、多重贫困交织。对于低海拔地区来说，生产生活条件相比于高原地区，已经有了较大改善。农户能够有更多机会走出大山，加入劳务经济大军成为农民工，能够增加与城镇的交流，在一定程度上缓解了二元经济结构。但一部分不适应市场经济规律、仅仅依靠农业生产和零星打工、对农业生产经营不够专业的农户收入相对较低，属于相对贫困的范畴。此类群体的贫困广度大，属于农业生产中隐形失业的人群，在本地就业转移中占据劣势。

（5）工业化、市场化水平滞后。滇西山多平原少，特别是云南，九成以上为山区，缺少进行工商业发展的足够土地。从全国范围看，我国工业化经历了沿海、沿江、中部、西部的更迭，更迭的首要因素是劳动力成本和物流成本。滇西处于劳动力成本和物流成本的“二律背反”状态，劳动力成本低、物流成本高。因此，必须依靠工业基础设施（厂房、土地）的成本降低加以弥补，而滇西不具备这种成本降低的先天条件。

就市场化水平来看，根据孙晓华、李明珊的研究，在全国排名中云南列第 26 位，处于全国下游水平，明显滞后。这些指标涵盖了政府行为规范化、经济主体自由化、要素资源市场化、产品市场公平化、市场制度完善化五个方面，较为科学地反映了各省市的市场化水平。

2. 微观层面的问题

（1）从生产方面看，做大而没有做强、品牌识别度低、资本投入不足。通过针对昌宁等地生态农产品发展的现状分析，我们认为保山某些区域的生态农产品已经形成一定规模，但品牌价值低。

从生产过程看，资本投入不足。农业基础设施的投入一直是农业发展的软肋，烟草行业由于其垄断的市场地位，对烟农基础设施投入较大，在滇西形成了集中连片的大农业模式。相比于烟草的高投入，滇西生态农产品的基础设施建设一直停滞不前。农户家庭式的小规模投入使得农业资本和农业科技在生产过程中的作用极低，和以色列、北欧等国相比，资本投入的贡献极低。凭借单一的农户或合作社显然不能满足投资需求，导致“小规模—小产出—小投入—小收益—小规模”的恶性循环。

（2）从技术标准看，分散式生产造成标准不一。生态农产品生产需要严格的技术标准、完善的监控环节，所有这些形成了类似于工业生产的质量认证体系，以便于政府职能部门的监督和消费者识别。而分散式生产方式注定了技术标准的分散和扭曲，农户文化程度的差异更使得技术标准的统一难以保证。尤为重要的是，农户对生态农产品的药物残留、营养元素含量等质量评价指标缺少认识，也没有必要的检测手段。因此无论从生产过程还是质量控制方面，农户的分散式生产都难以使生态农产品标准化。

（3）从组织模式看，合作经济发展不足。滇西生态农产品生产活动，主要是家庭联产承包和合作社模式。不同于烤烟等专业的合作社，核桃、蔬菜、水果等合作社的组织模式更多是单打独斗，没有形成规模。“公司+农户”模式在滇西发展不足，即使部分采用公司制管理的农田和农户，仍然只是在收购环节趋于统一，对生产环节的组织明显不足。西方流行的家庭农场模式，因为农户的分散式经营和规模不足而举步维艰。农户之间不能形成合作发展的动力，就不会产生合作研发、合作施肥、合作采摘、合作防治等等，难以发挥集思广益的效果。

（4）从销售方面看，石斛等高附加值生态农产品以景区为主要销售渠道，其他中低档生态农产品在传统市场销售。通过对腾冲等地的历史遗迹、宗教祭祀活动场所、自然景区等地进行调研考察，发现顾客对保山生态农产品的需求反映，了解消费者对高附加值生态农产品需求的欲望、购买力等主要来自养生概念。同时，在其他中低档生态农产品中，运营的关键是组织体系是否有效运行。现有模式多数借鉴企业组织模式，认为家庭农场、合作社这种承包模式是农产品运营的主要组织模式。然而，农业区域分布的分散性，农民和集体组织的资本稀缺性、知识稀缺性，这些都决定了家庭农场、合作社这种农民自发的经营组织有很大的局限性。

（5）从物流方面看，生态农产品面临物流瓶颈。首先，新生代群体购物方式本身引爆了正向物流。大量的研究表明，网购已成为新生代群体购物的主要方式，而且随着 ipad 热卖及手机购物的流行，“拇指一族”的网购行为更加便利。由于开网店手续便捷、成本低，因此传统渠道的商店多数已改变为双渠道，即线上线下。在网络购物中，制造商、分销商、零售商构成了一个巨大的供给群体，消费者是一个巨大的需求群体，而网络本身给了双方匹配供需的平台。因此，交易行为摆脱了时空的限制，交易的中心环节——支付问题通过网上解决以后，剩下的就是物流问题了。新生代群体购物方式引爆了正向物流，各种商品通过快递渠道源源不断地送到消费者手中，农产品物流也不例外，如图 2 所示。

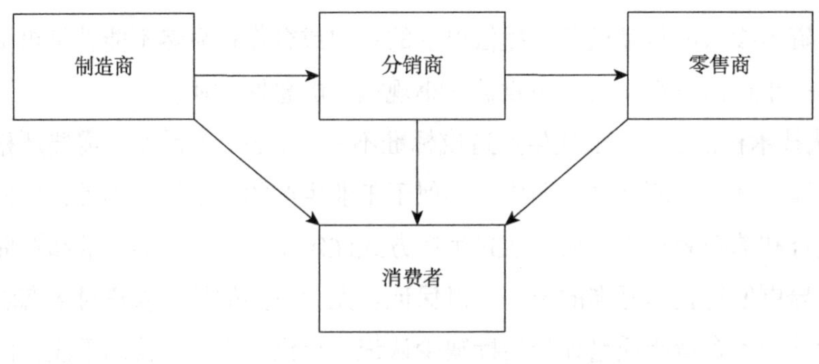

图 2　正向物流图

其次，新鲜农产品的退换货问题引爆了逆向物流。互联网颠覆了人们传统的购物方式“搜索—试用—支付—收货”，互联网采用的“搜索—支付—收货—试用”模式，把支付环节上移，使人们在购物中出现了更多的冲动心理，进而引发不满意导致的退货现象，退货催生了物流业的第二块利润——逆向物流。以 60、70 后为代表的老一代群体成长于传统渠道购物的时代，他们遵循“试用在先”的购买原则，即使采用了网上购物，他们一般都会先在传统商店试用、比较一下，然后确定好大小、尺寸、颜色、式样等再去购买，因此退货现象较少发生。而新生代群体试用和准备不足引爆了逆向物流，各种商品通过快递渠道源源不断地回流到供给方手中，如图 3 所示。

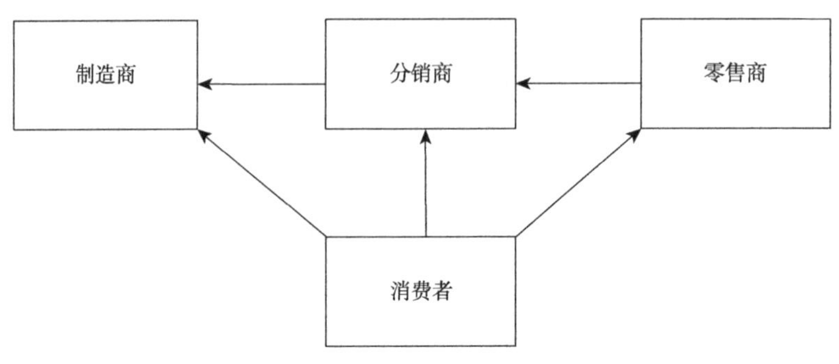

图 3　逆向物流图

最后，节假日经济引爆了应急物流。随着生产过剩时代的到来，以及人们工作压力的增大、节假日经济的发展，节假日大型促销活动愈演愈烈，新生代群体成为厂商争夺的对象。“五折”“跳楼价”“聚划算”等促销广告应接不暇，吸引了新生代群体的冲动式购买行为，出现了很多“网购达人”。据青岛晚报报道：“双十一”期间，大学生作为网购的新兴主力军，大学校园成了快递“集中营”，校园一度出现连夜排长队取快递的场景。这种季节性、短时间、大批量、不确定型的物流运作模式我们称之为“应急物流”。在公共突发事件中，应急物流起到了十分重要的作用。可以看出，新生代群体参与节假日大型促销活动极大地推动了应急物流的发展。

四、滇西生产生态农产品的运营模式建议

通过识别上述优势劣势，并结合滇西生态农产品生产运作的典型案例，本文从宏观和微观层面分别提出了具体的政策建议。

（一）宏观层面的解决方案

滇西高原民族地区受气候条件、空间分布、资本约束、教育、民族等多重叠加因素的影响，主要通过扶贫措施促进滇西农业、农村、农民问题的解决。

（1）从战略上看，应推进精准扶贫。西南高原民族地区居住分散，贫困程度、贫困类型各不相同，当地党委、政府应树立精准扶贫思想，为每个困难家庭建立档案，实行跟踪监测、动态服务的策略，建立信息系统，真正高效推进反贫困战略。

（2）从方法上看，应首先推进生态扶贫。高原地区是第一道生态屏障，保持充足的植被、建设生态涵养区至关重要。必须对生态脆弱区实施生态补偿、退耕还林还草等措施，以修复源头的生态裂痕，实现生态系统的良性循环。生态补偿策略可以从根本上杜绝人为的生态破坏，减少资源的开发利用，形成保护生态环境的良好氛围。对自然灾害导致的生态脆弱问题，必须评估灾害的大小、频率、破坏度，评估民族地区居住生活条件，必要时实施生态移民的断然措施。

（3）从政策设计上看，应通过集体林权制度改革使农民获得资本。在精准扶贫、生态扶贫的前提下，激发民族地区干事创业的活力、增强造血功能是十分必要的。对于高山区民族地区来说，可以采取美国西部大开发的类似政策，推进集体林权制度改革。采取荒山开垦、承包甚至部分私有化的办法，推动农户在林业、牧业发展方面拥有真正的产权意识、责任意识和收益意识，形成一定的农业资本，为家庭养殖种植农场的形成创造条件。

（二）滇西低海拔地区生态农业总体思路

滇西低海拔地区农村已经在劳动力教育和就业方面取得进展，一批农民工力量正在形成。同时，一批长期深耕农村的农业养殖种植大户正在发展，农业生产生活条件也有了很大改善，脱贫工作持续推进，主要通过市场化手段发展生态农业。

（1）从战略上看，规模化和特色化农业是必由之路。无论在低山区还是坝区，农业的分散经营在一定程度上影响了运作效率，最终难以形成真正的农场和农业企业。当前西南低海拔地区一批农业养殖种植大户已日渐形成，但在扩大规模、资金保障、市场对

接等方面与东部地区差距较大。地方政府应结合当地资源、市情，坚持土地家庭联产承包和土地流转的总方针，在前期合作社经验的基础上，力求更大规模的合作合营。同时，大力发展特色农业、生态农业、有机农业，这些差异化发展道路能够真正发挥西南地区生态资源优势，取长补短，实现有质量的发展。

（2）适当发展外向型劳动密集型产业。目前，全国处于产业结构转型升级的关键时期。然而，滇西的区情决定了发展仍然是第一要务，承接东部、中部地区过剩产能，特别是劳动密集型产业，将是利大于弊的事情。劳动密集型产业能够解放农业过剩劳动力，在成本方面保持对发达地区的竞争优势，从而让人口红利得以延续。同时，外向型劳动密集型产业对产业链的要求不高，可以独立分割而存活，对资本的投入要求低，进入和退出壁垒较小，能够辐射南亚、东南亚市场，因此符合西南地区的实际。

（3）发展生态农产品加工业、生态旅游。生态农产品是滇西农村第一大优势，核桃、板栗等坚果类，杧果、龙眼等水果类，有机蔬菜等生鲜类生态农产品，是西南地区农村的名片。然而，上述高附加值产品受到物流、保质期、加工技术等多方面影响，一直没有全国性著名品牌，处于初级包装加工的状态。以生态资源优势大力推进生态农产品加工业发展，以资源获得竞争优势，是可持续的发展道路。同时，要积极打造生态旅游产品。生态旅游是对优质山泉水、清新空气、阳光的消费，比较契合西南地区乡村的生态优势。城市郊区、乡村生态旅游具有污染少、参与度高、创业就业机会多的特点，可以借鉴成都“五朵金花”模式，打造生态旅游精品。

（三）微观层面的解决方案

（1）机制设计方面，采用“县乡政府规划+农村经营组织市场运作”的机制。生态农产品具有公共产品属性，滇西山多地少的特点又决定了生态农产品难以大面积种植，因此生态农产品的供给必须采取地方政府主导的体制，采用“县乡政府规划+农村经营组织市场运作”的机制。国有企业+农户模式应当成为农村经营组织的主流。借鉴以往乡镇企业、村办企业的经验，设立以乡镇、村为经营主体和法人单位的企业。采用类似江苏华阴村的经验，让国营组织、集体组织成为带领群众致富的关键要素。

（2）在生产环节，发展节水灌溉技术、实现精细化运作迫在眉睫。山区农业发展的典型困难是缺水，特别是山区、半山区，如何发展节水灌溉技术，可以借鉴以色列等国的滴灌和废水循环技术，让水源在山区、半山区循环利用。目前，滴灌技术已经基本成熟，走在了节水灌溉的前列，但废水循环利用在滇西很少实施，主要原因是对废水的回收不重视，不能建立有效的回收管网，一家一户自力更生的小农经济思想仍然较重，难以真正合作建设。另外，在土地深耕、种子培育、塑料大棚建设等方面也需要精细化运作，做到以科技带动生态农产品生产。

（3）在生产环节，适当地进行土地流转以扩大规模。山区土地流转一直是困扰山区农业发展的课题，在土地条块分割、距离较远、地形不同、级差不同的特定环境下，滇西山区土地流转需要更加合理的模式。土地流转必须采用尊重民意、合理有序、依法推进的路子，特别要因地制宜、多样化地开展流转工作，注意保护转出土地的农户在就业、收入等方面的基本保障。另外，部分民族地区在耕作习惯、生活习惯方面的差异也阻碍了土地流转的顺利实施。事实上，土地流转是大农业发展的趋势，只有足够的集约化才能实现规模效应，实现资本投入和经济效益的提升。

（4）在销售运作环节，建议采用 “互联网+社区+景区”三位一体新模式。在运作环节上，通过识别滇西生态农产品现有的供应链模式和契约类型，并结合滇西生态农产品生产运作的典型案例，本文给出了滇西生态农业发展的“互联网+社区+景区”三位一体的新型运作机制。主要表现为两个方面：

一是在满足异地需求方面，提出了“互联网+社区”生态农产品运作模式。现有的四类供应链运作模式，更多考虑了本地需求的情形，对异地需求涉及较少。事实上，在互联网环境下，人们的距离被拉近，购物需求极大地被释放。生态农产品市场只有满足更多的异地需求，才能形成规模效益和品牌增值。滇西社区可以以单个村、多个村为区域，乡镇政府负责搭建社区网络平台，各个家庭农场、合作社或自然人作为平台商户进入。

滇西经济型农作物具有营养价值高的典型优势。云南甘蔗（图4）、核桃（图5）、小粒咖啡（图6）、天麻、三七、灵芝等在滇西地区非常多见。这些经济作物营养价值较高，是广大消费者喜爱的食物；同时，易于保存、易于运输，是农民增收的重要途径。受制于传统渠道中中介批发商压低价格的困境，农民可以通过网上渠道销售农产品，实现真正的微商创业。

图4 云南甘蔗

图 5　云南核桃

图 6　云南小粒咖啡

二是要发挥合作社的作用，加强供应链协调，改进供应链效率。物流行业受益于互联网发展的大时代，更受益于供应链企业的相互合作。当前企业的竞争已进入到链链竞争的阶段，做好企业所在供应链的协调，建立完善的激励机制，促使参与企业采取集中决策的合作博弈行为是十分必要的。比如在新产品研发、需求信息共享、供需匹配技术开发、股权结构、组织架构、资金融通、质量管理等方面都可以进行深度合作。诺贝尔奖获得者 Shapley 给出了合作各方利益分配的具体算法，为企业间战略联盟的可行性给出了理论解释。可以通过收益共享契约、回购契约等机制设计，建立目标一致的供应链，改进供应链效率，共同为市场提供高效的产品和服务。

农村绿色农产品的分户经营模式，使得单个农户与市场的对接变得艰难。后来，国家推行合作社发展模式，合作社是劳动群众自愿联合起来进行合作生产、合作经营所建立的一种合作组织形式。所谓合作经济组织，首先强调的是“合作”，然后是“经济组织”，这是两个基本要素。随着合作社的深入发展，又细分出生产合作社、流通合作社、信用合作社、服务合作社四类典型模式，从生产、营销、金融、服务四方面全方位推进。云南烟草合作社的运营是其中较为成功的模式，在其他经济作物层面，普遍推行的是农超对接、农校对接，但效果一般。目前针对网上农产品售卖的合作社非常少，有大力推广的必要。

（5）在满足本地化需求方面，走“生态农产品与生态旅游”结合的路子。现有的四类主要的供应链运作模式，走的基本是传统的批发零售渠道，通过商品市场销售生态农产品。事实上，生态农产品不同于传统产品，其更加高端、更加养生。在当前经济水平下，普通消费者很难有足够的购买力去消费这些产品。生态农产品的定位可以与云南旅游市场对接，实行生态农产品在旅游景区销售的线下发展模式，重点解决品牌、包装、价格、质量等细节问题。通过线上线下双渠道运营，实现滇西高原特色农产品的品牌突破、销量突破、效益突破，为真正实现滇西农村脱贫、解决县域财政困难提供帮助。

（6）在目标客户群方面，不断开拓面向新生代群体的网购需求。一是不断开拓面向新生代群体的网购需求。相比于20世纪八九十年代以后的新生代大学生，同样是20世纪八九十年代后的新生代农民工在网购需求中的比例较低，但显示出上升的态势。来自中商情报网的数据显示：与整体网民相比，较低和较高学历的网购用户占比在增大。2011年，大学本科及以上的网购用户占到了44.8%，较2010年提升4.4个百分点。初中及以下的占比提升至7.8%。因此，新生代农民工的网购需求是一个亟待开发的领域。新生代农民工也叫“农民工二代”，较之第一代父辈农民工，他们更强调休息时间、工资水平、娱乐设施等生活质量方面的指标。然而，由于没有固定的住所或者属于自己的房产，他们的上网行为多数是在公共网吧环境下，网购行为较少。随着国家新型城镇化的推进，新生代农民工的居住条件必将日益改善，特别是随着“收入倍增计划”的实施，新生代农民工的网购需求将大大增加。物流公司作为供应链中的最后一环，对新生代农民工的网购需求有较多的了解，这些知识应该不断地更新到整个供应链的上游、中游和下游，以不断满足其网购需求。

二是不断开拓面向新生代大学生的网购需求。互联网的发展带来了物流业和物流技术的革命，而新生代群体是推动互联网发展的重要力量。当前，网购已成为一股不可逆转的潮流，新生代大学生作为接受新事物的典型代表，其网购行为对其他群体具有重要的典型示范作用。这种扩散沿着巴斯模型给定的方式演进：创新者（不管别人是否采用自己均采用）、早期的少数采用者（看到一小部分人采用自己即采用）、早期的多数采用者（看到大部分人采用自己才采用）、晚期的多数采用者（看到很少有人不采用自己才采用）、落伍者（已经没有人采用时自己才采用）。因此，新生代大学生在网购行为中作为创新者或早期的少数采用者，为网购业态的发展起到了导向性的作用。作为物流服务提供商，要研究服务水平不足的方面，比如送货不及时、货物有损坏、物流信息跟踪不到位、赔偿细则存在霸王条款等。做好货物的时间管理、信息管理、分级分类管理，实施 JIT 战略，尽量做到货到即发送，而不是等货齐了才发送，借此不断提升面向新生代大学生的物流服务水平

第四编

社会·民生

文山壮族苗族自治州生态文明建设现状调查①

一、文山壮族苗族自治州生态文明建设的基础条件

（一）自然条件

1. 地理区位条件

文山壮族苗族自治州地处云南省东南部，东西跨距 255 千米，南北纵宽 190 千米，土地总面积 31 456 平方千米。是云南省的东南大门，是云南省入海的重要通道。东部和东北、东南部与广西壮族自治区百色市接壤；南部与越南河江、老街两省的 9 个县相连；西部和西北部与红河哈尼族彝族州接界；北部和曲靖市毗连。是云南省连通广西通往我国南部出海口最便捷的陆上通道，素有"滇东南门户"之称。

在经济区位上，现有国家一类口岸 2 个和二类口岸 1 个，有 13 条边境通道，边民互市点 24 个，地处中国—东盟自由贸易区和泛珠三角经济区两大国际国内区域合作的"结合部"，是中越构建"两廊一圈"战略的连接点和中心区域，是中国内陆腹地进入东盟国家最便捷的通道，也是云南连接泛珠三角与东南亚、南亚合作金色桥梁的必经通道和桥头堡，素有"滇桂走廊"之称。

从地域文化的历史形成上考察，文山壮族苗族自治州是百越文化的重要组成部分。但从文化区位上看，文山壮族苗族自治州是云南边疆民族文化的又一集中区。文山壮族苗族自治州东连广西，南接越南，这两个地区都是历史上百越民族聚居区，文山壮族苗族自治州内一些少数民族与相邻省区和周边国家的民族长期以来交往密切，可谓"民族同根、文化同源"。

2. 自然环境背景

（1）地质地貌环境。一是地质环境。文山壮族苗族自治州境属于华南加里东褶皱系西延带进云南的一部分，是华南褶皱系与扬子准地台之间的过渡地带，处于康滇地轴、哀牢山构造变质带之东，滇东拗陷之南和越北古陆之北的地域之内；位于川滇黔经向构

① 作者简介：庄立会，文山学院环境与资源学院教师。

造带与青藏滇缅歹字型构造体系交汇的部位；是一个跨于两古陆之间的陆间海槽。自震旦纪之后，文山壮族苗族自治州这块地域围绕北古陆呈弧形展布的海槽。震旦、寒武时期，为冒地槽沉积，后奥陶纪海退，越北古陆北移，形成滨海和浅海。志留纪时期才上升为陆地。进入泥盆纪时期，内陆壳又下降，复被海水淹没。距今两亿年左右的三叠纪末期，印支褶皱运动，又全部上升隆起成为陆地。地表广泛露出二叠纪和三叠纪古石炭岩层，是全省岩溶地貌发育最典型的地区之一。数百万年前，由于受强烈喜马拉雅褶皱运动的影响，盆地沉积，地层变形，产生了褶皱和断裂构造。文山壮族苗族自治州内的断裂延伸方向为北东向，断裂规模较大，但活动频率低，主要控制盆地主体格局和地层分布。此后虽然地壳比较稳定，但由于长期的剥蚀、侵蚀、溶蚀及河流切割等作用，遂堆积了第四系物质。由于特定的大地构造位置和历次构造运动的强烈影响，造成了这块地域富有特色的沉积建造和丰富多彩的岩浆活动以及复杂而有规律的构造形变，同时也造就了丰富的金属与非金属各类矿床。

二是地貌环境。文山壮族苗族自治州地处滇东南岩溶高原地带，属中山高原地貌区。地势由西北向东南倾斜，西部和北部是海拔为 2000 米左右的岩溶高原区，中部是海拔为 1600—1800 米左右的高原地区和 1499—1600 米左右的岩溶盆地，南部和东部河流切割，边缘为海拔 1000 米以下的低山区与丘陵区，河流下切的地带形成峡谷。从地貌特征上进行划分，文山可分为 6 个地貌单元。一是构造侵蚀地貌；二是剥蚀地貌；三是溶蚀侵蚀地貌；四是岩溶地貌；五是盆地；六是堆积地貌。

文山壮族苗族自治州山脉属云岭山系余脉。六诏山脉呈东西走向，横亘州内中部地区，支脉纵横全州各地。其中一支从丘北县经砚山县再分为两支进入广南县底圩和斗月，形成九支小山脉，史称九龙山；另一支由法白沿马别河东北至三卡、里蒙与广西林县古丈毗连；再一支在南部从普梅海上游经贵予、董布入富宁县境内。

（2）水文环境。文山壮族苗族自治州分属珠江、红河两大流域，流域分水线位于州境中部，呈东西走向，流域分水线以北属珠江流域，以南为红河流域。境内珠江流域面积 17 309 平方千米，占全州面积的 55%；红河流域面积 14 147 平方千米，占全州面积的 45%。州境珠江流域的主干流经南盘江六郎洞暗河、清水江、西洋江、那马河、普厅河、驮娘江等向东流入珠江；红河流域的主干流经盘龙河、八布河、南利河、迷福河、小白河、畴阳河、那么果界河、郎恒河等向东南注入越南红河。文山壮族苗族自治州主要河流情况见表 1。

表1 文山壮族苗族自治州主要河流

河流	流域面积/平方千米	境内长度/平方千米	落差/米	流经地
南盘江	2765	110	175	丘北
清水江	4728	195	830	砚山、丘北、广南
驮娘江	1439	130.7	834	广南、富宁
西洋江	4845	200	1225	广南、富宁
那马河	1144	99.8	1255	富宁
普厅河	2149	164	1032	富宁
盘龙河	6415	231	1403	砚山、文山、马关、西畴、麻栗坡
八布河	1271	50	1160	西畴
南利河	3638	173	1045	砚山、西畴、麻栗坡、广南、富宁
迷福河	1013	60.3	1392	马关
那么果河	755	102	2457	文山、马关

（3）气候环境。文山壮族苗族自治州地处云贵高原东南部。西北有世界屋脊青藏高原，东北有云贵高原为屏障，南和东南邻近南海和北部湾，西南邻近孟加拉湾，北回归线贯穿全州。夏季主要受孟加拉湾及北部湾暖湿气流影响，冬季主要受偏西及西北部干冷气流影响。全州均属低纬度高原季风气候。文山壮族苗族自治州气候属南亚热带高原季风气候类型，气候差异突出，类型多样。

一是类型。文山壮族苗族自治州有北热带、南亚热带、中亚热带、北亚热带、南温带、中温带 6 种气候类型。其中热区面积 6485.38 平方千米（北热带面积 388.73 平方千米，南亚热带面积 6096.65 平方千米）。

二是气温。全州年平均气温在 15.8—19.3℃，富宁县气温较高，年平均 19.3℃，西畴县最低，年平均 15.8℃；气候垂直变化显著，境内多为亚热带气候，年平均气温为 18.8℃，全年无霜期 365 天，生长着许多各具特色的生物资源，文山三七、广南八宝米、丘北辣椒、富宁八角、马关草果等是闻名遐迩的土特产，全州八县被命名为七个中国特产之乡。

三是降水。全州年平均降雨量在 800—2400 毫米，雨量充沛，但分布不均。其特征为西南部多，东北和中西部较少；山地多，谷地少；夜间多，白天少；局部性大雨、暴雨多。干湿季分明，5—10 月为雨季，雨量占全年雨量的 82%，主要受孟加拉湾及北部湾暖湿气流影响；11 月至次年 4 月为干季，雨量占年雨量的 18%，主要受偏西及西北部干冷气流影响。

四是太阳辐射。太阳辐射能丰富，热量资源充足。热量分配在时、空分布上的特点是：冬季气温较高，春季气温回升快，2—4 月平均每月上升 4℃左右，3 月份气温基本稳定在 15℃以上；夏季高温不强，大部分地区 7 月均温仅 21—23℃，7 月后开始下降，秋季降温快，9 月份均温比 7 月份下降 2℃以上，部分县平均最低气温已降至 16℃。但受低云和雾雨影响，太阳辐射受到削弱。境内地形起伏大，高低悬殊，因此在不同地区、不同海拔、不同坡向所接收到的太阳辐射差异较大，热量条件也随之产生差异。

总之文山壮族苗族自治州大部分地区冬无严寒，夏无酷暑。干凉和雨热同季，年温差小，日温差大，大陆度不到 40%，海洋性气候比较明显，春温高于秋温，无霜期长，霜雪少。年平均气温 12.0—23.1℃，≥10℃积温 4500—7500℃。最冷月（1 月）平均温度 6.5—13.5℃，最热月（7 月）平均温度 17.0—28.5℃。全年多为偏东南风。低海拔地区炎热，高海拔地区凉爽。由于海拔高低悬殊，故有“山高一丈，大不一样”和“十里不同天”的立体气候特征。

（4）土壤和生物资源环境。一是土壤。文山壮族苗族自治州的土壤主要是由沉积岩类发育而成的黄壤和黄红壤。土层厚度多数在 90 厘米以上，营养层厚度 30—90 厘米，而以 40—60 厘米居多，厚度由山脚至山顶逐渐减小，pH 值在 4.5—6.5，为酸性土壤。剖面颜色从上到下由褐色变为棕黄色，质地为轻壤至壤土，团粒结构粒状、疏松，通气性良好。部分土层深厚肥沃，富含有机质，排水性好，大多数肥力中等。局部地带虽然土层深厚，因质地黏重板结，通气性差，林木生长条件不是很好。

二是生物。北回归线横穿文山壮族苗族自治州全境，使文山壮族苗族自治州纵跨热带和亚热带两个区域，复杂多样的地理地貌和明显的区域垂直带性，形成优越的自然条件，适合于各种植物生长，使文山成为全国生物多样性的宝库之一。州内植被呈垂直带状分布特征，植物群落多种多样，大部分地区热能资源丰富，雨量充沛，形成了与之相适应的森林土壤和多种森林植被类型。主要植被类型有热带沟谷林、季风常绿阔叶林、山地苔藓常绿阔叶林、山顶苔藓矮曲林四个类型。文山壮族苗族自治州现有森林 1500 多万亩，全州已经发现的各类野生植物有 332 科 4504 种，其中的枧木、华盖木、铁杉、香木莲等 42 科 74 种被列为国家珍稀濒危植物。除产玉米、稻谷和豆类等粮食作物外，还盛产三七、八角、草果、油桐、辣椒、烟叶、茶叶、花生等农特产品和经济作物，全州有 7 个市县被分别列为中国三七、阳荷、草果、辣椒、八宝米、八角特产之乡，尤其是享誉国内外的名贵药材三七，产量和质量均为全国之冠，明代医学家李时珍在《本草纲目》中称之为“金不换”，当代医学专家誉之为“人参之王”。

（5）自然保护区。目前，文山壮族苗族自治州已建立各级类型自然保护区 8 个，面积 103 529.2 公顷，包括国家级自然保护区 1 个，省级自然保护区 6 个，州级自然保护区 1 个。州级禁伐区（即保护点）23 个，8330.02 公顷。保护区总面积 111 859.22 公顷，占全州土地面积的 3.61%。通过加强自然保护区和禁伐区（保护点）的建设，有效保护了森林、野生动植物和生物多样性，使一大批濒危物种种群得到了恢复和发展。自然保护区基本情况见表2。

表2 文山壮族苗族自治州自然保护区基本情况一览表

保护区名称	级别	保护区类型	主管	行政区域	总面积/平方千米	批建设时间
云南文山老君山国家级自然保护区	国家级	森林生态系统	林业	文山、西畴	26866.6	2003.6.6
麻栗坡、马关老君山自然保护区	省级	森林生态系统	林业	麻栗坡、马关	4509	1981.11.6
马关古林箐自然保护区	省级	森林生态系统	林业	马关	6832.6	2002.5.13
富宁驮娘江自然保护区	省级	森林生态系统	林业	富宁	15725	2002.5.13
麻栗坡老山自然保护区	省级	森林生态系统	林业	麻栗坡	20500	2005.1.20
丘北普者黑自然保护区	省级	湿地生态	林业	丘北	20732	2002.5.13
广南八宝自然保护区	省级	综合生态系统	林业	广南	8172	2002.5.13
麻栗坡下兴箐自然保护区	州级	森林生态系统	林业	麻栗坡	192	1982.12.9
文山底泥大箐禁伐林区	州级	森林生态系统	林业	文山	1000	1982.10
洒卡大箐禁伐林区	州级	森林生态系统	林业	文山	666.6	1982.10
鸡寇梁子禁伐林区	州级	森林生态系统	林业	西畴	100	1982.10
保吹箐禁伐林区	州级	森林生态系统	林业	西畴	53.3	1982.10
齐湾箐禁伐林区	州级	森林生态系统	林业	西畴	66.66	1982.10
棕箐禁伐林区	州级	森林生态系统	林业	西畴	333.3	1982.10
白石岩禁伐林区	州级	森林生态系统	林业	西畴	14	1982.10
达豹箐禁伐林区	州级	森林生态系统	林业	马关	666.7	1982.10
马西箐禁伐林区	州级	森林生态系统	林业	马关	1000	1982.10
马洒箐禁伐林区	州级	森林生态系统	林业	马关	154	1982.10
倮洒箐禁伐林区	州级	森林生态系统	林业	马关	26.66	1982.10
樟子岩箐禁伐林区	州级	森林生态系统	林业	丘北	100	1982.10
秃杉箐禁伐林区	州级	森林生态系统	林业	丘北	120	1982.10
布凹大小箐禁伐林区	州级	森林生态系统	林业	丘北	400	1982.10
鲁底老母猪箐禁伐林区	州级	森林生态系统	林业	丘北	133.3	1982.10
花果大箐禁伐林区	州级	森林生态系统	林业	广南	208.6	1982.10
米匹大箐禁伐林区	州级	森林生态系统	林业	广南	280	1982.10
里忙箐禁伐林区	州级	森林生态系统	林业	广南	400	1982.10
树科箐禁伐林区	州级	森林生态系统	林业	广南	120	1982.10
里拱大箐禁伐林区	州级	森林生态系统	林业	富宁	1333.3	1982.10
高楼箐禁伐林区	州级	森林生态系统	林业	富宁	400	1982.10
干南箐禁伐林区	州级	森林生态系统	林业	富宁	666.6	1982.10
麻栗坡县董干镇普弄大箐禁伐林区	州级	森林生态系统	林业	麻栗坡	87.00	1982.10
广南花者自然保护区	县级	森林生态系统	林业	广南	2366.5	

注：（1）州禁伐林区箐门口、虎山城箐、老君山小黑箐划为文山国家级自然保护区老君山片区。（2）州禁伐林区南昌箐划为文山国家级自然保护区小桥沟片区。（3）原底泥大箐、洒卡大箐属于文山老君山省级自然保护区，但未规划为国家级保护区，现仍然由老君山自然保护区管理

（二）人文社会经济环境

1950 年设文山专区，专署驻文山县。辖麻栗坡市及文山、砚山、丘北、广南、富宁、西畴、马关等 7 县。1955 年麻栗坡市改设麻栗坡县，文山专区辖 8 县。1958 年 4 月 1 日文山专区改设文山僮族苗族自治州，自治州人民委员会驻文山县城。原文山专区所属文山、砚山、丘北、广南、富宁、西畴、马关、麻栗坡 8 县由文山僮族苗族自治州领导。后撤销砚山县，并入文山市；撤销麻栗坡县，并入西畴县，全州共辖 6 县。1961 年恢复砚山、麻栗坡 2 县，全州辖 8 县。1965 年文山僮族苗族自治州改为文山壮族苗族自治州，自治州仍驻文山县，辖文山、广南、西畴（驻西洒镇）、麻栗坡（驻麻栗坡镇）、马关（驻马白镇）、丘北、砚山（驻江那镇）、富宁等 8 县。2012 年，撤销文山县，设立文山市（县级），原文山县的行政区域为文山市的行政区域。文山壮族苗族自治州现辖 1 个市、7 个县：文山市、砚山县、西畴县、麻栗坡县、马关县、丘北县、广南县、富宁县。文山壮族苗族自治州共有 104 个乡镇（街道办事处）、960 个村（居）民委，16 100 个村民小组，83.4 万户人。

1. 人口、民族与文化

文山壮族苗族自治州到 2014 年年末常住人口为 359.30 万人，其中乡村人口 231.82 万人，占总人口的 64.5%，城镇人口 127.48 万人，人口城镇化水平为 35.5%；少数民族人口 207.68 万人，占总人口比例 57.8%，人口自然增长率 6.60‰。

文山壮族苗族自治州是一个多民族聚居的地区，共有 11 个主要民族，是多民族团结共荣大家庭的缩影。早期主要有壮族、瑶族、彝族、傣族等民族居住，后来有汉族、回族、白族、蒙古族等民族入住。少数民族居住地域占全州土地面积的 94%。从地域上形成了“汉族住街头，壮族住水头，苗族住山头，瑶族住箐头”的分布格局，各民族悠久的历史文化，不同的生产和生活方式，遗留下来了丰富的历史文化遗迹，形成了多姿多彩的风情习俗。

文山壮族苗族自治州有着悠久的历史，远古时代留有西畴古人类化石，古代留有麻栗坡大王摩崖画、岩腊山摩崖画，丘北的黑箐山摩崖画、狮子山摩崖画，砚山的卡子摩崖画，广南的弄卡摩崖画、旧莫猫洞山摩崖画，西畴的蚌谷狮子山摩崖画，文山的杨柳井红字冲摩崖画、喜古顺甸河摩崖画等。广南作为一座古城保存有侬氏土司衙门和文庙，马关的阿雅古城、玉皇阁、石龙双碉楼遗址等。文山是云南最早的革命老区，红七军曾在此建立了“滇黔桂边区游击根据地”。20 世纪七八十年代，文山壮族苗族自治州作为对越自卫战的前沿，留有老山、者阴山、八里河东山等阵地和“老山精神”。

2. 社会经济环境

（1）经济发展现状。2014 年全州实现生产总值 6 156 889 万元，比上年增长 12.0%（图 1）。其中：第一产业增加值 1 430 718 万元，同比增长 6.2%；第二产业增加值 2 494 147 万元（其中：工业增加值 1 773 350 万元），同比增长 18.1%；第三产业增加值 2 232 024 万元，同比增长 7.9%。三次产业比重 23：41：36（表 3）。非公经济蓬勃发展，创造增加值 3 161 342 万元，占全州生产总值的 51.3%。全州完成地方财政总收入 823 616 万元（其中地方公共财政预算收入 507 004 万元），年均增长 14.9%。全州完成规模以上固定资产投资 4 496 596 万元。全年农民人均纯收入 6998 元，比上年增长 13.1%；城镇居民人均可支配收入 21 872 元，比上年增长 8.1%。

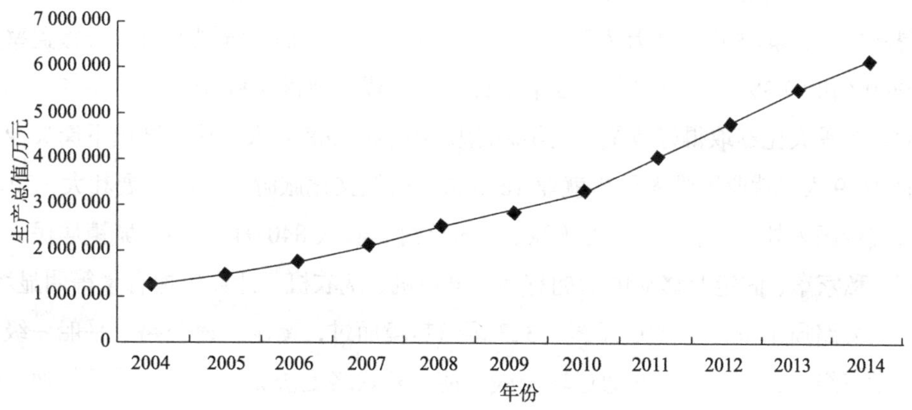

图 1　2004—2014 年文山壮族苗族自治州地区生产总值增长图

表3　文山壮族苗族自治州产业结构的变迁　（单位：%）

年份	第一产业增加值比重	第二产业增加值比重	第三产业增加值比重
2004	34.49	26.62	38.89
2005	31.37	29.05	39.58
2006	28.10	31.81	40.09
2007	26.35	31.91	41.75
2008	24.47	34.38	41.15
2009	24.81	33.28	41.90
2010	22.16	37.03	40.81
2011	22.80	38.41	38.29
2012	24.08	38.42	37.51
2013	23.80	35.03	41.16
2014	23.24	36.25	40.81

（2）基础设施建设。近些年，文山壮族苗族自治州人民生活水平稳步提高，劳动

就业工作取得积极成就，社会福利保障事业持续加强，生态文明州建设的社会基础条件良好。

基础设施建设取得新成就。建成了一批事关全局的交通、城镇、水利等重大基础设施项目。2014 年末，全州有中小型水库 290 座，总库容 5.998 亿立方米；全州公路通车里程达 15 503 千米；城镇化水平达 35.5%；全州有效灌溉面积达 224 万亩，新建成“五小水利”工程 4.3 万件，新解决 23.2 万农村人口饮水安全问题；完成 25 万亩中低产田改造。

社会事业取得新进展。文化体育事业稳步推进，人民群众健康水平明显提高。2014 年，文山壮族苗族自治州文艺创作取得新成绩，《坡芽歌书》影响日益扩大，《神奇文山》等一批节目反响良好，城乡群众性文化活动健康发展。广播电视“村村通”“户户通”建设取得新成效，解决了 19.2 万人听广播、看电视难题，广播、电视人口综合覆盖率分别达到 96.0%和 97.3%。建成“七彩云南全民健身工程”项目 206 个，组团参加省第十四届运动会等重大比赛取得好成绩。全年新增城镇就业 1.68 万人，其中城镇下岗失业人员再就业 2129 人，就业困难人员再就业 1615 人。民族文化旅游业不断发展壮大，2014 年全州共接待国内外旅游者 978.2 万人次，实现旅游总收入 840 040 万元。城镇居民人均住房面积、私家车、固定及移动电话拥有率、电视机、洗衣机、计算机拥有量等明显增加。

全州公路通车里程 15 503 千米，323 国道贯境而过，衡昆高速公路、平船一级公路等“三横三纵”为主的公路交通运输干线，使对外联络更快捷、交通运输更畅通。随着文山普者黑机场、富宁港口、过境铁路等交通设施的建成，文山壮族苗族自治州将成为云南省通往东部沿海和东南亚国家流畅便利的重要通道。文山壮族苗族自治州还建有完善的通信网络，邮电和多媒体通信通达全国和世界各地，八县市县城和大部分乡镇已实现电力、道路、供水、排水、通信、有线电视畅通。金融保险业务网点遍布城乡，可办理各种涉外业务。各类商厦、购物中心、集贸市场众多，影剧院、博物馆、公园等文化娱乐设施齐全，各级教育、卫生医疗机构可满足客商及家属子女学习和健康服务需求。而文山壮族苗族自治州为了促进生态旅游的发展，不断完善这些基础设施，特别是交通设施，它除了在原来的基础上完善外，还修建了二级公路和高速公路。

二、文山壮族苗族自治州生态文明建设中的问题分析

（一）生态足迹和生态承载力分析

生态足迹分析方法是通过测量人类对自然生态服务的需求与自然所能提供的生态服

务之间的差距，实现定量判断区域生态经济供需平衡状况的综合测度方法。文山壮族苗族自治州生态足迹通过计算表面的耕地、草地、林地、建筑用地、化石能源土地和水域6 种生物生产性土地的生态生产力与文山壮族苗族自治州总人口所需的全部消费和服务的比例进行分析。计算结果显示，文山壮族苗族自治州 2006 年的人均生态承载力为 1.589 公顷，2014 年的人均生态承载力为 1.283 公顷；2006 年的人均生态足迹为 1.786 公顷，2014 年的人均生态足迹为 2.357 公顷；人均生态盈亏 2006 年为−0.197 公顷，2014 年为−1.074 公顷。计算结果表明，近十年来文山壮族苗族自治州人均生态足迹增加幅度较大，表现出赤字，这意味着文山壮族苗族自治州生态足迹超过了文山壮族苗族自治州所能提供的生态承载力，文山壮族苗族自治州的自然供给已经不能满足文山壮族苗族自治州人口的需要，表明了文山壮族苗族自治州经济发展正呈现明显的不可持续状态，进一步说明了文山壮族苗族自治州的经济发展正在以生态环境破坏为代价，这也提示我们生态文明建设的必要性和紧迫性。文山壮族苗族自治州要通过生态文明建设切实转变经济发展方式，走新型工业化道路，大力发展循环经济，追求更大经济效益、更少资源消耗、更低环境污染和更多劳动就业的先进经济模式，促进科技进步、推动产业结构的调整与升级，提高资源利用率，增强经济效益。在全社会倡导节约、环保生产生活方式，逐步建立循环型、资源节约型社会经济体系。

（二）文山壮族苗族自治州相对资源承载力分析

资源承载力是指一个国家或一个地区资源的数量和质量，对该空间内人口的基本生存和发展的支撑能力。其中相对资源承载力（耕地资源承载力）是其主要的分析方法。相对资源承载力以比这一研究区域更大的一个或数个参照区作为对比标准，根据参照区人均资源的拥有量或消费量、研究区域的资源存量，计算出研究区域的各类相对资源承载力。

根据云南省统计年鉴和文山壮族苗族自治州统计年鉴发布的文山壮族苗族自治州耕地面积数据，在相对资源承载力的分析思路和计算方法的基础上，以云南省为参照区（表 4），计算出了 2005—2014 年文山壮族苗族自治州的相对资源承载力及其演化过程（表 5）。

表4　2005—2014年云南省耕地、经济和人口基本数据及承载指数

年份	总人口/万人	耕地面积/万平方千米	GDP（当年价格）/亿元	土地资源承载指数	经济资源承载指数
2005	4450.4	610.19	3472.34	7.293466	1.281672
2006	4483	608.71	4001.87	7.364755	1.120226

续表

年份	总人口/万人	耕地面积/万平方千米	GDP（当年价格）/亿元	土地资源承载指数	经济资源承载指数
2007	4514	607.23	4721.77	7.433757	0.955997
2008	4543	607.21	5700.1	7.481761	0.797004
2009	4571	607.21	6168.23	7.527873	0.741055
2010	4601.6	607.21	7220.14	7.578268	0.637328
2011	4631	607.21	8750.95	7.626686	0.5292
2012	4659	607.21	10309.80	7.672799	0.4519
2013	4686.6	607.21	11720.91	7.718252	0.399849
2014	4713.9	607.21	12814.59	7.763212	0.367854

表5　文山壮族苗族自治州2005—2014年相对于云南省的资源承载力

年份	总人口/万人	耕地面积/万顷	GDP（当年价格）/亿元	相对耕地资源承载力/万人	相对经济承载力/万人	综合承载力/万人	承载力富余/万人
2005	337.23	22.48	150.28	163.96	192.61	178.285	−158.945
2006	339.11	22.43	178.33	165.19	199.77	182.48	−156.63
2007	340.85	22.40	211.10	166.52	201.81	184.165	−156.685
2008	343.01	22.57	253.75	168.86	202.24	185.55	−157.46
2009	345.40	22.56	284.90	169.83	211.13	190.48	−154.92
2010	352.18	22.57	329.85	171.04	210.22	190.63	−161.55
2011	354.23	22.59	401.40	172.29	212.42	192.355	−161.875
2012	356.10	22.60	478.02	173.41	216.02	194.715	−161.385
2013	357.80	22.59	553.46	174.36	221.30	197.83	−159.97
2014	359.30	22.58	615.87	175.29	226.55	200.92	−158.38

从表5可以发现，文山壮族苗族自治州的相对耕地资源承载力在近10年间始终小于相对经济承载力，但两者相差不是很多；近10年来综合承载力低于实际人口数量，文山壮族苗族自治州处于人口承载的相对超载状态。表明文山壮族苗族自治州的相对资源承载力情况不容乐观。加上文山壮族苗族自治州的耕地质量并不高，文山壮族苗族自治州坝区土地面积数量有限，相对平缓的坝区仅占全州土地总面积的6%，且坝区整体呈现出“坝高水少”的特点，全州旱地占耕地的比重达80%以上，旱地比重非常高；另外文山壮族苗族自治州陡坡垦殖现象非常突出；并且随着经济的发展，各类建设用地将持续增加，且建设用地将主要占用耕地质量较高的坝区，这就意味着耕地不断地被占用而转化为建设用地。

通过以上分析，可以看出文山壮族苗族自治州的相对资源承载力的现在和前景都处于较大的超载状态，更需要以党的十八提出的“大力推进生态文明建设”的战略决策为新的历史起点，将“正确处理经济发展与环境保护关系，牢固树立生态红线观念，探索环境保护新路，着力解决损害群众健康的突出环境问题，完善生态文明建设制度体系”提到很高的战略高度。

（三）典型生态文明建设问题

人地关系反映一个地区人类活动对生态资源环境的开发利用方式，开发利用方式科学恰当可以形成人地协调的关系，开发利用方式不科学恰当就可造成人地关系的矛盾。以下是文山壮族苗族自治州存在的一些典型的人地关系矛盾现象。

（1）水土流失与石漠化问题较严重。文山壮族苗族自治州地处云贵高原及桂西山区，地形地貌复杂，山多坡陡，降水集中，岩溶地貌发育。文山壮族苗族自治州位于典型的生态过渡带，属于以岩溶环境为主的特殊生态系统，生态脆弱性极高，土壤一旦流失，生态恢复难度极大。州内石漠化、水土流失、工程性缺水问题严重，生态系统较为脆弱。加之人口居住分散，陡坡垦殖现象突出，水土流失和石漠化问题一直非常严峻。文山壮族苗族自治州现有林地整体质量相对较好，但与本地气候条件下的理想状况尚有明显差距，尤以坝区和石漠化地区的林地质量堪忧。文山壮族苗族自治州陡坡垦殖现象突出，监管难度大，陡坡退耕任务异常艰巨。文山壮族苗族自治州在保护地建设方面远远落后于全省和全国，这与其生态系统既重要又脆弱的特征不相符。

文山壮族苗族自治州的石漠化十分严重，文山壮族苗族自治州岩溶面积 13 551 平方千米，占全州土地面积的43.07%，石漠化面积 10 143 平方千米，占全州土地面积的32.2%，是全国、全省石漠化防治重点区域。由于岩溶地区基岩漏水严重，土壤被岩石隔断而不连续、土层浅薄、岩石裸露等原因，岩溶生态条件较其他生态系统差，植被生存条件严酷，生长缓慢，一旦遭受破坏恢复困难，属于比较脆弱、破坏容易恢复难的陆地生态系统之一。20 世纪 50 年代以来，先后出现了三次大规模的以牺牲生态环境为代价的掠夺砍伐、毁林开荒、挖根桩等现象。由于长期大面积自然植被不断遭到破坏，造成地表裸露，加上这些石山土层浅薄、土质疏松、基岩露浅，暴雨冲刷力强，大量水土流失后岩石逐渐凸现出来，呈现出“石漠化”现象，并随着时间的推移，“石漠化”的面积和程度不断增加。“石漠化”发展最直接的后果就是土地资源的丧失。又由于“石漠化”地区缺少植被，不能涵养水源，往往伴随着严重的人畜饮水困难。

（2）资源开发利用方式粗放。文山壮族苗族自治州有着丰富的矿产资源和生物资源，但在开发利用中仍存着许多问题。在矿产资源方面，矿产开采中的管控能力不足，无证开采、私挖滥采现象仍然不同程度地存在，经济、社会、生态效益和企业、政府、群众利益没有得到统筹兼顾，矿山土地破坏和污染、水土流失等现象仍较为普遍。在生物资源方面，有效的监测分析引导机制尚待建立和完善，全民种植、盲目跟风投机等现象仍较为普遍。重工产业仍以粗放型经济增长方式为主，资源能源消耗量大，污染物排放总量较大，新企业的不断增加，经济发展在较长时期内仍将处于资源型发展模式。缺乏对耕作过程中农药、化肥、重金属等指标的有效管控，致使良品率不高。缺乏重点农作物的种植区划引导，造成盲目选地种植现象，导致土壤退化、水土流失等问题，也使得产品品质不高。

（3）土地退化严重。全州人均耕地资源相对丰富，但大部分耕地为旱地，有效灌溉面积较小。水利化程度低使得耕地抵御自然灾害的能力不够强，对稳定和提高粮食产量不利。文山壮族苗族自治州陡坡垦殖现象非常突出，几乎所有乡镇都存在陡坡垦殖现象。陡坡垦殖不仅不利于培肥地力，反而会加剧水土流失。

（4）局部环境问题严重。一是水环境问题。文山壮族苗族自治州在水生态系统保护方面的工作如下：2012 年 4 月，丘北县被列为云南省水生态系统保护与修复试点县；2013 年 5 月，富宁县被省水利厅列为云南省水生态文明建设试点县，并于 2014 年 6 月前试行了《富宁县水生态文明建设总体规划》和《富宁县水生态文明建设试点实施方案》。但文山壮族苗族自治州的水环境问题总体而言还有待进一步保护、控制和修复。水污染主要来自城镇地区，尤其是生活排污，而全州正处在快速城镇化阶段，本来就不充裕的水环境容量将面临严峻考验，局部水环境污染恐将成为久治难愈的顽疾。

二是大气环境问题。随着文山壮族苗族自治州工业化的推进，废气总量增加，大气污染有加重的趋势，治理任务将更加繁重。全州铁合金、工业硅冶炼、铝工业等，给大气环境造成很大压力。加之环保设施投资大、运行成本高，企业违法偷排屡禁不止，导致治理难度加大。城市区和重要交通干道沿线空气污染问题长期存在，加之道路拥堵状况加剧，汽车尾气及道路扬尘污染问题日益突出。

三是农村环境问题。农村环保基础设施建设和环境管理落后于经济和城镇化发展，大部分城镇垃圾、粪便都未得到无害化处理。农村集中式饮用水源区规划及保护措施落实不到位，水源安全隐患大；垃圾围镇、围村现象形势严峻，二次污染问题严重；畜禽养殖粪便、农药、化肥造成的土壤、水质污染日趋突出。

四是矿区生态环境问题。由于矿山点多面广，加之缺乏合理的规划和监督管理，生产方式粗放，特别是采用剥离开采，造成大面积自然植被和山脉水系的严重破坏。近年来，通过实施矿产资源整合，矿山植被恢复，矿区环境得到了较大改善，但因整合前多年无序开采，特别是剥离开采，对矿山森林植被、周边生态环境、耕地林地等造成了严重破坏。

在如何更好地处理人地关系上，文山壮族苗族自治州需要加强顶层设计，尽早开展相关工作。展望我国未来几十年发展趋势，绿色就是壁垒，生态就是发言权。文山壮族苗族自治州已经在经济建设方面走慢一步,不应该在生态文明建设的起跑线上再次落后。

（5）发展方式粗放，产业结构不合理，层次不高。第一产业比重明显偏高，并且农业基础设施薄弱、抵御自然灾害能力差；工业结构中重型化的特征，优势行业过分集中在原材料、资源型工业，主要是“有色金属矿采选业”“有色金属冶炼及压延加工业”“黑色金属冶炼及压延加工业”和“电力、热力的生产和供应业”等传统工业行业，使得工业低级化现象明显，这些行业都是利用大规模高强度的资源投入换取产出。特别是低端的开采行为给当地生态环境带来严重的破坏，引起一系列经济、社会、生态、环保问题。产业发展方式不合理，过度消耗了自然资源，破坏了生态环境。生态环境有限的承载能力与经济社会发展对资源和生态环境需求不断增加的矛盾日益突出。

（6）深度贫困问题突出。文山壮族苗族自治州 8 县（市）都属于国家级贫困县（市），截至 2014 年全州农村贫困人口 45.1652 万人，居全省第 7 位，在深入实施精准扶贫中，全州建档立卡贫困户 145 885 户 552 088 人。同时农村环境污染形势严峻，农村人饮有待改善，村庄周边污染物日趋严重，面源污染问题突出。

（7）生态文明制度不健全。需要不断创新探索，提高制度对生态文明建设的支撑力度。一是《文山壮族苗族自治州生态文明建设规划》编制工作于 2014 年 10 月才启动，工作进程远远落后于省内其他州（市）。并且在 8 县（市）中，除西畴县出台了《关于加快生态西畴建设的实施意见》《关于明确生态西畴建设各部门工作职责的通知》等指导性文件外，其他县（市）在生态文明的制度建设方面还较为落后。二是各县（市）生态办公室的职能未得到充分的体现。自 2007 年以来，8 县（市）先后成立了生态文明建设领导小组，并组建办公室，但由于人员、经费和重视程度的问题，各县（市）办公室的设置不统一，没有专职人员开展工作，办公室职能未得到充分的发挥。除成立的较早的西畴县有专项的办公经费和工作人员外，其他 7 县（市）工作人员均为兼职，也没有专项的办公经费。三是环境基础设施建设相对落后。一方面是生态环境保护的基础设施建设不完善，不适应经济社会发展的要求，县（市）污水处理厂、污水管网、无害化垃圾处理厂等重要环境基础设施尚未满足需要，工业园区的环保配套设施建设未能及时跟上；另一方面是环境监管能力跟不上形势发展的需要。由于环境监察装备不强、执法技术手段落后、环境管理和执法人员编制偏少等原因，极大地制约了环境监管能力的提高。污染事故预警和应急反应能力还没有真正建立,环境管理手段和技术落后的问题日益突出,满足不了现行环保工作的要求。

（8）对生态文明建设认识不够。一是部分领导干部的观念还停留在单纯的生态环境保护层面上，对生态文明建设的内涵理解不深刻。对文山壮族苗族自治州建设生态文明的重要性认识不足，对如何系统、全面地推进生态文明建设更缺乏了解。这些年虽然各级政府也开始重视生态环境的保护，但对生态文明建设的认识还只停留在经济和环境协调发展的层面，也就是停留在生态经济的层面，并没有从生态文化和社会文明更深刻的层面来进行生态文明建设，也没有编制相应的建设规划。8 县（市）除文山市和西畴县编制了生态县建设规划、富宁县正在开展生态规划审核工作以外，其他 5 县均未启动生态规划编制工作。二是群众的生产生活方式与生态环境保护要求不统一。文山壮族苗族自治州属于边疆少数民族自治州，教育水平相对落后，群众科学素质普遍较低，很多人意识不到生态环境保护的重要性，对出现的生态环境问题缺乏敏感性，对许多根本性的生态问题缺乏了解，并且受传统的"靠山吃山，靠水吃水"的观念影响，把向自然的索取看作是理所当然的一种生存手段。此外，群众的环保意识中具有很强的对政府的依赖性，认为保护生态环境的主体是政府，并且持有个人的行为不足以影响整个生态环境的错误观念。

三、文山壮族苗族自治州生态文明建设的主要措施与成果

（一）生态文明建设方案、规划研究

文山壮族苗族自治州关于生态文明建设出台了一些相关方案，进行了一系列基础和规划研究，如《文山壮族苗族自治州全面深化生态文明体制改革实施方案》《文山壮族苗族自治州全面深化生态文明体制改革实施方案》《文山壮族苗族自治州生态文明建设规划（2015—2025 年）》《文山壮族苗族自治州生态文明建设规划（2015—2025 年）基础分析与专项研究》《文山壮族苗族自治州生态文明建设排头兵"十三五"规划（2016—2020 年）》《文山壮族苗族自治州"十三五"生态文明建设重点及对策措施研究》《文山壮族苗族自治州"十三五"生态文明建设规划》《"文砚平"半小时经济圈生态文明规划（2016—2025 年）》《文山壮族苗族自治州"十三五"低碳发展规划》等等，这些方案、规划、研究从总体、局部、专题等方面进行了研究、设计和规划，特别是为"十三五"以来全州的生态文明建设提供了指导性的意见，基本指明重点方向，为全州划定了生态保护红线。

（二）大力实施产业结构调整工程

一是大力发展生态农业。各县（市）把高原特色产业作为实施"三农"发展的突破口，加大产业结构调整，多渠道增加农民收入。砚山县在依托辣椒、三七、油料、畜牧、蔬菜、玉米制种等特色优势产业的基础上，扶持万寿菊、重楼等新兴产业，培育玫瑰、

薰衣草、蓝莓等庄园经济；西畴县加快发展种养结合的现代生态产业链，大力发展烤烟、甘蔗、核桃、中药材、畜牧等特色优势产业；马关县和麻栗坡县立足县域资源优势，认真抓好三七、石斛、重楼等生物产业种植，麻栗坡县还积极做好咖啡种植和产业加工；丘北县初步形成了以双龙营镇为主的烤烟基地，以树皮乡为主的辣椒基地，以八道哨乡为主的猪牛养殖和葡萄种植基地，以舍得、腻脚为主的山羊养殖基地等生态产业的路子；广南县抓好八宝米种植，抚育低产低效茶园，建成铁皮石斛科技示范园区一期工程，完成“广南西枫斗”地理标志注册；富宁县重点开发甘蔗、油茶、八角、核桃、木材等产业和产品，逐步形成支柱产业和优势产业群。

二是新型工业化建设步伐加快。把发展工业的着力点转到优化结构上来，积极培育壮大新兴产业和项目，发展后劲显著增强。依托工业园区进行搬迁扩建和技改升级，健全完善园区配套服务体系，提升园区规模和品位，推进园区转型升级；积极储备园区基础设施、软环境建设、产业发展等项目，为加快推进产业园区建设打好基础。

三是加快发展现代服务业。各县（市）高度重视物流发展，不断加大商品流通市场建设力度，大力发展现代物流业和农村流通经济。

（三）大力实施循环经济、低碳产业发展工程

一是加大矿业“两整一提高”工作力度。按照先治乱再治散，先关闭后整合的原则，使各类违法违规行为得到有效打击，确保资源合理开发，促进生态环境可持续发展，有效促进了矿业规范开采，淘汰落后产能，减少资源消耗和污染物排放。

二是能源利用效率显著提高。能源消费增速低于经济增速，节能效果明显提高，以能源消费较低增速支撑了 GDP 的增长，为保持全州经济平稳较快发展提供了有力支撑。

三是淘汰落后产能稳步推进。

四是资源综合利用率提升。

（四）大力实施水资源可持续利用工程

严格按照国家、省确定的“减排指标、减排项目、在线监测”三条考核红线，各县（市）严格将污染减排指标纳入经济社会发展综合评价体系，实行环境保护“一岗双责”，坚决关停淘汰了一批落后产能，加强了污染减排基础设施建设；全面实施最严格水资源管理，盘龙河、驮娘江等境内主要河流得到有效治理，盘龙河文山城区段清水期明显延长，加强了对丘北县北门河、西畴县畴阳河、文山市德厚河、广南县八宝河、马关小白河等河流的水生态治理工作，启动实施了丘北普者黑湖泊和富宁县普厅河流域环境综合治理工程项目，富宁县被列入国家水利部和省水利厅水生态文明试点县建设。抓好滇桂

黔岩溶区国家农业综合开发水土流失综合治理、坡耕地、重点小流域、生态清洁型小流域水土流失综合治理工程，境内主要河流水质均保持Ⅲ类以上。

（五）大力实施土地节约利用工程

始终把节约集约利用土地资源作为促进经济社会发展的一项重要措施，按照生态建设、生态安全、生态文明的战略思想，坚持严格保护、积极发展、科学经营、持续利用的方针，多形式挖掘，多措施并进，在推进项目上山、工业上山、城镇上山方面进行了积极的探索和实践，严守耕地红线不动摇。

一是大力推进低丘缓坡土地综合开发利用工作。全州按照“宜农则农、宜林则林、宜耕则耕、宜建则建”的原则，确定了文山市为城镇上山的试点，砚山县作为工业上山的试点，丘北县为旅游上山试点。

二是实施城乡建设用地减增挂钩项目。

（六）大力实施森林生态系统保护工程

一是扎实抓好林业重点生态工程建设。巩固退耕还林成果，抓好森林抚育项目实施，人工造林和封山育林面积不断扩大，推广太阳能安装和实施节柴改灶，补助到期的退耕地还林面积，做好 25 度以上退耕地还林工程项目的申报工作。

二是深入实施自然保护区工程。截至 2014 年，已建立森林保护地 31 个。其中，国家级自然保护区 1 个、省级自然保护区 6 个、州级自然保护区 1 个、西畴青冈保护区 1 个。

三是抓好石漠化治理。通过实施封山育林、人工造林、坡改梯、草地建设等措施，全州石漠化扩大态势得到有效遏制，森林植被逐步恢复，水土流失减少，土地产出率有所提高。

四是普者黑湿地保护成效明显。认真抓好普者黑湿地项目的开发保护工作，组建了普者黑林场和普者黑湿地保护管理所，加强对普者黑自然保护区的造林绿化力度，完成保护区绿化面积 1.2 万亩，候鸟在湿地上栖息繁殖的种类和数量逐年增多。

（七）大力实施环境综合治理工程

一是推进城乡人居环境综合治理，抓好农业环境保护监管，推进城镇供水排水、污水处理管网配套、污泥处置、中水回用和垃圾收运系统、渗滤液处理等附属设施建设，全州 8 县（市）污水处理厂和垃圾处理厂均已投入运行，城市生活垃圾无害化处理率达到 82%，污水处理率达到 82.5%，城镇集中式饮用水源地水质均全部达标。

二是切实做好重金属污染防治工作。认真组织实施国家、省《重金属污染综合防治“十二五”规划》及文山市马塘工业园区和马关都龙、南捞片区两个重点防控区域重金属污染综合防治“十二五”规划，全州重金属排放企业整体运行平稳，未发生重金属污染事故。

（八）大力实施灾害风险防范工程

一是注重灾害综合防治工作。8 县（市）均制定了地质灾害防治方案，对监测、预测、预警预报、人员撤离、转移路线、安置途径、生活保障等环节做出具体安排，进一步抓好隐患排查、治理、监测工作，完善应急救援体系建设，强化应急救援队伍建设，不断提高防灾减灾能力。

二是加强森林防火工作。积极做好森林重点火险期综合治理二期工程项目申报，进一步加强森林防火体系建设，全州形成了联防、联保、联控的新型管护组织，全面提升森林防火预防、扑救、保障三大体系建设，提高森林防火装备水平，改善基础设施条件，增强预警、检测、应急处置和扑救能力，森林防火综合能力不断提高，促进森林生态文明。

（九）大力实施生态文化建设工程

一是大力实施生态文明创建工程。

二是加大对生态文化建设力度。积极将生态文化知识和生态意识教育纳入国民教育和继续教育体系，纳入党政干部、企业培训计划，让生态文明教育进机关、进社区、进农村、进学校；积极开展领导干部生态文明建设知识学习，兴起学习生态保护热潮；积极开展低碳生活，利用中国碳汇基金会丘北碳汇专项基金成立的机遇，大力宣传绿色、低碳、环保行动，提高公民生态环境意识。

三是有侧重点地对生态文化进行宣传和建设。着重从风景区、学校等环节宣传好生态文化文明，不断提高群众生态意识。

推进石漠治理　助力生态与脱贫双赢——关于红河哈尼族彝族自治州石漠化综合治理情况的调研[①]

构建西南生态安全屏障，优化国土空间开发格局，加大自然生态系统和环境保护力度，推进生态综合治理，全面促进资源节约，推动资源利用方式根本转变，提高资源利用效率和效益，建立可持续的生产方式、产业结构、发展方式和消费模式，着力推进绿色发展、循环发展和低碳发展，是云南省争当生态文明建设排头兵和转变区域经济社会发展方式的重要保障。石漠化是一种岩石裸露、具有类似荒漠的土地退化过程，受人为活动干扰，岩溶区地表植被遭受破坏，土壤侵蚀严重，基岩大面积裸露，土地严重退化，主要由岩溶山区脆弱的生态与人类活动相互作用而形成。石漠化作为西南岩溶地区的灾害之源、贫困之因和落后之根，已严重制约着区域经济社会的发展。长期以来，石漠化已成为红河哈尼族彝族自治州山区各族人民群众致贫的根源，并成为制约云南省经济社会发展的瓶颈。

红河哈尼族彝族自治州地处低纬度亚热带高原型湿润季风气候区，在大气环流与错综复杂的地形条件下，气候类型多样，具有独特的高原型立体气候特征。红河大裂谷全州境内地形分为南北两部，南部为哀牢山余脉，山高谷深坡陡，地形错综复杂；北部为岩溶高原区，山脉、河流、盆地相错排列，喀斯特地貌尤为突出。红河哈尼族彝族自治州是云南省岩溶地貌分布较广的地区之一，全州 13 县（市）均有岩溶地貌分布，岩溶面积达 2756.6 万亩，占全州土地面积的 55%。

长期以来，居住在珠江和红河两大流域岩溶地区的各族人民群众世代从贫瘠的土地上刨食、从高山上砍柴烧饭，石漠化不断加剧和扩展，旱涝灾害频繁。因此，在红河哈尼族彝族自治州珠江和红河重点流域实施整体生态保护、系统生态修复、石漠化综合治理和水土流失综合防治，增强生态系统循环能力，维护生态平衡，是扎实推进绿色红河建设，促进境内人与自然和谐共生的必然抉择，也是红河哈尼族彝族自治州筑牢生态安全屏障和推进生态文明建设的主攻方向和精准着力点。

---

① 作者简介：聂选华，男，云南会泽人，云南大学民族学与社会学学院助理研究员，主要从事明清时期西南灾荒史、环境史以及生态文明建设理论与实践研究。邓云霞，女，四川广安人，云南大学西南环境史研究所 2015 级硕士研究生。米善军，男，山西大同人，云南大学西南环境史研究所 2016 级硕士研究生。唐红梅，女，四川宜宾人，云南大学西南环境史研究所 2017 级硕士研究生。

石漠化是我国西南岩溶地区最严重的生态问题，是严重制约云南生态文明建设的重大障碍。因此，区域性石漠化综合治理要紧跟时代步伐，坚守红线、突出重点、完善保障、引导预期，完善基础建设和公共服务体系，坚持人与自然和谐共生，努力为石漠化片区各族人民群众创造良好的生活环境，推进区域内人与自然的更可持续发展。

党中央、国务院对石漠化片区综合治理和脱贫攻坚奔小康高度关注，2008 年 4 月，国务院批复国家发展和改革委员会同农业部、水利部等共同编制的《岩溶地区石漠化综合治理规划大纲（2006—2015 年）》（以下简称《规划大纲》），并启动相应的工程建设，先行开展石漠化综合治理试点工作，以摸索石漠化治理模式和不同条件的治理方式。截至 2011 年底，我国土地石漠化减少 96 万公顷，整体扩展的趋势得到初步遏制，但局部地区仍在恶化，防治形势仍很严峻。其中，云南省石漠化面积减少 6.2 万公顷，但仍以 3.36%的年增长速度蔓延，仍是我国岩溶分布最广、石漠化危害程度最深、治理难度最大的省区之一。截至 2015 年底，云南已累计安排中央预算内专项投资 119 亿元，整合相关资金 1300 多亿元，治理石漠化面积 7 万平方千米，石漠化综合治理效益不断显现。

2017 年 8 月 7—20 日，国家林业局昆明勘察设计院联合云南大学西南环境史研究所对红河哈尼族彝族自治州石漠化综合治理进度开展专题调研。在国家林业局昆明勘察设计院赵磊磊博士的带领下，云南大学西南环境史研究所在读博士生聂选华、硕士生邓云霞、米善军和唐红梅一行五人赴红河哈尼族彝族自治州石漠化综合治理片区做实地调查，并通过走访座谈和问卷调查的形式，对红河哈尼族彝族自治州蒙自市、建水县和泸西县三县（市）石漠化综合治理项目推进情况及已取得成效进行详细的摸底调查，就各县（市）辖区内石漠化综合治理的途径、存在的问题以及当地民众的生产生活和发展需求进行深入了解，并就区域性石漠化综合治理推进工作广泛听取各地民众的宝贵意见和建议。

本文主要介绍红河哈尼族彝族自治州蒙自市、建水县和泸西县三县（市）石漠化现状及石漠化综合治理的情况；结合调研组的实地考察、走访座谈和问卷调查，重点分析三县（市）石漠化片区各族人民的生产生活、人居环境、公共需求以及石漠化综合治理工程成效等情况；最后，立足本次调研获得的问卷调查信息及数据，就蒙自、建水和泸西三县（市）石漠化综合治理进行差异化和对比分析，探讨三县（市）石漠化综合治理过程中生物措施和工程措施推行的进度及其成效，在总结石漠化综合治理成果及存在问题的同时，根据调研掌握的实际情况提出具体可行的石漠化治理对策。

一、调研基本情况

（一）调研背景

1. 石漠化综合治理试点示范工程建设面临的形势

红河哈尼族彝族自治州断陷盆地岩溶区石山基岩裸露率较大，坡度陡峭，生态环境脆弱，伴随着长期以来的人类活动影响，森林植被不断遭到破坏，广大石漠化片区植被覆盖稀少，生长发育极其缓慢，水土流失和土地肥力退化严重，脆弱的生态环境严重制约石漠化片区经济的可持续发展和各族人民群众的生活质量，生态贫困使原本已经非常脆弱的农业生态环境陷入发展困境，影响了边疆民族地区各族人民发展农业生产的积极性。

2008 年，国家加大投入和专项资金安排，有针对性地在全国选择 100 个县（市、区）先行开展石漠化综合治理试点工作，以探索石漠化综合治理模式和不同区域的治理方式，红河哈尼族彝族自治州委、州政府紧紧抓住国家启动石漠化综合治理工作的契机，建水和泸西两县被列入首批石漠化综合治理试点县。2011—2012 年，红河哈尼族彝族自治州建水县、泸西县、蒙自市、个旧市、开远市、弥勒市、屏边县和河口县等 8 县（市）被列入全国试点县（市），全州基本实现石漠化综合治理整体规划及工程建设全覆盖，先后完成石漠化综合治理面积达 39.32 万亩，通过工程项目的有效实施，石漠化片区的生态环境朝着良性循环方向发展。

据 2012 年 12 月云南省发展和改革委员会发布的《云南省石漠化状况公报》显示，截至 2011 年底，红河哈尼族彝族自治州仍有石漠化面积 27.8 万公顷，潜在石漠化面积 25.9 万公顷。红河哈尼族彝族自治州亟待治理的石漠化面积约为 54.7 万公顷，占全州土地面积的 16.61%，石漠化生态修复和防治形势仍较严峻。大力开展石漠化综合治理，加强生物措施和工程措施的有序管理，推进和巩固滇南生态屏障建设和维系生态安全整体格局，对有效遏制区域性石漠化扩展趋势和提升石漠化片区生态文明建设的成效具有重要导向作用。

2. 石漠化综合治理是构筑滇南生态安全屏障的必然要求

红河哈尼族彝族自治州石漠化分布地区多是贫困山区或少数民族聚居地区，由于石漠化片区人口压力大、经济来源单一、收入水平较低，各族人民群众对森林资源和土地资源的依赖性强，局部地区过度樵采薪柴的现象严重，陡坡耕种和过度放牧等情况依然存在，生态资源遭受破坏的隐患极大，给石漠化综合治理工程建设及其成果巩固带来沉重的压力。此外，由于石漠化地区生态系统仍旧脆弱，石漠化地块缺水少土，立地条件恶劣，森林植被及整个生态系统的稳定性差、抗逆性弱，自然灾害和人为干扰极易对其造成破坏，甚至难以发生逆转。加强石漠化综合治理的投入，强化生态环境治理，加大生态修复力度，持续改善石漠化片区的环境状况，引导政府、企业和公众共同成为石漠化综合治理的重要参与者，是云南省争当生态文明排头兵建设的题中之义，也是我国维护区域性生态安全的重要保障。

生态形象是地区形象的重要组成部分，是在生态修复、环境保护、资源节约的话语体系下，人们对一个地区的经济建设、文化建设、环境保护等多方面的评价和认定，是人们对区域经济发展、文化建设等是否对生态环境具有保护作用，是否能够带动资源节约和绿色发展的总体印象。红河哈尼族彝族自治州是云南改革开放的重要门户，是中国—东盟自由贸易区、昆河经济走廊的桥头堡，也是云南战略资源重要的生产和储备基地，在云南省经济社会发展中具有特殊的战略地位。在国家“一带一路”建设的框架下，实施优势资源转换战略，发挥红河优势和促进经济发展，通过加大生态建设和环境保护资金投入力度，强化全州石漠化综合治理和立体生态环境保护，大力推行“综合治理+产业带动”的模式，通过两轮驱动积极筑牢全州绿色生态安全屏障，坚持绿色发展和可持续发展，有利于红河哈尼族彝族自治州积极主动融入和服务国家“一带一路”建设，并充分发挥其生态形象和生态效应在南亚、东南亚地区的国际影响力。

3. 石漠化综合治理是拓展绿色空间和生态扶贫的治本之策

石漠化已造成山穷、水枯、林衰和土瘦，并且与水土严重流失已形成恶性循环，日趋恶化的脆弱生态环境严重制约红河哈尼族彝族自治州境内社会经济的循环发展，石漠化片区的人口问题、生存问题和能源问题相继成为决胜全面建成小康社会征途中不容回避的现实问题。在新的发展阶段，在国家和云南省生态文明建设主体功能区规划的指导和约束下，推动红河哈尼族彝族自治州经济社会发展、城乡建设、土地利用、生态治理、生态修复和环境保护等规划“多规合一”，形成统一衔接、功能互补、协调联动的规划体系，完善石漠化综合治理保障机制建设，探索建立切合地方实际的生态补偿机制，持续推进“森林红河”建设，实施石漠化综合治理及森林植被恢复、重点防护林建设、陡坡地生态治理等工程，维护区域性生物多样性和生态安全，厚植绿色发展优势，拓宽绿色发展空间，是提高石漠化片区生态质量及全面推进生态文明建设的应有举措。

生态文明建设是关系人民福祉的长远大计，是功在当代、利在千秋的事业，也是决胜全面建成小康社会的重要内容。红河哈尼族彝族自治州是云南省南部以哈尼族彝族为主体的边疆民族聚居地区，红河和珠江两大水系穿越境内，全境河流众多、植被丰富，是云南省重点林区和滇南生态安全屏障建设的重要组成部分。红河哈尼族彝族自治州的生态文明建设不仅影响着全省的生态环境，也在全州经济社会可持续发展中具有重要的作用。

（二）调研目的

20 世纪 80 年代以来，红河哈尼族彝族自治州率先开始实施石漠化治理工作，在广袤的石漠化片区进行封山育林和辅以人工造林，先后启动珠江防护林工程、石漠化治理试点工程、退耕还林工程、天保工程等国家和省（州）重点林业生态工程，通过实施封山育林、荒山造林、坡改梯、能源改造、水利建设等工程推进生态综合治理，以达到森林植被恢复和保护的目的，一定程度上可以实现遏制石漠化蔓延的基本目标。

2008 年以来，红河哈尼族彝族自治州建水县、泸西县、蒙自市、个旧市、开远市、弥勒市、屏边县和河口县等 8 县（市）相继实施石漠化综合治理工程，红河哈尼族彝族自治州委、州政府亦高度重视石漠化综合整治工作，并在政策保障和财政投资等方面予以大力支持，先后统筹州发改局、农业局、林业局、水利局和畜牧局等部门，稳步推进试点工作和相关工程建设。2009—2013 年，全州每年筹措并安排资金 1470 万元，用于发展林业产业，通过千方百计推行生态治理，在石漠化地区实施林业治理 482.7 万亩，其中，人工造林 237.5 万亩、封山育林 222.6 万亩、飞播造林 22.6 万亩。在实施石漠化综合治理的过程中，红河哈尼族彝族自治州始终坚持加强与国家林业局昆明勘察设计院等科研院所的合作，科学规划、积极筹划，努力探索石漠化综合治理的有效模式，稳步推进断陷盆地石漠化片区的治理进程。

调研人员了解到，经过长期以来红河哈尼族彝族自治州多部门的协调推进和综合治理，截至 2014 年，红河哈尼族彝族自治州森林覆盖率从 38%提升到现在的 46%，北部石漠化重点地区林木绿化率超过 50%，石漠化片区水土流失防治和生态环境已取得明显改善，水源涵养能力不断增强，水土流失明显减缓，保土保肥能力明显提高，各项工程措施和生物措施成效渐次显现，生态治理、生态建设和产业发展统筹推进，扶贫开发和农民增收致富、生态改善和民生改善同步实现。为深入了解红河哈尼族彝族自治州石漠化的历史变迁及治理现状，对石漠化片区项目实施工作人员及地方民众对工程建设的意见和建议进行集中反馈，寻找石漠化综合治理中客观存在的问题、难题及突破口，以总结区域性石漠化综合治理过程中的技术集成及示范，为找准红河哈尼族彝族自治州石漠化片区扶贫开发、石漠化治理与生态修复的结合点提供基础支撑，进而有序推进断陷盆地石漠化综合治理，特此开展此次调研活动。

（三）调研意义

自 2008 年全国石漠化综合治理项目启动实施以来，红河哈尼族彝族自治州 8 县（市）相继通过推行植树造林、小流域治理、生态移民、多形态产业扶贫等重要举措，大力开展石漠化治理工作，石漠化面积得到有效遏制并呈净减少趋势。但由于红河哈尼族彝族自治州石漠化片区属于集中连片特困地区，生态贫困与民众贫穷的矛盾相互交织，在历年的石漠化综合治理项目中，客观地存在政策协调性不够、兼容性和兼顾性差，同地不同策导致工程项目实施受影响，资金投入偏少致使工期拖延等一系列问题。从红河哈尼族彝族自治州的资源环境特点出发，立足石漠化片区生态脆弱的实际，多方协调、区域联动，因地制宜开展岩溶地区石漠化综合治理，加强生态治理和环境保护，从根本上帮助当地民众摆脱贫困，是石漠化综合治理及脱贫攻坚的重要目标。

2012 年 7 月，国家发展和改革委员会等部门编制并颁发《滇桂黔石漠化片区区域发展与扶贫攻坚规划（2011—2020 年）》（以下简称《规划》），《规划》充分明确了区域发展与扶贫攻坚的总体要求、空间布局、重点任务和政策措施，是指导区域发展和扶贫攻坚的重要依据。《规划》提出，要以重点生态工程为抓手，以重要生态功能区为重点，坚持保护优先、绿色发展，扎实推进石漠化综合整治，建设长江流域重要水源涵养区，构筑珠江流域重要生态安全屏障，保障可持续发展；要按照积极治理、科学利用、治用结合的要求，采取生物和工程措施相结合的方针，恢复和重建岩溶地区生态系统，控制水土流失，有效遏制石漠化扩展趋势。

2016 年 3 月，为进一步加快石漠化治理步伐，尽快恢复石漠化区域的生态环境，国家发展和改革委员会协同林业局、农业部、水利部联合编制的《岩溶地区石漠化综合治理工程“十三五”建设规划》指出，要遵循国家生态建设要集中治理、突出重点的原则，在“十三五”期间中央预算内专项资金每年将重点用于 200 个重点县的治理工作，其中云南有 45 个县被列入重点治理范围。此外还重点指出石漠化综合治理的原则，即突出重点、统筹兼顾，集中使用中央预算内专项资金，对长江经济带、滇桂黔石漠化集中连片特殊困难地区为主体的 200 个石漠化县实施重点治理，以小流域为中心，突出林草植被保护与建设，兼顾区域农业生产、草食畜牧业发展，实现“治石”与“治贫”相结合，达到点面结合和以点带面的综合治理目的。

2016 年 9 月 6—7 日，由中国地质科学院岩溶地质研究所牵头申报的国家重点研发计划项目“喀斯特断陷盆地石漠化演变及综合治理技术与示范”研发团队在中国地质科学院岩溶地质研究所曹建华研究员、中国科学院亚热带农业研究所曾馥平研究员等专家学者的带领下，在泸西县开展喀斯特断陷层盆地石漠化演变与综合治理，地表、地下水资源高效利用与优化调控等专题调研。研发团队聚焦泸西县永宁乡、中枢镇、三塘乡和白水镇 4 个乡（镇），紧紧围绕断陷盆地石漠化的形成，断陷盆地地表、地下水资源高效利用与优化调控，断陷盆地土壤流失和漏失阻控与质量提升，石漠化区植被恢复与功能提升，生态产业培育技术开发与示范及石漠化综合治理模式与技术集成等课题，对调研点的地形地貌特征、水文分布特点、植被、土壤、产业等进行了深入细致的专题调查，为探索岩溶区石漠化综合治理技术示范及生态产业协同发展模式奠定了坚实的基础。

2017 年 8 月 1 日，滇桂黔石漠化云南片区牵头联系有关厅局，在泸西县举办“滇桂黔石漠化云南片区区域发展与脱贫攻坚现场推进会”，会议深入贯彻习近平总书记关于脱贫攻坚的重要指示精神，传达贯彻水利部和国家林业局在广西召开的滇桂黔石漠化片区区域发展与脱贫攻坚现场推进会议精神和全省脱贫攻坚推进会、省扶贫开发领导小组第五次全体会议精神，全面总结工作成效，分享石漠化综合治理经验，研究部署石漠化片区区域发展与精准扶贫工作，进一步凝聚各方力量，以坚决打赢脱贫攻坚战和如期实现石漠化片区脱贫摘帽目标。会议指出，2016 年水利部和国家林业局直接投入滇桂黔石漠化片区的资金达 16.4 亿元，带动 30 多亿元的各类项目资金在片区落地，一批关切片区经济社会发展大局的重点项目有序推进和落地生根；石漠化片区完成水利投资 23 亿元，比 2015 年的 15 亿元增加 8 亿元，先后建成一批农村饮水保障、高效节水灌溉、山区水利整村整乡推进、小型灌区、防汛抗旱减灾和水土保持等工程，有效缓解了石漠化片区水利基础薄弱的瓶颈。

据 2015 年 8 月数据统计显示，自 2008 年红河哈尼族彝族自治州启动石漠化综合治理项目以来，全州共完成治理岩溶面积 1377.87 平方千米，完成治理石漠化面积 813.32 平方千米。其中，完成封山育林 61.7 万亩，完成人工造林 29.55 万亩，建设和改良草地 2.88 万亩，完成棚圈建设 7.4 万平方米，完成建设青贮窖 1.49 万立方米，购置饲草机械 663 台，完成坡改梯 1.41 万亩，建成各沟渠管道 168 千米，各类拦沙坝、沉沙池、蓄水池、水窖 1031 口，田间生产道路 50.48 千米，治理水土流失面积 988 平方千米，完成总投资 30859.11 万元，其中，中央 25200 万元，地方配套 5659.11 万元。石漠化综合治理取得了较好的生态和经济效益，项目区农民人均纯收入增加 600 元至 800 元。

2016 年后相继实施的石漠化综合治理工程也取得了较大的进展，基本实现工程建设的阶段性目标，但石漠化片区工程建设中经济社会发展仍旧滞后、工程设计深度不够、项目进展不均衡、科技投入少以及工程建设成果巩固难度大等一系列问题并存，石漠化综合治理的有效模式探索道路艰难。通过此次实地调研和问卷调查，全面深入了解红河哈尼族彝族自治州蒙自市、建水县和泸西县 3 县（市）石漠化综合治理工程的实施情况，积极发现规划项目工程开展过程中存在的问题，广泛听取石漠化片区民众的意见，充分总结当前的治理路径、经验、成效及特色，为下一阶段的石漠化综合治理工作的持续推进提供借鉴，借此为西南生态安全屏障及生态文明建设以及石漠化综合治理试点示范推进工作的决策提供依据。

二、调研方法及主要内容

（一）调研方法

问卷调查和现场访谈相结合。在对调研样区石漠化综合治理相关信息进行搜集和整理的基础上，针对不同石漠化地区作调研主题和相关问题预设，以集中精力完成调研任务。同时，根据实际工作中呈现的具体问题，通过现场访谈的方式做进一步补充。

定向抽样和随机抽样相结合。根据石漠化综合治理调查问卷中设计的相关问题，对石漠化综合治理工程区居民生产生活方式、水利工程建设、森林资源保护、土地利用形式、民众对石漠化治理期望以及石漠化综合治理模式的效应等内容进行详细调查。

实地走访和现场观察相结合。对调研样区石漠化综合治理工程进行现场调研，主要涉及石漠化综合治理片区产业发展（如苹果、蔬菜、万寿菊以及金银花产业等）、石漠化综合整治工程实施情况［如提水工程、水池（窖）、排水沟渠、机耕道路等工程］、石漠化片区封山育林和人工造林、石漠化片区民众的生产生活方式（耕作方式、能源利用、卫生管理等）；通过实地走访，了解重度石漠化、中度石漠化、轻度石漠化以及潜在石漠化区域的自然地理情况，对石漠化综合治理的成效进行差异化分析。

（二）调研方案

（1）根据项目研究需要和石漠化综合治理工程的实施情况，确定调研区域为红河哈尼族彝族自治州蒙自市、建水县和泸西县，并制订调研方案。

（2）根据断陷盆地岩溶地区石漠化的自然地理特点，抽取石漠化综合治理中突出的现实问题，制订调查问卷 1。通过第 1 期实地调查呈现的问题，对问卷部分内容进行修改和完善，形成调查问卷 2。

（3）根据各县（市）石漠化综合治理的情况，对发改局、林业站等相关单位负责人进行访谈，进一步确定在石漠化典型区域的调研内容。蒙自市调研乡（镇）为西北勒乡、鸣鹫镇和冷泉镇所辖石漠化综合治理规划区。其中西北勒乡已实施石漠化综合治理工程，鸣鹫镇正在实施石漠化综合治理工程，冷泉镇即将开始实施石漠化综合治理工程。建水县调研乡（镇）为面甸镇阁把寺村和红田村，两地均已经实施石漠化综合治理工程，但治理成效存在明显差异。泸西县调研乡（镇）为中枢镇、三塘乡和向阳乡的石漠化综合治理工程区。

（4）有序开展实地调研和问卷调查。一是对各县（市）、乡（镇）石漠化综合治理工程区开展相关工作的负责人、林业工作人员、工程施工负责人进行专题访谈；二是在调研乡（镇）石漠化治理片区的村庄随机对村民进行问卷调查，充分了解民众对石漠化综合治理的能动响应及预期心理期望。

（三）调研主要内容

断陷盆地岩溶地区石漠化综合治理的核心问题是生态修复、生态治理、生态脱贫与经济发展方式的转变。本次石漠化综合治理样区调研的内容涉及石漠化综合治理地区居民的生产结构、生产方式、生活形态的发展及变化，围绕居民生产生活相应产生的土地资源、水资源及森林资源的变化，石漠化综合治理工程区的项目实施及成效，详细了解石漠化工程建设的实际效用及地方居民对石漠化综合治理的认知和考量。

（四）问卷设计及导向

调查问卷设计采用半开放式形式。问卷内容包括四个方面，一是关于生产生活，涉及饮用水和生产用水、家庭经济来源、种植结构；二是关于生产方式和认知，涉及对传统生产方式的记忆和认知；三是关于水、森林等资源的认知情况，涉及水质、水量、森林面积变化等；四是关于石漠化及综合治理工程的认知，分为石漠化基础知识和石漠化综合治理相关工程的看法以及期望。

石漠化综合治理是一项涉及农、林、水等多方面的工程，不仅是一项技术性工程，更是一项民生工程。因此，在调查问卷的设计过程中，将居民对当前农业发展、林业建设、水利工程、水源保护、村庄卫生等多个面向的意见和期望纳入问卷之中。

石漠化综合治理拟通过相应的项目规划和工程建设，在保护生态环境的同时，有效促进石漠化片区居民的生产生活方式转变，推动区域经济发展，减少对石漠化区域资源的粗放开发，从而有效遏制石漠化面积的扩展。因此，调查问卷还涉及居民对土地利用方式转变的认知，通过对问卷内容的分类梳理和分析，充分了解当地居民对土地的开发利用方式，从而找出解决具体问题的可行性路径。

本次调研的核心在于石漠化综合治理片区居民对石漠化综合治理实施工程的态度及能动响应。因此，调查问卷中第四部分的内容占整份问卷的三分之一以上。问卷的问题涉及现有、在建、将建的石漠化综合整治工程，调研组分别拟定“您认为石漠化治理地区现有的 XXX 工程是否起到作用”“您对石漠化治理片区正在建设的 XXX 工程有何建议”“您希望在石漠化综合治理片区推行 XXX 工程”等三类主要导向性问题，以此为中心开展详细的问卷调查。

三、调研主要成果介绍

（一）红河哈尼族彝族自治州石漠化片区综合治理状况

1. 蒙自市石漠化综合治理情况

蒙自市是红河哈尼族彝族自治州石漠化比较严重的县（市）之一，岩溶分布广是蒙自土地利用的最大难点和制约因素，并已成为农民贫困的主要根源。蒙自坝子为近代冲积所覆盖的岩溶地区，石漠化片区有碳酸盐类岩石裸露和半裸露两种类型。裸岩石砾地块主要分布在芷村镇、西北勒乡、冷泉镇、草坝镇等乡（镇），面积达 197242.4 亩，占蒙自市土地总面积的 6.1%。这种土地形态不仅导致农业耕作困难，而且对林业和畜牧业的发展造成制约。调查数据显示，蒙自市石漠化片区岩石裸露率 70%以下的岩溶地面积较大，土薄石多，人工造林生长缓慢，难以成林，植被覆盖率和水土保持率难以有效提高。

在蒙自市石漠化综合治理的过程中，蒙自市林业局提出，要把岩溶地区石漠化综合防治作为一项独立的、系统的工程开展，并要求按照“系统防治、综合治理”的思路，全面推进石漠化的防治。2015 年来，蒙自市林业部门依托防护林项目，在石漠化较严重地区规划实施人工造林，有效改善了石漠化片区的生态环境，还使苹果林、防护林成为造福群众的“致富林”。通过蒙自市林业部门防护林工程的实施，特别是沿等高线开挖种植槽撒播车桑子，采用适应性强的乡土树种白枪杆造林，有效提高了造林的成活率。截至 2015 年 5 月，在石漠化综合治理项目实施的林业项目中，蒙自市林业局封山育林 87207 亩，建设经济林（苹果）20 000 亩，人工种草 1380 亩，坡改梯 615 亩，配套田间生产便道 2.1 千米。蒙自市林业局坚持因地制宜、宜封则封、宜造则造，封山育林与人工造林相结合，乔、灌、草相结合的原则，使石漠化综合治理人工造林项目有序地开展。

蒙自市西北勒乡辖区面积 200 多平方千米，全乡 1 万余人，95%是彝族和苗族，境内属喀斯特地貌，耕地少、土层薄、坡度大，水土流失严重，但对照苹果适应生长的科学指标，这里经纬度、海拔、气候、光照时间、昼夜温差、土壤性质又是最适宜苹果生长的地方。20 世纪 90 年代西北勒乡开始有规模地种植苹果，2006 年在乡政府的引导下得到大面积推广。政府通过免费向农户提供苗木、地膜、化肥及补助等系列优惠政策，鼓励群众培育发展苹果产业，有效扩大了种植规模。2013 年，蒙自市实施石漠化综合治理人工造林（属冬季造林项目）建设规模达 1 万亩。石漠化片区的造林主要集中在石漠化严重的西北勒乡，项目组通过科学规划，综合考察苹果树木搭配选种、种苗规格、苗木基地、调运苗木、假植管理等诸多因素，先后从山东引进烟富 3 号、富士王和皇家嘎啦三个品种。截至 2016 年，全乡苹果种植面积已达 3330 余公顷，挂果面积达 60 余公顷，苹果长势良好。预计今年产量可达 8000 余吨，实现创收 6000 万元。

在调研中，西北勒乡人大主席李永富告诉我们，在各级党委和政府关心及支持下，“西北勒乡于 2015 年与红河学院、州农校签订校地合作协议，在全乡范围内建设 3 个标准示范种植基地，进一步提高苹果种植技术和水平。”与此同时，西北勒乡还加强与云天化集团农业科技股份有限公司对接，全乡完成 15 个苹果栽种主要片区的测图检验；并通过在上呼吐村、蚂蚁窝和老鹰窝等村集中流转 146.66 公顷土地，建立了金苹果产销专业合作社连片苹果样板基地，2015 年 9 月该基地被评为省级苹果标准化种植基地；先后组建成立 3 家产销专业合作社，为入社的 685 户农户提供科技培训、物资供应和产品销售等服务。李永富说，目前蕴藏全乡脱贫致富希望的苹果产业已发展到 5 万亩之多（人均达 5 亩以上），其中一万余亩已进入盛果期，金秋时节硕果盈枝，并已成为乡里的主要产业，西北勒优质的原生态“山里红”苹果已成为果品市场的“抢手货”，在省内及东南亚也小有盛名。截至 2017 年，全乡有 1300 多户农民加入“西北勒乡山里红苹果产销合作社”，初步实现了石漠化综合治理经济效益、生态效益和社会效益的统筹兼顾。

由于缺水，西北勒曾被称为“蒙自的西伯利亚”。在实施石漠化综合治理过程中，农作缺水和人居引水问题一直困扰着蒙自市各级党委和政府。2013 年 9 月，蒙自市成功申报第五批中央财政小型农田水利重点县项目，项目拟总投资 1.5 亿元，专项建设施工范围涉及西北勒乡的大丫口、尼白冲和香塘，水源为菲白水库，按 3 个年度实施，分为 3 个灌溉片区。2013 年以来，项目先后新建菲白水库一级泵站及出水管、铺设水池连通管道，一口 2000 立方米容量的主蓄水池在大丫口村石山绵延的山顶建好，大丫口、尼白冲和香塘三村田地里还配置有 17 口水池，通过管道与这个主水池相连，菲白水库的提水进入主水池后，再通过管道分到各分支水池，最终将水送到各村农户及石漠化地块中。西北勒乡林业站原站长李红先生告诉我们，提水管道将有效覆盖西北勒乡 3.75 万亩的总灌溉面积，并形成较为完善的灌排工程体系，基本实现石漠化综合治理片区的“旱能灌、涝能排”，有效改善山区农业生产条件，提高农业综合生产能力，增强抗御自然灾害能力。

万寿菊属菊科、一年生草本植物，原产墨西哥。万寿菊橙黄色花瓣中含有丰富的天然叶黄素，色素具有抗氧化、稳定性强、无毒害、安全性高等特点，广泛运用于食品、化妆、饮料和医药等食品和化工领域。当前，蒙自市和西北勒乡各级党委、政府为加速脱贫致富步伐，不断强化工作领导机制，切实做好万寿菊种植面积统计、种子化肥款收缴及种植管理、鲜花收购等工作，充分调动广大民众的积极性，积极推广万寿菊种植，拟实现生态与产业同步发展。在调研中，石漠化地里的万寿菊鲜艳绽放，村民正忙于采摘，在前往大丫口村的岔路口建有万寿菊收购站，农户把采摘的鲜花汇集到这里统一销售，最后由公司运回工厂发酵提炼。从西北勒乡人大主席李永富处了解到，西北勒乡2017年种植万寿菊6000余亩，预计产量约9000吨，拟实现产值716.5万元，按全乡10000人计算，人均增收可达716元，生物产业发展带动群众脱贫致富的经济效益明显。

根据《云南省蒙自市2017年岩溶地区石漠化综合治理工程》设计规划，冷泉镇石漠化面积约8850亩，所辖8个行政村中，小新、所本底、兴隆、鸡白旦、楚冲、夺底6个村石漠化比较严重，其余两个村的石漠化属于轻度型，相关工程主要依照蒙自市林业局提供的规划图本推进实施。冷泉镇林业站办公室肖红琼女士告诉我们，"冷泉镇的石漠化综合治理是当前困扰山区农户的重要难题，在开展石漠化治理的同时，林业站自2015年以来就开始实施林业扶贫工作，效果渐次显现。"由于冷泉石漠化地区多为山地，耕地面积较大，大部分农作皆用牛耕，仅有部分村子修建有机耕道路（宽约2米至2.5米），但因路面未硬化，雨天难以通行。前往小新村、所本底村、兴隆村和鸡白旦村的公路沿线是石漠化集中整治的重点区域，有望在2017年实施项目以推进治理工作。

关于冷泉镇石漠化治理工作中的脱贫攻坚和精准扶贫工作，我们采访了镇政府扶贫办刘胡主任。他说，"围绕红河哈尼族彝族自治州2017年脱贫摘帽的工作，冷泉镇力推'一户一对策'，以精准帮扶促进脱贫，政府各级领导干部出资、出力、出主意、出资源，围绕'挂包帮、走转访'的工作要求，尽力帮助贫困户发展产业，切实为帮扶对象解决困难"。据了解，冷泉镇结合石漠化综合治理项目，2017年共种植万寿菊6082亩，比2016年增加1000余亩，分别布置在小新、所本底、兴隆、鸡白旦、夺底5个村委会，涉及农户638户，完成计划面积6000亩的101.4%。"红河博浩生物科技有限公司冷泉镇所本底万寿菊收购站总占地面积1000平方米左右，总投资680万元。2017年公司目标是提炼叶黄素5亿克。村民采摘的鲜花直接销售到基地，公司就地提炼加工，发酵的废水可循环利用于耕作。目前发展的模式是'公司+基地+农户'，新采摘的鲜花瓣严格按照协议价格收购（1元/千克），农户得到实惠"。红河博浩生物科技有限公司冷泉镇所本底收购站董学祥站长如是说。

在与鸣鹫镇人民政府副镇长黄卫平的座谈中了解到，鸣鹫镇于2016年启动实施投资950万元治理涉及15 000亩的石漠化治理项目，以此为契机，全镇积极打造一批特色经济林果产业，以产业促增收和促脱贫。2016年，鸣鹫镇依托荣扬工贸有限公司发展万寿菊种植10 388亩，收购鲜菊花1.6万吨，实现产值1600万元；积极引进和帮助龙头企业，大力发展经济作物，巩固发展烤烟8400亩，实现产量116.78万千克，实现总产值3975

万元，为烟农户均创收 5.86 万元；与云南大地瑞禾丰科技有限公司合作，种植蜜李秋香 1400 亩；与云南省华鼎农业有限公司达成合作协议，打造蔬菜种植示范基地，签订合同 500 亩，实施育苗和整地理墒工程，带动全镇蔬菜产业发展。鸣鹫镇石漠化比较严重，目前的治理主要根据规划的图纸施工，因地制宜开展治理，以产业发展带动农户增收；在生态修复和环境治理方面，主要以防护林和经济林建设为主，以实现人居环境整体改善和生态环境的有效保护，积极践行绿色发展和生态发展。

2. 建水县石漠化综合治理情况

建水县位于云南省南部，红河中游北岸，土地面积 3759 平方千米，岩溶面积达 2059.6 平方千米，石漠化土地分布较多。建水县为红河哈尼族彝族自治州第一批石漠化综合治理试点县，2008 年至 2013 年先后完成石漠化综合治理投资达 3524.5 万元，治理岩溶面积 224 平方千米，治理石漠化面积 169.3 平方千米。2008 年至 2010 年，建水县石漠化综合治理试点工程在红泥田河流域共完成引水渠 15.06 千米，150 立方米蓄水池 12 座，20 立方米小水窖 415 个。引水渠、蓄水池和小水窖等水利设施为当地调整农业种植结构、提高土地收益奠定了基础，过去只能在雨季种植玉米、红薯等低价作物，现今冬春干旱季节也能种植小米辣、洋葱等经济作物，当地农户收入从原来的平均每亩 500 元增加到 1100 元。

2008 年至 2013 年，建水县石漠化综合治理试点项目累计投资 3524 万余元，共完成植被建设和保护 13 万余亩，其中人工造林 3.9 万余亩，封山育林 8 万余亩，草地建设 1.5 万余亩；棚圈建设 8490 平方米，青贮窖 1830 立方米，饲草机械 34 台；坡改梯 6749 亩；新建灌溉沟渠 15 千米，谷坊 11 座，150 立方米蓄水池 13 口，20 立方米小水窖 465 口，配套田间道路 2.1 千米。共治理岩溶土地面积 224 平方千米，占全县岩溶土地面积的 10.86%，治理石漠化土地 169.3 平方千米，占石漠化土地总面积的 22.8%。

截至 2015 年 7 月，建水县石漠化综合治理试点工程共完成人工造林 5.01 万亩，封山育林 15.6 万亩，草地建设 1.55 万亩；坡改梯 0.7694 万亩及配套田间生产道路 6.2 千米。共治理岩溶土地面积 426.44 平方千米，占全县岩溶土地面积的 20.7%；治理石漠化土地 210.46 平方千米，占石漠化土地总面积的 28.4%。通过石漠化综合治理重点县工程的实施，不仅使项目区生态环境、生产生活条件得到明显改善和提高，而且增加了当地农户的收入，农业产业结构得到调整，并取得了较好的生态、经济和社会效益。

为实现山、水、林、田、路综合治理，建水县林业局充分利用十多年来石漠化区水利设施建设、畜牧业发展积累的经验和县林业部门与省州林业科研院所开展的诸多与石漠化治理相关的试验示范项目，因地制宜设计实施方案，有序开展治理工程。2015 年，建水县投资 6000 多万元，开展综合治理石漠化土地 210 平方千米。2016 年，建水县投资 911 万元，实施石漠化综合治理人工造林 273 万平方米，封山育林 1700 万平方米，建设棚圈 4000 平方米，人工种草 10 万平方米，项目主要分布在闫把寺、天华山、清水塘、海依等 8 个小流域地区，涉及临安镇、南庄镇、面甸镇、西庄镇和青龙镇 5 个乡（镇），治理岩溶面积 31.23 平方千米，治理石漠化面积 1.43 万平方千米。通过石漠化综合治理重点县工程的实施，使项目区生态环境、生产生活条件得到明显改善和提高，实现了生态效益、经济效益、社会效益“三丰收”。

面甸镇阎把寺村委会距县城 18 千米，是建水县石漠化综合治理的示范基地。在阎把寺村委会，该村委会委员、大寨村组长普文超向我们讲解村子石漠化综合治理的进度和成效。普文超说：“阎把寺村的石漠化治理项目 2012 年立项，2013 年正式开始实施工程。到 2015 年，阎把寺小流域坡耕地水土流失综合治理工程投资金额达 1394 万元，综合治理内容涉及‘坡改梯’3600 多亩，新建泵站 1 座，新建输水管道约 2 千米，新建田间灌溉管网、新建蓄水池 4 座（150 立方米水池 2 口，500 立方米和 600 立方米水池各 1 口），新建（修缮）田间道路约 15 千米。由于阎把寺村水土流失严重，2015 年对全村三分之一的坡耕地进行治理后，目前村子排水沟里的泥土减少了。”近年来，阎把寺村不断探索破解石漠化区农业发展和农民增收的难题，通过土地规模化流转，统筹推进、连片开发，进一步推动传统农业转型升级，逐步构建起新型农业经营体系，助力当地农民增收致富。据了解，2015 年全村 900 多户村民有 600 余户进行了土地流转，流转面积达 6000 多亩。

在石漠化综合治理项目推进的过程中，阎把寺村的土地流转工作开展到位，原先农户根本看不上的石漠化地块，经政府和公司投资治理后，可以在上面种植作物（主要是经济林果）。经 2013—2015 年的石漠化土地整治，农户以每亩 700—1000 元不等的价格将土地流转给红森生态有限责任公司和红河哈尼族彝族自治州锦源农业开发有限公司，原先岩石裸露的荒山，现在种上脐橙和软籽石榴，已经产生经济效益和生态效益。

红田村属于面甸镇下辖的山区村，全村土地面积 77.81 平方千米，经济来源主要以种植烤烟和玉米为主，属建水县石漠化最为严重的核心区。2010 年，建水县浩野农林产业有限公司在甸尾乡的一片荒山上建起 600 亩油茶种植示范基地。面甸镇红田村委会李副主任说，“截至 2011 年，红田村的石漠化综合治理项目中，已完成人工造林 32023 亩，封山育林 58149 亩，肚果山人工造林面积 2950 亩。2008 年至 2010 年完成坡改梯 5149 亩，新建灌溉沟渠 15.06 千米，建谷坊 11 座，修建 150 立方米蓄水池 12 口、20 立方米小水窖 415 口。三年的石漠化综合治理试点，改善和新增灌溉面积 5000 多亩，受益人口近 2 万人，年增加经济收入 100 多万元，社会效益和生态效益十分明显。”在石漠化项目封山造林方面，目前红田村有公益林 5000 余亩，多数为连片保护地区。每个小组封山育林面积在 2000 亩至 3000 亩之间，村子的生态环境渐次得到改善。

3. 泸西县石漠化综合治理情况

泸西县为岩溶石山区，属喀斯特地形地貌，溶蚀地形发育，全县岩溶面积 1324.72 平方千米，县境各乡（镇）均有分布，东部山区为裸露岩溶区，中部及西部盆地槽谷区为覆盖型岩溶区。据 2005 年 7 月云南省林业调查规划院昆明分院编制的《云南省岩溶区石漠化监测报告》显示，泸西县石漠化面积为 381.88 平方千米，占全县土地面积的 22.8%。此外，再加上岩溶区岩石裸露，土层薄而贫瘠，水土保持能力较差，农业生产面临的形势较为严峻。

泸西县是国家扶贫开发工作重点县，为云南省石漠化治理试点县和红河哈尼族彝族自治州 2 个石漠化治理重点县之一。2012 年以来，县委、县政府紧紧抓住泸西被列入石漠化治理重点县的机遇，积极组织编制石漠化片区综合治理规划，有效整合各方资源，调动一切积极因素，扎实推进治理项目实施。2012 年 7 月，编制《泸西县 2012—2020 年集中连片特殊困难地区林业扶贫攻坚规划项目技术方案》，分两个阶段实施石漠化片区生态修复人工造林工程。2012 年 10 月，完成《滇桂黔石漠化片区区域发展与扶贫攻坚云南省泸西县实施规划（2011—2015 年）》等规划，充分明确今后一阶段全县石漠化片区水利、交通等基础设施建设以及扶贫开发的目标和任务。同时，泸西县还编制《南盘江沿岸综合扶贫开发项目规划方案》，扎实推进石漠化重点治理区域扶贫攻坚工作。

2012 年至 2013 年，泸西县石漠化综合治理项目总投资 1604.4 万元，其中中央投资 1300 万元，地方配套投资 304.4 万元，项目涉及泸西县午街、永宁等乡（镇）。在此期间，项目工程治理岩溶面积 63.2 平方千米、治理石漠化面积 37.94 平方千米；增加项目区人工造林 4.6 万亩，增加森林植被面积 2.48 万亩，初步形成乔、灌和草多层次多结构的植被群落，可年蓄水 109.84 万立方米，年保土 17.41 万吨；工程建设期间，综合治理项目为农村剩余劳动力提供约 4.34 万个工作日的就业机会。2016 年 4 月，泸西县 2012—2013 年石漠化综合治理项目通过县级验收，工程顺利实施后，使项目区水利化程度、生态环境得到较大改善，群众的生产生活条件渐次好转。

2011—2015 年，泸西县累计完成农田水利投资 17.7 亿元，完成水库坝塘除险加固 38 件，完成金马坝中型灌区节水配套改造项目、中央财政小型农田水利重点县、干支渠防渗工程、高原特色农业现代化节水灌溉、农村饮水安全、抗旱水源工程等一大批水利项目建设。全县新增供水 930 万立方米，新增旱涝保收面积 1.5 万亩，改造中低产田 9

万亩，改善灌溉面积 8 万余亩，新增水土流失治理面积 56 平方千米，发展节水灌溉 4.6 万亩，水利化程度由 59.6%提高到 65%，有效解决 274 个村、20.3 万人的饮水安全问题。“十二五”期间，泸西县结合石漠化综合治理项目，共投入农村能源建设项目资金 2042 万元，完成农村沼气建设 5700 户、节柴改灶建设 4900 户；投资 1017 万元，安装农村太阳能热水器 10 326 户；投资 154 万元完成农村能源服务网点建设 31 个，有效改善农村的能源结构，森林资源得到有效保护。在此期间，全县共实施退耕还林工程 10.5 万亩，其中退耕地还林 5.5 万亩，荒山造林 5 万亩。全面启动实施 7300 亩“矿山复绿”行动计划和 2674.5 亩城市面山绿化工作，完成人工造林 9.5 万亩，全县森林覆盖率从 2010 年的 30.7%提高到 32.2%。2016 年，泸西县向上争取到岩溶地区石漠化综合治理中央资金 950 万元，用于治理岩溶面积 38 平方千米，治理石漠化面积 14.2 平方千米，实施封山育林 820 公顷，补植补造生态林 100 公顷，人工造生态林 378 公顷。泸西县守住绿水青山、保护生态环境和加强生态文明建设工作稳步推进。

三塘乡是泸西县海拔最高的高寒贫困山区乡，也是云南省扶贫攻坚乡和精准扶贫重点项目推进的乡镇之一。调研组的车行驶到箐门，高山连绵、峡谷纵横、山高坡陡，峡谷、漏斗地貌、山梁相间，风力发电的风车转动不停，空气异常的湿冷。驻足小憩，各山头森林郁郁葱葱，满眼都是绿色的海洋。三塘乡方摆村护林员赵天和表示，自己踏遍方摆村境内的山山水水，为的就是要彻底改变“壮年小树被盗伐，砍倒林木就开荒，耕地多林地少，只见红土不见树”的历史，要让石漠化荒山青山常在，绿树常留。从沙湾去往法果的乡村公路旁，“泸西县 2011 年石漠化综合治理封山育林”的指示牌醒目地竖立在山脚，山上杂灌木浓郁茂密，封山育林效果显著。

在三塘乡隆德村前往阿定村的中途，泸西县林业局殷学兴带领我们察看 1984 年的封山育林成果，公路两旁栽种的是华山松，原先栽植比较茂密，少部分已自我淘汰，殷学兴说：“这就是大自然法则，植物是具有边缘优势和生物自决能力的，顶冠优势在林区体现得比较明显。”据了解，杨善洲绿化基金会“石漠化防治林”于 2015 年落户三塘乡，首片 500 亩“石漠化防治林”落地在云南省能源投资集团有限公司永三风电场 5 号风机石漠化区域。殷学兴说，三塘乡是泸西县森林覆盖率最高的乡镇，国家二调初步统计结果显示，三塘乡森林覆盖率高达 55.12%，由于前期栽培和护林员的分内工作做得好，因此生态效果明显。

（二）调研县（市）石漠化综合治理差异化分析

2017 年 8 月 7—21 日，调研小组先后考察红河哈尼族彝族自治州蒙自市西北勒乡西北勒村（撮莫底、洛各底）、大丫口村（朵古村、泥白冲、期打黑），鸣鹭镇大石板村（大永胜)、鸣鹫村(小坝心),冷泉镇楚冲村(期白邑、所基村、杨家寨)、所本底村(路初白、哨努、所本底)、兴隆村(凹家寨)、小新村(布路期)、舍利马村(努女口、努女口大寨);建水县面甸镇闫把寺村(大寨、阎把寺、桥头寨)和红田村(螃蟹沟、红田、阿三佰、印王庄、上海尾、谷家寨、大箐门、杨柳寨、);泸西县中枢镇江头村(江头、大寨)、既比村(白泥坡、既比租)、三塘乡方摆村(法果、沙湾)、向阳乡法土村(木依、木塔、法土三组),共涉及石漠化综合治理片区3县(市)7个乡(镇)15个村庄。调研团队的深入走访和问卷调查涉及石漠化综合治理片区农业生产、林草生态、水利工程、能源利用趋势、人居环境改造等诸多方面,现根据从调研样区获得的信息和数据,对各地石漠化综合治理呈现出的差异进行分析。

1. 农业生产建设

调研发现,蒙自市西北勒乡结合本地气候、土壤等实际情况,立足“生态产业化,产业生态化”的理念,自2007年开始先后从山东、广东等地引进9个品种的种苗,经过试种选育,先后筛选出适宜该区种植的皇家嘎啦、富士王及烟富3号三个优良品种,树种植搭配比例为 3∶3∶4,如今西北勒乡的苹果产业已初具规模。经过前期的投入和治理,西北勒乡初步实现了生态治理与经济发展协调推进的绿色发展目标,当地的植被覆盖率明显提高,同时为农民找到一条脱贫致富的发展道路。

冷泉镇的石漠化治理方案已由国家林业局昆明勘察设计院编制完成,相关推进工作正在筹备当中。调查得到,冷泉镇约有8850亩石漠化面积,其中所本底、小新、鸡白旦等村石漠化最为严重。冷泉镇现有产业为核桃2000亩,其中兴隆村1200亩、所本底村300亩和舍利马村500亩;种植橘约2000—3000亩,分布在小新村、楚冲村、所本底村和舍利马村;种植桃4000—5000亩,分布在鸡白旦村和楚冲村。此外,冷泉镇还种有荔枝、杧果等经济作物。截至2017年,冷泉镇万寿菊种植形成了一定的产业规模,石漠化片区居民收入来源较为稳定。尽管冷泉镇尚未集中开展石漠化治理,但与西北勒乡相比,冷泉镇的基础设施条件更为优越,下一阶段的石漠化治理预期效果良好。

自2012年起,建水县面甸镇闫把寺村开始规划并实施石漠化治理,2013年正式实施,2015年后全面展开。闫把寺村将石漠化治理土地流转给公司,现在全村三分之二的土地皆转出,公司用来种植经济作物,剩下的土地农户自己种植玉米、蔬菜、洋葱和辣椒等。每户村民得到的土地流转费可达到3万—10万,最低在1万元左右,基本能维持基本生活。此外,由于公司经营需要劳动力,在同等条件下优先雇佣本地村民,还会免费为村民提供农业技术培训。部分村民除每年的土地流转费用外,每月还能从公司获得劳动报酬。经过多年持续治理,闫把寺村还有约1000亩的石漠化地块。据统计,阎把寺村石漠化综合治理片区已形成乔灌、针阔混交的防护林面积15000亩，石榴、柑橘等经济林果面积2000余亩，森林覆盖率（含国家特别规定的灌木林）达到37.7%，石漠化得到有效遏制，生态环境有明显改善，农民人均纯收入较周边区域增长速度高出2%至5%，已成为云南省石漠化综合治理的典范。

调研发现，在农业生产方面，各石漠化片区都在努力发展产业，但产业模式不尽相同。蒙自市西北勒乡苹果产业是农户自种、自收和自销，尚未形成统一的集约化和产业化经营；建水县闫把寺村公司主导种植石榴、橙子等经济果树，农民仅流转土地和付出劳动，从中获取租金和报酬，公司经营使产业发展更具规模化和科学化。泸西县三塘乡核桃产业由政府进行技术指导，农民自行种植，但因部分村民慵懒，且疏于管理，核桃种植多年后尚无收获的情况较为普遍。

针对红河哈尼族彝族自治州蒙自、建水及泸西三县（市）石漠化片区的土地利用类型，调研组在实地走访的村庄对群众土地利用情况进行详细的了解，试图找出农业生产建设对石漠化地区土地利用方式的转变情势。调研发现，石漠化调研样区农户土地利用类型主要包括水田、旱地、林地、退耕地、水旱两用地及部分荒地，其中旱地占耕地的比例最大，土地利用类型以旱地和水田为主。随着石漠化综合治理工程的逐步推进，蒙自、建水及泸西三县（市）石漠化片区的土地利用类型亦发生较大变化（图1），主要是由农田调变为荒地、农田变成果园、坡耕地变为林地，分别占调研样本的6%、27%和36%。这种变化趋势与地方政府对石漠化综合治理及生态修复与环境保护工作日益重视密切相关，尤其是政府及相关研究项目采取的诸如退耕还林还草、陡坡治理以及万寿菊、苹果产业发展等生态工程建设，对石漠化耕地面积的减少起到了良好的效果。

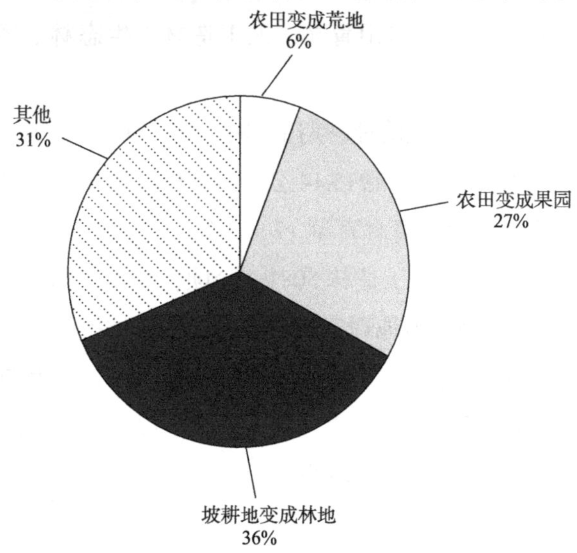

图1　蒙自、建水及泸西三县（市）石漠化片区土地利用类型的变化情况

综合调研样区石漠化治理情况，调研组认为“公司+基地+农户+标准化”的运作模式更适合石漠化地区的农村产业发展。这种模式主要有三大优势，一是借助国家政策扶持，利用企业资本融资和技术推动，将村民的土地流转并集约化经营，避免个体农户分散经营，有助于提高土地综合利用效率；二是公司进行统一规划、统一管理和统一经营，相应地避免村民不成章法的垦殖对生态环境造成的破坏，有助于石漠化地区的生态修复和生态治理；三是公司规模化经营有利于形成稳定的消费市场，同期可以为农户提供稳定的收入来源，能够有效解决部分村民最基本的生计问题。

2. 林业生态建设

林业生态建设是石漠化综合治理中的重要工作，调研知悉，蒙自市西北勒乡荒山造林已达 4900 多亩，造林树种有加勒比松（云南松）、华山松、圆柏和水杉等，大多属于外来物种，本地树种有麻栗树、漆树和羊蹄甲等。鸣鹫镇规划栽种生态林 4000 亩，2015 年人工造林树种有板栗、脐橙、皂角和杉木，2016 年人工造林 14490 亩，包括湿地松 2227 亩、圆柏 2263 亩，其余种植有美国红桃、蜂糖梨、大黄梨和樱桃等经济果树，不仅遏制了石漠化的蔓延趋势，还提高了当地居民的生活收入水平。目前，该镇计划在 2017 年 9 月完成防护林营造，同时种植经济林 1000 亩、生态林 400 亩。建水县于 1993 年开展林草建设，当时山上种植最多的是白刺花，种植规模大约 2 万亩。自 1999 年启动防护林工程，建水县人工造林得以大规模开展。面甸镇红田村是开展人工造林最早的地区，森林覆盖已达 40%以上。泸西县三塘乡石漠化面积占全乡的 65%以上，封山育林、人工造林（生态林、经济林）同步推进，生态效益显著。

据资料统计，蒙自市在石漠化治理一期工程中林草植被建设 5425.08 公顷，其中人工造林 3497.94 公顷，封山育林育草 1915.14 公顷；建水县林草植被建设 17 641.22 公顷，包括人工造林 3416.89 公顷，封山育林育草 12 963.26，草地建设 1072.4 公顷；泸西县林草植被建设 18 237.6 公顷，其中人工造林 5081.3 公顷，封山育林育草 13 156.3 公顷，草地建设 200 公顷（表 1）。但因各地地理气候差异大，林草种植呈现不同的特点。蒙自市西北勒乡地理、气候及水源条件相对较差，林草建设难度大，山上的树林长势缓慢；建水县人工造林开展早，水源条件优越，成林较快，植被覆盖率高；泸西县植被覆盖率较高，更多地偏重生态林建设，经济效益较小。

表1　红河哈尼族彝族自治州岩溶地区第一期工程石漠化综合治理工程实施情况

项目		蒙自市	建水县	泸西县
投资/万元		4226.6	6953.1	6844
治理岩溶面积/平方千米		174.74	457.67	285.06
治理石漠化面积/平方千米		96.92	224.89	203.27
林草植被建设	人工造林/公顷	3497.94	3416.89	5081.3
	封山育林育草/公顷	1915.14	12963.26	13156.3
	草地建设/公顷		1072.4	200
草食畜牧业	棚圈建设/平方米	2000	25290	13531
	饲料机械/台	83	133	3
	青贮窖/立方米	491	5630	3410
水利水保设施建设	坡改梯/公顷		589.85	64.5
	排灌沟渠/千米		28.42	5.6
	沟道整治工程/千米			
	拦沙/谷坊坝/座			
	沉沙池/口	490		
	蓄水池/水窖/口	528	23	26/487
	田间生产道路/千米		7.7	15.3
	输水管/千米			

综合红河哈尼族彝族自治州蒙自、建水及泸西三县（市）林业生态建设的总体情况，调研小组认为，蒙自市、建水县及泸西县在石漠化片区的林地生态建设中不适宜开展草地建设。三县（市）石漠化地区自然环境较为恶劣，尽管降水量大，但多为陡坡山地，坡度陡，种植低矮灌木草丛可能难以抵挡强降雨对土壤的冲刷，容易再次造成严重的水土流失。同时，统计数据显示（图2），三县（市）石漠化片区群众对林业建设措施的认识程度存在较大偏差，三县（市）159 个调研样本中 59%的群众不看好草地建设，34%的群众对人工造林持不乐观态度，有 7%的群众不看好当前的封山育林措施。因此，在下一阶段的石漠化综合治理过程中，工程方案设计及规划可适当减少草地建设的投入，宜适当增加适合石漠化地区自然地理环境的树木及经济林果。

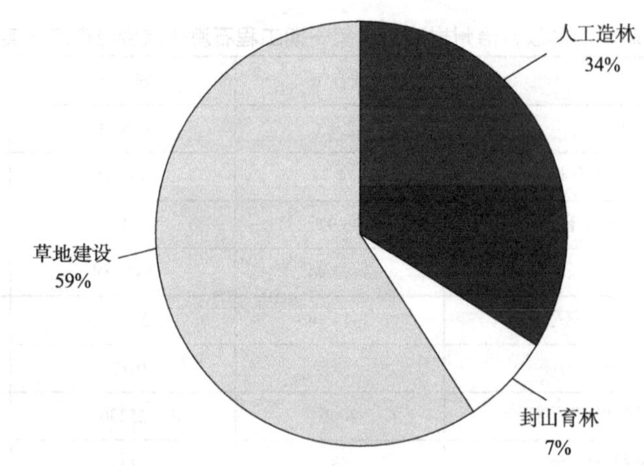

图2 蒙自、建水及泸西三县（市）石漠化片区群众对林业建设的认识

3. 水利工程建设

此次调研发现，红河哈尼族彝族自治州蒙自、建水及泸西三县（市）石漠化综合治理片区已有的水利基础设施建设主要包括蓄水池/水窖、排灌沟渠、输水管、拦沙/谷坊坝等。

蒙自市西北勒乡是典型的喀斯特地貌，该地区缺水问题突出，当地居民生活用水主要靠雨季屋顶积水。尽管西北勒乡降水丰沛，但喀斯特地形地貌难以涵养水源。目前，全乡建有73口大水池，但水池辐射半径较短，部分田地离水池远，无法满足农业生产灌溉的需要，是西北勒石漠化地区急需解决的问题。鸣鹫镇拟在石漠化工程中修建24立方米的水窖290口，100立方米的水窖30口。截至2017年，已经建成24立方米水窖126口，水窖配有80厘米×80厘米的集雨坪；已建成100立方米的水窖15口（内径7米，外径7.6米，高2.2米），闭口30厘米，内装爬梯，方便取水和清淤。但在水池修建过程中，面临的最大难题是季节性降雨，每当雨季来临，修建水池所需工料难以运入，且刚开挖的水池基座易被暴雨冲毁，增加了施工难度。建水县红田村在石漠化治理过程中配套修建20立方米水窖300口，但水窖设计不合理，集雨坪比水窖口低，集水困难。泸西县法土村已经建成一套完善的自来水供水系统，修建容积2000立方米的水池1口、500立方米蓄水池1口，25立方米水池70余口，基本能够满足农户日常农业生产和生活需要，在后续石漠化工程实施中可适当调整水利投入。

总体来看，石漠化片区的水利工程建设，一定程度上改善了当地民众的生产生活用水状况。调研发现，石漠化地区群众日常饮用水来源主要有自行从山上接、从河里抽取、使用地下水（井）以及统一的供水系统四种方式。其中，运用统一的供水系统（自来水）所占比例最高，这可以看出石漠化地区的饮用水条件在工程建设以来得到逐步改善。结合此次实地访谈了解到，建水县和泸西县石漠化地区的农业生产及生活用水相对充足，而蒙自市西北勒乡、鸣鹫镇及冷泉镇石漠化地区的农业生产生活用水较为紧缺，这主要与断陷盆地石漠化片区所处的自然地理环境及区位条件息息相关。

调研数据显示（图 3），与 2008 年之前相比，调研区的用水状况确实有所改观。通过调查问卷对当前石漠化地区的用水状况与 2008 年之前相比，发现有 54%的群众认为当前的饮用水、生产用水更加充足，只有 13%的群众认为饮用水及生产用水变得不足，28%的群众认为饮用水充足，生产用水不足，5%的认为饮用水变得不足，生产用水充足。

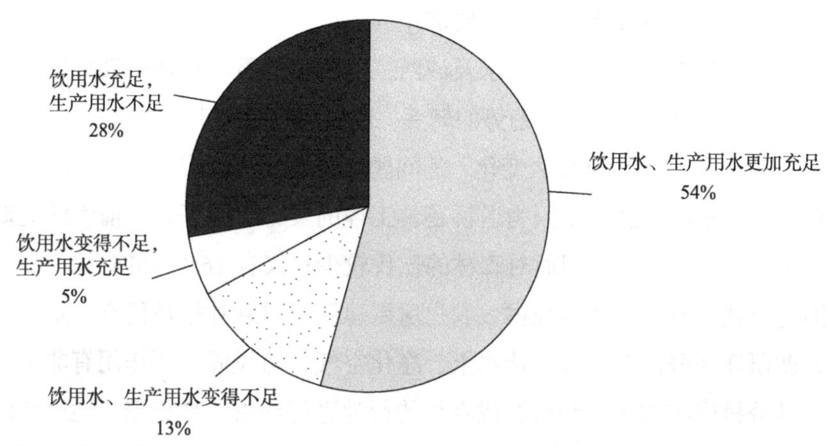

图 3　蒙自、建水及泸西三县（市）2008 年前后用水状况对比情况

实地走访发现，尽管目前调研样区群众的饮用水问题基本得到解决并有所改善，但是水量及水质保障还有待加强和提高，统一的供水系统（自来水）管道经常性停水，给当地群众的生活造成一定的干扰。调研中了解到，石漠化地区群众对当地的生活用水水质不满意，区域内的水质问题主要由工厂污水排放、生活污水排放、垃圾污染及滑坡、泥石流等系列生态环境问题造成。其中，生活污水排放、垃圾污染导致水质变差总体上比工厂污水与滑坡、泥石流带来的污染大，因而石漠化地区的人居环境综合提升及卫生管理等有待提高。调研组认为，由于石漠化地区的生产水平相对滞后，尤其是群众的环境保护观念及意识差，生活污水排放及垃圾处理不当是造成水源污染和水质差的主要原因。

4. 能源利用趋势

随着政府宣传与引导、居民生活水平的提升以及环境保护意识的增强，石漠化综合治理片区的能源利用呈现出由传统柴薪能源转向清洁能源（沼气、电）的趋势，这种转变对生态保护及石漠化治理具有重大现实意义。蒙自市西北勒乡居民日常生活中，普遍使用苹果枝杈、玉米秆等燃料，电能则作为一种补充。建水县闫把寺村农户不饲养牛羊，生火做饭主要依靠电和沼气，禁止樵采薪柴减少了对森林的破坏，有效地保护了植被覆盖；红田村居民多使用煤炭，整个村子三分之二农户都装有太阳能。泸西县民众的森林保护意识强烈，随着生活水平的提高，较少使用薪柴作为燃料，且村里有村规民约对偷伐者的制约，荒山森林保护和环境绿化的生态效用显著。石漠化片区能源利用形式的转变，极大地降低了当地居民对山地森林的破坏程度，地表植被得到有效的保护，间接减缓了石漠化的蔓延趋势，同时有助于当地生态环境的自然修复。从能源利用的差异化中可以看出，经济发展对区域性生产生活方式有较大影响，石漠化综合治理过程中生态选择和生态调适是能源利用方式改变的重要催化剂。

红河哈尼族彝族自治州蒙自、建水及泸西三县（市）石漠化地区森林植被面积的扩大，从整体上可以反映出能源利用趋势的转变。通过对三县（市）群众就“和（20 世纪）90 年代比较，森林植被面积有什么变化”的问题征询及回答情况可看出（图 4），78%的群众认为森林面积不断增加，是因为退耕还林工程的实施效果好，当前生活能源主要使用电能及太阳能等清洁能源，因而对森林的砍伐较少；仅有 16%的群众认为森林面积减少了，原因是公共基础设施建设征占、农户房屋建设等对森林植被仍有一定的破坏。从整体上看，调研样区群众对森林保持水土、净化空气、防风固沙等作用有非常明确的认识，相当一部分村庄有村规民约对偷伐森林的行为进行约束，彝族聚居地区传统的生态文化观对群众加强森林植被管理有着明显的导向作用，敬畏自然、保护生态环境的观念有效减少了对森林的无秩序砍伐与利用。诚然，20 世纪 90 年代以来的能源结构转型升级及替代实施路径，对石漠化片区的森林保护也起到了积极的推进作用。

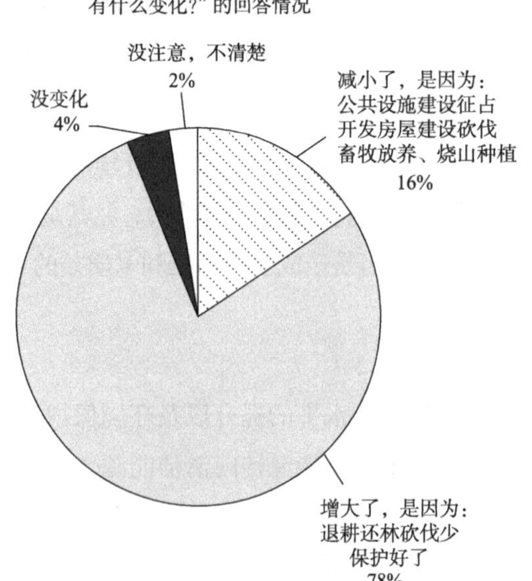

图 4　红河哈尼族彝族自治州蒙自、建水及泸西三县（市）石漠化地区森林植被面积的变化情况

5. 人居环境提升

石漠化综合治理片区的人居环境提升主要集中在卫生管理、人畜混居两个方面，这是推进石漠化综合治理的重要反映。蒙自市西北勒乡大丫口村积极组织村民开展道路清扫和卫生保洁，有序推进卫生评比制度；冷泉镇人居环境改造由卫计部门牵头，镇上环境卫生则由公司维持，公司以雇佣本地居民清扫的方式进行街面及公厕的卫生管护。此次调研中，石漠化治理片区乡村的卫生管理显现出不同的形式，一是轮岗制，由村民轮流打扫；二是以工代劳，义务打扫；三是聘请村民打扫。冷泉镇街面有的还实行门前五包（包卫生、包秩序、包绿化、包整洁和包设施），卫生环境总体良好。

建水县面甸镇闫把寺村人居环境改造和提升工作实行统一规划、统一分扫、统一收集和统一拉走的制度。每个自然村都有一位保洁员，主要负责检查村组的卫生工作，按照村规民约需每天要巡查一次。泸西县三塘乡卫生管理平时由政府聘请农户打扫，乡(镇)整体检查时则组织全村居民集体清扫。石漠化综合治理片区在改善人居卫生环境的同时，也存在一些突出的问题。蒙自西北勒乡的卫生环境总体较差，而建水县和泸西县石漠化治理片区村庄卫生管理的政府资金基本由各乡（镇）驻地村庄所得，资源分配存在一定的不合理性和不公平性。

调研发现，在石漠化综合治理片区，人畜混居仍是人居环境综合提升中难以解决的突出问题。蒙自市西北勒乡、冷泉镇人畜混居现象仍然存在，建水红田村上海尾和下海尾两个苗族寨子人畜混居现象较为突出。石漠化片区人畜混居根源于村子经济发展水平较为滞后，当地农户生产生活条件与同县经济较发达地区仍存在较大差距，牲畜作为农户宝贵的财产，为防止被偷盗者掠夺，村民只得时刻守护。另外，村民长期以来的生活方式和思想观念一时难以改变，农户将耕牛或马匹视为圣物，宁可自己住得差，也要让牛和马住好。尽管政府现在正大力推行人畜分离的政策，但是囿于农户个人的切身利益，政策落实面临较大的阻力。

四、石漠化地区社会生态系统运行机制与公众行为方式

（一）石漠化地区社会生态系统运行机制

社会－生态系统是由人类社会系统和自然系统耦合的复杂自适应系统，其具有自组织、非线性和阈值效应等多种特征[①]。生态系统和社会系统的存在和稳定性受彼此结构

① 张向龙：《半干旱区社会—生态系统动态演化机制研究——以榆中县北部山区为例》，西北大学 2009 年硕士学位论文。

功能的制约，两者交互耦合的系统是难以预测、充满不确定和讶异的复杂系统[①]。对于石漠化地区的发展问题而言，存在着不确定因素、关键因素和未来发展的驱动力等三个方面。石漠化地区未来发展的驱动力包括工程性缺水、土地贫瘠、政府决策、劳动力数量和素质、技术应用和外部环境等，根据其不确定性和重要性进行分类，政府决策、工程性缺水是最不确定也是最重要的因素，而劳动力数量对于石漠化未来发展来说重要性小于劳动力素质。

此次石漠化综合治理调研中的被调查对象包括乡（镇）政府工作人员、村组长和当地居民。通过对乡（镇）政府工作人员的访谈可以了解到，政府部门在做出石漠化综合治理决策之时，会将农业总产值、基础设施建设、技术推广程度和植被覆盖状况等作为决策考虑的关键因素；在对村主任和小组组长的访谈中了解到，他们会将技术应用、基础设施保障、经济收入作为最关键因素；在对居民的访谈中不难发现，他们通常将基础设施是否完善、家庭收入作为最关键的因素。同一地方不同身份的三者之间考量的石漠化综合治理关键因素逐渐减少，但基础设施是否完善和收入如何实现增长是共同的关键因素。

石漠化综合治理工程作为政府决策的重要民生工程，其处于石漠化地区社会生态系统趋向稳定的关键位置。在默认决策正确的前提下，石漠化综合治理工程通过工程措施来改善当地的土壤贫瘠和缺水现状，提高当地植被覆盖率和改变原有种植体系及层次，通过发展农村产业使地方社会经济和生态环境呈现逐渐改善的态势；与此同时，提高对农民劳动技能和科学技术培训的重视，使劳动力素质有所提高，从思想上和技术上解决农民贫困问题，达到扶贫先扶志的目的，一定程度上可以防止返贫现象的再发生。

（二）石漠化调研样区公众文化素质与公众认知

公民素质是指一个国家的人民在改造自然和改造社会过程中所具有的体魄、智力、思想道德总体水平。公民素质越高，改造自然和社会的水平就越高。文化素质是公民素质的重要组成部分，在一定程度上能够体现智力和思想道德水平。

文化水平的高低能够反映一个地区居民的整体文化素质。统计所有调研问卷，调研样本为 159 人，调研对象总体年龄段为 29—77 岁，其中彝族为 79 人，汉族为 63 人，苗族为 17 人（图 5）。通过实地走访发现，调研地区多为彝族聚居地区，且呈现出大杂居、小聚居的总体民族分布特点。根据对调研对象的分析，不难看出男性参与石漠化综合治

① Gundeson L H，Holling C S and Light S，*Barriers and Bridges to the Renewal of Ecosystems and Institutions*，New York：Colunbia University Press，1995.

理及调查的比例较女性要高出很多（图 6），这种情况的出现有三个方面的原因，一是在对一个家庭的调查中，主要是家庭的户主参与，女性一般不愿意参与；二是在调研过程中，相当一部分女性对社区治理情况不了解；三是社会事务或社区事务参与层面，一个家庭中参与社区事务的仍为户主，且一般为男性。

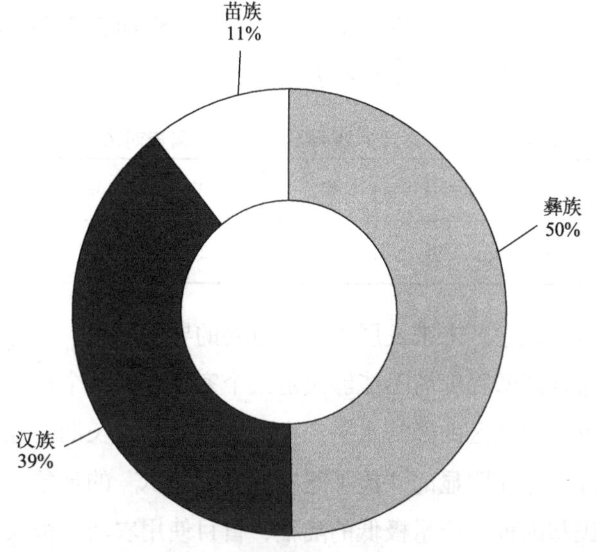

图 5　蒙自、建水及泸西三县（市）石漠化地区调研对象民族比例图

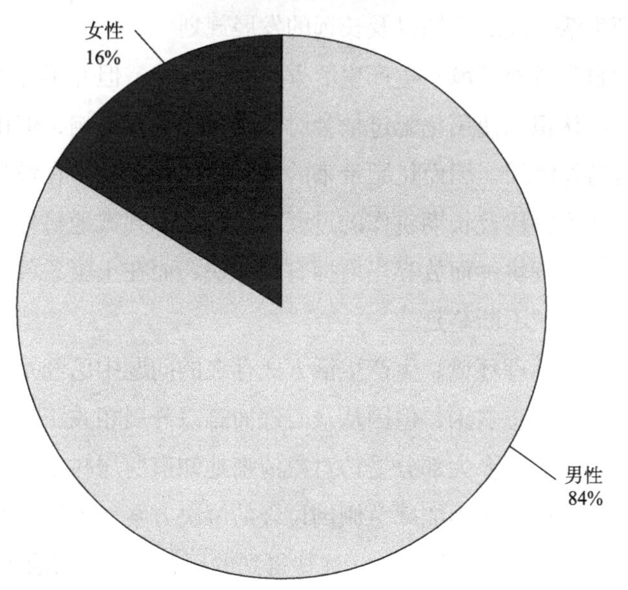

图 6　蒙自、建水及泸西三县（市）石漠化地区调研对象性别比例图

从走访调研来看，女性的社会参与度远低于男性。通过对参与问卷调查的159人的文化水平进行分析（表2），得出调研样区居民多数文化程度限于小学和初中，仅能达到67%，高中及以上教育程度居民所占比例不到5%，说明石漠化片区居民的文化素质有待提升。此外，笔者通过对116人[①]的文化程度和性别进行交叉分析发现，在红河哈尼族彝族自治州石漠化综合治理地区，男性接受教育人数较女性而言要多，因而可能导致男女在社区治理及生态修复的认知水平上存在差异。

表2　蒙自市、建水县及泸西县石漠化片区调查对象文化程度表

文化程度	文盲	小学	初中	高中	专科	未知	合计
人数/个	5	70	36	2	3	43	159

劳动力素质在石漠化地区未来发展中具有重要的导向作用，文化水平作为劳动力素质的表征之一，尽管其高低程度尚不能够决定某个家庭或者某个社区的经济水平，但仍能在一定程度上对家庭和社区的经济水平产生影响，尤其是长期的经济发展转型。调研发现，当前石漠化片区存在明显的“捡了芝麻，丢了西瓜”的现象，政府引导种植桃树发展经济产业，居民却因种植产量极低的陆稻，盲目使用农药，极大地降低了核桃树的成活率。石漠化综合治理地区居民整体文化水平的高低，在一定程度上制约着公众对自身所处环境、生产生活方式的认知以及长远的发展规划。

第一，居民对自身所处环境、生产生活方式有所感知，但并不深刻。诸如在施用化肥的问题上，村民已认识到使用化肥过量会对土地板结造成影响，但由于使用化肥能够节约劳动力和节省劳作时间，因而化肥带来的危害往往被忽视。在坡耕地的问题上，石漠化片区的居民在政府宣传及长期耕作的过程中，已认识到坡地耕作会导致严重的水土流失，因石头多难以继续耕种而放弃当前拥有的地块，而在土壤条件较好的坡地种植庄稼，进而使石漠化的区域不断蔓延。

第二，居民从自然地理环境、生产生活方式存在的问题中已经意识到如何防治石漠化，且知道该如何解决生态贫困，但因从众心理而难以开展相关工作。西北勒乡、冷泉镇、面甸镇、三塘乡及向阳乡大部分受访对象清晰地知道所居村子水资源、卫生、垃圾等问题的严重性，同时还提出不能肆意倾倒垃圾的解决方案，但当涉及“您家按照您理想的方式处理垃圾和污水吗”等问题时，往往得到的回答是“看政府怎么说”“别人如何就如何”。由此看来，石漠化综合治理片区居民集体性自发解决公共问题的意识并不高，

① 注：由于在调查过程中有43位调研对象的文化程度丢失，故在分析过程中仅分析116位调查对象的文化程度和性别关系。

且存在严重的从众心理和依赖心理。

第三，在石漠化综合治理的长远发展规划上，存在明显的地方性特征。调研发现，在发展方式已经转变的地区，居民渴求进一步改善现有的种植结构和发展方式，以达到经济效益最大化；而正处于转变发展方式的区域，居民则期望效仿已取得典型成效的区域路径。跟风式的发展方式在一定程度上导致系列市场问题，也会对石漠化综合治理成效的掌控带来困难。同时，石漠化地区的居民也存在另一种认识，即认为可以因地制宜发展适合地方气候的作物，但在如何发展以及如何解决未知问题方面，居民并没有清晰的认识，通常认为一般情况下可以依赖政府解决问题。

第四，石漠化地区的居民对社区治理逐渐形成协作共建的认知。涉及“您是否愿意参与村庄卫生清洁的工作”这一问题，有 61.0%的人表示愿意，1.2%的人表示不愿意，其余 37.8%有两种情况（图 8），一是有专人打扫，认为没有必要参与；另一种情况是对卫生管理处于未知状态，不愿意回答任何问题。

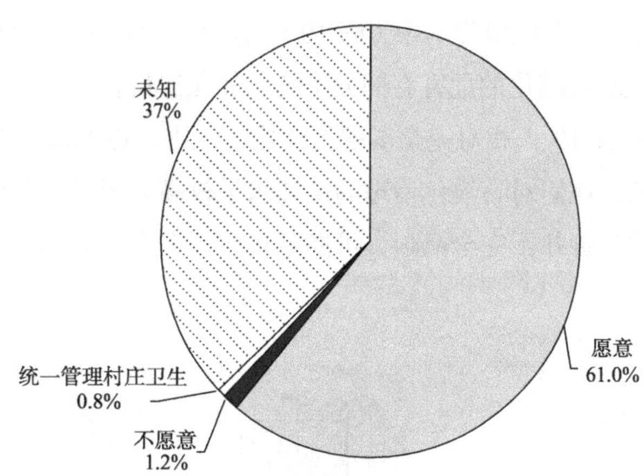

图 8　蒙自、建水及泸西三县（市）石漠化地区村民对村庄卫生清洁意向图

另外，在对村庄卫生满意度的调研中，对村子卫生满意的占 42%，认为村子道路比较干净，且进入村庄的道路已基本硬化；基本满意占 11%，主要认为路况比以前要好很多，牛粪、生活垃圾等渐次减少了，但是认为局部地区还是不太满意；不满意的居民占 9%，极不满意的占 2%，两者主要认为村庄卫生难以维持，部分村庄因牲口多而呈现卫生状况极差的情况。其余 36%的调查对象则不发表任何意见（图 9）。

通过居民对村庄卫生的满意度和参与意愿的调查数据分析，可以看出，随着社会经济的发展，村民对村庄清洁卫生的要求逐渐提高，建设洁净家园的愿望也逐渐提升，同时也愿意参与到社区清洁卫生等人居环境综合提升和改造的事务中。由此可见，石漠化综合治理片区的居民已逐渐形成了共建社区的基本认同。

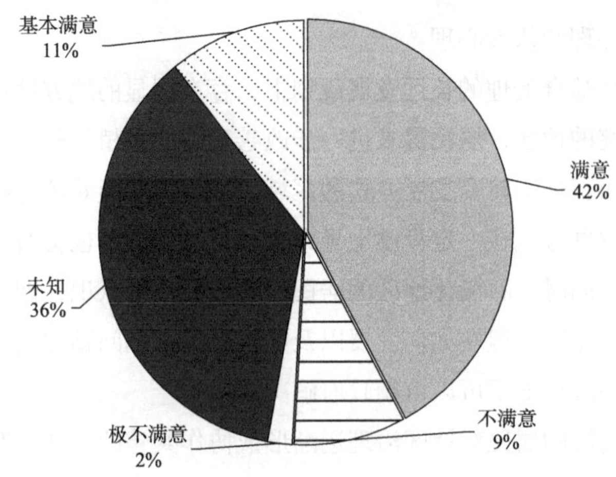

图 9　蒙自、建水及泸西三县（市）石漠化地区村民对村庄卫生满意程度图

第五，调查发现，红河哈尼族彝族自治州石漠化综合治理片区的居民对石漠化的危害并不完全清楚。在 159 个调研样本中（图 10），有 36 人不了解石漠化的危害，这一比例占 23%；有 104 人对石漠化的危害有部分了解，如无法耕种、难以栽植树木、水土流失等，占 65%；另外有 19 人相对完全了解石漠化的危害，占调研人群的 12%，主要是村委会干部及村组长，他们对石漠化治理的认知水平较高。但是从总体上看，各调研地区的居民对石漠化的危害并不完全清晰，可能导致居民在土地利用方式、水源保护等方面也存在较大偏差。

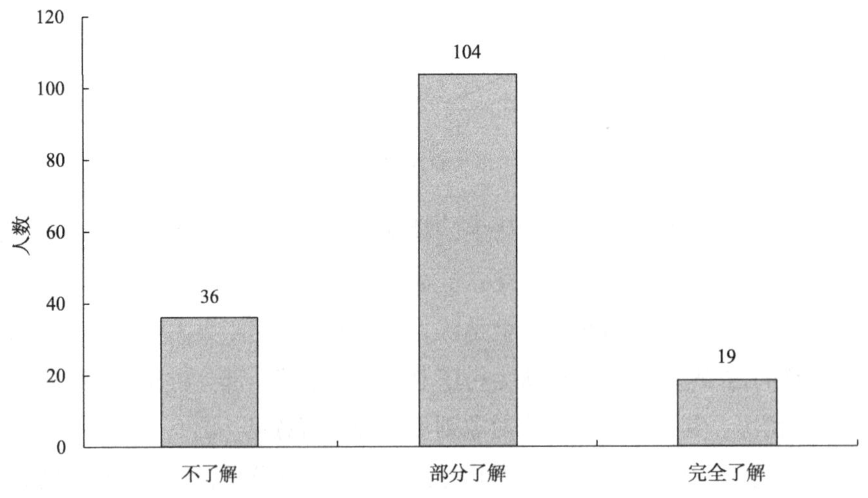

图 10　蒙自、建水及泸西三县（市）石漠化地区村民对石漠化危害了解程度图

第六，居民对石漠化综合治理的态度积极，在石漠化地区造林宜种植本地树种和经济树种的认知较强。在 159 个调研样本中，有 90 人认为石漠化治理具有成效，尤其是与

20 世纪 90 年代相比，石漠化面积减少了，占总样本的 56.6%。涉及“希望种植什么样的树种”的问题上，有效回答的 94 人有 85 人认为可以种植具有经济价值的树种，6 人认为要选择当地特色树种，只有 3 人认为种任何树种都无所谓。

（三）石漠化调研样区公众心理与公共需求分析

公共需求是指满足社区公共利益的，具有不可分割性的共同利益的需求。在处理满足公共需求的公共关系中，公众受组织行为的影响和大众影响方式的作用所形成的心理现象和心理变化规律就是公众心理。在石漠化地区公众心理容易受到家族关系、社群关系的影响，同时还易受从众心理的影响。

在石漠化综合治理地区，居民依靠政府脱贫攻坚政策的“等、靠、要”心理极其严重。在实地调研中发现，部分石漠化片区的居民存在“坐在家里等着政府救助，依靠政府救济过日子”的情况。相当部分石漠化区域外出务工率比较低，贫困程度因而较高，扶贫难度相应增大。

在社区共建中，部分居民存在“看饭下菜”的心理，即“他人做，我就做”的盲目从众心理。在涉及村庄乱堆牲畜粪便的问题时，一部分居民表示这一行为不妥，态度明确；而另一部分居民存在“他人堆，我也堆”的心理，甚至存在认为没有什么关系的消极态度。这对社区协同共建、农村人居环境综合整治和提高具有潜在的消极影响。

石漠化综合治理地区的公共需求主要表现在两个方面，一是水利基础设施建设，尤其是田间水池（窖）及灌溉有效半径受限；二是交通，主要是机耕道路里程及宽度问题。解决石漠化地区农耕的用水问题，基本上能够有效维持抗旱保收，但难以提高系统性的长时灌溉效率；解决交通问题，则可以有效解决区际运输及产业发展的规模化问题。总体上看，石漠化调研样区的公众心理与公共需求存在一定程度的矛盾。首先是在水池（窖）、田间道路修建的公共需求问题上，调研样区的居民形成了高度一致的认识。调查发现，水窖的修建方式是政府出资、民众出地投劳，90%以上的农户愿意提供地块修建水窖。在田间机耕道路的修筑上，农户皆认为应修建完善的道路网，以便耕作和物产运输，且绝大多数农户愿意无偿将自己的土地用来修建田间道路①。

石漠化综合治理工程的实施，需要充分考虑公众心理和公共需求之间的矛盾问题。若只考虑公共需求，而忽视公众心理，则会造成一些已竣工的工程难以正常投入使用或者应用效益达不到预期值；若只考虑公众心理而忽视公共需求，则会增加治理的工作难度，抑或造成经费开支难见实效等问题。

① 在此仅讨论农民是否愿意占用土地修建道路问题，不涉及政府补助问题。

（四）公众对社会经济发展方式与产业带动的诉求

在石漠化综合治理地区，以传统种植为主的村庄，改变原有种植方式、发展现代化农村产业几乎成为当地居民的共同诉求。无论是在蒙自市，还是在建水县、泸西县，石漠化地区的居民都渴望政府能够带领他们走出一条集约型现代化农业道路，民众对传统的玉米种植所获得的效益不太乐观。但是，因石漠化综合治理设计方案及政策的导向存在差异，很多石漠化严重的区域没有条件或暂时未能规划项目进行治理，相应地阻碍了居民发展山区现代农业的积极性，同时严重的“等、靠、要”思想也成为限制发展的原因之一。

在能够发展特色林果经济产业的石漠化乡（镇），农户开始寻求新的突破点，期望形成产业链，追求以标准化和产业化带动经济的持续发展，刺激达到“产业带动，增强造血功能，真正‘拔穷根’”。蒙自市西北勒乡在 2006 年发展烤烟种植 4000 亩、苹果栽培 500 亩、核桃 0.6 万亩以及蚕桑 816 亩，后因产业规划和调整，将部分蚕桑养殖改成种植苹果，由此形成了独具特色的西北勒红苹果品牌和小产业。

在水肥条件极差的区域，开发森林林下资源及其附加值，形成生态效益与经济效益双赢的模式成为居民的又一诉求。三个调查样区的石漠化综合治理存在较大差异，蒙自市和建水县的石漠化土层稍厚，泸西县向阳乡和三塘乡部分石漠化地区的土层极薄，难以发展林果产业，早期开展的退耕还林和人工造林，使森林覆盖面积达 94%以上，但面临的问题是如何将“绿水青山”转化为“金山银山”，如何将“绿色荒漠”开发出来，即在保证生态效益的同时，也能实现经济效益，使老百姓能够享受生态保护所带来的绿色实惠。泸西县三塘乡方摆村目前正在开发茯苓等林下中药材产业，但受土壤条件和技术条件的限制，种植尚未形成产业，仅为零星试点推广。

（五）石漠化调研样区公众行为方式异质化分析

公众行为方式异质化是指在公众在对待岩溶地区石漠化这一生态修复问题时，就石漠化综合治理及工程实施表现出的不同的行为方式和态度。“石头缝里刨小康”是蒙自市西北勒乡居民对待该区石漠化综合治理的态度和行为的集中反映，“西北勒精神”有效地带动了苹果、万寿菊的种植，初步实现了经济产业的规模化发展。

西北勒乡自然环境条件极差，石山纵横、耕地瘠薄，水资源奇缺。正是在如此艰苦的条件下，西北勒乡为发展经济，改善水利条件，推进基础设施建设，致力于打造“高原红”苹果，形成独具特色的山里红苹果种植产业。近年来，部分居民开始思考发展其他产业，一是当前种植的苹果品质有待提高，内销市场趋于饱和，外销则较为困难；二是受地方立地气候和固有环境的影响，西北勒适宜苹果种植的区域有限。种植物种的选择及产业转变，一定程度上反映了公众对产业及其市场的态度。

将土地流转给公司是建水县面甸镇阎把寺村在石漠化综合治理中民众的集体态度和积极响应方式的反映。阎把寺村水土条件较好，村民将山上一部分水肥条件较差的土地流转给红森公司和锦源公司，自留部分水肥条件较好的土地种植洋葱和辣椒，村民可到红森、锦源公司务工，改变石漠化地区粗放型的耕作方式，公司科学化的精耕细作提高了土地利用率，还有助于居民增收，同时也能够促进区域石漠化环境的整体改善，有效减轻了传统耕作方式带来的破坏，一定程度上遏制石漠化整体范围的发展。"生态效益和经济效益各行其道"是泸西县向阳乡居民对待该区石漠化治理的态度和行为方式的集中反映。在石漠化综合治理的过程中，泸西县三塘乡和向阳乡封山育林和人工造林带来的生态效益显著，在有发展经济效益的区域专注产业发展，如种植烤烟和万寿菊，形成与西北勒乡生态效益和经济效益迥然不同的发展方式。

社会生态系统的运行与各利益主体具有紧密的联系，公众认知和公众行为方式是社会生态系统运行的重要部分。红河哈尼族彝族自治州石漠化综合治理区域的公众认知受地域、文化、知识结构、开放程度以及经济发展水平等多方面的影响，居民对待石漠化综合治理的行为方式不尽相同。另外，石漠化综合治理区居民与外界接触频繁，获取信息的渠道相应地增加了公众对待治理方式的认识程度和深度，从而有助于改变居民原有的传统生产生活习惯和知识体系。建水县阎把寺村和泸西县江头村距县城较近，具有地理位置的优势，外出打工人员和创业人员较多，获取信息的渠道和信息的即时性从根本上改变了两个村子原有的思想观念。西北勒乡偏居山顶，但通过政府积极引导，苹果种植渐次形成示范并带来经济收益，居民"等、靠、要"的思想禁区被打破，转变发展方式为石漠化地区的脱贫致富提供了经验借鉴。

五、主要成效及经验

（一）管理模式

石漠化综合治理是一项复杂的系统工程，需地方多部门相互协调配合。蒙自市成立由市政府分管副市长任组长，市政府办副主任、发展和改革局局长任副组长，财政、审计、农业、林业、水务、国土、环保、统计等相关部门及乡（镇）主要领导为成员的石漠化综合治理工程领导小组，主要负责项目组织领导、指挥、协调、检查、监督等相关工作。建水县成立以县长为组长，分管农业的副县长为副组长，县政府办公室副主任、相关部门局长、乡（镇）长为成员的石漠化综合治理工程建设领导小组，同时还成立了石漠化综合治理工程建设管理处，管理处下设办公室，主要由林业局监管，林业局局长兼任办公室主任。泸西县成立由县长任组长，分管副县长任副组长，相关部门领导为成员的石漠化综合治理项目领导小组。这种统一规划、责任分工、任务明确和多方合力的管理模式，对石漠化综合治理项目推进和工程实施具有重要的现实指导意义，并且能够最大限度地调动社会各方资源，统筹协调社会各界力量整体性地投入石漠化专项治理工作。

（二）技术示范

科技是石漠化治理取得成功的关键，建水县起到很好的示范作用。在石漠化综合治理试点工程中，建水县林业部门将 1997 年以来与省州林业科研院所共同完成的石漠化片区植被恢复多项研究成果应用于工程建设中，有效提高了石漠化工程的治理水平和林业质量。在树种选择上呈现多样化和乡土化的特点，建水县注重种植白枪杆、云南松、苦刺、清香、苦楝等乡土树种，同时还引种马尾松、湿地松、加勒比松、墨西哥柏、川滇桤木、新银合欢、木麻黄以及相思类（厚荚、卷荚）等树种，通过试验，遴选出适合不同地理条件的造林树种组合和配置模式。在工程建设中，建水县注重栽培良种壮苗，积极推广松类菌根土育苗造林技术、半干旱石质山地造林方法等林业适用技术，大幅度提高了石漠化工程建设的质量。

在石漠化综合治理造林模式方面，建水县结合实际，按照宜乔则乔、宜灌则灌的原则，采用乔灌结合、针阔混交、常绿与落叶相搭配的造林模式，按不同的自然条件确定乔灌、针阔育植比例。与此同时，建水县林业局林业推广所还与西南林业大学、云南省林业职业技术学院开展合作，在治理区推行《滇东南石漠化地区植被恢复中乡土树种应用技术示范》《珠江流域石漠化地区优良适生树种推广示范》等试验示范项目，并与云南省林业科学院在治理区开展石漠化监测，掌握石漠化治理前后植被、土壤和水分的动态变化。石漠化综合治理应当坚持科技先行，在充分的理论和实验基础上精确地开展工程建设，科学实施工程措施和生物措施，以“科技先行、民众参与、政府支持、公司介入、市场化管理”的方式有序推进生态修复和环境保护。

（三）保障措施

在红河哈尼族彝族自治州蒙自市、建水县和泸西县的石漠化综合治理中，制度保障和资金保障是有序推进治理工作的根本性保障举措。一是建立健全各项保障制度，各县（市）严格执行建设项目和资金公示制、项目法人责任制、招投标和工程监理制及项目资金实行报账制，建立健全工作激励考核考评制度和项目效益评价制度，并将其纳入县委、县政府督查督办重点工作事项，保障示范区各项工作顺利推进，确保工程建设取得成效。二是在省政府安排专项资金的基础上，各县（市）积极争取省州相关部门资金的支持，县级财政部门也预算安排一定资金专项用于示范区建设，并充分发挥群众参与石漠化治理的主体作用，努力做好筹资与投工投劳，确保示范区各项综合治理工程顺利建设。

调研各县（市）的政府将石漠化综合治理视为生态治理和民生改善的重要工作内容，并从人力、财力等各方面给治理进度提供最大最优的保障。在人力投入上，各市（县）除由政府主管领导挂帅协调统筹外，还从各个层级的单位部门抽调人力予以配合；在资金投入上，除中央财政拨款外，各县（市）自行筹集专项资金用于石漠化治理工程。2008年至2015年，蒙自市石漠化综合治理项目总投资4226.6万元（中央3430万元，地方796.6万元）；建水县石漠化综合治理工程一期建设项目总投资6953.1万元（中央5654.27万元，地方配套及群众自筹 1298.83 万元，含工程建设管理费及预备费）；泸西县项目总投资6844万元（中央投资5630万元，地方配套1214万元）。强有力的财政支持和资金整合平台，形成了科学合理的公共财政配置体系，为各县（市）石漠化综合治理工程推进注入了“强心剂”，保证了治理工程的顺利施行。

（四）防治体系

从调研样区各县（市）石漠化综合治理的实际成效来看，在积累经验和开拓创新的基础上，蒙自、建水、泸西三县（市）初步建立了石漠化综合防治的四大体系，即以营造水保林、经果林为主，乔、灌、草相结合的坡面生态防护体系；以拦沙坝、蓄水池、排洪渠、管道配套保护水土资源的沟道防护体系；以“坡改梯”为主的标准化、生态化农业生产体系；以生态修复和产业扶贫配套相结合，发展山地经济和规模化种植相结合的农村经济体系。石漠化综合治理和防治体系的有机结合，有效地防止了水土流失，植被恢复和经济发展的转型一定程度上有效地遏制了石漠化的蔓延。

此外，由政府、社会（民间资本）、民众三方协同开展石漠化治理的机制初步建立。石漠化治理是一项综合性、系统性的民生工程，调研组认为需要政府、社会和群众三方合作才能完成。各级政府部门在开展治理工程统筹管理、监督检查、政策宣传工作的同时，积极招商引资和吸引民间资本融资投入石漠化治理工程中，为石漠化治理和生态修复提供了充分的资金保障。民间资本在政策的吸引下进入石漠化治理环节，并整合利用当地生态资源，优先发展产业化和集约型农业，能够带动石漠化片区经济社会的良性和循环发展，有效提高了居民的收入水平。

六、存在的问题和对策建议

作为云南省石漠化程度深和危害重的地州，红河哈尼族彝族自治州近年来通过推行植树造林、小流域治理、生态扶贫和生态移民等措施，使石漠化综合治理得到有效遏制并呈净减少趋势。但调研组在8月的实地访察中了解到，由于石漠化山区生态与贫困矛盾交织，地方政府部门在推进治理过程中仍面临政府治理为主、民众意识薄弱，资金来源单一、资源分配不均，农民生存与生态、发展与保护矛盾突出，规划存在缺陷和治理成果难巩固等一系列问题，基层干部建议突出重点、完善机制、精准施策，地方民众建议因地制宜、因势利导、因利乘便，积极探索适合地方实际的石漠化治理和防治路径。总结分析当前石漠化治理中存在的现实问题，对下一阶段石漠化综合治理工作的深入推进具有重要的现实指导意义。

（一）当前存在的问题

一是石漠化综合治理以政府为主，民众参与性意识薄弱。调研了解到，红河哈尼族彝族自治州石漠化综合治理工程推进总体上以政府为主导，从设计、管理到具体实施均由政府运作，而民众参与性治理的意识较为薄弱。这种治理模式具有两个弊端，一是由于民众对石漠化综合治理参与性意识差，会出现政府边治理、民众边破坏的严重问题，政府治理易沦为一剂“治标不治本”的常药；二是政府主导的石漠化综合治理中施行的工程项能够客观地为石漠化片区民众带来一定的经济效益，民众在如何致富和如何改善生产生活条件方面缺乏主观能动性的思考，依靠政府政策改善生活现象普遍，形成“等、靠、要”的严重依赖心理。在访谈中，当调研成员问及民众“是否愿意将农作物种植改为果树种植”这一问题时，部分民众的回答是“政府政策要求我们改种则种植，要求我们种什么就种什么”，还有民众回答“政府来种我来收”。石漠化综合治理应是地区发展锦上添花的民生事业，不应成为区域发展或民众致富的救命草。从长期来看，“等、靠、要”依赖心理不利于石漠化片区的经济发展和民众生活水平的改善。

二是石漠化综合治理资金来源单一、资源分配不均。红河哈尼族彝族自治州蒙自、建水、泸西三县（市）石漠化综合治理中，因治理资金来源渠道单一，投入严重不足，没有形成全方位、多渠道的投入机制，且因综合性政策配套机制不健全，公共资源分配不均衡的现象仍然存在。总体来看，石漠化地区之间的资源分配不均主要缘于政府要出政绩，科研人员要出成果，通常会选择易取得治理成效的地区，而投入多成效少的地区易被边缘化。从微观角度来看，公共资源分配不均的现象在同一地区表现也较为突出。

红河哈尼族彝族自治州综合治理相关政策不完善，补助标准偏低，因而石漠化治理难度大和投入高，而岩溶地区地方财政困难、群众生活贫困，在目前扶持石漠化治理的有关政策当中，资金预算严重不足。石漠化综合治理资源分配不均的问题急需解决。调研中，有民众明确表示坡改梯工程获利甚少，坡改梯后的“好地”都流转给公司，自种的土地仍很贫瘠，作物种植产量低。

三是规划存在缺陷和治理成果难以巩固。石漠化综合治理是红河哈尼族彝族自治州重要的民生问题，事关红河农业的可持续发展、农民的切身利益以及农村的和谐稳定。纳入综合治理的石漠化片区规划缺乏群众性参与，相关部门在石漠化规划和制订实施方案时缺少必要的调研和听取农户意见，农户草食动物放牧范围受限，且草食畜牧业建设项目分配的资金占整个石漠化治理项目总资金的比例偏低。由于农业用地和林业存在交叉，石漠化规划缺少预调查及农林统合规划，工程实施中遭受农户阻拦，临时调换工程项目实施的地块，甚至频繁更换施工队以及变更林木品种。受石漠化综合治理规划、管护工作滞后等因素的影响，综合治理成果难以有效巩固。

四是农民生存与生态、发展与保护的矛盾突出。生态是公共产品，而土地是农民生存最基本的生产资料。蒙自市、建水县和泸西县石漠化片区耕地总量和人均占有量少，过去当地民众靠不断开荒，以耕地总量换取粮食增量，以维持日常生活，生存与生态的矛盾突出。生活能源供给方式与生态保护之间的矛盾也没有完全消除，石漠化地区建设沼气池条件差、难度大，入户率较低，使用率不高，部分农户仍然砍伐薪柴，影响石漠化治理成效。通过走访座谈和实地考察了解到，生态贫困严重影响石漠化片区居民的生产生活，突出表现是人畜混居现象难以杜绝和卫生安排制度不合理，生活垃圾、生活污水处理存在明显的安全隐患，刚性政策规定和有效监督仍待完善，石漠化综合治理片区的人居环境尚具较大的提升空间。

（二）反馈意见及建议

石漠化的形成是自然环境与人为破坏相结合的结果，根据此次实地调研及问卷调查了解到的具体情况，拟提出以下对策：

一是扶贫先扶智，加强宣传教育，增强民众意识。红河哈尼族彝族自治州石漠化片区发展相对滞后，民众生活环境较为封闭，生态保护及石漠化地区生态修复意识较薄弱。在石漠化综合治理中，亟须加强石漠化综合治理的宣传及舆论工作，全面提高民众的环境保护意识，大力宣传石漠化综合治理的生态效益，提高地方民众对实施石漠化综合治理的认识，激发群众积极参与石漠化治理各项工程建设，加强法律法规的宣传普及工作，让广大石漠区群众知法、学法、懂法、守法，依法约束自己的行为，有效保护和巩固石漠化治理成果。

二是多渠道、多方位筹措建设资金，建立以中央投资为主，地方配套的投入保障机制，加强资金使用的监督管理。积极推行群众投工投劳承诺制，形成多元投资主体参与石漠化治理的新格局。以石漠化总体规划设计为核心，以项目实施为载体，重新整合支农项目和资金，加大对退耕还林、退牧还草、以工代赈、科技扶贫、农机补贴和畜牧业专项等项目资金的投入力度，以共同实现项目区经济、生态和社会效益。加强资金使用管理，石漠化综合治理各工程项目实施单位应建立项目资金专用账户，专款专用，工程建设实行报账制，以工程检查验收结果作为支付工程资金的依据；坚持专项资金年度审计制度，加强监督监管，提高资金使用效率。

三是石漠化综合治理科学分区，合理制订工程布局图表，因地制宜确定施工方案。根据断陷盆地岩溶地质、地貌和岩溶生态环境的相似性，自然资源及经济社会条件的同类性，石漠化成因、治理措施的趋同性，考虑区划界线与自然边界保持一致性的原则，科学合理制订系统完整的石漠化综合治理设计方案和施工图，坚持统筹规划、综合治理，分类指导、分区施策，因地制宜、因害设防，积极探索石漠化治理的新模式和新技术，着力解决长期困扰石漠化地区经济社会发展的瓶颈问题，促进区域协调可持续发展。

四是坚持以人为本，统筹改善民生，通过整体规划实施，有效提高石漠化综合治理对区域经济社会发展的支撑能力。以提高城乡居民生活水平为出发点，加快推进水利建设、生态建设和石漠化治理，把石漠化综合治理与改善农村生产生活条件结合起来，把生态建设、石漠化治理与发展特色产业、增加农民收入与改善居民人居环境结合起来，从根本上增强石漠化地区防御自然灾害的能力，增强生态贫困地区自我发展的能力。提高生态环境对经济社会发展的承载能力，保障石漠化片区城乡居民生活和经济社会发展需求，努力改善生态环境，增强生态贫困地区的发展潜能，促进区域经济社会及生态可持续发展。

西南地区农村反贫困道路中发挥生态优势研究[①]

朗特里指出，家庭的总收入不足以维持家庭人口最基本的生存活动需求时贫困就产生了[②]。贫困问题是一个世界性难题，由于经济、政治、军事、文化等多种因素的影响，贫困无处不在、无时不有。然而，进入商品经济社会以后，特别是随着工具和技术的改进，世界的全面性贫困已经不复存在。

一、贫困问题的经典解释

（一）马克思主义解读资本主义发达国家工人阶级的贫困

马克思从制度层面出发，第一次全面剖析了资本主义社会工人阶级贫困问题的根源，全面把握了贫困问题的现象和本质。从此，社会划分为两个对立的阶级：资产阶级、无产阶级。在马克思主义语境下，双方的矛盾从幕后走向前台，变得不可调和。因此，任何不触动资本主义制度本身的变革都将是徒劳的，资本家的富裕、劳动者的贫穷和贫富差距扩大难以幸免。

（二）发展经济学解读发展中国家的贫困

发展经济学家拉格纳·纳克斯、刘易斯等，从发展中国家的视角探讨了贫困问题的根源。1953 年，拉格纳·纳克斯在《不发达国家的资本形成》中认为："发展中国家的贫困，是因为穷所以穷的结果。"即贫困的恶性循环：收入低—资本形成不足—消费低—消费低造成工厂开工不足—进而造成工人收入低—资本形成不足。要打破这种低层次的恶性循环，必须有一种持续的拉动力，使经济水平拉动到安全水平以上，不会再掉入低层次的怪圈。类似于"中等收入陷阱"，这种恶性循环在一定的经济发展水平下始终存在，必须冲破这种掣肘，通过经济增长的相关手段（投资、消费、出口等）实现全面超越。

刘易斯[③]认为，发展中国家普遍存在的二元经济结构是贫困问题的重要原因。城市

---

① 作者简介：孙爱真，女，河南商水人，岭南师范学院马克思主义学院副教授，主要研究方向为生态哲学与生态经济。

② B. S. Rowntree，*Poverty：A Study of Town*，Life. London：Macmillan，1901.

③ W. A. Lewis，Economic development with unlimited supply of labor，*The Manchester School of Economic and Social Studies*，Vol. 22，No. 2，1954，pp. 91-139.

富裕、农村贫穷的二元结构，使得社会等级固化、阶层固化，从而加剧两类群体在教育、医疗等民生公共产品领域的不平等，更加剧了在经济、金融等私人产品领域盈利能力的差异。城市人在私人产品领域和公共产品领域都占据优势，从而恶化了二元经济结构，拉大了贫富差距。中国走出了一条农村城市化、农民市民化的快速发展之路，但6亿农民的市民化需要更多的时间来完成，因此二元结构下的贫困仍然存在。

（三）市场经济体制视角下贫困生成的原因

目前，较为发达的资本主义国家、发展中国家在经济领域的模式大部分为市场经济，区别在于政府对市场影响的深度和广度不同。一般来说，较为发达的资本主义国家采取“大市场、小政府”的经济体制，发展中国家采取“小市场、大政府”的经济体制①。然而，就市场经济体制本身，二者所采用的价格、供求、竞争机制基本相同。因此，从市场经济体制层面，探究不同国家贫困的共同点，具有重大意义。

在西方学者看来，市场经济体制下造成贫困的首要因素是个人原因。诺贝尔奖获得者米尔顿·弗里德曼就认为，懒惰、不努力工作、缺少创业精神、不节俭、能力差等个人因素是主要原因，政府管理者是次要原因。因为市场经济是自我选择、自我负责的契约式经济，在竞争中失败的责任只能归咎于自己。

相对过剩人口的存在是造成贫困问题的另一个原因。这里有三类相对过剩人群：流动的过剩人口、潜在的过剩人口、停滞的过剩人口。流动的过剩人口主要指城市和工业中心临时失业的工人，是在工作转换期间发生的。潜在的过剩人口指农业中的富余劳动力，属于隐性失业的范畴。停滞的过剩人口即没有固定的职业，只有依靠从事打零工等勉强维持生活的人群，其特点是劳动时间最长而工资最低。

二、西南地区农村贫困状况

西南地区包括重庆、四川、云南、贵州、西藏，是我国山地密集、平原稀少、高原林立的区域。由于居住生存条件相对恶劣、自然灾害频发，历史以来这里的开发开放都较为滞后，城市化、市场化水平较低。经济基础的薄弱决定了教育、文化、医疗等社会发展领域的滞后。特别是西南地区农村、高原民族地区和低海拔地区在经济基础和社会发展方面都较为贫困。

西南地区呈现出立体的民族群落，张桥贵②以云南为例，研究了立体民族分布（表1），

① 吴志攀：《大政府？小政府？法治政府!》，《国际经济评论》2011年第4期，第7—9页。

② 张桥贵：《云南多宗教和谐相处的主要原因》，《世界宗教研究》2010年第2期，第19—24页。

在同一个山或几个相邻的山，不同海拔分布着不同民族，各民族的风俗习惯各异，改革开放程度、市场化水平、国家观念、宗族观念、教育观念等具有显著差异。可以看出低海拔地区居民主要是汉族，高海拔地带多为民族地区。

表1 云南立体民族分布

区域	居住的主要民族
滇西北高原和高山区	苗族、傈僳族、藏族、普米族、怒族、独龙族、彝族等民族
半山区	哈尼族、瑶族、拉祜族、佤族、景颇族、布朗族、德昂族、基诺族等民族
内地坝区	内地坝区、边疆河谷：白族、回族、纳西族、蒙古族、壮族、傣族、阿昌族、布依族、水族等民族
城镇和坝区	以汉族为主

贫困的类型主要有两类：绝对贫困、相对贫困。本文对绝对贫困的测度主要采用世界银行通用方法——马丁法。有四个步骤：首先确定最低营养需求，然后估计食物贫困线，再估计非食物贫困线，最后把食物贫困线和非食物贫困线相加，得出贫困线。对相对贫困的测度采用平均收入法，按照现行标准，以当地全体居民人均收入的二分之一作为贫困线。这种测度根源于美国学者加尔布雷斯对相对贫困的定义："该区域居民的收入虽可以满足生存，但明显低于当地其他居民的收入。"选取云南、贵州、四川部分地区的样本，通过抽样分析，总结出西南地区农村的贫困问题。

（一）高原民族地区贫困状况

1. 高原民族贫困地区的空间分布，呈现出与生态脆弱区部分重叠的特征

我国生态脆弱区主要有八种类型，在西南地区主要有岩溶山地石漠化生态脆弱区、山地农牧交错生态脆弱区两类，其中山地石漠化最突出，尤以贵州喀斯特地貌区域最为严重。山地石漠化直接恶化了农业种植条件，加剧了水土流失，使得山区半山区缺水严重，以养殖种植为生的民族地区群众难以获得持续的农业效益。

高原民族地区与生态脆弱区的部分重叠，以高寒区、高原区、深山区、石山区和地方病高发区为主，使得反贫困任务艰巨①。事实上，生态脆弱区应该减少人的活动，退耕还林、还草，从而缩小贫困救济的范围。然而，在当前的山地城镇化进程中，高原民族地区移民搬迁计划的覆盖面较小、群众生产生活习惯难以改变等原因仍然制约着反贫困的推进。

① 向玲凛、邓翔、瞿小松：《西南少数民族地区贫困的时空演化——基于110个少数民族贫困县的实证分析》，《西南民族大学学报（哲学社会科学版）》2013年第2期，第124—129页。

2. 绝对贫困区主要分布在云贵川藏的边界地带

《中国农村扶贫开发纲要（2011—2020 年）》指出，西南地区绝对贫困区的主战场在滇黔石漠化区、滇西边境山区、武陵山区、乌蒙山区、西藏、四川藏区等 6 个区域。以乌蒙山区的昭通为例，样本中家庭结构如下：家庭平均人口数为 4.8 人，家庭年收入平均值为 18600 元，平均每人每月收入 323 元。在滇西边境山区以及澜沧江流域，特别是云南第一大少数民族彝族，世居高原的生活习惯使得彝族商品意识、市场意识较为淡薄，更没有工业化的现实基础，交通和商贸的制约使得收入微薄。

上述区域主要集中在云贵川藏的边界地带。西藏的高海拔和自然资源匮乏的特征，成为全国援助的重点区域，贫困的常年累积造成扶贫开发的艰巨性。而云贵川边界地带受中心城市的辐射较弱，长期处于自我生存、自我发展、自我脱困的局面下，输血严重不足。同时，受制于大山困扰，城镇之间距离较远，市场体系尚未形成，因此城镇之间的农村地带就成为经济社会发展的陷落带。

3. 脱贫与返贫交织发生，仍然属于单向扶贫的范畴

扶贫攻坚是一项继往开来的伟大工程，其目的是借助扶贫资金、技术、人才等多方面合力摆脱贫困，使贫困人群走上自我造血和可持续发展的道路。不同于其他区域的脱贫路线，西南高原民族地区的造血功能基本丧失。分散的居住结构、极少的土地面积、不可预测的自然灾害、极差的交通网络，都决定了单向扶贫策略更加有效。同时，因为疾病、灾害、教育支出造成返贫的现象仍然大量存在，脱贫与返贫交织发生。

脱贫与返贫是一对矛盾，二者是对立统一的体系，二者的边界难以完全清晰地勾勒。事实上，众多在温饱线附近的农村低收入家庭，其生产模式基本是维持简单再生产。当自然的力量摧毁了农户生存发展的经济基础时，贫困应运而生。当教育、医疗等政府的公共服务能够减轻一定的负担时，脱贫可能性增大。因此，必须在经济基础的稳固和公共服务的完善上面下功夫。

4. 农民几乎没有资本

依据经济学规律，政府的公共服务总是有一定的辐射范围，需要进行甄别和确认，效率相对较低，往往不能在第一时间满足农户的需求。而真正让农户走上经济独立道路的，是壮大其经济基础。从经济学对私人产品和公共产品的划分看，使贫困农户有机会获得和出售自己的私人产品，才是脱贫致富的上策。当农户获得足够的资本积累，能够壮大经营规模，有一定的农产品剩余，可以扩大销售市场时，脱贫问题才能从根本上缓解。

（二）低海拔地区贫困现状

1. 贫困广度大、多重贫困交织

对于低海拔地区来说，生产生活条件相比于高原地区已经有了较大改善。农户能够有更多机会走出大山，加入劳务经济大军成为农民工，能够增加与城镇的交流，在一定程度上缓解了二元经济结构。但一部分不适应市场经济规律、仅仅依靠农业生产和零星打工、对农业生产经营不够专业的农户收入相对较低，属于相对贫困的范畴。此类群体的贫困广度大，属于农业生产中隐形失业的人群，在本地就业转移中占据劣势。

该群体受到经济贫困、文化贫困和精神贫困的相互交织。经济贫困显而易见，而文化和精神贫困更为可怕。受到高等教育的比例过低，对世界的认识停留在较低水平。更为重要的是，其中一部分人父母妻子儿女留守在农村，各方均备受煎熬。精神和文化的贫困，使农户的发展意识摇摆不定，选择城镇发展还是扎根农村一直处于纠结状态。

2. 工业化市场化水平滞后

西南地区山多平原少，特别是云南，九成以上为山区，缺少进行工商业发展的足够土地。从全国范围看，我国工业化经历了沿海、沿江、中部、西部的更迭，更迭的首要因素是劳动力成本和物流成本。西南地区处于劳动力成本和物流成本的“二律背反”状态，劳动力成本低、物流成本高。因此，必须依靠工业基础设施（厂房、土地）的成本降低加以弥补，而云南、贵州等地不具备这种成本降低的先天条件。

就市场化水平来看，根据孙晓华、李明珊的研究，在全国排名中重庆排名第 7，四川第 17，贵州第 21，云南第 26，西藏第 31。除重庆外，其余四省明显处于全国下游水平、明显滞后[①]。这些指标涵盖了政府行为规范化、经济主体自由化、要素资源市场化、产品市场公平化、市场制度完善化五个方面，较为科学地反映了各省市的市场化水平。

三、西南地区农村生态资源优势

西南地区农村生态资源优势明显，这是由当地的省情、市情决定的。如何高效率地配置这些生态资源，从而早日摆脱贫困，是当务之急。

① 孙晓华、李明珊：《我国市场化进程的地区差异：2001—2011 年》，《改革》2014 年第 6 期，第 59—66 页。

（一）从水资源条件看，西南低海拔地区具有发展生态农作物的优势

西南地区是长江、珠江和怒江、澜沧江、雅鲁藏布江等大江大河的上游，每年降雨丰沛，水系四通八达，年均可利用水资源量约为3470亿立方米。西南地区低海拔农村地区有着悠久的农业发展史。长期以来，以四川、重庆为中心的西南地区在全国统一战争和战胜饥荒方面贡献巨大。四川盆地属于湿润北亚热带季风气候。这里大面积的平原地带、湿润的气候适合多种农作物种植，是西南粮仓。云贵高原、低纬高原属于中南亚热带季风气候。低海拔山区和坝区适合发展花卉、烟草、传统农业等产业。

（二）从气候资源条件看，西南高海拔地区具有发展林牧业的优势

西南高海拔地区林木、牧草资源十分丰富，是林业、畜牧业发展的宝贵区域，相对于低海拔地区，这里以寒带气候与立体气候为主，昼夜温差较大，而且较为干旱，因此更适合发展林牧业。林牧业对生态环境的破坏较少，生产经营投资较少，可以利用森林的自然属性实现自我修复和良性循环。同时，要杜绝盗伐、乱砍、滥伐毁坏林木等涸泽而渔的行为，通过砍补平衡、林下养殖等手段尽可能减少生态破坏，维护生态系统健康可持续发展，从而在山区森林的源头保持生态资源优势，保持发展林牧业的优势。

（三）从生物资源条件看，西南地区农村具有发展生态旅游业的优势

西南地区农村具有丰富的生物资源条件，集新鲜空气、干净的水、阳光、宜人的气候于一体，这里没有工业污染、土壤污染、水污染、空气污染，是我国传统乡村的一片净土，是多民族聚集地，是传统文化富集地。特别是云南、西藏毗邻国境，异国风情、民族风情、地域文化独具特色，为生态旅游增加了附加值。近年来，西南地区乡村生态旅游热点频繁、效益陡增，形成了四川“五朵金花”、云南“分类推进”（旅游特色村、少数民族特色村寨、古村落保护开发）、重庆“四位一体”（都市乡村休闲观光发展核、城市发展新区乡村休闲度假发展环、长江三峡乡村生态度假带、武陵山乡村风情度假带）的乡村生态旅游典型模式。

四、西南地区农村利用生态资源优势脱贫的具体措施

（一）高原民族地区脱贫

西南高原民族地区受气候条件、空间分布、资本约束、教育、民族等多重叠加因素的影响，需要采取多种措施扶贫脱贫。

（1）从战略上看，应推进精准扶贫。西南高原民族地区居住分散，贫困程度、贫困类型各不相同，当地党委政府应树立精准扶贫思想，为每个困难家庭建立档案，实行跟踪监测、动态服务的策略，建立信息系统，真正高效推进反贫困战略。

（2）从方法上看，应首先推进生态扶贫。高原地区是第一道生态屏障，保持充足的植被、建设生态涵养区至关重要。必须对生态脆弱区实施生态补偿、退耕还林还草等措施，以修复源头的生态裂痕、实现生态系统的良性循环。生态补偿策略可以从根本上杜绝人为的生态破坏，减少资源的开发利用，形成保护生态环境的良好氛围。对自然灾害导致的生态脆弱问题，必须评估灾害的大小、频率、破坏度，评估民族地区居住生活条件，必要时实施生态移民的断然措施。

（3）从政策设计上看，应通过集体林权制度改革使农民获得资本。在精准扶贫、生态扶贫的前提下，激发民族地区干事创业的活力，增强造血功能是十分必要的。对于高山区民族地区来说，可以采取美国西部大开发的类似政策，推进集体林权制度改革。采取荒山开垦、承包，甚至部分私有化的办法，推动农户在林业、牧业发展方面拥有真正的产权意识、责任意识和收益意识，形成一定的农业资本，为家庭养殖种植农场的形成创造条件。

（二）低海拔地区脱贫

西南低海拔地区农村已经在劳动力教育和就业方面取得进展，一批农民工力量正在形成。同时，一批长期深耕农村的农业养殖种植大户正在发展，农业生产生活条件也有了很大改善，脱贫工作需要在下述方面做出努力。

（1）从战略上看，规模化和特色化农业是必由之路。无论在低山区还是坝区，农业的分散经营在一定程度上影响了运作效率，最终难以形成真正的农场和农业企业。当前西南低海拔地区一批农业养殖种植大户已日渐形成，但在扩大规模、资金保障、市场对接等方面与东部地区差距较大。地方政府应结合当地资源、市情，坚持土地家庭联产承包和土地流转的总方针，在前期合作社经验的基础上，力求更大规模的合作合营。同时，大力发展特色农业、生态农业、有机农业，这些差异化发展道路能够真正发挥西南地区生态资源优势，取长补短，实现有质量的发展。

（2）适当发展外向型劳动密集型产业。目前，全国处于产业结构转型升级的关键时期。然而，西南地区的区情决定了发展仍然是第一要务，承接东部中部地区过剩产能，特别是劳动密集型产业，将是利大于弊的事情。劳动密集型产业能够解放农业过剩劳动力，在成本方面保持对发达地区的竞争优势，从而让人口红利得以延续。同时，外向型劳动密集型产业对产业链的要求不高，可以独立分割而存活，对资本的投入要求低，进入和退出壁垒较小，能够辐射南亚、东南亚市场，因此符合西南地区的实际。

（3）发展生态农产品加工业、生态旅游。生态农产品是西南地区农村第一大优势，核桃、板栗等坚果类，杧果、龙眼等水果类，有机蔬菜等生鲜类生态农产品，是西南地区农村的名片。然而，上述高附加值产品受到物流、保质期、加工技术等多方面影响，一直没有全国性著名品牌，处于初级包装加工的状态。以生态资源优势大力推进生态农产品加工业发展，以资源获得竞争优势，是可持续的发展道路。同时，积极打造生态旅游产品。生态旅游是对优质山泉水、清新空气、阳光的消费，比较契合西南地区乡村的生态优势。城市郊区、乡村生态旅游具有污染少、参与度高、创业就业的特点，可以借鉴四川“五朵金花”模式，打造生态旅游精品。

移民与生态文明建设——普洱市生态移民调研报告[①]

生态移民系指为了保护某个地区特殊的生态或让某个地区的生态得到修复而进行的移民，也指因自然环境恶劣，基本不具备人类生存条件或不具备就地扶贫条件而将当地人民整体迁出的移民。

2015 年，习近平总书记考察云南时就指出："希望云南主动服务和融入国家发展战略，闯出一条跨越式发展的路子来，努力成为民族团结进步示范区、生态文明建设排头兵、面向南亚东南亚辐射中心，谱写好中国梦的云南篇章。"[②]对云南省的跨越发展指明了方向，就生态文明建设而言，给予了期待和厚望。

普洱市位于云南省的西南部，东临红河、玉溪，南接西双版纳，西北连临沧，北靠大理、楚雄。东南与越南、老挝接壤，西南与缅甸毗邻，边境线长约 486 千米（与缅甸接壤 303 千米，老挝 116 千米，越南 67 千米）。普洱市南北纵距 208.5 千米，东西横距北部 55 千米、南部 299 千米，总面积 45385 平方千米，是云南省面积最大的市（州）。受亚热带季风气候的影响，这里大部分地区常年无霜，冬无严寒，夏无酷暑，享有"绿海明珠""天然氧吧"之美誉。普洱市海拔在 317—3370 米，中心城区海拔 1302 米，普洱市年均气温 15—20.3℃，年无霜期在 315 天以上，年降雨量 1100—2780 毫米，负氧离子含量在七级以上。但由于地处西南边境，多山地河谷，内生发展动力较弱，交通不便，与外界沟通联系不强，经济发展较为缓慢。2012 年，地区生产总值 366.85 亿元，人均生产总值仅为全国的 37%、云南省的 64%，仍有 8 个县属国家扶贫开发工作重点县。农业产业化程度低、工业化处于初中期阶段、服务业比较落后，基础设施建设严重滞后。为推动普洱经济和社会的科学发展，调节区际之间的社会和生态平衡，保护好普洱市的青山绿水，走出一条边疆民族欠发达地区现代化发展的新路子，普洱市政府立足自身优势，结合地区实际，适时启动了生态移民工程，力图通过区际移民工程，转变经济发展方式，调节地区平衡，统筹城乡发展，实现普洱市社会经济的跨越式发展。

---

① 作者简介：王彤，男，安徽潜山人，云南大学西南环境史研究所博士研究生，研究方向为疾病史、灾害史。

② 《习近平在云南考察工作时强调 坚决打好扶贫开发攻坚战 加快民族地区经济社会发展》，《人民日报》2015 年 1 月 22 日，第 1 版。

一、普洱市生态移民的背景

2013 年，普洱市申报建设国家绿色经济试验示范区，至 2014 年获得国家发展和改革委员会批复同意，至现今的建设过程中，普洱市全面落实“生态立市、绿色发展”战略，以普洱建设国家绿色经济试验示范区为总平台和总抓手，以保护生态和消除贫困为主要目标，以自然保护区、水源保护区、生态脆弱区、地质灾害威胁区、生存环境恶劣地区群众为主要移民对象，以小城镇、产业园区、适宜地区等集中安置为主要途径，以产业为支撑，加强资源整合，注重统筹协调，保护开发并举，推动国家绿色经济试验示范区建设，保护和开发好普洱优越的自然生态环境，加快全市城乡和区域协调发展，建设生态文明。

普洱市整体生态环境优越，自然资源丰富，生物多样性保存完好。全市森林覆盖率超过 68%，境内分布着 16 个自然保护区。其中，国家级和省级自然保护区共 7 个，县级自然保护区 9 个，保护区总面积为 14.24 万平方千米。除自然保护区外，划定的江河两岸、大中型水库库区、城市面山及饮水工程水源防护林、国防林和风景林等国家及省级生态公益林面积 111.33 万平方千米。但是，目前也面临诸多困难和挑战，如部分地区生态脆弱，市水土流失重点区面积 12.73 万平方千米，占全市土地面积的 2.8%，主要分布在澜沧江、红河流域范围植被受破坏的面山以及陡坡耕地重垦区、沟蚀、面蚀冲刷区和少量石漠化区。这些区域生态较为脆弱，一旦现有植被遭到进一步干扰和破坏，存在水土流失加剧的潜在危险，从而形成滑坡、泥石流等地质灾害。此外，在普洱市各级自然保护区内，仍分布一定数量的居民点，对生物多样性保护构成极大的威胁。

另外，普洱市所辖 10 县（区）均为滇西边境片区区域发展与扶贫攻坚片区，其中，宁洱、墨江、景东、镇沅、江城、孟连、澜沧、西盟 8 个县为国家扶贫开发工作重点县，是一个典型的集“老、少、边、贫”为一体的边疆少数民族贫困地区。这些地区多是边远封闭、社会发育程度低、生产生活条件及自然环境条件恶劣且难于改善的山区和半山区。尤其是部分少数民族特困群众的生产生活条件极度困难，生存条件极端恶劣，部分地方刀耕火种、毁林开荒、陡坡开垦等粗放耕作方式一直延续，难以改变；加之农村能源缺乏，群众靠砍伐薪柴作能源，导致生态环境恶化，自然灾害发生频率加剧，且贫穷导致农村人口受教育程度低，青壮年文盲和半文盲比重大，人口素质不高，文化素质差，缺乏自我发展能力。

二、普洱市生态移民情况

（一）生态移民现状

所谓生态移民，就是从改善和保护环境、发展经济出发，把原来位于环境脆弱区高度分散的人口，通过移民的方式集中起来，形成新的村镇，在脆弱地区达到人口、资源、环境和经济的协调发展。

普洱国家绿色经济试验示范区生态移民对象主要有以下四类：一是生态重要性等级三级以上、生态脆弱性等级二级以上区域的生态保护区群众；二是脱贫致富困难地区群众，包括高寒山区、边远山区、陡坡地区、丧失基本生活条件地区以及通水、通电、通路、通信等基础设施建设成本较高、基本生活条件恶劣的独村散户；三是滑坡、泥石流等自然灾害严重，经常面临生命财产安全威胁的地质灾害区群众；四是结合保护生态和消除贫困需要搬迁的其他群众。

普洱市生态移民工程自 2012 年 12 月启动实施以来，共实施 36 个生态移民工程，安置 1984 户，共 8034 人。2012 年开展了生态移民试点工作，除墨江县 4 个点外，其他每个县一个试点，共安置 638 户、2738 人，总投资 12 583.3 万元；2014 年，共实施 2014 个生态移民项目，安置 1346 户、5296 人，总投资 17 892 万元，已有 212 户、875 人迁入新居。还通过易地扶贫工作，完成了怒江州泸水县、福贡县，昭通市鲁甸县、巧家县、永善县、大关县两州市六个县的跨州（市）易地扶贫开发搬迁 3919 户、15689 人。新建村民委员会 12 个、自然村 137 个，先后建立了踏清河、营盘山、大中河、曼老江四个易地扶贫开发区。

2008 年以来，普洱市共组织实施了移民新村建设项目 48 个，总投资 1.24 亿元，受益人口达 12 253 人（其中受益移民人数达 9135 人）。通过多方努力，全市移民新村建设取得了明显成效。村容村貌明显改善，通过改厕、建立垃圾处理池、修建休闲广场、拆除杂房、修建檐沟、外墙粉刷等项目的实施，原先移民安置区脏、乱、差的生活环境得到有效整治，广大移民的生活环境更加靓化和美化。基础设施逐步完善。通过移民新村建设，使安置区移民住房条件得到了改善，移民安置区内基础设施基本完善。广大移民行路难、出行难、饮水难、住房差等现状得到了根本性的解决，原来“晴天一身灰、雨天一身泥”的生活得到了改善，家家用上了自来水，户户用上了清洁能源，移民的生活条件日新月异。

结合普洱实际，在生态移民搬迁中，为使移民生存条件得到有效改善，稳定地方社会安定团结，移民安置原则上在本县（区）内完成，移民安置的方式主要有四大类。

（1）农业安置。农业安置就是落实必要的农业生产资料的大农业安置方式。按照生活生产用地资料分配的不同可分为三大类：一是就近集中安置，即生活地点就近搬迁，生产用地不变；二是易地集中安置，即生活地点搬迁，生产用地重新配置；三是插花安置，在已有的居民点、土地资源丰富、交通医疗卫生有保障的村寨插花安置，重新调配生产用地。

（2）进城安置。就是依托中小城镇建设，农转城集中安置，统一建设保障房，不配置生产用地。

（3）产业安置。依托产业安置，即特色产业（公司+基地+农户）、产业园区、生态旅游业区等集中安置，统一建设安居房，不配置生产用地。

（4）货币安置。结合各县区实际，给予移民合理的现金补偿，移民办理农转城手续后搬离原居住地，自行安置，自谋职业，不配置生产用地[①]。

（二）典型案例

普洱市是“七彩云南”丰富性和多样性的缩影，是全国唯一的国家绿色经济试验示范区，生态环境优越。森林覆盖率达 68.8%，茶园达 318 万亩，有 2 个国家级、4 个省级自然保护区，是云南“动植物王国”的缩影，全国生物多样性最丰富的地区之一。且水能、矿产、森林等资源丰富，水能蕴藏量 1500 万千瓦，是“西电东送”“云电外送”的重要基地。有高等植物 5600 种、动物 1496 种，有“云南动植物王国的王宫”之称。但贫困面积大，10 个县（区）均属于滇西边境片区范围，9 个县需脱贫摘帽，是云南省脱贫攻坚的主战场。因此，生态移民工程作为推动当地经济发展，保护优越的自然生态环境的重要手段之一，在本地诸多生态功能区得到青睐，并付诸实践。

（1）水库简况及淹没情况。漫湾水电站位于云南省西部云县和景东县交界处的漫湾河口下游一千米的澜沧江中游河段上，是澜沧江干流水电基地开发的第一座百万千瓦级的水电站。上游为小湾水电站、下游为大朝山水电站。电站分两期建设，一期工程装机容量 125 万千瓦，于 1986 年开建，1995 年建成，二期装机容量为 30 万千瓦，2004 年开工，2007 年 5 月建成投入使用。其中第一期设计装机 150 万千瓦，水库正常蓄水 994 米，相应库容 9.2 亿立方米，干流回水长 71 千米，淹没面积 23.9 平方千米，涉及大理、普洱、临沧 3 个地州所辖的南涧、景东、云县和凤庆 4 个县 7 个乡（镇）96 个自然村及 39 个企事业单位。淹没人口 584 户 3513 人，需拆迁各类房屋 11.87 万平方米，淹没耕地 6224 亩，林地 8507 亩，国防公路 24 千米，大型桥梁 2 座 230 米，古渡口 17 座，人马驿道

---

① 李江鹏、马裕霞：《生态移民的意义及安置模式探讨——以普洱国家级绿色经济实验示范区为例》，《中国环境管理干部学院学报》2015 年第 4 期，第 17—19 页。

81.5 千米，农灌渠 110.5 千米，小型水电站 2 座 1083 千瓦，通信线路 52.42 千米等。因此，云南省审定修编投资 4000 万元，负责淹没补偿与移民安置工作。

（2）农业移民安置规划及原则。水库淹没前，农业移民以种粮为主，并有少量蔗、茶、紫胶等经济作物，人均有田地 1.5—2.5 亩，一年可两熟，正常年景人均可收粮食千斤以上，是其生活及经济的主要来源。水库淹没田地后，云南省政府确定了移民安置要以发展生产为主，建立新的稳定的生产生活环境的目标，原则是“以土为本，以农为主”，开垦耕地，恢复农业生产。根据库区剩余土地及可开发利用的水土资源，在综合分析环境容量的基础上，确定了以“就近后靠为主，隔乡远迁为辅”的安置方向，生产安置规划人均开垦水田旱地各一亩，水土资源缺乏，则改变产业结构，因地制宜，发展林、果、烟、畜牧等多种经营。生活安置规则人均宅基地 50 平方米，恢复、重建到原有房屋面积。对个别无房或少房户，酌情给予建房补助费。

（3）移民安置的实施和成效。云南大学西南环境史研究所生态文明普洱调研小组于 2017 年 8 月 7 日对漫湾水电站库区的移民进行了调研。通过库区的船只，我们进入了库区，通过在此进行生活生产的老农（游船驾驶员）了解到：这片库区原是几个村庄，后来因为要蓄水修建水库，几个村庄的村民都遣散搬迁到不同的地区，这里的安乐村和五里村民大多都搬到了文井村，五里村的一部分村民搬到了山腰没有被水淹处，库区及周围的山地由政府统一招商引进开发生产，政府会提供一些优惠的政策，但招商引入的数量有限，也有当地的居民。给我们开船的老农正是政府引入者之一，他原是库区的村民，被搬迁到其他地区，后又因政策的吸引而返回谋生的。据老农介绍，他目前常年居住在库区内，在此承包了库区周围的部分山地种植玉米、坚果等农作物，同时还养殖了居住地猪，在水库里养了鱼、虾等水产动物，由于承包的面积相对较大，自己及家人照看不过来，老农还请了日常管理人员，每人每月 2400 元，一年要支付聘用人员 10 万元左右的劳务工资，可见他本人的年收入还是不错的。由于老农种植的这些经济作物有政府的支持，不愁销路，在作物成熟之前就被商家订购一空，加之政府补贴，故相对有优势。我们在水库区考察了大概一个多小时，从和老农的交谈中我们得知，漫湾水库除发电外，库区主要还是以水产养殖为主，虽在开发库区旅游，但暂时力度不大，来此旅游的游客不是很多，这大概也是库区环境保护较好的原因之一，虽然水面偶尔会看见塑料瓶等一点白色垃圾，但非常少。值得一提的是在湖岸边有一个颇具规模的垃圾处理站，能够及时地降解垃圾，而且整个库区也实行了河长制，每个片区都有专门的负责人。

但是，老农还和我们提到，并不是每个人都像他那样的幸运，通过政府的招商渠道进入库区进行再生产，并得到稳定的收入。也还有许多搬迁到其他地区的群众没有找到合适的谋生出路，有的又悄悄地返回了原居住地；更有甚者，在得到搬迁款后，不是用于再生产，反而游手好闲，好吃懒做，沉迷于赌博，最早将家底挥霍殆尽，出现返贫现象。

（三）景东县文井村生态移民

（1）文井村概况及移民情况。文井村位于普洱市景东县文井镇，地处文井镇政府北边，距镇政府所在地 0.4 千米，现在通有乡村柏油路，交通方便。全村土地面积 14.55 平方千米，海拔 1178 米，年平均气温 18.9℃，年降水量 1200 毫米，适合种植粮食、蚕桑、甘蔗等农作物。全村有耕地总面积 2729 亩（水田 2101 亩、旱地 628 亩），人均耕地 0.97 亩，主要种植粮食、蚕桑、甘蔗等作物；拥有林地 14155.5 亩，其中经济林果地 65 亩，人均经济林果地 0.02 亩，主要种植橘子等经济林果；水面面积 32 亩，其中养殖面积 32 亩；其他面积 4898.5 亩。该村的主要产业为甘蔗、蚕桑、茶叶、蔬菜，主要销往县内外。从远看文井村，它处于一个较大的山间坝子中，走近看，这里的坝子要比远处看到的更具体。首先映入眼帘的是道路两旁的烤烟、玉米、葡萄等作物，长势旺盛，呈现一派欣欣向荣的景象。可以看出文井主要以坝区为主，耕地较多，且气候适宜，适合人的居住及农作物和动物的种、养殖。这也是为什么要将移民安置在此的主要原因之一。

（2）文井村生态移民安置规划及原则。文井村的生态移民安置方式多样，既有异地扶贫搬迁安置方式，又有水库建设搬迁安置方式。村农户从现建设村 15 千米外的滑坡点者吉村十六组（董嘎组）迁入，规划面积 83.45 亩，共涉及农户 73 户 261 人，安置方式为统规自筹自建。当地政府对移民搬迁贫困人口建立了档案卡，可以享受相应的项目支持。2012 年易地搬迁建设试点项目资金人均 6000 元，本村有贫困人口 2 人，共计 12 000 元。其中，人均 4200 元建房启动后已兑付，人均 1800 元用于公共服务基础设施建设。且提供一年的低息贷款 50 000 元。2014 年生态移民村建设项目资金户均 10 000 元已兑付。这片移民村的农户分别来自 10 个乡镇的不同地方，搬迁户达 700 户，3000 余人，这些高寒山区的彝族带来了两山的彝族文化，这里已经成了一个彝族聚居区，他们像泥土一样朴实，且能歌善舞，尤其是三跺脚、跳菜等传统节目，有着浓郁的民族特点，是一道文化大餐。

（3）移民安置的实施成效。文井移民新村属全国异地扶贫示范村。其目的是保护两山，保护水源林，把坡度在 25 度以上的农户和基本丧失生存条件的山区人民搬到川河沿线。移民村大门高大雄伟，青砖白瓦，错落有致，气势不凡。建筑物为传统工艺流程，设计构图显古朴典雅，极富文化氛围和民族特点。民居墙壁书有各种字画，字画富有民族文化特点，有唐诗宋词，也有部分现代人之作，内容多为观景览胜之作，或赞美祖国大好河山，或赞扬山水人文。云南大学西南环境史研究所生态文明调研小组于 2017 年 8 月 7 日来到了文井村，调研组在一个三岔路口下了车，不远处就是一个小集市，当地民众都在这里赶集。离我们不远处有两个买菜的老人，由于临近中午，买家比较少，她们正准备收拾菜摊回家，但看到我们来了，还是很热情地和我们说起了他们移民的生活现状。这两位老人都是 70 岁左右，他们都是在 2006 年被迁移至此，那时正是电站第二期工期之内，至今已有 10 多年，但是他们当时迁来时政府给予了 100 平方米左右的住房，移民安置取得了一定成效。此外，笔者认为虽然在电站修建的过程中移民工作开展得比较顺利，但是我们还应关注移民的后续问题，包括他们的日常生产生活情况、个人内心情感的变化情况以及与新环境的适应等。只有妥当解决好这些问题，才是真正地做到了发展成果的共享，生态文明建设才能真正落地生根。

（四）存在问题

（1）搬迁对象与生态移民要求存在出入。部分地区对生态移民认识不足，致使搬迁对象与生态移民情况不符。镇沅县恩乐镇芒寨山生态移民共 50 户，200 人与生态移民要求不符，占全市实施生态移民总户数和人数的 5%。部分搬迁群众对生态移民认识不足，群众搬迁意愿参差不齐。受自然灾害的群众搬迁积极性较高，自然条件较好的群众故土难离的思想转变较为困难。

（2）移民政策不统一、不完善。一是从国家层面上说，政策不完善，前后变化大。相对来说，移民安置新条例（国务院令第 471 号）比老条例（国务院令第 74 号）更完善，对移民更有利，但新、老条例在移民管理体制、操作方式、补偿补助标准等方面存在较大差异，造成互相衔接难，加之普洱市多数电站建于新老条例交替过渡时期，增加了移民工作的难度。二是后期扶持政策变化大。按照云政发［2008］8 号文规定，2006 年 6 月 30 日前核准开工建设的大中型水利水电工程，动迁人口才能核定登记为移民后期扶持人口，生产安置人口不纳入后期扶持范围。而云政发［2008］106 号文规定：2006 年 7 月 1 日后核准开工建设的大中型水利水电工程，实际搬迁的农村移民人口纳入后期扶持范围，核定登记到人，生产安置人口仍然纳入后期扶持范围，核定登记到组。后扶持政策的调整变化太大，导致普洱市 2006 年 6 月 30 日前核准的大中型水电站近 16000 名生产安置人员享受不到年人均 600 元的后期扶持。三是中型水电站存在同流域不同政策问题，第一，从投资包干体制到政策性调整，出现了电站与电站之间同流域不同政策，如普洱市第一批启动建设的中型电站征地补偿和移民安置是以“项目投资包干”形式运作的。对建设征地和移民安置概算投资估计不足，包干投资经费与实际所需相差大，导致征地补助标准低，移民安置不到位。第二，电站建设涉及专业复建项目多，征地补偿难。

电站建设过程中，公路、输变电线路、移民安置点专业复建项目多，尤其涉及的公路复建项目战线长，征地面积大。目前仅墨江县已建电站涉及复建的小江公路、S218线、那牛公路的征地面积就达2349亩。但电站专业复建项目建设征地又没有统一的补偿标准，如不按电站库区的同一标准进行补偿，涉及群众无法接受，而按库区标准进行补偿，如果专业复建项目不能纳入电站概算调整范围，必将拉开补偿标准差距。

（3）资金投入不足。一是土地调配补助标准低，操作难度大。特别是易地搬迁项目人均补助标准低并且不得列支土地补偿费，而土地落实是易地搬迁的前提。项目县除划拨出少量土地外，大部分要从农民手中流转出土地，靠无偿或低标准调出土地，操作难度大。二是安居房补助标准低、群众自筹能力弱。以往标准40平方米的安居房面积不能满足移民户生活需要，要加大面积就得靠群众自筹。另外对安居建房的国家补助标准有限，而建房成本又高，群众不但投劳还得投资，搬迁户又多是贫困户，导致其资金筹措压力加大。三是在部分安置区，由于调配给移民户的耕地不足，加之安居房面积小，其他附属工程的完善程度低等原因，近距离搬迁的移民有的返回老村耕作土地，存在两地生产、两地居住的搬迁不彻底的现象。

（4）部分项目进展缓慢。景谷县正兴镇小正兴2012年生态移民试点进展缓慢，主要受林地调整困难影响，项目开工较迟，项目推进缓慢。

（5）移民维稳工作严峻。由于水电工程移民属非自愿性移民，加之政策变化较快，外迁安置移民资源少于原居住居民，收入低于当地居民，库区和移民安置区经济社会发展总体缓慢，造成移民群众心理失衡，极易被别有用心的人利用、蛊惑、煽动，引发社会不稳定或移民频繁上访，甚至发生移民群体性事件。仅2008—2009年，移民信访就达到432（件）次2005多人，水电移民信访案件占全市的17%左右。移民上访和移民群体性事件成为重点、热点和难点问题。

三、应对之策

（1）统一长效补偿政策标准。长效补偿政策对移民安置环境容量不足的普洱市来说，对推进移民安置工作，发挥移民经济具有重要作用，但是，目前长效补偿标准不统一，容易引起移民群众不满，应制定出统一长效的移民补偿政策。

（2）要将移民与建设区域经济中心和新型城镇化建设结合起来。截至2017年，移民的主导产业仍然是农业，大量人口沉淀在农业内部，不仅会造成水资源的紧张，导致土地的石漠化等新的环境问题的出现，且限制了移民进一步增收的潜力。要使移民真正融入新的社会并对当地的经济增长做出贡献，就需要推动移民的非农就业。增加移民的非农就业要发展第二、第三产业，转变产业结构，特别需要出台相关的产业政策，支持劳动密集型产业发展，从而提供更多适合移民的就业机会。增加移民的非农就业机会也有助于促进城市化发展。受现行城乡体制的影响，边疆地区的城乡差别比东部地区更大，统筹城乡发展的任务更重。生态移民工作要与统筹城乡发展相结合。移民迁入地区往往距离城市比较近，道路交通等基础设施较为完善，在此基础上，逐步通过户籍制度改革、养老和医疗制度改革，实现社会服务均等化，缩小城乡差别。

（3）增加移民的资产，促进移民彻底摆脱贫困。国际上有关贫困的最新研究表明，资产缺乏是导致贫困的重要原因。仅仅关注收入贫困是不够的，收入只是暂时的，缺少资产的贫困人口是脆弱的。资产包括移民的经济资产，同时也包括社会和政治资产、资源和环境资产，以及人力资产。移民在迁移过程中会损失大量的资产，包括资金、社会关系和知识等，导致其生计脆弱。降低移民生计的脆弱性，使其稳定脱贫需要增加移民的资产，包括提供更有效的资金支持使移民实现生计方式转变，改善其知识结构，促使他们积极参与社区公共事务，缩小并最终消除移民与当地居民的差距。

（4）实现对移民社会管理的创新。移民社会管理创新的重点在于建立移民新社区的认同，实现社区的自我管理，并建立反映移民需求的机制。多数移民社区成员来自不同农村社区，当新的村委会和村民小组组建以后，需要得到村民的认同。关注社区的共同利益和增加社区成员的互动有助于促进社区成员实现新的社区认同。在这个过程中，各级政府要赋予村级组织更多的权力，使村级组织发挥更重要的作用。赋予村庄更多的权力并不意味着弱化基层政府的职责，而是要转变政府的管理方式。移民社区是新的社区，在社区生活中会遇到许多新的问题，因而需要强化地方政府、村级组织和移民之间的协商机制，及时反映移民的多样性需求，并能够采取有效措施加以解决。

（5）改善生态环境并建立可持续的发展仍然是移民的重要目标。在西南山区，耕地资源的紧张将会长期存在，且随着社会经济发展和开发范围的扩大，耕地资源的竞争将会日益加剧。因而合理分配耕地资源，缓解耕地资源的冲突是保障包括生态移民社区在内的普洱可持续发展的重要工作。

（6）移民安置过程中在注重物质形态搬迁安置的同时，还要注重非物质文化方面的慰藉。普洱市生态移民绝大部分是原住少数民族，在原居住地形成了各自民族较固定的宗教习俗场所，搬迁安置过程中，各级管理部门不仅要重视对资金、实物的补偿补助，还应重视他们因远离家乡、远离或搬迁祖坟、人脉链条断裂、宗教习俗等给移民精神上带来的迷惑、恐慌，甚至空白。这些极易影响移民的搬迁安置。如：景洪水电站思茅区民族队（傣族）移民搬迁安置中，涉及民族宗教的竜林搬迁和寨子心奠基问题，由于无法给竜林搬迁和寨子心奠基补偿补助，给移民搬迁带来巨大压力。

第五编

宣传·教育

西双版纳傣族自治州勐海县生态文明建设调研报告
——以官员的生态文明意识为中心①

一、调研背景

云南省十分重视生态文明建设，习近平总书记在视察云南的时候，要求云南省争当全国生态文明建设排头兵，云南省委、省政府高度重视。在此背景下，云南大学承担服务云南行动计划，以生态文明建设为切入点，进行调研，这次调研以西双版纳傣族自治州为调研地。

二、调研意义

本次调研是云南大学服务云南行动计划的重要一环，云南大学发挥生态文明研究特长，为云南省生态文明建设献计献策。本次调研以西双版纳傣族自治州为主要调研地，西双版纳正在创建生态文明州，实地调查西双版纳创建生态文明州实际情况，希望将西双版纳傣族自治州作为生态文明建设云南模式之一进行推广。

本次选择调研地方官员对于生态文明认识，在云南省推动生态文明建设模式是自上而下的，顶层设计是从十八大已经开始了。而后，省委省政府一级一级层层往下开展，在开展过程中主要推广生态文明建设仍旧是基层官员。选取西双版纳傣族自治州勐海县为试点进行调研，县级以下是直接与当地村寨村民直接接触的，他们对于生态文明建设的理解，直接影响最基层生态文明建设的成效，直接关系生态文明宣传内容，以及普通老百姓对于生态文明建设的认识。因此，选择以勐海县为试点进行调研。

三、调研内容及其方法

调研区域主要以西双版纳傣族自治州勐海县为主，旁及勐海县下村寨。调研内容：第一，通过座谈会，以面对面交流的形式探讨生态文明建设。围绕生态文明建设几年来

---

① 作者简介：史雷，男，历史学博士，云南大学国际关系研究院助理研究员。

取得成就，遇到的困难，还有未来一些改进方法。第二，走访当地村寨与当地村干部交谈，谈各自村寨对生态文明建设所做的一些具体工作。观察生态文明建设标语的张贴，以及垃圾处理方式，生活污水的排放等。

具体方法以座谈会为主，在勐海县城与当地政府负责生态文明建设部门进行座谈，主要了解当地干部对生态文明建设的知识来源，了解他们怎么理解将中央文件中的生态文明建设一步一步与具体工作结合起来。

四、勐海县生态文明保护历程

1998 年，在国家实施天然林保护工程以来，勐海县、勐腊县、景洪市两县一市，就被确定为天然林保护区域。1998 年 9 月 10 日，勐海县在西双版纳傣族自治州州委州政府的领导下，全面停止了勐海县天然林采伐，企业职工进山护林，勐海县天然林保护工程就此正式启动。随后，云南省政府于 1998 年 9 月 25 日下发了《关于云南省人民政府关于停止金沙江流域和西双版纳傣族自治州境内天然林采伐的布告》，其中规定了从 10 月 1 日开始禁伐的期限，同时，启动了流沙河小流域治理工程和农村能源工程。这说明了勐海县开始在州委州政府指导下，开始初期的生态文明建设。前期主要围绕国家保护天然林工程开展，后来生态文明建设，不再局限于天然林的保护，开始横向拓展，拓展到了流沙河小流域治理和农村能源改造工程中去。从 1998 年至 2006 年，勐海县主要围绕天然林保护开展工作，开展工作方法比较多元，一方面是传统的退耕还林措施，另一方面加大执法力度，实施依法治林，此外，推广了森林保险制度，取得良好的效果。从表 1 数据可以看出，勐海县这一系列措施促使超额完成了国家下达的指标。经过这一阶段整治，勐海县生态得到了恢复。

表1　勐海县天然林保护工程

年份	计划完成/亩	实际完成/亩
1998—2006年	807703.5	810649.5

这一阶段主要是恢复 20 世纪 80 年代遭受严重的生态为核心任务，主要目标是完成国家下达的任务指标，官员对于生态文明意识以完成国家下达指标为主，主要集中在天然林保护，以及小流域的治理，这一阶段小流域治理面积达到 31 平方千米，主要集中在巴拉寨小流域 8 平方千米，纳板河流域治理 11 平方千米，邦洛小流域 12 平方千米。

2006—2009 年，勐海县生态建设开始全员参与，坚持不懈地开展大规模的植树造林，生态资源得到了有效地保护。勐海县侧重于森林资源保护，全员参与植树造林活动。到 2009 年，勐海县完成天然公益林 90.36 万亩。

2014年以后，勐海县的生态文明建设更加系统地开展，勐海县政府继续坚持生态立州，实行生态建设领导责任制、任期目标制和责任追究制，层层落实领导责任制，形成了完善的生态建设组织体。特别是将农村基层组织建设摆在了重要的位置。农村生态最后的落脚点在农村。因此，建立健全县、乡（镇）、村委三级联动机制，真正做到一级抓一级，层层抓落实。具体的做法是在农村设立垃圾收集点，按照“户投、村收（运）、镇、县（运）处理”的方式进一步完善农村垃圾收集处理的日常运行机制。另外，搞好农村生态文明建设，环境保护宣传教育是关键。最后，落脚点放在公众环保素质的提高上来。

五、官员眼中的生态文明建设

勐海县官员对于生态文明知识的来源，其一，文件中关于生态文明建设。勐海县官员关于生态文明建设知识来源从中央到省里再到州县下发的各种关于生态文明建设的文件。2007年党的十七大就提出了生态文明建设目标，云南省为了贯彻落实党的生态文明建设要求，有步骤地开展工作。十七大以后，云南省各级政府通过学习十七大精神，进一步明确了生态文明建设的目标与任务，进一步统一了生态文明建设的思想。从2007年以来，勐海县开始推进全员参与生态文明建设，并且坚持不懈地开展大规模的植树造林，生态资源得到了有效地保护。这与十七大以来，生态文明建设目标是分不开的。其二，勐海县政府组织官员参与生态文明建设方面的培训。这是勐海县官员获取知识的一种重要的来源。据我们在勐海县调查显示，勐海县干部基本都被要求参加生态文明建设相关培训。但是从培训的效果来看，勐海县官员对生态文明理解有所欠缺。尤其表现在基层干部身上。

从我们到勐海县勐邦水库、南糯山、勐景来傣寨等调研实际情况来看，勐海县这几年特别强调的一个词语是“生态”，如南糯山的生态茶园，勐景来生态景区，勐邦水库的生态和谐。“生态”这个词汇已经在勐海县得到广泛宣传。现在勐海县上到官员下到地方村寨的老百姓对生态文明这个词汇都耳熟能详，勐海县生态文明建设宣传力度还是比较大的。但是，村寨村民对生态文明建设的理解有所偏差，大部分人认为生态文明建设就是打扫卫生。每个村寨基本上都在组织老人每周定期对村寨进行大扫除。另外，基于勐海县干部对生态文明的认识，即搞好城乡卫生作为生态文明建设的一个重要环节，基于此勐海县2012—2016年，投入生态文明创建经费4792.62万元，争取到中央省级专项资金3000万元，这几年一共新建了乡镇垃圾填埋场10个，完善垃圾填埋处理设施2个，新建垃圾房230个，集镇和村寨污水处理厂处理设施47个、垃圾焚烧炉23座，这是基础设施的建立与改造成果显著，有效地解决了村寨垃圾、污水处理问题，有效地改善了村寨环境面貌。从这些基础设施的新建、改造来看，勐海县生态文明建设从村寨的村容、村貌抓起，确实解决了村寨垃圾处理问题及其污水处理。

勐海县创建生态文明建设过程中，注重抓村寨垃圾、污水处理，是从物质文明上面抓，是外在的形象，那么勐海县在创建生态文明建设中也特别重视精神文明建设，勐海县十分注重农村居民环境治理的新模式。勐海县指导各个村寨建立环保村规民约，普遍建立了以老年协会为主的村庄环境卫生保洁小组，农村环境综合整治勐海镇“勐翁模式”现在已经示范亮点，并且积极推广以打洛镇、勐遮镇为典型的保洁公司运作管理模式，落实“门前三包”责任制，基本实现了自我教育、自我管理、自我发展、自我服务、自我约束的农村环境保护管理机制。这些措施在我们调研过程中，勐海县村寨每周五或者周末搞一次大扫除，主要是组织村寨老年人进行大扫除，然后由专门垃圾车将垃圾拉到附近的垃圾填埋场。勐海县十分注重乡村规约，注重生态文明建设长效机制。勐海县官员关于生态文明的建设认识注重长效机制，切实考虑到了当地可以利用资源并且结合实际情况开展工作，使勐海县村寨的村容环境有了很大的改善。

六、经验

勐海县官员生态文明建设了解是自上而下的，从中央到地方，一步步往下推进。以学习十八大文件开始，勐海县在生态文明建设过程十分注重干部学习，定期请省里生态文明建设专家到县城开设专题讲座。基本勐海县的干部都接受过生态文明建设方面的培训。另外，在生态文明建设过程中，勐海县委县政府善于利用当地优势资源，勐海县是普洱茶产出大县，生态茶园在推广很值得重视，但是大部分茶园仍旧采用传统炒制方式，传统炒制过程对木材依赖比较大，对生态、空气等都有破坏。勐海县在推广液化气炒茶，效果不是很理想。经过我们在勐海县南糯山茶园的走访，了解到一方面液化气炒茶设备成本比较高，另一方面木材炒茶口味佳。大部分茶叶商更倾向于木材炒茶。所以，液化气炒茶一直推广力度不够。目前，县委县政府工作重点仍旧以县城为中心，底下村寨有待于加强。

城乡人居环境治理及生态文明教育
——以勐腊县为例①

2017 年 8 月 3 日，笔者与调研组成员一同前往西双版纳勐腊县就当地的生态文明建设工作、生态环境状况等进行调查。调研组先后对勐腊县县城及县郊、纳板河流域国家级自然保护区、瑶区瑶族乡桥头寨、勐腊自然保护区（国家级）、易武古镇、中科院热带雨林植物园等地的生态建设工作进行认真调查，针对生态文明教育与意识培养、生态文明宣传、城乡人居环境治理等方面进行重点了解。基于本次的调查情况，结合当前勐腊县的现实状况以及环境情况进行了一定思考，并提出了相应建议。

一、勐腊县生态保护与建设的现状

勐腊县位于云南省最南端，隶属西双版纳傣族自治州。辖区土地面积 6860.84 平方千米。东、南部与老挝山水相连，西与缅甸隔澜沧江相望，北与江城县毗邻，有着独特的区位优势，是背靠祖国大西南，面向东南亚重要的陆路和水路口岸，边境线长 740.8 千米。勐腊还是素有“东方多瑙河”之美称的澜沧江—湄公河黄金水道的结合部，是中国大陆通向中南半岛的走廊。从关累码头沿澜沧江顺流而下可达缅甸、老挝、泰国、柬埔寨、越南诸国，进而可出太平洋到南亚各国，是云南省实施“中路突破，打开南门，走向亚太”经济发展战略的前沿，是澜沧江—湄公河次区域经济技术合作的门户。2015 年 7 月 16 日（国函〔2015〕112 号）批复云南勐腊（磨憨）重点开发开放试验区成立。

勐腊县自然条件十分优越，地处北回归线以南，属亚热带季风气候，终年暖热，冬无严寒，夏无酷暑，是云南省 3 个湿度最大的县份之一。县内平均气温 22℃，年平均最高气温 30℃，年平均最低气温 18℃；平均相对湿度为 78%，最低点 69%，出现于 3 月，最高点 85%，出现于 12 月，是云南省 3 个湿度最大的县份之一；年降水量 1466.2 毫米；年日照时数只有 2172.1 小时左右。该县世居在此居住民族主要有傣、哈尼、彝、瑶、苗、壮、拉祜等 26 个民族少数民族拥有着传统的生态保护思想，为当地的生态保护与建设提供了有力的物质和精神支撑。

---

① 作者简介：潘诗雅，女，黑龙江大庆人，昆明理工大学质量发展研究院硕士研究生。

近年来，勐腊县生态文明建设认真贯彻落实党的十八大和十八届四中、五中、六中全会精神，以科学发展观为统领，深入贯彻落实习近平总书记系列重要讲话精神，坚持节约资源和保护环境基本国策，坚持节约优先、保护优先、自然恢复为主方针，以解决生态环境领域突出问题为导向，保障国家生态安全，改善环境质量，提高资源利用效率，切实履行环保职责，以生态创建为主线，采取有效措施，齐心协力，齐抓共管，在生态创建、污染控制、环境监察、环境监测等方面取得实效。

第一，加大环保投入，生态文明建设取得成效：①全县 10 个乡镇均已被命名为省级生态乡镇。其中勐腊、勐仑、勐捧、磨憨、关累、瑶区、象明、易武 8 个乡（镇）均被命名为国家级生态乡镇，勐满、勐伴 2 个乡镇于 2014 年通过考核验收，已进入国家级生态乡镇的申报命名程序。②2014 年 11 月被省人民政府批准为第一批省级“生态文明县”，2016 年 7 月顺利通过国家环保部考核验收，是我省首批通过国家生态县考核验收的县（市）之一，现已按程序报环保部审议批准。③圆满完成各年度国家重点生态功能区考核工作。第二，依托项目实施，农村生态环境质量得到改善：分批对全县 9 个乡镇（除城关镇勐腊镇外）建成区组织实施生活污水处理系统项目建设。目前，全县乡镇建成区生活污水处理系统，总投资达 3100 多万元，实现了集镇生活污水处理系统全覆盖。分批拨付勐满、关累、瑶区、勐仑等乡镇共 379.29 万元，用于垃圾填埋场道路、“污水”管网、配套设施等后续提升改造基础建设。2014 年以来，共投入 768.12 万元建设各乡镇、农场管委会村组农村卫生公厕 62 座、垃圾池 37 个。投入 602.58 万元完成勐捧镇勐捧村等四个村委会农村环境连片综合整治项目，新建污水处理系统 6 座，项目直接受益人口达 868 户共 4316 人。第三，2014 年以来，环境宣传以生态创建为主线，通过设立宣传标牌、悬挂横幅、滚动播放宣传标语、政府网站、图册、宣传栏等多形式、多渠道广泛宣传，动员和引导广大权重共同参与全县生态文明建设和生态创建工作，为创建国家级生态县营造浓厚的社会舆论氛围。主要通过“世界环境日”等主题活动，积极开展“上街头、进社区（学校）、下农村”环境保护宣传活动，向社会各界宣传生态创建和环境保护知识，提高广大群众知晓率和参与率；通过新闻、网站设立“生态之窗”“生态建设”专栏，报道生态创建工作动态和成果；在主要干道设置宣传标牌和悬挂宣传横幅，在全县各乡（镇）主要交通干道分界点上，安装完成了农村环境综合整治永久性分界牌，进一步明确各乡（镇）环境综合整治范围，分清责任，便于监督，同时起到宣传和全民动员的效果；开展各类绿色创建活动，使环保意识深入学校，从而辐射家庭和社会。2014 年以来，开展大型环境法律法规宣传活动 4 次，表彰环保小卫士 1 批 15 人，共投入资金 148 万元，安装大型生态建设公益广告牌 8 块、行政区域界线牌 19 块、宣传标牌 1434 块，发放宣传资料及丛书 8.9 万份（套）、环保袋 5 万个，制作宣传片 10 部、信息 161

条，受教育群众 5.3 万人。

从勐腊县多年的生态保护与建设工作来看，在一定程度上有利于生态环境的可持续发展，为当前的生态文明建设奠定了基础。我国的生态文明建设是一项持久的工作，在生态文明建设的进程中，必然面临各种问题和困难，需要在摸索中缓步前进，进一步改进和完善。在本次调查过程中，勐腊县在城乡人居环境治理与生态文明教育与意识培养方面同样存在着一系列问题。

二、勐腊县城乡人居环境治理与生态文明教育与意识培养方面调查情况

（一）城乡人居环境治理

从政府的角度来看，农村环境治理与村民的身心健康息息相关，让村民喝上干净的水，呼吸清洁的空气，吃上放心的食物，在良好的环境中生产和生活，这是社会主义新农村建设的内在要求，也是在农村建设“环境友好型、资源节约型”社会的根本目的，更是一项重要的民心工程和民生工程。从城乡一体化的角度来看，农村环境治理关系城乡公共服务均等化、关系全社会持续健康发展。生态文明建设的大力推进从战略层面凸显出农村环境治理的重要性。

1. 人居环境发展现状

（1）农村生活垃圾污染现状。农村生活垃圾包括日常生活或者为日常生活提供服务的活动所产生的固体废弃物以及法律所规定的视为生活垃圾的固体废物。从调研情况来看，勐腊县周边农村生活垃圾主要存在以下几个问题。

一是农村生活垃圾收集处理率较低，随意排放现象突出。在调研的 5 个村镇中，5 个村镇在山区。山区群山环绕，交通不便，居民住处又相对分散，进行垃圾收集的难度较大，成本较高。因此这些地方的生活垃圾都是由当地村民自己进行处理。对于可回收利用的生活垃圾尽可能地回收利用，对于不可回收无污染的生活垃圾进行堆肥，对于有污染不可利用的就直接丢弃在山中或是在山中进行填埋。农村生活垃圾随意排放现象较为突出，潜在环境风险巨大，极易造成污染，且防控难度较大。

二是垃圾成分复杂，外部输入型生活垃圾增多。农村生活垃圾成分复杂，除传统的农业、农村生活产生的生活垃圾之外，来源于非农业的外部输入型生活垃圾逐渐增多，以白色塑料、建筑废弃物和废弃衣物为主，还包括少量纸箱、纸张、金属物、废旧电器、灯管、电池等。经调查发现，建筑废弃物一般单独堆放，成分主要包括废弃石块、破碎

砖瓦、混凝土碎块和杂土等。白色塑料和废弃衣物等与其他生活垃圾混杂堆放在一起。随着农村经济社会发展水平的提高，大量的一次性塑料袋、建筑垃圾、废旧衣物、报废家用电器等生活垃圾越来越多，逐渐成为农村生活垃圾的主要成分。

作为农业县，特别近几年冬季农业开发及香熏种植的发展，种植户追求利益最大，生态农业的发展动力不够，套袋农膜等使用增量大，农业面源污染形势严峻。

三是农村系统内部物质利用不当，自产型生活垃圾增多。农村内部自产型生活垃圾主要包括厨余物、人畜粪便和与人们生活相关产生的农田固体废弃物。随着社会化分工的细化，农业产业结构趋向于单一化，造成农村生态系统退化，物种单一，物质的循环利用出现障碍。如厨余物中的有机物和农作物的副产物或残余物原本可作为饲养家禽畜的饲料，但现在传统的“种养结合”模式分离，造成农村生态系统中生态位缺失，阻碍了物质的有序循环利用，造成原本可作为资源利用的厨余物、人畜粪便及农田固体废弃物成为污染物，加剧了农村生活垃圾污染。

四是农村环保设施建设落后。近年来，国家高度重视城镇化建设，农村村容、村貌均发生了较大变化。所调查的全部村庄都实现了自来水、硬化道路、有线电视、通信等公共设施进村，人民的生活水平和居住条件有了较大提高。但农村环保设施未能同步规划建设，仅建有简易的生活垃圾露天堆放池，但数量较少，利用率不高。

（2）农村污水处理现状。一是缺乏完善的生活污水收集系统。就调研的农村生活污水处理实际情况而言，迫于经济条件限制以及环保意识缺乏，大多数农村地区均以明渠或者暗管进行污水收集，所使用污水收集设施均比较简陋，未能实现雨污分流，往往在生活污水中会有雨水及山泉水汇入，汇集污水成分比较复杂。另外，水量增加以及污染物浓度由于稀释作用而有所降低，这些均会导致污水处理难度有所增加，同时粗放式排放及管网设施比较简陋，缺乏合理维护，这些因素都是导致生活污水收集效率较低的重要因素，最终导致结果就是环境恶化。

二是缺乏长效运行机制。农村生活污水治理工作，属于一项长期工程，为保证取得比较理想的效果，必须要保证具备长效运行机制。然而，就当前农村生活污水治理实际情况而言，长效运行机制仍旧比较缺乏，具体表现在很多农村地区对于生活污水治理设施往往都是重建设而轻维护，很多相关设施均未能够得到较好维护，导致在实际运行过程中出现问题，最终影响生活污水治理工作的长效开展。另外，当前农村地区人们的环保意识比较缺乏，对生活污水治理工作未能够充分重视，也就未能够进行长期投入，最终也会导致生活污水治理工作的长效开展受到影响。

（3）农村水源地保护情况。勐腊县有较为丰富的水资源，山大沟深，植被环境较好。这决定了勐腊县农村饮用水水源选址建设有着自身的特点：地势较高的地方有着天然的引水落差，多数以河流型水源以及山涧泉水作为水源点。在调研过程中发现几乎每个村庄均有 1 处或以上的饮用水水源地，数量较大。农村饮用水水源基本取用地表水，供水多以分散式供水为主。

勐腊县农村饮水安全工程水源选择能够因地制宜，除了重视水质水量外，水源地保护工作也开始起步，但具有代表性的水源地保护项目还是空白。勐腊独特的地理环境，形成了农村饮水水源点多面广、分布零散，水源地保护难度大，需要持续投资多。具体表现在：①水源地较为分散，水源保护战略较为单薄，目前的工作只是从点出发，未将保护工作开展到面上，重视对开挖取水位置的保护，但是缺乏对当地环境保护意识，这使得农村水源普遍出现供水保证率低；②水源地水质监测工作量大、成本高，水质检测占农村饮用水工程建设的比重高，难以实现，农村水源点水质、水量的动态监测覆盖率不够全面；③现有水源地保护工程与非工程措施对农村供水水源地不适用，农村饮用水水源地防护范围的划分缺少规范性文本，保护措施单一笼统，建设和管理成本高。

2. 人居环境调查思考

（1）农村生活垃圾处理方式对策。一是发展主体多级化、垃圾减量化的处理模式。农村地区较城市地区在垃圾源头上进行分类具有很大的优势。农村居民居住空间大，为垃圾的分类提供了较大场所。农村家庭比城市家庭具有更多的闲暇时间，因此在农户环节对垃圾进行精细化分类有较大的可能性。但必须在为村民提供相应便利的前提下，制定出科学合理的垃圾处理方案。围绕源头减量，就地消纳为重点开展工作。政府出资为农户配备易分类的垃圾桶，在各村社建垃圾处理中心，临近的村社可进行联合处理，派专人定期到农户家中予以指导，各村社配备保洁员对农户分类后的垃圾进行统一收集。针对农村主要垃圾的特点采取不同的处理方式，以减少垃圾集中处理的数量和难度。

二是加快基础设施建设，提高基层垃圾处理水平。垃圾处理等基础卫生设施的建设改进有利于提高垃圾处理能力，缩短垃圾运送时间，减少垃圾处理成本，更有利于提高城乡公共服务一体化水平，促进农村经济社会的发展。基础设施建设是“功在当代，利于千秋”的有效投入。提高基层垃圾处理水平，既能有效地满足农村居民的基本生活需求，也能有效提高基层政府处理公共问题的能力，提高城乡卫生水平，改善居民生产生活环境。各级政府应该加强对农村生活垃圾处理的关注，不断提高基层垃圾处理水平。乡、村级基层单位要将紧密配合上级单位的要求，不断提高本区域的垃圾处理水平，将提高垃圾处理水平作为农村工作的重要方面。从包括垃圾站、垃圾场等基础设施的建设到专门工作人员的选用上都要有专业、规范的管理程序。

三是提升村民意识，实现全民参与。村民既是生活垃圾的制造者，又是垃圾污染的受害者。生活垃圾能否有效化处理的关键在于当地村民能否积极地参与进来。所以必须从环境教育出发，在多方面进行宣传、引导、教育、规范群众行为，提高村民的环保意识，树立环境优先的理念，调动村民参与的积极主动性。在走访调查中发现大多村落都存在生活垃圾随意丢弃，房前屋后污染物成堆的现象，当地村民环境保护意识普遍较低。因此，加强对村民的环境保护宣传与教育尤为重要。首先，要结合当地人口特点、村落布局、社会经济发展状况，采取不同的影响方式。其次，利用以奖代罚的手段，对按要求进行垃圾分类的村民予以物质奖励，以提高村民参与的积极性。在进行环保教育的基础上，还需要在农户间提倡良好的生产生活习惯。

（2）农村污水处理方式对策。一是进一步完善农村生活污水治理体系。当前农村生活污水治理过程中，为取得理想的效果，首要任务就是应当完善生活污水治理体系。在实践过程中，由于当前大部分农村地区生活污水收集效率均较低，针对当前农村生活污水排放具备的粗放型特点，政府应当进一步加大整治力度，环保部门应当在全国范围内构建污水收集管网，并且积极鼓励当地村民将污水排入管道中，最后统一进行处理。

二是选择合理污水治理技术。在当前农村生活污水治理过程中，另外比较重要的一个方面就是应当因地制宜地选择相适应污水治理技术，且应当保证所选择污水治理基础符合当地农村实际特点，在此基础上才能够保证生活污水治理得到最理想的效果。在选择污水治理技术方面，应当注意对不同治理技术特点进行合理分析，在此基础上结合农村实际情况，从成本、能耗以及维护与效果等方面进行综合考虑，从而选择最适宜治理技术实现农村生活污水治理。

三是构建长效污水治理机制。在当前农村污水治理过程中，构建长效治理机制是另一个比较重要的方面，在此基础上才能够使农村生活污水治理工作得以长效开展，并取得更加理想的效果。一方面而言，在生活污水处理方面，政府部门应当加大支持及扶持力度，并且要积极鼓励当地村民在污水治理中积极参与。另一方面而言，在生活污水治理设施实际运行过程中，应当注意加强运营维护工作，在此基础上才能够使相关设施得以长效运行，从而保证污水治理能够取得更加理想的效果。

（3）农村水源地处理方式对策。总的来看，勐腊地处山区，山大沟深，经济落后，农村人口众多，这样的地理环境与社会环境使得当地的农村水源地保护与水资源利用方式有其自身的特点，因其特殊性使得山区供水存在许多其特有的问题亟待解决。如何保证山区供水安全，提高山区供水效率，提高山区居民节水意识，是当前山区农村饮用水工程建设面临的主要问题。

在水源地保护方面应当认真总结过去的经验，利用地理特点，发挥因地制宜的水源工程选择与建设优势，并抓住当地生态屏障建设的机遇，整体提升生态环境质量，形成大的水源地保护圈。整体提升水源涵养能力，增强供水工程管网的投资，重视用水管网布设方式，从长远出发，减少管网漏损率，降低水量损失，提高水资源利用率，参考城市供水管理办法，对农村供水实行阶梯水价，对低于个人饮用水标准部分实行无偿供水，对超出个人饮用水标准部分实行有偿供水。

加强水源地保护与节水宣传，重视水源地周边宣传警示标志的建设，加强县区水务、环境部门进村、进社的水源保护科学宣传，强调节水对农村饮用水工程及农村居民自身生活环境的影响。深化村民的水源保护意识，树立科学的农业种植理念，预防水源污染的发生。使得水源地的宣传警示不是一次性工程，使得农村水源地保护工作走以预防为主、污染治理为辅的可持续发展道路。

加强对农村饮用水水源地保护的重视，从政府层面加强对农村饮用水水源地保护持续的资金投入，建立水源保护监督管理站。对农村饮水开展提质行动，提高建设与保护标准。加强相应工作部门的联系与沟通，及时发现相关部门之间衔接空白，并予补充，达到有效沟通的目的。

3. 生态文明教育与意识培养

在生态文明建设中，当地村民是农业生产的主体，如何正确教育引导当地村民树立生态文明意识，构建激励机制，正确引导当地村民的生态行为，使其能够按照生态文明建设的要求进行农业生产活动，对于实现农业的可持续发展和保护生态环境具有重要的意义。但就目前而言，生态文明知识的普及工作依然存在一定的缺陷，虽然走到了基层，但走不到最基层，特别在一些贫困地区，由于条件的限制和宣传教育的脱节，不少当地村民在思想上对生态文明的认识较为模糊。有95%以上的当地村民将生态文明等同于保护环境。

一是当地村民生态文明意识的现状分析。当地村民能认识到环境污染，但忧患意识缺乏。忧患意识指时刻警惕可能遇到的危机和困难，并能够在面对危机时做出正确的行为。生态环境忧患意识是指对生态环境的危机意识，高度关注生态现状，对生态环境即将面临的困境抱有警惕，并能够付诸环保行为以维护生态、改善环境。当前绝大多数当地村民能够认识到环境污染，并且意识到了身边的环境问题。在对我国存在的生态破坏的调查问题中，81.4%的当地村民知道我国存在大气污染，51.4%的当地村民知道水污染，35%的当地村民知道土地污染，还有23.6%的当地村民知道水土流失，说明当地村民对环境污染有一定的了解，较为关注整体环境的变化。但是，当地村民没有足够的生态环境忧患意识，环境污染没有使当地村民产生强烈的危机感。

可见，当前绝大多数当地村民对环境污染有一定的了解，对当前生态破坏现状有一定认识，但是缺乏生态环境忧患意识，对身边环境没有足够的警惕和危机感，这是当地村民生态意识培育中首先应当重视的问题。

二是当地村民积极关注生态问题，但责任意识缺失。在对生态环境方面的知识的关注中，只有9.3%的当地村民是从不关注的，大部分当地村民经常或者偶尔关注环境事件。虽然当地村民积极关注生态问题，但部分当地村民的生态责任意识还有待加强，不仅能够约束自己的行为，还能规劝他人，适时制止他人危害环境的行为。"发现有人乱砍滥伐时"，有30.7%的当地村民不敢制止，25%的当地村民不管闲事，只有20%的当地村民选择当面制止，24.3%的当地村民会选择向有关部门举报。

综合以上调查结果发现，当地村民能够积极关注环境问题，表明当地村民有一定程度的生态意识，但是缺乏生态责任感，不是全部当地村民都能够坚定地阻止他人破坏生态环境的行为，因此，当地村民的生态责任感有待加强。

三是当地村民具有环境保护意识，但参与程度较低。在环保问题上，目前多数当地村民是具备环保意识的，75%的当地村民都能够认识到环保是每一个人的事，16.4%的当地村民认为是政府和环保人员的事。在农药的使用上，调查中显示，只有21.4%的当地村民环保意识低，认为使用越多越有效；15.7%的当地村民不知道；但是大部分当地村民还是有环保意识的，有62.9%的当地村民不认为使用越多越有效，应当合理使用。由此可见，大多数当地村民具备环保意识，这是值得肯定的。

虽然多数当地村民具备一定的环保意识，但是环保实践少，环境保护的参与度较低。调查中，问及当地村民在家里是如何处理垃圾的，当地村民从来不分类处理，74.6%的当地村民把垃圾倒在固定的地方，19.7%的当地村民直接填埋垃圾，有5.7%的当地村民把垃圾倒在河里。另外，还表现在塑料袋的使用上，调查中发现，只有4.3%的当地村民从不使用塑料袋，而48.6%的当地村民经常使用塑料袋，37.1%的当地村民有时用，10%的当地村民免费时使用。

因此，当地村民虽然具备环保意识，但是环境保护的参与度有待增强。

四是当地村民持有传统节俭态度，但生态消费匮乏。生态消费是符合可持续发展观的一种科学的消费观念，符合我国国情的消费模式。生态消费倡导理性消费、适度消费、低碳消费，个人消费要与自己的收入水平相符，最重要的是个人消费不能损害他人的利益、不损害后代人的利益。节俭也是生态消费积极倡导，但是生态消费最重要的是低碳消费，是以绿色环保为前提的消费。日常生活中，多数当地村民不了解低碳消费，其生活消费习惯有时是违背低碳消费的原则的。实际调查中发现，购买洗衣粉，只有4.9%的当地村民购买无磷洗衣粉，69.4%的当地村民不注意这些，25.7%的当地村民买最便宜的；关电视时，41.4%的当地村民用遥控器关电视，46.4%的当地村民按电视上的开关，只有

12.2%的当地村民拔插头。

因此，在消费观念上，当地村民一方面应当继续保持传统的节约意识，另一方面应当逐渐建立生态消费意识，适度消费、低碳消费。

4. 当地村民生态文明意识教育的现状分析

（1）教育者的生态理论知识不够丰富。教育者生态理论丰富与否将直接影响农村普及生态文明和树立当地村民生态意识。在勐腊县，当地村民生态意识的教育者基本上是农村干部或者农村教师，他们通过各种途径直接或间接向当地村民渗透生态知识和生态道德，以帮助当地村民树立生态意识。生态意识的教育者首先应当是接受过生态理论教育，具备足够生态理论知识的人。然而，当前我国农村的这些教育者们并没有完全深入地掌握生态意识的相关理论，就造成当地村民生态意识难以完全树立的现象。

在勐腊县，对当地村民进行生态意识培育的教育者们，即农村干部和农村教师，他们不是专门从事于生态理论研究的人员，也并没有接受专业的生态理论教育。他们对于生态理论的了解一方面来源于学生时期的教育，相对浅显；另一方面来源于国家下发的文件和出台的政策，相对宽泛。只有农村教师每年定时接受培训，会涉及生态知识的学习，但是这些知识都不够系统，不够全面，也不够深入。因此，教育者们应当经过足够专业的生态理论教育。

（2）生态意识培育的环境有待改善。缺乏立法支持。法律具有国家强制力，如果当地村民生态意识的教育能够有法律的硬性规定，定然会起到事半功倍的作用。首先，我国虽然有环境保护方面的法律，但主要针对的是整体环境保护和工业污染方面的，对农村中的环境问题针对性不足，可实行性不够。其次，没有具体的惩罚体系，虽然多条法律对环境保护做了明确规定，但是没有具体列出公民违反这些法律应当接受什么样的惩罚，这也不利于当地村民生态意识的提高，在一定程度上影响了当地村民的环保行为和意识。最后，我国没有明确关于生态教育的法律条文，甚至当地村民生态意识教育的法律法规。仅仅依靠地方政府的宣传和当地村民的自觉性，教育工作无法做到切实有效性。

（3）生态意识教育的内容不够全面。教育内容是教育工作的核心。访谈过程中，我们发现当地村民生态意识的教育内容相当局限，基本上只是停留在宣传生态保护的口号的层面上，只有在少数的当地村民技术培训或者讲座中偶尔涉及生态环境的改善。首先，教育内容主要侧重于生态知识和生态道德的灌输，缺乏意识和行为教育，因而导致很多当地村民在日常生活中环保行为缺失；其次，教育内容中部分知识脱离当地村民生活实际，并不能引起当地村民的共鸣，所以当地村民不能把所学生态知识内化于心。

5. 生态文明教育与意识培养处理方式对策

（1）教育者：建立具有丰富生态理论知识的教育队伍。

①丰富与扩充当地村民生态意识教育者的队伍。当地村民生态文明意识教育的成效，很大程度上取决于教育队伍的形成及其素质。因为当地村民与学生不同，对当地村民的教育就不能等同于学校对学生的教育。所以教育队伍应尽可能丰富，尽最大努力帮助当地村民树立生态意识。

一是以村干部和大学生村干部为主导。村干部和大学生村干部作为我国基层的领导，是农村公共事业的管理者，无论是对农村政策的响应，还是对生态法律的熟悉，都站在最高点。因此，他们首当其冲成为主要培育人员，负责当地村民生态意识培育的主要任务。

二是农村自治组织和社会团体加盟。农村自治组织，主要是指我国农村实行村民自治以后而设立的村民委员会，村委会成员是民主选举产生的，因而有良好的群众基础，对当地村民有一定的号召力，应当将其纳入当地村民生态意识培育者的行列。

民间组织和社会团体具有利人利己的特点，教育队伍应当把吸引社会团体成为一员作为主要任务。社会团体是连接农村政府和当地村民的纽带，在教育生态意识的工作中有重要作用。应当鼓励社会团体走进农村，开展多种多样的社会实践活动，进行生态宣传，配合农村政府的教育工作，强化当地村民的生态意识。

②多种手段提高教育者自身的生态理论知识水平。教育者自身生态理论知识水平的高低，将直接决定当地村民生态意识教育的效果，教育者的生态理论知识包含丰富的生态理论知识和生态实践能力。

一是进行生态文明理论知识培训，丰富教育者的知识储备。教育者要开展当地村民生态与意识的教育工作，需要进行专业的生态知识培训，丰富教育者的知识储备。教育者需要掌握丰富的生态理论知识，包括人与自然共生共存，经济与人口、资源相互协调，还有国家颁布的各项有关环保的法律制度。生态理论知识培训应当涵盖这些课程。此外，还需要安排结课考试，检验成绩，或者举办生态文明知识竞赛或者征文活动来强化其生态文明理论知识，强化学习效果。

二是进行生态行为技能培训，增强教育者的实践能力。教育者不仅需要丰富的生态理论知识储备，还需要灵活多样的教育技能和技巧手段。因此，应当开设生态行为技能培训，从两个方面着手：一方面，聘请生态领域的专家和环保部门工作人员，教授农业生产技能、绿色生活技能和环保小诀窍。只有教育人员真正掌握了这些技能，才可能对当地村民进行教育。另一方面，聘请学校的教育能手和宣传部门工作人员，传授教育方法和宣传手段。只有教育人员灵活巧用这些方法手段，才能使教育工作有效开展。

（2）当地村民：强化当地村民的生态主体意识。当地村民生态意识培育离不开当地村民的主动参与。当地村民是我国生态文明建设的主力军，是农村环保工作的主体。因此，需要增强当地村民的主体意识，使他们感受到他们对于生态环境前所未有的责任，把维护生态作为自己的价值取向。当地村民只有对自己在生态环保中的主体地位深刻体会，当地村民才可能树立深刻生态意识，并化为实际的环保行为。

①日常生活渗透，深化主体生态文明意识。当地村民的主体意识需要在日常生活的点点滴滴中建立，在不断地生态保护实践中深化。因此，要通过逐渐渗透的方法，从两方面共同进行。一方面，通过家庭教育的模式，家人之间的自我和相互教育。农村家庭可以通过家人之间互相渗透生态理念，学校要经常鼓励学生向家人灌输生态环境保护主人翁观念，潜移默化中影响家人的观念，使其逐渐树立主体意识。另一方面，通过社会舆论的方式同样是逐渐渗透的一种方法，可以通过引导邻里之间的言论和村民的舆论趋势来进行。通过使当地村民了解自己的行为对环境的影响，逐渐使当地村民认可自己的环保行为，进而接受培育，自觉主动地爱护环境。

②提高当地村民参与环保的积极性。一是评选“生态村民”。为了提高当地村民参与环保的积极性，我们可以按照季度或者年度评选“生态村民”的活动评选出为生态文明建设作出突出贡献的当地村民，作为典型事例进行宣传，进而感染当地村民。评选“生态村民”，要安排上级领导、农村干部和村民代表作为评委，按照 “居住环境整洁”“生活勤俭节约”“积极参与环保”“传播生态理念”四个维度，每个维度赋予相应分值，然后按照参选当地村民的得分情况排列出三个等级，得分最高的评为最佳“生态村民”，并给予一定的奖励。最后将其列为典型，弘扬典型精神，号召当地村民向典型学习，争当“生态村民”。

二是营造竞赛氛围，给予奖金鼓励。根据当地村民积极参与环保的程度给予奖金。这样可以有效地调动当地村民的积极性，从而努力营造人人环保的农村竞赛氛围。奖金的具体分发有两种：第一，农村在举办各种环保宣传活动、文艺会演、专题讲座和培育课程时，采用记名原则，把参与活动的当地村民记录下来，年底按照参与次数的多少给予金额不同的奖励；第二，对在环保活动过程中对积极踊跃的当地村民给予奖励，督促当地村民认真对待。

（3）教育环境：创建有利于生态文明意识教育的环境。

①加强村庄制度环境建设，健全相关法律法规。关于当地村民生态意识的培育方面的规章制度，要秉承有法可依的原则，规定当地村民生态意识培育工作的各个环节，保障培训工作的规范进行，具体包括三部分：一要规定当地村民生态意识培育工作的组织人员、执行人员、培训人员以及受培育人员；二要规定培育的目标和内容；三要制定监督、评价制度，及时反馈培育工作过程中的成绩和问题。

②创建村庄生态文化氛围。一是加强学生教育。辐射当地村民家庭对当地村民子女进行生态教育也是生态意识培育的重要渠道，通过对当地村民子女进行生态环境保护宣传，进而辐射家庭，间接影响家庭成员。对当地村民子女的教育要因材施教。对学前的儿童，要引导他们养成节约水电、爱护花草的好习惯；对小学生注重生态道德的培养，经常参加植树造林等环保活动；对中学阶段的儿童，要培养他们形成正确的生态观，引导他们进行生态消费、采取生态行为。对当地村民子女进行针对性的生态教育，要采用多种形式。可以通过学校活动，例如“大手牵小手”，鼓动家长加入进来，一起参与环保事件；还可以采取学生课外任务的形式，布置家庭作业，使其向家长传播生态知识，让生态文化辐射到各个家庭。

二是举办各种文娱活动，渗透生态文化。在村庄开展丰富的文娱活动，“寓教于乐”的形式向当地村民们渗透生态知识，让当地村民在娱乐中丰富自己的知识面。活动的举办应当注意几点：第一，时间安排合理，最好在当地村民闲暇时间或者盛大的节日，通过举办艺术节目，宣传生态文化。第二，须带有村庄特点，可以利用地方戏剧、节日活动等。第三，积极引导当地村民观看优秀的以村庄为题材的生态文化作品，例如，电视上如果要播放村庄反映生态文化的电视或电影时，可以通过村里的广播或者张贴海报的形式告知当地村民们，提醒他们及时收看。第四，宣传生态文化的文娱节目最好使用当地方言，增强节目的吸引力。

第六编

制度·机制

云南模式的生态文明建设咨询报告[①]

一、探索云南生态文明建设的评价指标体系

1. 特殊的省情决定云南生态文明建设的评价指标体系的重要性

能源消耗、环境污染和生态系统的日益恶化，使生态文明建设迫在眉睫。党的十八大明确提出生态文明建设与经济建设、政治建设、文化建设和社会建设等系统工程并重发展，并进一步指出建设生态文明建设必须建立系统完整的生态文明体系。目前，我国的生态文明建设理论和应用还处在初级探索阶段，尚未形成一套全面合理的生态文明建设的综合评价指标，云南作为生态文明建设的先行示范区和排头兵，树立良好的生态文明建设模式，初步探索建立一套具有问题针对性、对策性和综合性的生态文明建设的综合评价体系尤其重要。

云南地处西南边陲，特殊的地理环境、相对落后且不平衡的经济、教育发展现状、丰富的少数民族生态文化精粹和差异性的环保教育水平。因此，完善合理的生态文明建设评价体系应该建立在正确认识省内生态文明建设的运行水平之上，应当考量全省内涉及农业、工业、第三产业、环保教育、环保政策等各方面不平衡的实际发展水平，以事实为依据，以生态环境、生态经济、生态文化和生态制度为评价基础，避免差距性的跨越式发展，统筹城乡差异和地区性差异，因地制宜，取长补短；环境、经济、文化与制度并重，软硬兼施；针对具体问题采取合理措施应对生态文明建设中面临的挑战。

2. 云南省生态文明建设的评价指标体系

从生态环境、生态经济、生态文化和生态制度四个方面进行基础分析，各项评价指标如表 1 所示。

表1　云南省生态文明建设水平的评价指标

评价基础	评价指标	单位
生态环境	人口密度	人/平方千米
	森林覆盖率	%

① 作者简介：袁晓仙，女，云南大理人，云南大学西南环境史研究所博士研究生。

续表

评价基础	评价指标	单位
生态环境	单位GDP消耗能源	吨/万元
	单位GDP用水量	立方米/万元
	二氧化硫排放量	吨
	废水排放量	万吨
	农用化肥施用量	千克/公顷
	人均GDP	元/人
生态经济	第三产业产值占地区生产总值比例	%
	城镇居民家庭人均可支配收入	元
	农村居民家庭人均纯收入	元
	恩格尔系数	—
生态文化	环境保护宣传教育普及率	%
	教育经费占GDP比重	%
	生活垃圾无害化处理率	%
生态制度	政府绿色采购比例	%
	环境污染治理投资占GDP比重	%
	自然保护区的数量	个

注：此表仅供参考，实际操作有待考证

3. 云南省生态文明建设水平的评价指标分析

每一项评价指标有正负相关区别。具体如下：

（1）呈正相关比例高，说明生态文明建设的水平高，应当继续发挥优势。如森林覆盖率、人均 GDP、第三产业产值占地区生产总值比例、城镇居民家庭人均可支配收入、农村居民家庭人均纯收入、环境保护宣传教育普及率、教育经费占 GDP 比重、生活垃圾无害化处理率、政府绿色采购比例、环境污染治理投资占 GDP 比重、自然保护区的数量。

（2）呈负相关比例高，说明生态文明建设的水平低，应当采取改善措施。如人口密度、单位 GDP 消耗能源、单位 GDP 用水量、二氧化硫排放量、废水排放量、农用化肥施用量、恩格尔系数。

综合上述评价指标，相对于全国而言，云南省生态文明建设的主要问题是人均 GDP 收入低、农村居民家庭人均纯收入低、生活垃圾无害化处理率低、环境污染治理投资占 GDP 比重低。

4. 根据指标分析采取相应的改善对策

通过分析云南生态文明建设水平的指标分析，针对存在的问题，才能对症下药采取积极措施解决问题。解决措施建议如下：

（1）提高人均 GDP。政府要保持宏观经济的平稳较快增长，为增加居民收入提供稳定的物质基础，同时要制定和落实保证居民收入在国民收入分配中的比重，监督执行相关政策措施；要通过实施相应的财政税收和转移赔付政策，在收入再分配过程中注重实现公平，保障弱势群体的收入水平。

（2）提高农村居民家庭人均收入。生态文明建设应该成为一项民生工程，才能有效地减缓生态文明建设与经济建设的冲突。首先，要抓紧实施因地制宜的"以工补农"战略，根据农村地区的资源优势，调整优化经济结构，摈弃高投入、低收入的粗放型的生产方式，要进一步提高认识，加大财政对农村、农业的投入力度，加快推进城乡一体化建设，不断缩小城乡差距；其次，要大力发展家庭加工业，加大涉农政策倾斜力度，政府和有关部门要把各乡支农、惠农政策更多地向低收入农户进行倾斜。

（3）提高生活垃圾无害化处理率。政府应该建立严格的垃圾分类体系，重点区分可回收垃圾、不可回收垃圾、可降解垃圾、不可降解垃圾；并且建立完善的垃圾回收系统，合理设置垃圾站、运转中心、处理厂，加快垃圾回收效率。

（4）加大环境污染治理投资力度。政府应该加大资金、技术投资，完善城市和农村的环境基础设施建设，加强对老工业、重工业的污染治理投资；加大对工业、城镇生活污染（废气、废水及固体废弃物）、农村污染治理设施（废水、化肥农药、垃圾处理）治污设施运行费用。同时，加强对企业的环境污染治理监督措施，坚决实行"谁污染、谁治理"的原则，对非法处理污染物的企业加重惩罚力度。

二、加强云南模式的农村生态文明建设

云南是西部地区社会经济发展相对落后的地区，广大的农村地区、农村人口和农业经济依然占有重要地位，云南生态文明建设离不开农村生态文明建设。

1. 正视云南农村生态文明建设中存在的问题

云南地区相对落后且不平衡的社会经济和文化发展，农业生产中不合理的科学技术的使用以及政府环保管理工作的落后，使农村的生态文明建设面临严峻的形势。正视云南农村生态文明建设的问题，是首要解决的问题。云南农村生态文明建设存在的问题如下：

（1）化学工业产品对环境影响严重。化学农业科学技术的进步和发展，使化学工业污染向农村地区蔓延。化学工业品，如化肥、农药和杀虫剂的使用，提高了农产品产量，带动农村经济发展；但是不合理的过度使用也会造成农产品的化学成分高，对消费者的身体健康带来损害。加大对当地的水源、土壤的污染，使农村地区动植物的多样性减少，大大降低了农村环境的优质程度，加剧污染现象。

（2）政府环保工作相对滞后。在治理农村环境方面，虽然政府采取了一定的环境监督管理措施，但农村的生态环境还在不断恶化，这与政府的环保工作监管滞后有很大关系。主要表现在：首先，农村的生态环保部门相对匮乏。在云南，生态环保部门下设的最低一级的单位是县，几乎所有的县以下的乡镇机构都没有设立环保部门。其次，实际工作中，政府对农村生态环境承担的责任归属不明确，使生态环境工作出现“人人能管但是人人不管”的情况。目前，云南省内对针对政府环境责任的界定还很笼统，权利责任界限模糊，部门之间各自为政，沟通协调渠道不通畅。

（3）生态环境保护设施落后。云南省内广大农村地区生态环境保护设施严重滞后，厕所、牲畜粪便处理、垃圾桶、垃圾处理厂、垃圾回收、废气、废水等污染处理等基础设备缺乏，造成农村地区垃圾成堆，废气乱放、废水乱流、垃圾遍地的现象，严重影响了农村居民的身体健康和新农村文明风貌的建设。

2. 加强云南农村生态文明建设

云南农村生态文明建设应当包括以下五个方面：

（1）农村产业实现可持续发展。必须重视农村生态文明建设，放弃高投资、高耗能、低收入的粗放型生产模式，构建低投资、低耗能、高收入的科学农业生产方式。政府应加大对农村地区的资金、技术和基础设施建设，推广节约型的生产生活方式和技术，鼓励农民使用清洁能源，促进农村地区生态文明建设的顺利进行。

（2）农民居住环境的美化优化。建设新农村生态文明建设，应该完善生态基础设施，如厕所、垃圾站、垃圾处理回收、废水废气处理等，建设生态乡村道路，改变农村的整体风貌，营造良好的居住氛围。

（3）农民生产及生活方式环保。应该将农业生产幅度控制在合理范围内，生产过程中排放的污染物不能超出自然环境承受力，进行有机农业生产，减少化学农药、化肥、杀虫剂的施用量。

（4）加强农民生态环保的思想观。观念的改变是推动行动转变的重要力量，农民是农村生态文明建设的重要参与者。农民生态环保思想观教育能够使农民成为农村生态文明建设的过程中的重要行动力量和依靠力量。

（5）强化和明确政府在农村生态文明建设中的职能。农村地区应该设置县—乡—村三级环保监管部门，制定相关的政策法规明确各部门在环境方面的职责，做到权责分明，奖惩有制。加强落实生态环境的保护监管工作，用实际可查的成果评价生态环境的保护工作。

云南省生态补偿机制建设的对策建议[①]

一、立足云南特点，贯彻落实十八届三中全会精神，因地制宜建设生态补偿机制

在具体的生态补偿实践中，要扬长避短，因地制宜，多种手段相结合，使生态补偿工作收到更好的效果。云南地理面积广大，各行政区之间的自然状况、经济发展水平、生态补偿的侧重点都有所不同，因此，生态补偿机制构建的方式和途径也不尽相同，其构建难度和标准也有着一定的差异。

制定云南生态补偿机制要正确把握地域的差异性，本着具体问题具体分析的原则，按照不同区域的不同特点构建有针对性的、合理的生态补偿机制，具体的机制内容也要体现不同区域的具体特点。一方面，云南的生态补偿机制建设，要使用云南现有的行政区划优势，根据“省—市—县—镇（乡）—村委会”的层级，以政府为主导，层层下传生态补偿机制的要领，把生态补偿机制落到实处。另一方面，以村委会为基础单位，划分其为基础生态补偿区域，后扩大到乡镇，以乡镇为单位，对乡镇内的生态补偿区域情形进行分析，结合县级相关生态补偿政策和乡镇内村委会的具体情况，对生态补偿机制进行分析、构建、执行、反馈、调整和完善。县政府根据各乡镇执行和反馈的实际情况，制定出适合全县的生态补偿机制。市政府根据市内各县的实际情况，从总体上把握好市内生态补偿机制的方向，制定相应的补偿机制，做到大中有小，粗中有细，真正地把生态补偿机制落到实处。通过这种层层分析、层层布置、层层实施、层层完善的方式，把云南的生态补偿机制落到实处，实现由试点向全省生态补偿的网状覆盖转变。

二、以政府为主导，以市场为辅助，以“有形的手”和“无形的手”促进生态补偿机制的建设

在云南的生态补偿制度建设中，要以政府为主导，即以中央和地方各级政府为主导。政府主导主要是发挥政府的牵头作用，带动各地方单位的参与，同时，也应加强市场导向

---

① 作者简介：徐正蓉，汉族，云南腾冲人，复旦大学历史地理研究中心博士研究生。

的补偿，吸引企业、个人等的参与，实现政府主导为重点，市场辅助进行的生态补偿运行模式。如，通过公益活动、产业化、项目的牵引，以此来招商或者是吸引直接的投资。

云南省生态补偿问题涉及不同范围和区域，当地方利益与区域公共利益出现不一致时，利益冲突也在所难免。为保证生态补偿工作的顺利实施，必须要由云南省政府牵头，设立专门协调组织机构来实现各地方政府以及生态补偿利益相关各方的沟通、协调工作。同时，政府还要负责建立区域生态信息资源共享平台，制定统一的补偿标准，征收管理办法，对生态补偿进行监督管理等工作，最大限度地减少生态补偿引起的纠纷，实现各主体功能区之间的生态合作。如，协商机制就是从公平角度出发，构建统一管理的区域生态合作谈判和投票机制，各主体功能区利益主体广泛参与，形成民主的生态补偿。

长远来看，市场化的生态补偿是未来生态补偿的发展方向。典型的市场化生态补偿机制主要包括一对一交易、市场贸易和生态标记等。交易的对象可以是生态环境要素的权属，也可以是生态环境服务功能，或者是环境污染治理的绩效或配额。通过市场的交易或支付，兑现生态服务功能的价值。通过市场交易模式可以提高生态服务功能保护的经济效益，也可以拓宽主体功能区生态补偿资金来源的渠道，减轻政府的财政压力，扩大生态补偿的范围。要积极探索市场化的区域生态补偿模式，拓展生态补偿市场化运作方式，构建生态服务市场交易平台，推进污水、二氧化硫、二氧化碳、固体废弃物等污染物排放权交易和水权交易、涉矿权交易和林权制度改革，形成真正体现资源环境价值的市场化补偿机制。云南的生态补偿制度，既要政府的领导，也需要市场的补助，才能促进生态补偿的长远发展。

三、多种生态补偿方式的尝试，并保持政策的稳定性

目前，云南的生态补偿主要方式是以政府为主导的资金补偿。在世界范围内的生态补偿活动中，资金补偿都是最为普遍的生态补偿方式。目前，云南常见的资金补偿渠道主要有政府的财政转移支付，生态补偿建设发展基金，民间各种形式的捐赠、补贴，金融机构贷款与担保、贴息、发行债券、市场融资等方式。在云南的生态补偿过程中，资金补偿是最迫切的方式，是最直接行之有效的方式，也是使用最多的方式。资金补偿的长期性和稳定性要求高，建议使用多种补偿方式，增加生态补偿的灵活性，真正为生态与经济协调发展提供动力。

政策补偿的使用。云南省各地区间有自身的特殊性，当区域涉及各类自然保护区或生态环境脆弱地区的特殊用地，生态补偿措施应较多的运用政策补偿这一生态补偿方式，只有有了良好的政策环境，才能引导该区域社会经济发展与生态文明建设协调发展。例

如，政府为解决限制开发区、禁止开发区社会经济发展落后的局面，所采取的各种政策倾斜，给予当地在不破坏生态环境基础上制定相关政策发展生态经济的特殊权利，这就是对限制开发区和禁止开发区给予的政策补偿。

在云南的各个行政区内，存在限制开发区、禁止开发区等特殊地带，为了促进居民生活水平的提高，调整当地生产要素和生活要素，可直接采用物质补偿、劳动力补偿和土地补偿等方式进行生态补偿。换句话说，限制开发区与禁止开发区要把关注民生放在重要的位置。对于限制开发区、禁止开发区中生态环境较为脆弱和敏感的地区，我们要保证其生态环境的破坏程度不超出生态系统所能承载的范围。因此，在需要进行生态移民和安置工作的地区，政府应当及时地对迁出地的居民进行一定的实物补偿来弥补移民安置过程中对当地居民造成的各方面损失。实物补偿虽然在众多补偿方式中是一种较为简单直接的补偿方式，但是通过实物补偿可以及时地保证当地社会的稳定，有效地缓解政府在生态移民安置工作中的压力。

智力补偿方式是补偿主体通过开展智力服务活动，无偿地提供技术指导和各类专业人才给受补偿地，从而提高受补偿地的生产技能、技术含量和管理水平。在实际的生态补偿实践中，云南省的智力补偿并没有被广泛地运用。究其原因，智力补偿方式的最先提出主要是针对专业技术程度较高的产业的，主要方式是为那些专业性强的产业提供技术援助，以获得更高的经济效益。在云南省境内，大量聚集了专业化程度较高的产业，与此同时，生态文明建设中的各项生态工程建设，如退耕还林、天然林保护、公益林建设、自然保护区保护等也需要技术资本的投入来获得较好的生态效益，所以需要政府从不同的方面给予各功能区一定的智力补偿。总之，智力补偿是一种提供技术咨询和指导，提高受偿地区生产技能、技术含量和组织管理水平，实现“造血式”的补偿，不予以鱼，而给之以渔。生态建设需要各界人才的参与，包括管理人才、科技人才、高级技工等，涉及的不仅是资金问题，更需人才的交流、项目的开发、能源的转移等各种方式。总之，云南的生态补偿要结合“输血式”和“造血式”的补偿方式，实现“输血”与“造血”的结合，建造全方位的补偿体系，实现生态和经济的长远协调发展。

四、继续开展生态补偿试点工作，向重点区域倾斜，由点到面不断扩大生态补偿范围

由于生态补偿涉及复杂的利益关系调整，目前还处在原理性探讨阶段，针对具体地区、流域的实践探索较少，尤其是缺乏经过实践检验的生态补偿技术方法与政策体系。所以有必要通过在重点领域开展试点工作，探索建立生态补偿标准体系，以及生态补偿

的资金来源、补偿渠道、补偿方式和保障体系，为全面建立生态补偿机制提供方法和经验。根据云南的实际情况和生态保护重点工作，建议省政府积极研究相应对策，争取进入国家生态补偿试点，安排一定的启动资金，选择条件成熟的地区开展生态补偿试点工作，研究建立自然保护区、重要生态功能区、矿产资源开发和水电资源开发等重点领域生态补偿标准体系。同时，借鉴国内外生态补偿实践经验，加强相关人员的培训，吸引国际组织、企业和社区居民参与试点工作，拓宽生态补偿的资金渠道。

在全省范围内选择优先领域开展生态补偿试点示范，以建立城市饮用水水源保护区生态补偿机制、小流域治理生态补偿机制试点为突破口，取得经验后，逐步拓展到矿产资源开发、自然保护区、江河流域和旅游开发等领域。并将领域不断扩大，逐步建立完善生态补偿机制，实现保护与开发良性互动。云南生态补偿机制的最终目标是在全省范围内全面建立覆盖面广、行之有效的生态补偿机制，基本实现全省环境无净损失，因保护而利益受损人群得到合理补偿，全面促进经济社会环境的可持续发展。

继续开展试点工作，并逐渐扩大范围。近年来，玉溪和大理两地政府做了大量保护工作，使抚仙湖至今保持着Ⅰ类水质；洱海近年来整体保持了Ⅲ类水质，是中国城市近郊保护最好的湖泊之一，创造了全国闻名的洱海经验。其中，玉溪关闭了抚仙湖沿岸大量污染企业，实施“三退三还”。地方经济，尤其是沿岸澄江和江川两地的经济作出了牺牲。为保护好洱海源头，洱源县在招商引资、农业发展等方面都作出了让步，地方经济发展却相对滞后。在做好环境保护的过程中，地方经济作出了巨大牺牲，却没有得到相应补偿。洱海流域和抚仙湖流域地区既要保障流域生态安全，保证水资源可持续利用，同时沿岸和上游地区又是相对贫困的地区，因此这些区域在发展经济和保护流域生态环境中矛盾十分突出。生态补偿试点工作就应该从这些地方开始，抓住主要矛盾，由点到面，真正将生态文明建设落到实处。

五、建立专项基金，促进各区域协作，完善主体功能区生态补偿

云南省在生态系统服务上存在联系或者矛盾的各主体功能区，往往平级的地方政府之间的利益协调较为困难，区域之间的生态补偿交易活动会因产权界定、分配标准、分配原则等问题无法进行。云南省政府作为云南各地方政府的共同上级可以考虑建立一种区域之间的合作基金制度，专门用于解决主体功能区之间由于生态环境外部作用问题引起的矛盾，维护两地共同的生态环境。主体功能区之间的生态补偿基金制度，由云南省政府统一管理和运行，这种基金制度作为各区域间的纽带，为双方合作提供了平台。主体功能区生态补偿基金制度的构建，避免了政府间的直接碰面，节约了谈判费用，同时，

由第三方进行统一操作与管理，保障生态补偿工作的公平合理性。

合作基金既提供了稳定的资金来源，又整合闲散资金，形成规模效益，还扩大了生态补偿政策的范围，提高生态补偿的能力。在资金的使用上，设立统一的基金管理部门，综合分析情况，在兼顾各方利益的基础上合理地利用补偿资金。同时，主体功能区之间的生态补偿基金制度也是实现了各区域的利益共享与风险共担，所有生态环境受益地区共同分担维护生态环境的成本，共同分享良好生态系统服务所带来的生态效益，也共同承担生态环境治理项目建设的风险，真正体现生态补偿的基本原则。资金的来源可以来自不同的渠道，如国家划拨生态补偿专项资金，也可来自资源的有偿使用费，或生态惩罚性收入等。

六、加快生态补偿机制的法制化进程，让生态补偿有法可依

生态补偿的法制化是生态补偿工作顺利进行的重要保障。云南省政府应在国家的领导下，参考国内外优秀经验，结合云南的实际情况，坚持以人为本，努力完善生态补偿法律法规。通过制定法律法规来明确生态补偿利益相关者的职责、权利、义务以及生态补偿的对象、标准、途径等内容，并专门设置详细的惩罚措施和鼓励措施，对违反法律法规的企业和个人进行惩罚，约束破坏生态环境的行为，对爱护环境，对保护环境有特殊贡献的，给予鼓励和奖励。对现行的法律法规进行调整、修改和完善，调整领导干部考核体系，建立绿色 GDP 评价体系，对各地方的主要负责人实行生态环境考核一票否决制与责任问责制。让生态补偿工作有章可循、有法可依，保障生态补偿的权威性和规范性，提高各地生态建设的积极性，促进生态补偿机制的健康发展。

生态补偿实质上是一种利益协调，也是一种矛盾协调。法律制度的建立在生态补偿中具有重要性和权威性。建议颁布一些规定，在规定中可以对生态补偿的对象、范围、形式、标准、原则、重要措施、法律责任等作详细的规定。各州市制定地方性法规，如西双版纳傣族自治州可规定在各景点门票中提取 2%的费用作为野生动物肇事损害生态补偿基金的来源。编制有关文件，对全省生态补偿活动统一计划、组织、指挥、协调、管理。如，将生态补偿与环境影响评价相结合，通过环评对新建项目征收生态补偿费。

七、建立公众参与机制建设，树立全民建设生态补偿机制的观念

保护环境，人人有责，全员参与生态补偿。环境的保护是社会性很强的实践活动，单靠个人的力量或政府的力量是无法完成的，因此，对于生态补偿来说，应建立“全员

参与”的理念，加大对生态环境的保护与恢复力度。“全员参与”的理念与利用相关者的理念是不可分割的，尤其是对于生态补偿来讲，所涉及的利益主体多，关系复杂，需要完善的协调、合作体系才能实现生态恢复的总体目标。生态补偿除各利益相关主体的参与外，还需要社会的参与，从生态建设与保护的角度来吸引社会各界知名企业、知名人士参与到生态建设的重大项目中，充分发挥社会补偿的作用。

通过税费抵扣鼓励企业和个人参与生态补偿机制建设。探索税制改革，实施“以补带税”的鼓励措施，提高公众对生态补偿经费筹集的贡献率。比如，社会组织、公司和个人，通过选择生态保护实践或捐款行为达到一定标准后获得减税鼓励。通过完善生态补偿项目及经费公示制度，加强公众对生态补偿制度的监督。比如，政府通过网络、报纸、广播等媒体，不定期公示生态补偿经费的使用情况及项目的开展情况，不仅能让群众了解生态补偿情况，也能提高政府的公信力。

在民间自发地开展和普及生态补偿机制。根据民众的补偿事实和补偿需求，以民主协商和谈判的方式，开展民间性的生态补偿，促进社区环境保护和乡村生态建设。如对治沙大户、植树大户等要进行奖励和补偿，对社区各类环境保护先进分子进行补贴，鼓励生态保护的监督者和建设者出现，提倡纠正不良行为和打击生态破坏行为，使当地社区的环境管理和治理持续改进，成为环境友好的持续发展社区。为了加强生态补偿成为世俗化的自发性活动，应加强生态补偿的文学创作、新闻报道，以诗歌、散文、对联、报告文学、小说等群众喜闻乐见的形式，宣传生态补偿，宣扬生态文明理念，发展生态补偿文化，培育群众生态补偿的理念和人文精神，把生态补偿当作应尽的责任。加强对各级人大代表、政协委员的生态补偿教育，发展生态补偿政治伦理和政治文化，增强生态补偿的政治推动力量，大力建设生态文明，培育生态补偿的习俗力量和舆论驱动力量。

云南生态文明政绩考核机制建设对策建议[①]

云南作为生态文明建设的排头兵，制度体系的完善是顺利实施生态文明建设的重要保障，将生态文明纳入政绩考核已成为必然趋势。2009 年，云南制定的《七彩云南生态文明建设规划纲要（2009—2020 年）》把生态文明建设成效纳入干部考核评价体系之中，要求建立科学的干部考核指标体系，推行政府任期和年度生态文明建设目标责任制。昆明市近年来力求通过体制机制创新，强力推动生态环境保护和城市建设，2014 年出台的《昆明市生态文明建设规划（2014—2020 年）》等一系列文件进一步明确了要把生态文明建设作为各级领导干部实绩评价和领导班子综合评价考核的重要内容。政绩考核指标是生态文明指标体系的重要组成部分，将生态文明纳入政绩考核的评价体系之中是政府职能转型的标杆。

一、云南生态文明政绩考核建设的经验

政绩考核是一项针对各级政府领导干部的施政行为和绩效完成情况进行考核的重要制度，也成为生态文明制度建设的指挥棒。在科学发展观的指导下，云南党委政府对政绩考核进行探索，2009 年出台的规划中将生态文明纳入政绩考核之中，这是一项突破性的建议方案，具有先行示范作用。

云南的生态文明政绩考核尚处于探索阶段，昆明市作为先行示范地发挥了先导作用，其他市、州也将逐步纳入生态文明政绩考核机制。云南省政协教科卫体委员会副主任杨鸿生曾指出，要推动地方政府生态文明建设考核制度创新，把生态文明建设考核结果作为干部任免奖惩、项目审批、财政转移支付、生态补偿资金安排的重要依据，并建立生态环境保护失职渎职行政追责机制，探索实行干部自然资源和生态资产任中和离任审计。就现在云南地方政府的生态文明政绩考核情况看，系统的生态考核指标体系并未建立，但是一部分地方政府已经逐渐改变传统的片面追求 GDP 增长的做法，开始关注生态环境的保护。德宏傣族景颇族自治州监察局梁晓丹副局长在调研中发现，云南省的森林生态效益补偿标准偏低，导致部分群众对公益林保护出现了抵触情绪，国有林管护难以为

① 作者简介：杜香玉，女，河北衡水人，云南大学民族政治研究院助理研究员，研究方向为边疆生态安全与生态治理、中国环境史、西南边疆灾害史及生态文明建设。

继。一方面，公益林与商品林之间比较效益差距过大，公益林收益不到商品林平均收益的 1/30；另一方面，国家的补偿标准难以维持公益林管护支出。她指出这种情况广泛出现在云南多个地区，地方政府在生态文明建设中投入大量资金和精力，为此做出很大牺牲，却没有得到相应的补偿。如西双版纳傣族自治州等一些地方政府的职能部门与群众联系最为紧密，笔者在调研中发现，将公益林纳入保险公司，由保险公司承担一笔补偿金额，这种方式可以缓解公众的不满情绪。

在云南地方政府推行生态政绩考核工作，官员责任是极为重大的。到 2014 年年底云南仍有贫困人口 574 万人，片区县 91 个，重点县 73 个，贫困人口数量居全国第二位，片区县和重点县数量居全国第一位。贫困面最广、贫困人数最多、贫困程度最深成为云南生态环境保护工作开展的阻碍因素，云南贫穷落后地区的生态政绩考核如何有效落实亦成为难题。针对云南的边疆民族特性，工作开展有一定的难度，政绩考核是基于“自上而下”的行政效力实现，“人”作为行动的主体起决定性作用。因此，在生态文明纳入政绩考核之后，必须以领导干部为引导，基层群众为主导力量，形成“自上而下”的行政区动力和“自下而上”的自主需求力整合开展生态文明建设的长久动力和长效机制。

二、云南生态文明政绩考核建设中存在的问题

（1）片面追求“GDP”指标问题。一些地方政府仍是强调 GDP 指标的增长，忽略环境保护。主要突出在社会经济发展较为落后的地区，从外部原因看，由于当地经济落后，“GDP”依旧是作为衡量政府官员的标尺，领导干部不得不招揽项目和工程，提高经济发展水平；从内部原因看，政府官员强调经济发展在很大程度上满足了切身利益，而环境保护工作在其看来可能是“赔了夫人又折兵”。

（2）实际操作性弱化问题。生态文明政绩考核指标在具体实施过程中，贯彻落实较为困难。自云南将生态文明纳入政绩考核指标之后，相应的建议方案不断出台。但是仅局限于社会经济发展较快的地区，并未有效全面贯彻落实到各州（市）、县（区）及乡镇和村。政绩考核本身与领导干部的利益挂钩，生态文明建设在一定程度上影响官员的切身利益实现，更是有碍其追求经济利益的目标。

（3）环境指标比例失调问题。地方政府的生态考核指标比例并不突出，忽视因地制宜。生态考核指标纳入政绩考核之中，其所占比重相对较少，并未改变传统的以经济效益为重的现象，容易导致经济、社会、环境效益失调。部分地区的环境效益在 GDP 中占有一定比重，但却远远低于经济效益和社会效益，其最终效果并不显著。

（4）环境责任追究制度与官员任期责任存在冲突。政府官员一般是三年一任，这种

现象可能会造成上一任官员引起的环境破坏、资源浪费由下一任官员承担。当前已经逐渐开始实施离任追究制度，但是并未广泛有效落实，云南虽已经提出，但是相关的政策性文件并未推行到全省。

（5）政绩评价的时间间隔和现实条件不合理。在政绩考核中，容易出现两种影响领导干部的合理评价：一方面，由于前任官员的努力工作为后任官员打造了良好的基础和平台，但在考核中其政绩归于后者；另一方面，前任官员在任期间得到的国家支持和投入较少，其政绩平平，相反后任官员在获得上级政府支持后，搞项目，建工程，政绩卓越。

（6）区域之间的联系具有不稳定性。区域之间的领导干部之间缺乏交流和合作，关联性较差。生态文明建设需要区域之间综合治理，这也是政绩考核中需要考虑的区域性指标。在具体的工作中，各区域制定适合本区域的发展规划较少考虑邻地区的发展情况，最终造成生态环境破坏以及地区之间的矛盾。

（7）部分地区的领导干部自身的生态意识淡薄。主要体现在偏远少数民族村寨的村干部之中，由于文化水平受限以及生态文明宣传教育氛围较弱。在一些地区的生态文明建设中，环境保护等同于生态文明。村干部作为接触村民的关键人物，其自身并不理解生态文明的含义。在意识传播中必然导致群众对生态文明本身的理解偏差，影响群众广泛参与到生态文明建设之中。

（8）制约领导干部的约束性指标设立不合理。在生态文明政绩考核指标的建立上缺乏有效的法律法规的保障，对领导干部的施政行为约束力度不够。在法律法规章程中，缺乏强制性要求领导干部对环境做什么，怎样做，如何确切落实到个人。政府官员的施政行为的法律的缺失容易造成“官官相护”的虚假现象，指标的存在可能会导致官员片面追求指标增长，唯“指标”论英雄，忽视当地实际发展情况。

三、云南生态文明政绩考核建设的对策建议

（1）根据主体功能区划分，重新调整“GDP”指标。“环境要保护，经济要发展”，官员如何处理好两者之间的矛盾，这些地区的生态考核指标体系又该如何制定。十八届五中全会提出的《生态功能区规划》中，云南大部分地区被列入限制开发区和禁止开发区，实现人口转移，限制开发区大力发展生态产业，重点生态功能区和禁止开发区要以保护为主探索新路子。43 个县市区被列入重点开发区，以滇中为主体，加快产业聚集和城镇改进。这些地区以扶贫、保护为主，不再以 GDP 为准。此项规划的出台从区域性质上明确云南各个地区的发展导向，对于各地方政府的生态文明政绩考核标准的规定给

予政策导向，有利于省委、市政府统一开展生态文明政绩考核工作。

(2)根据各地区具体情况，统一规划制定区域性政绩考核指标。云南的区域性经济发展极为不平衡，必须根据各个地区的实际情况，制定相应的区域性指标。根据国家考核指标，结合云南实际，进行实地调查整合各个区域的社会经济发展情况，合理分配指标权重，并加紧实施。

(3)破除传统政绩观，强化约束性指标。传统的政绩考核观念是以"GDP"增长率衡量官员政绩，生态文明政绩考核指标要求必须以环境效益为重。云南省应依据省内不同地区特色重新调整指标作为衡量各地的发展情况，以整体情况而言，根据各个地区的生态特色，重新调整指标权重，科学设置考核指标。将水土保持、森林覆盖率、水资源质量等一一纳入考核指标之中，提高资源保护、节能减排、环境保护、能源消耗等指标的权重。经济效益比重不宜超过生态效益，如较为发达地区与较为落后地区根据当地发展情况适当调整生态和经济效益比重。各级部门依当地具体情况开展工作，将 GDP 作为一种促进当地发展的正能量指标，而不是一种负担。生态效益应占据最大比重，经济和社会效益次之。

(4)加紧实施并逐步完善领导干部离任追责制度。四川绵阳市出台的《县市区党政主要负责人离任生态环境审计评估试点指标体系》，对环境生态审计进行量化，其指标体系涵盖生态空间、生态环境、生态经济、生态文化、生态人居和生态制度 6 个方面共 32 项，形成了完整的评估体系，每位干部须对自己的终身负责。此项措施值得云南借鉴，可将生态文明政绩考核指标与官员离任生态环境审计评估进行有效整合，在此基础上确立生态环境量化指标体系，以完善环境责任追究制。

(5)建立官员换任跟踪评价体系。由于官员不能持续连任，在任期间的政绩和责任与离任之后所存在的冲突需要制定官员换任跟踪考核标准。首先，政绩考核一般是进行年度考核制，但生态环境的治理需要一个长久的过程，领导干部在短暂的任期应考虑长久，再设立短期目标。其次，在换任之后应连续跟进，考察官员的进一步目标计划，以有效保障官员的潜在能力。

(6)加强区域间的政府官员交流和学习，构建互动交流平台。首先，生态环境的治理是针对整个生态系统，如河流、森林、农田等。需要区域之间互相交流和实地调研，综合各个地区之间的具体情况开展互利合作，保护区域生态安全。其次，在政绩考核中，区域性的环境问题和责任需要明确主要负责人，根据区域指标进行评价。此外，加强领导干部之间生态文明建设工作的交流和互动，针对领导干部开设生态文明建设教育培训课程，邀请相关专家讲授生态文明理论课程，由上级领导干部向下级领导干部定期进行生态文明指导工作，下级领导干部定期向上级汇报生态文明建设情况和存在的问题，上下级领导干部和相关专家定期进行沟通、协商和互动，立足于不同的立场阐述自己的见解，分享各自的经验，共同探讨存在的问题。

（7）加强少数民族村寨干部的生态文明理论培训和生态文明宣传教育。在基层领导干部中，首先，开设相应的生态文明理论课程，由政府邀请生态文明方面的相关专家定期授课。其次，由政府定期组织生态文明建设讨论会，上级领导解读生态文明建设方案或规划，各个机构之间交流经验和提出问题，由生态文明相关专家提供相应建议。针对少数民族村寨的基层干部进行定期培训，由上级领导派专门人员讲授生态文明建设相关知识，加深其对生态文明的理解，引起重视。在少数民族村寨做好生态文明宣传工作，实行村民大会、家家户户走访式的学习教育宣传模式。

（8）制定政绩考核标准实施法律规章制度，依法约束政府官员行为。首先，生态文明建设是以政府为主导，施政行为的主体是政府官员。根据生态文明的具体实施工作，制定相应的官员奖惩、责任追究制度。其次，政绩观的转变是由重视经济发展转变为注重人民的幸福指数，对于领导干部是一个新的挑战，更是检验其施政行为的准则。

（9）充分发挥领导干部的引导作用，调动广大群众。生态文明政绩考核的对象主要是领导干部，在具体工作开展中进行生态文明建设的主体是广大人民群众。因此，群众应作为官员工作成果的监督群体。因此，调动人民群众参与到建设生态文明中来是目前必须解决的问题。针对云南各个地区的实际情况，成立专门调查小组，主要负责网络平台与群众互动，定期到企事业单位、社区、学校、乡村走访，通过不同的群体了解广大人民群众对领导干部所实施的具体生态环境保护成效。首先，实行省、市（州）、县三级调查模式，省调查小组主要负责统一规划工作、组织各级调查小组工作人员、开展定期工作汇报等；市（州）调查小组主要负责企事业单位、社区、学校的走访工作，以问卷和访谈形式为主；县调查小组主要负责乡镇、村寨的走访工作，实地调查和访谈为主，深入基层群众。其次，有各地区调查小组在负责区域定期开展官员实际工作的民意调查投票活动，活动方式以好和差的生态治理案件为主，组织群众以演讲的形式讲解具体案例，与环保企业合作实行一、二、三等和特等奖品形式来感谢群众支持。

在云南政绩考核的具体工作开展中，生态文明的纳入将会从本质上转变传统的政绩观念，由于政府职能的转型。生态政绩考核的有效开展有赖于坚持系统性、导向性、可操作性、简明性、可比性原则，并且树立民官共建生态政绩观、“公平、公正、公开”环境责任观、绿色政绩观的观念，避免出现官官相护、同流合污、欺上瞒下的现象。最终实现“自上而下”的牵引力，“自下而上”的需求力，整合上下（政府和群众）之间的合力，共同凝聚生态文明的长久效力，打造幸福和谐社会。

云南省生态文明建设水平指数及评价方法建议[①]

生态文明建设的指数及方法无论是理论和实践都尚处于探索阶段，没有形成一个较为成熟的标准和方法，且生态文明建设是一个外延广阔、内涵丰富的系统，不仅与温室气体控制环境保护和节能减排等方面密切相关，也包括价值观念的提升和生产生活方式的转变，因此涉及的指标数广而复杂，需要对云南生态环境现状及环境保护与建设的进展有全面充分的了解才能进行更为综合、全面的考虑。云南省生态文明建设评价指标体系占有十分重要的战略地位，尽快建立起一套云南省生态文明指数及评价方法是当下首要的任务。按照生态文明建设的主要特征和云南具体生态环境发展实际，在设计云南省生态文明建设水平指数及评价着眼于全面性、区域性、可操作性、可持续性对云南省生态文明建设的指数及评价方法进行通盘考虑和综合设计，以期达到定性指标与定量指标相结合的目标层、系统层和指标层的有机统一。[②]

一、评价指标分数（权重）的确定

生态环境、生态经济、生态人居、生态文化、生态制度各一级指标权重的确定主要依据它们对生态文明建设发展的重要性来确定，遵循市场导向、结果导向和重视过程的原则，首先借鉴国家颁布的《生态文明建设考核目标体系》《绿色发展指标体系》及多个省市生态文明建设评价的评分办法，组织课题组专家采用层次分析法并结合云南实际情况进行分析，分级确定三级指标权重框架。然后，召开项目评审会议，充分听取云南生态文明建设各主管机构、行业协会、科研院校及权威的专家代表意见，并赴大理、西双版纳等地州进行实地调查访问，征询意见，修改完善三级评价指标及分数（权重）。

评价指标按总分 1000 分测算分配，其中：生态环境 395 分（权重为 0.395）、生态经济 305 分（权重为 0.305）、生态人居 150 分（权重为 0.15）、生态文化 70 分（权重 0.07）、生态制度 80 分（权重 0.08）。

---

① 作者简介：潘诗雅，女，黑龙江大庆人，昆明理工大学质量发展研究院硕士研究生。

② 孔雷、张良、董子毅：《关于构建云南生态文明建设评价指标体系的思考》，《林业建设》2013 年第 5 期，第 17—18 页。

1. 生态环境 395 分

生态环境包括环境质量（215 分）和生态保护（180 分）两项二级指标，分别占 54.4% 和 45.6%，环境质量相比于生态保护更为重要。在环境质量指标下，所有约束性指标及环境质量全面提升工程完成情况指标的分值都为 20 分；重要江河湖泊水功能区水质达标率指标 10 分；地级及以上城市集中式饮用水水源水质达到或优于Ⅲ类比例指标 10 分；受污染耕地安全利用率指标 5 分；单位耕地面积农药使用量指标 5 分；单位耕地面积化肥使用量指标 5 分。在生态保护指标下，约束性指标森林覆盖率、森林蓄积量及生态安全屏障巩固工程完成情况指标为 20 分；实施退化湿地恢复和修复面积、自然湿地保护率、石漠化综合治理程度、国家重点保护野生动植物物种保护率四个指标为 15 分；可治理沙化土地治理率、矿山环境恢复治理率两个指标为 10 分；草原综合植被覆盖度、自然湿地保有量、林地保有量、森林面积、自然保护区面积、禁止开发区域面积、高原湖泊保护区面积、新增水土流失治理面积八个指标为 5 分。

2. 生态经济 305 分

生态经济包括能源资源节约与利用（230 分）和绿色产业（75 分）两项二级指标，分别占比 75.4%和 24.6%，着重突出能源资源节约与利用，关注绿色产业建设。能源资源节约与利用指标下，所有约束性指标及资源节约集约利用工程完成情况指标的分值都为 20 分；农田灌溉水有效利用系数、单位生产总值建设用地面积、主要城市再生水利用率、一般工业固体废物综合利用率、规模以上工业企业重复用水率、全省矿产资源综合利用率、主要可再生资源回收利用率、秸秆饲料综合利用率、规模畜禽养殖场（区）废弃物综合利用率、农膜回收率等十个指标分值均为 5 分。在绿色产业指标下，绿色产业培育示范工程完成情况指标为 20 分；农产品中无公害、绿色、有机农产品种植面积比例、服务业增加值占 GDP 比重、战略性新兴产业增加值占 GDP 比重、第三产业增加值占 GDP 比重四个指标为 10 分；全省农产品综合抽检合格率、省级以上知名农产品品牌个数、绿色产品市场占有率（高效节能产品市场占有率）三个指标为 5 分。

3. 生态人居 150 分

生态人居包括生态基础设施（50 分）和民生福祉（100 分）两项二级指标，分别占比 33.3%、66.7%，即突出民生福祉，也关注生态基础设施建设。在生态基础设施指标下，乡镇生活污水设施覆盖率、乡镇生活垃圾设施覆盖率、农村自来水普及率、农村卫生厕所普及率四个指标为 10 分；城镇绿色建筑占新建建筑比重、城市建成区绿地率、全省城镇（县城和设市城市）生活污水处理率、全省城镇（县城和设市城市）垃圾处理率、绿化覆盖率、人均公园绿地面积六个指标为 5 分。在民生福祉指标下，人居环境改善示范工程完成情况指标 20 分；农村贫困人口脱贫指标为 15 分；城镇化水平和城镇新增就业人数指标 10 分；城镇常住居民人均可支配收入、农村常住居民人均可支配收入、劳动年龄人口平均受教育年限、基本养老保险参保率、每千常住人口医疗机构床位数五个指标为 5 分。

4. 生态文化 70 分

生态文化包括生态文明教育（20 分）、生态创建（30 分）和绿色行为（20 分）三项二级指标。在生态文明教育指标下，党政干部参加生态文明培训比例指标为 10 分；省级民族传统文化生态保护区及生态文化宣传教育基地建设两个指标为 5 分。在生态创建指标下，生态州市比例及其他创建（文明城市、卫生城市、园林城市等）各 15 分。在绿色行为指标下，有关产品政府绿色采购比例、节水器具普及率、二级以上能效家电产品市场占有率、绿色出行（城镇每万人口公共交通客运量）四个指标均为 5 分。

5. 生态制度 80 分

生态制度包括政府投入（10 分）和生态考核（70 分）两项二级指标，重点评价生态考核。在政府投入指标下，环境信息公开率、环境污染治理投资占 GDP 比重两个指标各 5 分。在生态考核指标下，自然资源资产产权制度、国土空间开发保护制度、资源总量管理和全面节约制度、资源有偿使用制度和生态补偿制度、生态环境保护管理体制、生态文明绩效评价考核和责任追究制度、公众对生态环境质量满意程度七个指标各 10 分。

二、评价方法

申报资料经过资格审查且符合要求，方可进入正式评价。评价采用资料评审方式，按评价指标体系内容逐项评分。

对于不同类型的评价指标，采用不同的分数计算方法。对于定性数据，可以独立评分的，采用分项计分法、专家评级评分法；对于定量数据，需要对不同申报产品评价指标进行排序，或需要建立比较基准值，不能独立评分的，采用比较计分法评分；对于不需要排序的定量数据，可以独立评分的，采用数据转换法。

1. 项计分法（记为：方法 A）

对于只反映当前被评价指标状态“达到”或“未达到”结果的约束性指标，采用分项计分法，达到则计满分，未达到则记零分。例如，约束性指标“细颗粒物（$PM_{2.5}$）未达标地级及以上城市浓度下降”，达到理想值（国家标准）得 20 分（满分），未达到则该项得 0 分。

对于只反映当前被评价指标状态“有”或“否”结果的定性指标，也采用分项计分法，有则计满分，无则记零分。例如，指标“生态州市”，某政府有生态州市得 15 分（满分），没有则记为 0 分。

2. 比较计分法（记为：方法 B）

对于预期性的定量评价指标数据，采用该方法。通过连续计分公式计算评价指标得分：

$$\text{某评价指标得分} = \text{基础分} + \frac{\text{实际值}}{\text{理想值}} \times \left(\text{满分} - \text{基础分}\right) \tag{6-1}$$

该计算方法的设计思想是相对比较评分。达到理想值得满分，未达到基础值得 0 分。在大于基础值但小于理想值的得分取决于基础分和实际值与理想值的比值。通常情况下，基础分的设定可按该指标总分 50%—60%的原则，可以适当调高基础分，整体提高该指标的得分。

在计算结果的合理性和精确性方面，该方法具有计算结果与实际值相对应、分数差距相对合理等优点，同时该方法计算相对简单，确定合理的基础分后，只需要知道该指标的基础值、理想值和实际值，不需要排序这种烦琐的步骤。

3. 加权比较计分法（记为：方法 C）

对于指标近三年的数据，进行分段计分。考虑到第二年、第三年反映和决定了指标情况的发展趋势，为此权重逐渐加重，三年的权重依次为 0.2、0.3、0.5，该指标的总分数为加权平均值。可先将评价指标三年的申报值先加权平均，再确定综合申报值的基础值和基础分，并计算出该指标的评价得分：

$$\text{某评价指标得分} = \text{基础分} + \frac{\text{第一年实际值} \times 0.2 + \text{第二年实际值} \times 0.3 + \text{第三年实际值} \times 0.5}{\text{理想值}} \times \left(\text{满分} - \text{基础分}\right) \tag{6-2}$$

4. 专家评级评分法（记为：方法 D）

对于由申报单位提供的文字性描述或其他证明材料，需对被评价指标进行评级的主观指标，采用专家评级评分法。由五名以上专家进行独立评价评分，再进行集体合议评价评分。例如，自然资源资产产权制度评价，某申报单位对其自然资源资产产权制度完成情况描述，不同专家可能会有完成情况为优、良、中、差等不同评价结论，通过集体合议评价，论述各自评价理由，达成统一意见，给出最终评价结论。

该方法是对主观指标的主观评价，一方面要求申报单位按一定规范描述指标内容，另一方面要求评审专家了解该指标发展状况、掌握被评价指标的相关知识。

对于专家组难于达成一致意见的其他定性或定量评价指标，都可以使用专家评级评分法进行两轮评分，保证评价结果尽可能客观。

5. 数据转换法（记为：方法E）

对于一些能充分反映被评价指标结果水平的定量数据，可采用数据转换法，如公众对生态环境质量满意程度，将公众对生态环境质量满意程度的调查结果按评价分制直接转化为评价分数。例如，公众对生态环境质量满意程度总分数为10分（10分制），某地州的公众对生态环境质量满意程度调查结果为86分（百分制），则顾客满意度评价分值为：10×86/100 = 8.6分。

6. 扣分项（记为：方法F）

“生态环境事件”为扣分项，每发生一起重特大突发环境事件、造成恶劣社会影响的其他环境污染责任事件、严重生态破坏责任事件的地区扣10分，该项总扣分不超过40分。具体由环境保护部门等根据《国务院办公厅关于印发国家突发环境事件应急预案的通知》等有关文件规定进行认定。

生态环境事件，是指因污染环境、破坏生态造成大气、地表水、地下水、土壤、森林、草原等环境要素和植物、动物、微生物等生物要素的不利改变，以及上述要素构成的生态系统功能退化。

扣分项生态环境事件分为：

发生较大及以上突发环境事件的；

在国家和省级主体功能区规划中划定的重点生态功能区、禁止开发区发生环境污染、生态破坏事件的；

非法排放、倾倒和处置有放射性的废物、含传染病病原体的废物、有毒物质，造成生态环境损害的；

因环境污染或生态破坏，造成永久基本农田、国有防护林地、特种用途林地、一般耕地、其他林地、国有草原或草地等大面积基本功能丧失或遭受永久性破坏的；

造成国有森林或其他林木大面积死亡的；

因环境污染或生态破坏，造成经过认定的湿地自然状态改变、生态特征及生物多样性明显退化、湿地生态功能严重损害的。

各州（市）应根据实际情况，综合考虑造成的环境污染、生态破坏程度以及社会影响等因素，明确细化具体情形。

第七编

管理·措施

关于改进云南滇池流域湿地公园生态管理措施建议[①]

滇池流域湿地生态系统是高原湖泊滇池的重要生态系统之一，不仅净化滇池流域城镇污水为其提供优质的淡水资源；同时，大众公益性的湿地公园旅游也成为湿地生态服务价值的重要体现。滇池流域的湿地公园利用保护、恢复、研究、监测、科普教育、旅游等多种管理手段，成为一种开展湿地保护与合理利用的有效方式，也是公众享受保护成果，接受科普教育的重要场所。继续加强滇池流域湿地公园生态管理，对明显改善滇池水质、减缓水污染，以及美化人居环境，调节区域气候，并恢复和保护鸟类、鱼类栖息地等必将发挥重要作用。

一、云南省滇池流域湿地公园生态管理的现状分析

（1）滇池流域已建和规划建设生态湿地公园达 27 个，面积约 22402.47 亩，随着扩建趋势其数量和面积将不断增加。滇池流域“四退三环一护”生态工程将环湖湿地和湖滨带建设相结合，云南省政府联合当地房地产开发商和企业共建滇池人工湿地公园。目前，环滇池流域已建和规划在建的人工湿地和湿地公园达 27 个，湿地公园生态管理面积约 22402.47 亩。其中，已建成的 15 个湿地公园面积约 14522.36 亩，包括官渡五甲塘湿地公园（1392 亩）、宝丰湿地公园（1590 亩）、五家堆湿地公园（57 亩）、团山生态湿地公园（251.55 亩）、呈贡渔蒲寒湿地公园（652 亩）、西华湿地公园（781 亩）、捞鱼河湿地公园（691 亩）、晋宁县昆阳镇东大河湿地公园（1709.43 亩）、官渡王官湿地公园（715 亩）、晋宁南滇池湿地公园（1100 亩）、呈贡斗南片区滇池生态湿地公园（1585 亩）、晖湾湿地公园（1980 亩）、龙门湿地公园（205 亩）、永昌湿地（218 亩）、白鱼河河口湿地公园（703.38 亩）。在建的 8 个湿地公园，包括观音山北湿地公园、观音山南湿地公园、大坝湿地公园、昆明滇池国际城市湿地公园即西亮塘湿地公园（2360.11 亩）、晋宁东大河水上森林湿地公园（5400 亩）、星海半岛生态湿地（1054 亩）、盘龙江入湖口东岸银河湿地公园、盘龙江入湖口西岸湿地公园（120 亩）。规划湿地公园 4 个，包括海埂公园提升改造工程、海东湿地公园（已建 892 亩，在建二期湿地公园工程）、海洪湿地公园。尽

① 作者简介：袁晓仙，女，云南大理人，云南大学西南环境史研究所博士研究生。

管一些在建和规划的湿地公园面积尚未确定，但湿地公园面积不断增加是必然趋势。

（2）滇池湿地公园管理中心和各个湿地公园管理处，以及相关工作人员已形成专门管理结构，其管护体系日益完善。“十二五”以来相继颁布《云南省湿地保护条例》（2013年）、《云南省人民政府关于加强湿地保护工作的意见》《云南省省级重要湿地认定办法》《湿地生态监测》《云南省国家公园管理条例》（2015年）等涉及湿地公园生态管理细则，使湿地保护步入法制轨道。同时，在昆明挂牌成立湿地保护管理办公室和滇池湿地公园管理中心，以及对公众开放的滇池湿地公园已经成立17个湿地公园管理处，对滇池流域湿地生态公园管理提供重要指导和政策依据，其湿地管理机制不断完善。

（3）滇池流域湿地公园生态环境优美，免收门票费，成为广大公众休闲娱乐的旅游胜地，旅游旺季其游客接待量不断增加。网络选评结果显示，仅昆明附近就拥有全中国最美的10个湿地，包括西山晖湾湿地、“天然氧吧”龙门湿地公园、“骑行胜地”宝丰湿地公园、“湖光山色”海东湿地公园、“长廊柳堤”斗南湿地公园、“郁金香胜地”捞鱼河湿地公园、“野生动植物保护栖息地”南滇池国家湿地公园（又名东大河湿地）、“亲水骑行乐园”盘龙江西岸入湖口湿地公园、“木栈道式”白鱼河河口湿地公园、“西山后花园”西华湿地公园。这些湿地公园在花期、候鸟停留期和节假日期间成为滇池周边公众的旅游胜地，优美的环境向广大公众展现了滇池生态治理的重大成效。

二、云南省滇池流域湿地公园生态管理的问题分析

（1）滇池湿地公园存在经济功能优先于生态功能的现象，不利于发挥湿地的生态系统恢复功能。由于房地产开发商多以招标投资的方式参与滇池流域湿地生态公园的建设与管理，湿地公园附近大多成为高级住宅区和私人别墅区集中建设区域，为房地产服务的经济功能突出。如俊发地产在西亮塘片区的湿地公园建成“滇池ONE”高端别墅区、中航地产在五甲塘湿地公园建成纯别墅居住用地中航云玺大宅等。大规模的工程建设不利于湿地生态系统功能的修复和恢复。

（2）滇池流域湿地公园因融资渠道有限，存在管理不规范、管理质量差等问题。滇池流域湿地公园尚未被纳入相对集中执法权的湿地管理范围内，不属于云南省国家级和省级重点湿地保护范围。当前，湿地建成后交由建设方或属地政府管理，但资金渠道来源不一，资源投入渠道在一定程度上决定了滇池湿地公园的功能定位。滇池流域湿地公园的功能定位模糊，多部门多群体需求决定了湿地功能的多样性，但也加剧生态合作管理的困难性。因此，还未成立专门的湿地管理资金，因资金限制，各个湿地的公益性生

态旅游、生态保育、生态环境科普教育等功能需求难以平衡协调，导致科学生态的湿地规划和管护办法难以在实践中落实。

（3）滇池流域湿地公园生态管理成本高、成效低，难以达到湿地自然恢复生态系统的功能目标。滇池流域的湿地公园存在明显的人为干预过多的现象，湿地公园日常管理未严格按照已经出台的《滇池流域湿地管理细则和导则》开展，如湿地净化植物未严格遵循《滇池湖滨生态带植物物种推荐名录》，以外来植物居多，本土植物较少，耗水耗肥量大，且净化能力差，难以达到湿地净化水质的目标。平日招募管护人员定期拔除杂草，导致水土保持成效差，绿化成本高，存在绿化污染现象。

（4）滇池流域湿地公园节假日等旅游旺季，游客接待量超标，加剧滇池水体污染和生态系统失衡。滇池流域湿地公园的宣传以公益性大众旅游为主题，未强调湿地生态修复和生态系统功能，成为大众节假期休闲娱乐的旅游热点，旅游旺季游客量超标，远超湿地的生态环境承载量，对湿地环境造成污染和破坏。如 2017 年春节期间南滇池湿地公园接待游客近 10 万人次；昆明捞鱼河湿地公园 2016 年 3 月份郁金香花季向游客免费开放期间，3 天游客超 6 万人次，日均游客接待量约 2.5 万人次，游客“野蛮”踩踏湿地和花地使土壤板结。同时，游客集中造成湿地公园附近堵车、停车、如厕、垃圾等问题，侵占湿地自然恢复面积，增加环境管护成本；每天 2 吨“随手垃圾”，有的甚至扔进滇池，尤其是夏季高温时节依然存在蓝藻水华暴发的污染现象。

三、云南省滇池流域湿地公园生态管理的改进建议

（1）明确湿地公园的功能定位，科学规划湿地生态功能区，严格控制周边工程建设面积。建设湿地公园第一要务是保护湿地生态系统，滇池湿地公园生态建设和管理应平衡湿地的生态服务功能和社会经济价值。同时，严格维护水质净化区、游赏区、生态保育区、湖滨生态带建设区域，最大限度减少工程建设区域，湿地生态修复功能区面积应占 90%以上，而工程建设和基础设施建设面积应控制在 10%以内。尤其应严格控制湿地公园附近工程建设的面积和数量，避免湿地公园服务于房地产企业，成为高级住宅区和私人别墅区的后花园。

（2）由云南省环境保护部门牵头，滇池管理局负责联合旅游、环保、林业、渔业和农业等各级政府部门，以及相关房地产企业，建立专门的合作管理机构，扩大融资渠道，形成长效的管理机制。各个部门应携手创建滇池湿地生态公园管理的长效机制，明确各部门在融资、日常管护、生态检测等方面的职责。每年定期联合召开会议，开展湿地公园生态环境教育和科普活动，如设立滇池湿地保护日、联合各科研机构和学校开展滇池

湿地保护兴趣班、冬令营和夏令营活动等。各方出资、出人力制订融资方案，扩大融资渠道，保证滇池流域湿地生态公园管理机制长期有效开展，使滇池流域重要的湿地公园成为省级，甚至是国际性重要湿地。

（3）最大限度地减少人为干预，基础设施建设和湿地日常管护实行简约化、生态化管理方式。滇池流域湿地公园的基础设施建设如生态木栈道、景观桥、休憩亭、厕所、停车场、通行道等应严格限制建设规模、数量、长度和宽度。如休憩亭、厕所的面积不得超过 10 平方米，数量不得超过 5 个；生态木栈道、景观桥、通行道的宽度应控制在 2 米以内，且仅供游客步行或自行车骑行，禁止机动车驾驶。同时，湿地植物和物种培育种养应以本地物种为主，减少外来物种，物种数量和种类应多样化，避免单一植物和物种的规模化种养。

（4）明确旅游时间，严格控制旅游人口数量，旺季实行预约制度，使环境教育和生物科普教育功能优先于大众娱乐休闲。在旅游淡季，各湿地公园的日均游客量不得超过湿地功能的最低环境承载量；而在旅游旺季则严格实行预约制度，日均游客量控制在 500 人左右，不得超过湿地的最大环境承载量，避免游客接待量超标造成旅游污染。湿地生态公园向公众开放的主要目的是使大众了解湿地作为滇池湖滨生态防护和截污屏障的作用。因此，各湿地公园生态管理部门应宣传弱化旅游功能和需求，并在接待游客过程中招募专业人员，向游客普及湿地生态管理知识，严格规范游客行为，使其发挥环境教育和生物科普教育基地的目的。

关于响应生态文明排头兵建设云南省高校禁用一次性餐具的建议[①]

在云南省生态文明排头兵建设中，餐饮业作为云南生态形象的直接展现行业，但一次性可降解餐具依旧在餐饮业尤其是外卖行业中普遍使用，部分大中小学校尤其是高校学生食堂，成为社会先进群体使用一次性可降解餐具的典型代表。

一、云南省高校食堂一次性餐具使用现状

2010年昆明市颁布《昆明市公共餐饮具卫生监督管理办法》后，一次性可降解餐饮具禁止使用，各大中小学校食堂普遍使用可回收消毒、可重复使用的公共餐具。但很多公共场所如集体食堂、个体餐馆、农贸市场、路边摊、外卖餐饮店等仍在广泛使用，尤其部分大中小学校的食堂还在继续使用一次性纸质餐具和木质筷子，一次性餐具的使用依然是校园常态。

根据2017年3—6月云南大学"生态文明建设的云南模式研究"课题组对云南大学、云南师范大学、云南民族大学、西南林业大学、昆明理工大学、云南财经大学、云南农业大学、云南大学旅游文化学院（丽江）、大理大学、昆明学院、文山学院、曲靖师范学院、楚雄师范学院、玉溪师范学院、保山学院、滇西科技师范学院、红河学院十七所省内高校的学生进行的一次性餐具使用情况的问卷调查显示，云南高校学生食堂使用一次性餐具的类型包括一次性木质筷子、纸质或塑料餐盒、饮品杯、塑料袋、塑料吸管等。校园外卖需求的普遍化，是一次性餐具泛滥的重要原因。尤其是高校学生"叫外卖"的情况较为普遍，加剧了高校一次性餐具的使用率，增加了校园垃圾的产出，影响校园环境卫生，造成更大的资源浪费及环境破坏。学生就餐"叫外卖"的一次性餐具主要包括塑料餐盒、塑料袋、一次性筷子三类。在使用一次性餐具的学生中，65.1%的学生因方便快捷、节省时间、不愿意在就餐时间在食堂拥挤就餐而主动使用，21.0%的学生则是因为食堂没有提供消毒餐具而不得不使用一次性餐具。针对使用

---

① 作者简介：杜香玉，女，河北衡水人，云南大学民族政治研究院助理研究员，研究方向为边疆生态安全与生态治理、中国环境史、西南边疆灾害史及生态文明建设。

者的调查数据分析显示，经常使用一次性可降解餐饮具的学生占 36.0%，偶尔使用的占 62.0%，不使用的仅占 2.1%。

云南省大中学校对一次性餐具的继续使用，不仅极大地消耗了社会资源，有违环境保护、绿色餐饮的生态文明建设目标，而且造成了一系列环境及社会问题。云南省急需制定相关政策措施，首先在较易接受并实施环保至上的高校禁止使用一次性餐具、使用可回收公共餐具等措施，进而在中小学校及其他单位食堂推行，最后在餐饮业中推行循环消毒公共餐具，在云南省建立生态环保的绿色餐具使用机制，树立云南省更加良好的生态文明建设形象。

二、云南省高校禁止使用一次性餐具的必要性和紧迫性

（1）影响生态文明排头兵形象建设，乃至影响中国国际生态形象。高校界是我省国外专家、留学生汇集地，更是世界大量国际交流与合作展开活动会议频繁的举办之地。高校食堂普遍使用一次性餐具，直接影响了生态文明排头兵建设的良好形象，在“一带一路”建设及国际交流中也有损高校的生态形象，进而影响中国的国际生态形象。

（2）不利于高校知识群体生态文明意识及行为模式的培养。高校是云南知识力量的象征，更是高素质人群的聚集地，高校知识分子群体在就餐时，出于各种原因，无论是本科生、研究生，还是教师、工作人员，经常性使用一次性餐具，其中以青年学生使用率为最高，极不利于高校知识群体生态文明意识及行为模式的培养。

调查显示，97.7%的学生认为会造成严重的环境污染，86.8%的学生认为会造成社会资源浪费，78.1%的学生认为会降低社会公众的环保意识，73.8%的学生认为会影响市容市貌。虽然一次性餐具使用危害的认识程度高，但大部分学生在生活中仍旧使用，说明云南高校大多数学生生态文明内在意识及实际行动有待提高。要杜绝这种思想与行动不统一的现象，必须有政府规章制度的约束及规范。

（3）消耗木材，增加校园垃圾，破坏生态环境，不利于资源的循环利用。一次性餐具因廉价便捷而受到青睐，日积月累，使用量惊人，直接造成自然资源和社会财富浪费。经调查统计，云南高校学生一次性餐具的使用类型中，一次性筷子占 85.9%，纸质餐具占 62.4%，塑料袋占 57.4%，塑料餐具占 53.1%。经研究，3000 双一次性筷子等于一棵20 年的大树，一次性餐具的使用直接造成了植被的破坏。一次性餐具的市场需求是刺激供应商大肆生产一次性木筷、纸质餐盒的推力，成为破坏生态环境的重要原因之一。

（4）危害公共健康及生育健康。一次性餐具的处理，无论是填埋还是焚烧，都对环境及人类健康造成很大危害。一次性餐具的生产过程极不卫生，甚至使用违禁化学品进

行加工生产，很多餐具里的化学残留物质在人体内慢慢累积，在长期使用一次性餐具后将会导致恶劣后果，引发各种疾病。

三、禁止云南高校使用一次性餐具的对策

（1）由云南省委、省政府颁布《云南高校使用公共餐饮具的管理办法》。在《云南高校使用公共餐饮具的管理办法》中，明确规定高校食堂禁止销售、使用一次性餐具、实施禁止外卖进校园等措施，高校后勤集团及各食堂使用公共消毒餐具。

（2）禁止外卖进入校园、宿舍。云南各高校通过禁止外卖进入校园、宿舍的措施，减少、杜绝学生使用一次性餐具。可由学校保安部门和后勤集团进行统一管理，实施到校园各保安岗位、宿管中心，实行分级管理和片区管理相结合，杜绝外卖送餐人员进入校园及住宿区，确保校园内不存在一次性餐具。

（3）各高校开展禁用一次性餐具的宣传、动员活动。在高校及社会上对高校禁止使用一次性餐具的行为进行广泛的宣传，号召各单位部门及社会各界进行自觉抵制一次性餐具的使用及销售活动。

（4）云南省高校开展“禁止使用一次性餐具，争当生态文明排头兵建设形象代言人”的联合督查行动。高校禁止一次性餐具使用的条令实施后，为了使禁令长期有效实施，在各高校之间开展联合督查行动，进一步推动云南省生态文明最佳建设形象的展开。

关于推进云南省“美丽乡村”建设的对策建议[①]

只有实现经济、政治、文化、社会、生态的和谐发展、持续发展，才能真正实现美丽中国的建设目标，要实现美丽中国的目标，美丽乡村建设是不可或缺的一部分。对于云南来说，美丽乡村建设是“美丽云南”建设的起步工程。当前，云南省美丽乡村建设存在农村面源污染、森林破坏等生态环境问题、基础建设不足、农村经济贫困落后、农村人口素质偏低、文化传承难度增加、信息闭塞等问题，笔者建议规划先行原则，注重提高农民经济收入，加大政策扶持力度，搞好基础建设，加强农村环境保护与治理。依据云南省委、云南省人民政府《关于推进美丽乡村建设的若干意见》，进一步改善农村人居环境，推进美丽乡村建设。

一、云南美丽乡村建设面临的问题

（1）垃圾、污水排放问题及生态问题。美丽乡村建设实施过程中，必须高度重视农村生态环境问题，这是美丽乡村之“美丽”的关键所在。在云南部分乡村存在垃圾包围村庄的状况，即“垃圾环岛”现象，特别是作为城镇卫星区的乡村，这些乡村不仅是相近城市垃圾的堆放区，也是自身垃圾的堆放区或处理区；污水也是困扰云南乡村的重要问题，农村生产生活污水是云南农村污水主要来源，并呈现比其他省份或地区更分散的特点，治理难度大；云南乡村的生态环境总体上比其他地区较好，但是更具脆弱性。随着各种基础建设项目的实施，在乡村出现了比之前严重的生态问题。

（2）基础设施建设不足。截至 2017 年，云南的大多数乡村，尤其是山区乡村，道路交通严重不足。目前，云南省还有许多乡村没有硬化道路，甚至没有公路进入某些村庄。仍然有部分乡村地区不能轻易从外界获取生产、生活用品，使用人背马驮的现象仍然存在。

（3）贫困困扰着农村居民。云南省农村经济与城镇经济差距较大，整体经济发展水平和人均收入水平都与城镇的经济水平有所差距。据有关统计，截至 2014 年底，云南还有贫困人口 574 万人，片区县 91 个，重点县 73 个，贫困人口数量居全国第二位、片区

---

① 作者简介：邓云霞，女，四川广安人，云南大学西南环境史研究所 2016 级硕士研究生。

县和重点县的数量居全国第一位，仍然是全国农村贫困面最大、贫困人口最多、贫困程度最深的省份之一。

（4）农村人口素质总体偏低。由于历史和各种原因，云南乡村人口素质总体较低，尤其是偏远的传统村落人口素质偏低，思想观念落后，对美丽乡村建设的推进带来系列不利条件和因素，产生的众多矛盾制约着美丽乡村的和谐发展。

（5）建设资本来源零散。乡村建设是现代中国建设的一项重大内容，国家、地方财政大力支撑乡村建设。由于乡村建设涉及范围广、内容繁复，建设的资金比较散、乱。各职能部门对美好乡村建设投入项目资金各自为政，没有形成工作合力，没有实现效益最大化。甚至有的部门出于局部或小集团利益的考虑，把支农惠农、建设美好乡村项目当作“权力寻租”的工具和“揩油发财”的手段，“暗箱操作”，挪用、套用资源，严重侵犯农民利益，使农民对国家惠农政策和政府公信力产生怀疑，影响干群关系。必须大力整合农村建设资金，为美丽乡村建设提供资金支持。

（6）文化传承难度增加。随着城镇化的推进，原有的乡村文化传承难度不断增加，这可能使美丽乡村的“特色”消失。主要表现在：一是乡村人口不断减少，出现“空心村”现象，文化传承的载体——乡村消失。二是乡村历史文化断层，年轻人出外打工或居住，不再接受或少接受原有的乡村文化教育，乡村历史文化传承链条出现断层。三是继承人缺乏或消失。老一辈文化艺术传承人年老，却没有相应的继承人接收技艺，待他们离世，这种文化就面临消失的状况。四是年轻一代不再接受传统，追求现代化，使得原有的某些文化自然而然的消失。文化传承难度加大，使美丽乡村的特色型建设难度相应增加。

（7）对偏远山区重视程度不够。重视“三边三线”，忽视“山旮旯”：某些县乡干部为出政绩，搞“形象工程”“面子工程”，把涉农项目或工程只安排在“三边三线”村，只重视“三边三线”的美好乡村建设，而交通不便、生态环境较好的“山旮旯”美好乡村建设却被忽视了，极大地伤害交通不便地区的农民感情。

二、云南美丽乡村建设的对策和建议

（1）利用好当前的乡村建设政策，积极争取中央政府支持。利用好国家支持云南经济社会发展的优惠政策，如西部大开发和国务院关于支持云南省建设东南亚辐射中心的政策，“一带一路”云南项目、云南民族团结边疆繁荣稳定的示范区建设、云南省生态文明排头兵建设等系列政策和项目，创新云南乡村发展方式，做出品牌和特色。

（2）做好总体规划，明确乡村定位。着眼长远，规划先行，树立正确的政绩观。切实做到先规划后建设，不搞一刀切的“大建设”。强化规划对建设的管理和约束作用，坚持因地制宜的原则，实现“一村一品”；加大基础设施建设，推动自然村落整合，引导集中居住，促进集约节约用地；统一规划路网、管网、河网、垃圾处理网等，综合改善农村面貌。云南美丽乡村建设必须做好总体规划，形成建设体系。《关于推进美丽乡村建设的若干意见》（以下简称《意见》）提出了云南省美丽乡村建设的指导思想、基本目标、基本原则和重点任务、保障措施。应在此基础上，进一步做好总体规划，明确郊区、郊中和山区乡村的不同定位。郊区乡村应当以城乡一体化为抓手，建成城市后花园式的乡村；中间乡村应以郊区乡村为依托，建成郊区乡村与山区乡村的过渡带；山区乡村应当是环境效果最好的区域。这与《意见》提出的中心村、特色村和传统村相辅相成。通过不同乡村的定位，建设“宜居宜业宜游”的美丽乡村。

（3）建立“小规模、组合型、生态化、新田园”的人居体系。针对云南乡村的特点，走“小规模、组合型、生态化、新田园”的乡村建设道路。首先，云南省乡村众多，遍布全省各大中小城镇周围，并且山区乡村较多，无法走大规模的集中式的乡村建设道路，针对这种现状，建设小规模的乡村最为适宜，这符合云南省平坝建村的特点。其次，在小规模的乡村建设中，要实现“麻雀虽小，五脏俱全”，即“组织、产业、空间、文化”的组合型乡村。组合型布局，就是为了突出新村建设与产业布局相融合、方便生产与方便生活相结合，统筹兼顾农民生产半径，选择村民小组中心点位或村民小组交界点位的院落布局聚居组团，构建新村带产业、产业促新村的格局，促进产村一体融合发展。再次，在乡村建设中，建成合理的人居生态体系，形成“建房坡还在，种地塘依然；寻声林盘里，烟飘话农闲”的美丽乡村，美丽乡村中的田园不是传统的田园，而是具有传统特色与现代主流一体的新田园。

（4）走“一村一品、一坝一种、一家一色”的乡村经济发展之路。美丽乡村建设的有效推进，乡村经济发展是基础。走“一村一品、一坝一种、一家一色”的乡村经济发展之路，不仅可以促进乡村经济的发展，还可以推动乡村经济的特色化。“一村一品，一坝一种”是在云南特色的地形条件下，一般是一个村子一个坝子，根据当地的特色，选择适宜的经济品种进行种植，避免重复和市场积压。“一家一色”是指一个村庄的一家人或几家人发展一种或几种特色产品，形成特色中的特色。

（5）加快乡村道路等基础设施建设。乡村基础设施建设是完善公共服务的重要表现。一是通过交通建设的推进，逐渐建立起村级、县级、省级交通运输网络。二是通过燃料管道建设，逐渐建立起完善的燃料管道运输网。三是通过农村整体规划建设，逐步建立合理有效的污水、垃圾的收集、处理、回收设施，在污水处理设施上，可以小型污水处理设施为主，大中型污水处理设施为辅。小型处理措施可以充分利用生物（有氧和厌氧)、物理(沉淀和过滤)措施，对污水进行初步处理；之后再利用大中型污水处理措施，对前者无法处理的物质，进行高技术(如膜技术)处理。在垃圾设施方面，可通过门前三包、垃圾分类、建设垃圾池等方式开展收集工作；可通过填埋、回收利用等方式对垃圾进行处理。

(6)走集约化与环境保护、生态平衡的乡村建设之路。良好的生态环境是云南最靓丽的名片，乡村集约化不是简单地扩大乡村建设规模，而是乡村资源的全面整合。通过土地、森林、水等自然资源和人口、资本、产业的整合，建成组合型乡村，从而为环境保护、生态平衡提供更为广阔的空间。将集约化与支撑产业相结合起来。产业支撑是美丽乡村发展的生命线，没有产业，就可能“空壳化”。

(7)建设包容、开放、和谐的特色乡村。云南是一个多民族、边疆、山区三位一体的省份，必须重视民族工作，考虑地方特殊性。在特色乡村建设中要贯彻好这个原则，建设包容性强、开放性好、和谐度高的特色乡村。乡村规划建设不仅要体现田园自然这一核心，还要重视民族特色文化，将各民族色彩斑斓的民居、服饰、节日等与乡村建设相结合，形成云南民族文化博物馆，有效促进各民族文化的交流，形成具有包容性与开放性的乡村文化。建成边疆繁荣稳定、民族团结进步的和谐边疆和各民族共同发展的乡村，在改革开放中共享成果，共同迈入小康社会，实现各民族共同的中国梦。利用优势的地理区位条件，建成依托云南省，面向东南亚、南亚的极具开放性的国际型乡村。

(8)建设独具特色的多元乡村。乡村建设必须坚持以人为本，秉持“尊重自然，保护文化，突出特色”的理念，做好山水文章，打造文化名片，彰显民族特色，创造人与自然、民族与文化、乡村与环境的和谐之美。突出本土文化、民族特色和自然环境基础，借鉴国内外美丽乡村建设的典范，打造民族特色鲜明、品味独特的现代化乡村，利用好云南多民族、多种发展模式、多种人文生态等基础，打造好云南的多元发展之基础。

(9)发展乡村教育，提高人口素质。由于农民群众是美丽乡村建设的受益者，美丽乡村建设的终极目标就是为了改善农村的生产条件和生活条件，提高广大农民的生活质量和生活水平。另外，农民群众是美丽乡村的建设者，美丽乡村建设离不开农民群众的广泛参与和投工、投劳、投资。但是由于农村人口文化素质较低，并不能更好地行使权利和履行义务，因此，必须发展乡村教育，提高人口文化素质。针对乡村人口素质低的情况，必须通过教育、培训、非农化等途径和方法提升少数民族文化水平。针对乡村人口素质低的情况，必须通过教育、培训、非农化等途径和方法提升少数民族文化水平。第一，保障农村义务教育。第二，加强当地居民技术培训，尤其是农村居民。

(10)提高农村管理水平。提高农村管理水平包括两个方面：一方面，提高农村居民自主管理意识和水平。加强宣传，让村民参与到乡村管理之中，要充分利用广播、电视、报纸、网络，大力宣传美好乡村建设的意义，利用好的典型、成功事例进行宣传引导，激发广大农民的主动参与意识和积极性，让农民明白自己是美好乡村建设的最大受益者和参与者，真正理解、支持、主动参与。通过“一事一议”激发农民参与，发挥村党员、干部带头作用。通过村规民约教育引导农民树立法治意识、公共意识、环保意识，养成良好的生活和行为习惯，不断提高农民的文化素质和美丽乡村建设的自觉性。另一方面，对现有的基础设施和将建的设施要提高管护水平，培养长效机制。一是完善公共设施，如垃圾桶、公共厕所等，为村民良好卫生习惯培养提供基础；二是从责任分工、经费保障入手，强化保洁人员责任心，创新和推进环境卫生管理长效机制；三是做好污水处理、畜禽污染防治、农业面源污染治理等工作，要防止创建整治时效果明显，验收后无人监管，最终回到原始状态的“怪圈”之中。

（11）发展特色乡村文化，形成云南乡村之灵魂。加强云南特色乡村文化建设与保护，塑造文化特色，提升建设品位。精准调研，认真规划，提高水平。针对传统村落、历史建筑、传统文化艺术和民风民俗保护的实际需要，根据国家和省相关法规，进一步完善省内相关保护与建设法规，为乡村文化保护与建设提供法律依据。精心策划，精细施工，树立精品意识，打造精品工程，做到保护、恢复、新建三措并举；防止贪大求全，防止粗制滥造，致力于打造百年、千年工程，使其能够经得起历史的检验。打造文化载体，完善文化设施，建设乡村图书馆、民族特色展览室等公益性文化设施和文化旅游设施，不断满足人民群众的基本文化要求。

（12）统筹整合农村建设资金。由于乡村建设资金来源比较复杂，必须对农村建设的资金进行统筹整合。美丽乡村建设资金主要分为两个部分：第一部分是财政资金，这部分资金由国家统一规划。为加强农村建设，国家地区在农村投入大量资金，包括各种专项资金、项目资金等，由于各地方实际情况不同，有的项目资金过剩，而有的项目资金不足，但是由于各种限制，不能够将过剩的部分用于不足的部分，造成有些项目停摆。第二部分是各种社会资金，这部分资金来源散、乱。乡村建设中各界人士纷纷投入资金，但是由于没有统一规划，往往造成资金的浪费。因此必须加强整合农村建设资金，用于美丽乡村建设中。主要有：一是建立资金管理制度，由多部门参与共同建立资金管理体系。二是建立资金使用的监督制度，加强资金使用的透明化，让群众参与到资金管理中去。三是合理调整资金的分配，根据拆剩补弱的原则合理调配资金。

云南环境友好型生态胶园建设对策建议[①]

环境友好型生态胶园是云南发展高原特色农业的重要内容之一。因此，牢固树立生态文明理念，加强创新探索，加快产业结构调整，通过建设环境友好型生态胶园，使橡胶产业既保持和提升经济性，又发挥出较好的生态功能作用。探索建设环境友好型生态胶园将为云南“争当生态文明建设排头兵”闯出一条保护生态与发展橡胶的双赢之路。

一、云南环境友好型生态胶园建设的经验

环境友好型胶园就是要本着生态环境保护与经济协调、可持续发展为目标，根据经济和生态学原理，以及不相同地段（山顶、溪沟两侧等）内橡胶种植的自然特点，选择生物特性各异或经济价值较高的药用、珍贵用材等树种，通过一定的生物生态等工程技术与方法，充分利用植胶区内的水土光热及空间等环境条件，结合实际植胶地块，构建多层次配置、多生物类群共生、能量和物质的有效利用达到良性循环的胶、林复合生态系统，并在溪沟两侧、部分陡峭的荒地、残次林和山顶等区域内恢复植被，增加橡胶种植区域中的生物多样性，使其功能结构达到一种相对稳定的动态平衡状态，从而形成一个系统资源供给能力和环境自净容量内的高效人工生态系统。

环境友好型生态胶园建设的目标为在获取橡胶产量的同时，确保胶园生态系统的健康和谐。其手段为增加胶园的物种多样性、生态系统多样性和景观格局多样性，也就是在获取橡胶经济产量的同时，不对所处的环境带来显著的不利影响。环境友好型胶园建设不仅能有效推进天然橡胶产业的绿色、循环、低碳和可持续发展，而且将从源头上遏制橡胶种植区域生态环境恶化的趋势，改善其生态环境；同时可极大地促进天然橡胶产业与当地社会经济的可持续发展，实现植胶区内生态、经济和社会三大效益的统一协调发展。

环境友好型生态胶园建设是国家生态安全的需要，对保护生态环境与生物多样性、提升胶园效益、促进农民增收、打造云南生态文明建设的排头兵具有重大而深远的意义。

---

① 作者简介：潘诗雅，女，黑龙江大庆人，昆明理工大学质量发展研究院硕士研究生。

二、云南环境友好型生态胶园建设存在的问题

（1）认识不到位，缺乏培育珍贵树种的积极性。宜林地套种珍贵用材林木生长周期较长，一般在种植10年以后才开始形成心材，通常需要20—30年才具备收获价值。进入收获期后，树龄越长，材质越好，经济价值越高。因此，在其生长期内，职工很难看到其价值的体现，更谈不上收获。这是影响套种珍贵用材林发展的客观不利因素。

尽管珍贵用材市场需求量大，价格昂贵，但珍贵树种培育周期长，见效慢。人们对珍贵树种发展缺乏长远眼光，缺乏“前人种树后人乘凉”的意识，因此疏忽管理，种植后让其自然生长，不愿投工投劳。

（2）单一种植橡胶树的经营模式无法抵御市场风险。长期以来，云南单一植胶的经营模式存在的市场风险一直没有得到很好的重视。在人们的潜意识中，橡胶就是“皇帝的女儿不愁嫁”，同时又习惯于国家扶持和保护，以至在市场经济时代缺乏一种危机感和与之相应的探索实践。虽然也提出过“以胶为主，多种经营”，但终究说得多、做得少。当前几年橡胶售价持续攀升机遇的陡然而至又使人们的头脑狂热，将“多种经营”抛之脑后，盲目扩种，甚至将原有的水果园、水源林，更有连鱼塘、水田也排干，种上了橡胶树，这种“发展”反而给天然橡胶产业埋下了隐患。2011年后橡胶价格持续低迷，单一种植胶园存在的问题充分暴露出来。2014年国内天然橡胶跌到了2010年以来的最低价，在勐腊当地一级干胶平均收购价仅为每千克8元，使依靠橡胶树为经济来源的胶农难于维持生计，迫使一些胶农弃胶外出打工，甚至出现了砍橡胶树改种其他经济作物的案例。同时，雇工割胶的种植者多数也收益甚微，甚至无收益，难于维持生产，只能采用停割的方式减少损失。整个产业陷入非常困难的境地。

（3）环境友好型胶园的宣传不到位，概念认识不清。由于宣传不到位、不广泛，大部分胶农对“环境友好型胶园”这一新兴生态发展理念认识不清、理解不透，看得见，但说不清。

（4）生态胶园建设中专业技术难题有待解决，标准化建设推进缓慢。在对橡胶林下生物多样性的套种、间作和前后期管理培养过程中，存在各种栽培、病虫害防治等技术难题，投工投劳的积极性和主动性不高；部分地区在环境友好型胶园建设上，重速度轻质量、重种植轻管理等问题凸显；加之近年来，受国际市场竞争的影响，橡胶价格低迷，产品竞争力不高，植胶区胶农持续增收困难，橡胶产业效益难以有效提高，环境友好型胶园标准化建设难以大规模推广。

（5）投入成本和扶持力度不够，保障机制不健全。胶园里有些套种的经济林木见效慢，且人工管理费用高，无形间投入成本也随之增加，虽然州级财政每年安排1000万元

专项资金用于推进环境友好型胶园建设等项目，但由于西双版纳傣族自治州各县市区经济条件的差异，有的专项扶持资金的配置还不到位，投入不多。此外，构建环境友好型胶园的风险防范、灾害补偿等相关保障体制机制仍有待进一步完善。

三、云南环境友好型生态胶园建设的对策建议

（1）坚持政策引导，强化科技支撑，建立农科、林科等单位与建设环境友好型胶园生产队、小组和企业的联系制度。建立经济合作组织，提高专业化水平由政府引导和支持，由种植者加入，成立合作组织，如成立橡胶专业合作社或专业服务中心，充分发挥原农场栽培、割胶和植保方面的人才优势，成立专业技术服务组织，有偿为承包户和胶农进行技术培训，提高承包户和胶农的割胶和管理技术及防治病虫害水平。通过合作组织，可以有针对性地开展橡胶和其他作物、养殖的生产技术培训班，提高从业人员的专业水平，构建多元复合生态模式胶园的新型经营和技术基础。

（2）强化组织领导，凝聚合力，发挥组织保障作用。环境友好型胶园建设是一项社会、经济、生态系统工程，涉及多部门、多行业，需要长期的科学研究和实践过程，不可能一蹴而就。州、县市乡（村）要组建强有力的五级联动领导队伍，加强对环境友好型胶园的宏观指导和引导，落实分管领导工作责任，领导小组负责长期跟踪建设项目的组织落实和监督检查。发挥政府领导职能作用，分管部门牵头，整合有关单位、各部门、各科研院所的专家学者等力量，充分发挥人力、物力、财力、科技资源优势，一起为推广环境友好型胶园建设出谋划策，着力解决好建设各环节中出现的各种技术难题，以强有力的组织保障建设的扎实推进。

（3）加大财政资金支持力度，为生态胶园建设提供物质保障。环境友好型胶园建设，是一项需要长期投入的生态惠民工程，资金投入大，需要持续稳定的政策、资金扶持和社会大众的参与。在积极争取国家、省有关资金补助的同时，州、县市财政每年还要继续安排相应资金，专项支持环境友好型胶园建设。整合云南的荒山造林、天保工程、退耕还林工程、低效林改造等相关项目基金，以多层次、多途径、多元化的方法进行筹措。以农户投工投劳、社会和企业投入为主，政府配套给予适当补助等方式，保障生态胶园建设的顺利实施。

（4）环境友好型胶园建设需要政府政策杠杆调节手段支撑。建立完善各种机制，为建设生态胶园提供制度保障。要争取纳入国家和云南省支持生态文明建设的盘子中给予支持，把环境友好型胶园建设同县林业工程项目相结合，采取多层次、多途径、多元化的方法进行筹措。坚持政府主导、群众主体的原则，以职工投工投劳、社会和企业投入

为主，政府配套给予适当补助，不增加职工负担。

建立风险预防及防范机制，把环境友好型胶园纳入政策性农业保险范围，探索橡胶林权抵押贷款抵押物保险，通过贷款、保费补贴等优惠政策，构建环境友好型生态胶园的风险预防、灾害补偿等机制。健全生物产业部门牵头、有关部门参与的环境友好型胶园建设联席会议制度，研究解决建设中的问题。建立考核激励机制，加强重点监督检查，形成建设的督查长效制度。

（5）改变传统单一橡胶种植的思维和模式，建立多元复合生态模式的胶园。走发展环境友好型胶园之路，首先，要立足当地具体情况，结合本地胶园建设的实际与发展需要，优化橡胶区域布局，根据具体环境条件选择不同植物搭配类型，推行不同生态区域胶树高产高效、安全综合栽培模式。其次，要从植胶自然环境特点出发，充分考虑宜植区海拔、地势、坡度等整体环境条件，尊重自然规律，注意与周边区域的景观生态和特色农业和谐统一。还要改进现有胶园种植管理方式，实行配方施肥，减少化学农药使用，降低污染风险，发挥胶林下植被的生态作用；建设胶园内“水库”（如鱼塘等），发挥小环境优势，应对突如其来的旱灾。再就是要发挥示范带动作用。结合科研试验和生产实践，在尊重橡胶种植户意愿的基础上，推动立体结构型、种养结合型、退劣保优型等不同层次、类型、特色鲜明的示范胶园建设。优先创建、培育一批达标的环境友好型胶园建设示范村、示范基地和企业，推动生态文明示范区建设。

当然，要真正做到见成效，还要有一个时间的过程，同时必须做到科学规划、合理布局才可能实现。完成种植模式的转变还需要有带头示范。在对胶园与林下经济作物的种植模式进行调查时发现，已有种植者先行做着胶园林下种植食用菌和养鸡模式的实践和探索。如果能科学合理地调整橡胶树的种植形式和密度，是能在橡胶园安排出更多有效发展经济作物或养殖业的空间。建立多元复合生态模式的胶园，才可以“以胶为主，多种经营，以短养长，长短结合”增加种植者的收入，提高橡胶种植业的抗风险能力。

（6）加强宣传力度，为环境友好型胶园建设营造氛围。充分利用各种媒体，加大宣传力度。大力宣传西双版纳傣族自治州环境友好型胶园建设对改善植胶区域生态环境、促进胶园永续发展的重要意义，让生态文明理念深入民心。提高各级领导及社会公众对环境友好型胶园建设重要意义的认识，以调动植胶区域参与环境友好型胶园建设的积极性。

按照“看得见、说得清、推得开”的思路，广泛宣传和普及环境友好型胶园建设的技术和组建模式的经验技术，在全省范围内形成建设环境友好型胶园的氛围和热潮。

（7）健全并完善生态胶园建设的支撑体系，推进科技应用与创新，为建设生态胶园提供技术保障。为缓解资源环境约束，发挥土地生产潜力，建立以企业为主体、以涉胶科研机构为龙头的创新体系，促进橡胶产业升级。大力推广可提高太阳光利用率和其他新技术相结合的间、套种高产栽培技术，实现技术成果的推广转化应用。以中科院西双版纳热带植物园、云南省热作所等州内相关科研院所为技术支撑，协同攻关，调动农林、科技部门的人才和技术力量及建设实施区域各村委会、农场、农户的积极性，加大对环境友好型胶园建设的实用技术指导与培训投入，及时解决建设中苗木种植、林地管理、病虫害防治等技术难题，切实提高胶农的栽培和管理水平，确保环境友好型胶园建设的顺利进行。

第八编

宣教·反思

对加快七彩云南美丽乡村建设的若干思考与建议[①]

七彩云南美丽乡村建设是统筹云南城乡发展、实现城乡一体的迫切要求，也是云南社会主义新农村建设的提升工程。建设七彩云南美丽乡村，是云南省委、省政府深入贯彻落实中共中央关于全国农村人居环境改善和推进社会主义新农村建设工作的重大举措，是在农村落实“全面建成小康社会、全面深化改革、全面依法治国、全面从严治党”战略布局的总体策略。结合云南实际，以美丽乡村建设为主题，继续深化社会主义新农村建设水平，及时有效解决“三农问题”，切实顺应农民期盼，满足农民日益增长的物质文化需求，对于提高农业生产发展能力、农民生活质量、农民文明素质和农村社会文明程度，对于广大农民实现全面小康，享受和美生产生活环境，养成良好的行为风尚，过上幸福安康生活，具有十分重要的现实意义。

一、加快七彩云南美丽乡村建设的现实意义

云南位于中国西南的边陲，是集“边疆、山区、民族、宗教、贫困”于一体的经济欠发达地区，集中精力解决好广大地区面临的“整体性、民族性和素质性”等贫困交织问题，是协调美丽乡村建设与发展的繁重任务。随着国家加大对云南发展的支持力度，云南相继获得诸如西部大开发战略、桥头堡战略、沿边开发开放战略、“一带一路”倡议等重大政策利好，充分利用云南的区位、市场、成本、环境等比较优势，促进城乡区域协调发展，促进新型工业化、信息化、城镇化、农业现代化同步发展，将有助于推进各地美丽乡村的建设进程。

（1）建设七彩云南美丽乡村是全面加强云南农村人居环境综合整治的具体实践。建设七彩云南美丽乡村有利于争取政府财政资金和社会资金对云南农村市场的投入，加大基础设施建设力度，推进生态建设和环境保护，强化人居环境综合改善和治理，提升乡村居民文明素质，建立健全长效工作机制，努力打造设施完善、环境优美、生态宜居、安全舒适、高效便利的人居环境，同时有利于促进广大农村生态环境保护和人民群众农业生产工作新局面开创。

---

① 作者简介：聂选华，男，云南会泽人，云南大学民族学与社会学学院助理研究员，主要从事明清时期西南灾荒史、环境史以及生态文明建设理论与实践研究。

（2）建设七彩云南美丽乡村是解决云南农村“三农”问题的重要动力源泉。七彩云南城乡发展一体化是解决云南“三农”问题的根本途径，继续坚持工业反哺农业、城市支持农村的基本方针，协调推进城镇化和新农村建设，努力加快形成以工促农、以城带乡、工农互惠、城乡一体的新型工农城乡关系，努力缩小城乡发展差距，是美丽乡村建设的目标。加快推进七彩云南美丽乡村建设，切实加大对农业、农村和农民的投入，积极贯彻落实各项支农、惠农、强农、富农政策，着力推进农业生产能力进一步提升，平稳持续促进农民增收，将有助于“三农”问题的有效解决。

（3）建设七彩云南美丽乡村是深入推进云南社会主义新农村建设进程的重要保障。建设社会主义新农村是云南实施兴边富民和扶贫开发工程的一项长期性战略任务，这将伴随着七彩云南美丽乡村建设的全过程。加快七彩云南美丽乡村建设步伐，将有助于云南农村加快推进农业生产区域化布局、专业化生产、标准化管理和产业化经营，逐步提高科技进步对农村经济增长的贡献率，全方位推进农村经济结构的战略性调整，建立健全农村经济运行机制和管理体制，不断增强农村人口在城乡之间、区域之间的流动性，切实保护和尊重农民的物质利益和民主权利。

云南是一个高原山区省份，全省山地和高原面积占土地总面积的94%，河谷盆地仅占 6%。建设七彩云南美丽乡村，要坚持从云南乡村实际情况出发，继续完善山地综合开发利用规划和美丽乡村建设规划，优化乡村国土资源使用和聚落空间布局，促进大中小城镇和乡村合理分工、功能互补、协同发展，科学合理实施“城镇上山”新型城镇化发展战略，推进具有云南高原特色的“山地城镇”有序发展。

二、七彩云南美丽乡村建设存在的问题

（1）土地资源保护和使用问题。随着经济社会的不断发展，云南城乡建设用地需求不断增加，坝区耕地资源持续减少，土地开发与保护的矛盾越来越突出。据相关部门统计，全省面积在 10 平方千米以上的坝子，目前已被建设用地占用近 30%，坝区优质耕地将进一步减少。尽管云南山区、半山区的荒山荒地面积较多，农业生产和其他项目开发建设前景极为广阔。但近年来，大部分山区因住房和乡镇企业建设致使大量耕地被挤用，加之由于科技水平低，耕作方式落后，造成大量的水土流失，土地石漠化严重，土壤肥力下降，土地污染严重，土地营养失调，土地固有的生态环境渐趋脆弱。

（2）公路建设滞后，改造维护困难问题。云南高原山高谷深、沟壑纵横，地势高低差异大，大部分乡村地势险峻、气候恶劣、资金投入不足、道路基础设施条件差。由于大部分农村道路建设未经过正规的勘测、设计和规划，均按原有路线施工，建成后的公

路质量不高、承载能力不强、安全性不可靠。近年来云南农村经济发展变化较大，大量的农业生产资料、农产品流通速度加快，重型运输车辆在低等级公路上运行频繁，且超载现象普遍，道路安全运输风险增大。农村居民点布局分散，农业耕作规模小，公路点多线长，施工环境差，建设劳动强度大，建设速度缓慢。乡村公路等级低、质量差、规模小，路基窄、路况差、坡陡弯多，运力成本较高。贫困村公路改造硬化任务艰巨。

（3）建设资金不足问题。七彩云南美丽乡村建设是一个长期性的系统工程，在实施基础项目建设、能源建设、产业发展、耕地有效利用、生态环境保护等方面都需要大量的社会资金投入，仅仅依靠政府财政资金划拨难以满足美丽乡村建设的需要。另外，七彩云南美丽乡村建设涉及农业、林业、水利、畜牧、农机、交通等众多部门，各自为政、各行其是，致使建设资金分块划拨、多方管理、分散使用，财政资金乘数效应未能有效发挥，难以形成集中和规模扶持美丽乡村建设与发展的格局。再者，美丽乡村建设资金层层划拨，管理权和使用权不统一，短时期内难以投入使用，严重影响美丽乡村项目的建设进程。

（4）劳动力减少问题。农村劳动力的有效供给是推进七彩云南美丽乡村建设的基础保障。近年来，随着云南农村经济社会结构的差异化加强，云南农村剩余劳动力不断向城市和工矿企业转移，农村人口老龄化趋势逐步加快，农村留守儿童普遍增多，总体上呈现出 1/3 外出务工，1/3 进城居住和 1/3 留守农村的现象，致使农村留守劳动力急剧减少。因此，云南农村过多劳动力的外流，对稳定云南农村劳动力、保证农业生产、保障农业稳定和粮食保产增收形成较大的冲击，美丽乡村建设出现用工荒的现象，从而对美丽乡村建设进程形成严重制约。

（5）规划建设不符合实际问题。云南农村自然条件和地缘区位差异较大，美丽乡村建设与规划缺乏实地调研，乡村聚落规划编制形式单一，在挖掘乡村自然、历史人文和产业元素方面不到位，未能全面突出乡村文化的鲜明特色；部分乡村多次规划，各有侧重，实施难度较大。美丽乡村规划低标准，边建设边规划，边规划边改进，造成不必要的重复和浪费。一部分美丽乡村建设停留在拆旧拆破、立面出新的层面，建设工作的内涵还不深入。

（6）民族村寨和古村落保护问题。云南是我国少数民族最多的省份，人口在 5000 人以上的民族有 26 个，除汉族外，共有 25 个少数民族，各民族分布呈大杂居、小聚居的特点。云南少数民族地区的传统村落是由“聚族而居”的族群聚居模式发展起来的稳定的社会单元，其空间形态多样、文化成分多元，蕴含着丰富而又深邃的地方和民族历史文化信息。云南各少数民族地区的聚族群体性、血缘延续性特质，极具云南民族文化的本源性和传承性。但在美丽乡村建设的过程中，部分少数民族地区传统村落及其特色因各种人为或自然的原因，正处于濒临消失的边缘；美丽乡村建设千篇一律，盲目追求现代化建筑样式，加之急功近利的商业模式运作下的过度开发，各民族传统村落被恣意肢解，传统村落原来所具有的代代相继、传承至今的文化形态正在发生急剧裂变，传统文化的内在结构也面临着支离破碎的危险。

（7）生态环境保护形势严峻问题。当前，伴随着云南城乡经济的持续快速发展，人口规模不断扩大，工业化、城镇化步伐不断加快，以及与之相随的经济发展理念和科技滞后，发展方式粗放化、发展质量和效益低下，致使云南乡村生态环境安全面临严峻的挑战，主要表现为：水资源时空分布不均，生产用水开发利用难度大，生活饮用水源地遭到严重污染；山区半山区土壤贫瘠，水土流失严重，石漠化逐渐扩展，自然灾害频发；森林遭到无限度砍伐，草地退化，生物多样性、物种多样性和遗传基因多样性锐减，生态渐趋失衡；乡村基础设施建设薄弱，生产生活垃圾和污水处理不当，过度使用农药和化肥，农产品质量安全难以保证，乡村生态环境问题日益凸显。

（8）农村产业集聚发展问题。农村产业在美丽乡村建设中发挥着产业支撑的作用，七彩云南美丽乡村建设要以农村产业集聚发展为推动力。目前，云南农村经济发展程度较低，美丽乡村建设中产业发展资金供给小于需求，投入缺口大；农村劳动力结构差异大，劳动力转移和人口老龄化导致用工荒问题严重；农村土地经营与流转较为困难，不利于土地规模化和产业化经营，振兴乡村特色产业艰难；美丽乡村建设规划设计与落实还存在差距，乡镇企业促进农村产业经济发展后劲不足；由于农村交通、信息闭塞，农业生产技术落后，农业产业结构调整困难，产业结构优化升级面临技术和管理的困难。

（9）长效管理机制落实不到位问题。七彩云南美丽乡村建设涉及面宽，涵盖范围广，资金投入需求大，建设战线较长，规划与建设缺乏协调有效的管理机制、乡村耕地红线保护机制，环境保护长效投入机制，垃圾回收处理机制，工矿企业建设项目环境准入机制，政府、企业、社会多元化投入机制，基础公共服务体系以及乡村环境治理考核、监管和统计体系尚未建立健全。

（10）群众文化素质较低问题。建设七彩云南美丽乡村，农村是主战场，农民是主力军，农民作为农村生产力中最活跃的因素、农村社会进步中最重要的推动者和美丽乡村建设最直接的受益者，发挥他们的主体作用是美丽乡村建设的必然要求和根本所在。但由于广大农村人民群众文化素质较低，美丽乡村建设的主动性并不高；农民在乡村规划与发展决策层面上的参与程度不够，自愿放弃规划建设的决策权和选择权；部分农民在创建过程中存在袖手旁观、指手画脚、评头论足现象；对国家政策支持美丽乡村建设持观望态度，少数农民因个人利益得到损害而与村干部谈条件，不配合，甚至阻碍创建工作的开展；农民在长效管理上的自觉性较弱，人居环境综合治理成效无法长久保持。

三、加快七彩云南美丽乡村建设的建议

（1）规划先行、突出重点。加快七彩云南美丽乡村建设，要结合云南美丽乡村总体规划和发展目标，加快农田、交通、水利、森林、供水、污水治理、垃圾处理等专项规划，完善农村教育、医疗、卫生等公共服务体系建设，按照生活宜居、环境优美、设施完善的要求，区分不同村庄类型，遵照各民族风俗习惯，因地制宜编制美丽乡村建设规划。要积极制定古村落保护名录，完善保护规划制定，加大专项资金投入，强化技术指导，重点加强传统村落保护和建设。

（2）因地制宜、分类指导。加快七彩云南美丽乡村建设，要坚持一切从实际出发，按照“规划引导项目、项目安排资金”的原则，综合考虑云南乡村自然条件、地理环境、资源禀赋、村容寨貌、历史文化、民族特色、交通、产业、建设规划以及经济发展水平等基本因素，实行差异化美丽乡村建设。要坚持分类指导、因村施策，加大对一般整治村、美丽乡村示范村、乡村旅游精品村的建设力度。

（3）标准引领、生态先行。加快七彩云南美丽乡村建设，要充分结合云南地方实际，坚持规划引领，规划内容接地气，规划成果全覆盖，使村庄规划和城乡总体规划相衔接。要按照规划科学、生产发展、生活宽裕、乡风文明、村容整洁、管理民主等既定的量化指标和要求，进一步完善美丽乡村建设标准体系。坚持高标准推进，明显搞高水平管理，形成美丽乡村建设合理和长效管理机制，注重示范带动，实施整体推进。要坚持产业、土地、公共服务、美丽乡村和生态规划、统筹规划协调发展，坚持教育引导、政策扶持、资源整合、机制创新，积极探索建立住户付费、村集体补贴、各级政府补助的生态环境管护经费保障机制。

（4）深化改革、增强活力。加快七彩云南美丽乡村建设，要积极深化农村土地制度和林业产权体制改革，积极完善农村土地承包经营权流转机制，盘活利用农户林地和集体建设用地，提高现代化农业发展水平。要加快农村金融体制改革，加大对美丽乡村重点建设项目的金融支持，协调推进“三农”问题的有效解决。要建立健全农村集体资金、资产、资源集中统一管理制度，逐步建立现代化农村集体经济产权制度，增强农村经济社会发展后劲。

（5）培育特色、创建文明。加快七彩云南美丽乡村建设，要积极编制农村特色文化村落保护规划，制定保护政策，遵循“一村一特”的工作思路，制定多样化的发展路径，促进古村落可持续发展。充分挖掘古村落历史人文价值、旅游价值和建筑价值等，按照保护为主、合理布局、适度开发的思路，发展生态产业，形成古村落保护开发的良性循环。要深入开展文明村镇创建、结对共建文明和农村文化建设等活动，培育发展农村社区志愿服务队伍，经常性开展农村志愿服务活动，提高农民群众生态文明素养，形成农

村生态文明新风尚。要营造农村文化，重视基层文化建设，保障和维护公民的基本文化权益，完善农村公共服务体系建设，提高农村居民健康水平。

（6）政府主导、民众参与。加快七彩云南美丽乡村建设，要积极建立健全“政府主导、社会参与、农民自筹”的美丽乡村资金投入机制，在保证财政资金投入的同时，积极引导和鼓励金融、工商资本，特别是农民企业家参与农村生态环境建设、农村生活污水治理、生态经济项目开发，发展农村休闲农业、生态旅游和文化旅游。深入开展村企结对项目建设，支持社会力量通过投资、捐助、认购、认建等形式参与美丽乡村建设。鼓励村集体和农民群众按照因地制宜、自愿互助、民生为本、生态优先、科学规划、量力而行、安全有序和统筹兼顾的建设原则，推进低碳乡村、绿色乡村、生态乡村、文化乡村、现代乡村、文明乡村、宜居乡村、和美乡村、幸福乡村以及和谐乡村的建设。

（7）集思广益、启迪民智。加快七彩云南美丽乡村建设，要积极开展农村劳动力职业技术和农业科技培训，适时开展美丽乡村建设宣传和教育，着力提高广大农民群众的文化素质和文明水平。要利用各类新闻媒体，宣传七彩云南美丽乡村建设对解决“三农”问题的重要意义，提高农民群众对建设美丽乡村的认知度。要广泛听取农民群众的意见，及时掌握广大群众的思考和意愿，采纳农民群众的合理化建议。要在美丽乡村创建评估程序中设置公众评议环节，选取群众关注度高、直观可评议的指标组织公众评议，提高群众参建的积极性。

（8）夯实基层、全面提升。加快七彩云南美丽乡村建设，要充分发挥农村基层党组织的战斗堡垒作用，切实加强乡村两级党组织班子建设，严肃党内基层政治生活，加强农村基层服务型党组织建设，保持农村基层党组织的纯洁性和凝聚力，进一步增强团结群众、带领群众共同脱贫致富奔小康的能力，不断夯实党在农村基层的执政基础。广大党员干部和群众要坚持把扶贫攻坚和美丽乡村建设作为实现全面小康社会的重中之重来抓，坚持亲自部署、带头推动，逐级分解任务、层层落实责任，深入基层、贴近群众，帮助解决人民群众最关心、最直接、最现实的利益问题，推动农村扶贫攻坚不断取得新的突破。要进一步增强责任感和使命感，切实承担起美丽乡村建设主体责任，高标准抓紧抓好美丽乡村示范点建设，以点带面，促进农村基层党建工作全面提升，全面提升美丽乡村建设水平。

（9）坚守红线、安全生产。加快七彩云南美丽乡村建设，要严格按照“守住红线，统筹城乡、城镇上山、农民进城”的“城镇上山”战略，切实开展农村土地资源规划、开发、利用、整治、保护和管理，科学编制土地利用规划方案，严格使用审批手续。要推进耕地集约利用水平，有效控制土地减少趋势，建立科学的耕地利用与粮食安全保障措施，有效稳定粮食播种面积，适度提高耕地复种指数。要从高从严、落小落细，贯彻落实国家安全生产法律法规，全力抓好美丽乡村安全生产和公共安全建设，切实保障经济社会和谐发展。要牢固树立安全发展观念，坚持人民利益至上，坚守安全红线，深化安全生产管理体制改革，严格落实安全生产责任制。

（10）绿色发展、改善民生。加快七彩云南美丽乡村建设，要强化农村基础设施建设，切实保护农田基本建设，稳步提高农产品质量安全水平，全面提高农产品市场竞争力，促进美丽乡村经济社会实现低碳绿色发展。要将生态文明理念贯穿到美丽乡村建设全过程，加强林业生态建设，集中整治农村环境，积极发展生态产业，努力推进环境、空间、产业和文明相互支撑，要坚持创新、协调、绿色、开放、共享的发展理念，全面深化农村综合改革，积极加快农村人居环境综合整治，持续改善农民生产生活条件，加快推进具有云南高原特色的美丽乡村建设。

云南生物灾害防治宣传教育工作建议[①]

生物灾害不是绝对的自然灾害或人为灾害，而是生物在自然条件变化与人类活动互动干扰之下，对自然界生态系统和人类生产生活造成严重损失，打破自然生态系统的平衡发展状态，并对人类生产生活及生物界公共健康造成严重威胁的灾害。生物入侵是当前生物灾害产生和扩散的主要原因和形式，但引发生物灾害的物种种群是多元的，包括入侵种和本地种。云南是生物灾害高发的欠发达地区，各类生物灾害源种类多、来源广泛且复杂交错，然而一系列的防治管理措施并未有效减少生物灾害的高发态势。对此，云南近年来大力加强生物安全知识宣传教育，以提高全民参与生物灾害防治工作的自觉性和主动性。

一、云南生物灾害防治宣传教育工作的现状分析

（1）云南省各州（市）、县、镇（乡）已经设立专门的环境保护宣传教育部门，招募专业人员进行生物安全和生物入侵防治宣传教育。当前云南省各级环保部门、检验检疫局、林业局、农业局、水产研究中心、渔业局、生态研究中心等相关部门已经设立宣传教育部门。如云南省环保厅政策法规处和宣传教育处、昆明市滇池管理局的对外交流和宣传教育中心等，并定期安排工作人员通过会议、研讨会、宣传教育活动培训相关科研人员和群众，并发放宣传册，使其掌握入侵生物物种的形态特征、生物学特性、危险程度、清除方法等。

（2）云南省各州（市）、县、镇（乡）相关农林水产部门、大中小学课堂和生物多样性旅游地区是当前生物安全和生物入侵宣传教育的重点。云南对生物灾害防治和生物入侵的宣传主要集中于大中小学课堂教育，各地区的小学和中学在自然常识、地理和生物学课程中增加有关外来入侵物种防治的基本知识。如西双版纳热带雨林区、边境地区，以及滇池流域的观音山、白鱼口等地区的生物入侵宣传教育较好。尤其是网络宣传和发放有害入侵生物防治手册和设立宣传栏等，成为社会公众了解生物安全和生物入侵的主要途径。

---

① 作者简介：袁晓仙，女，云南大理人，云南大学西南环境史研究所博士研究生。

（3）云南省已经颁发并贯彻落实生物安全、生物入侵和生物灾害防治的法律法规、管理条例、检验检疫文件和宣传教育科普活动。云南省认真贯彻《中华人民共和国进境植物检疫性有害生物名录》《禁止洋垃圾入境推进固体废物进口管理制度改革实施方案的通知》《进境动植物检疫审批管理办法》《进出境动植物检疫法》《动物防疫法》《植物检疫条例》《进出口饲料和饲料添加剂检验检疫监督管理办法》等，并出台《云南省林业厅陆生野生动物疫源疫病应急预案》《云南省重点野生动物疫病种类和疫源物种目录》《进一步加强我省生物物种资源保护与开发利用的建议》（2017 年）等加强入境生物检疫监测和控制，有效地控制有害物种的入侵趋势。

二、云南生物灾害防治宣传教育工作的问题分析

（1）云南生物灾害防治的宣传教育工作仍停留在粗浅认知阶段，对相关法律法规、管理条例和检疫法等重要文件的宣传教育范围有限。为保证边境生物安全，云南严格执行并制定一系列生物灾害防治和检疫的法律法规和管理条例，但对这些重要法律法规、管理条例和检验检疫文件的宣传教育工作主要集中于对边境检验检疫部门和相关科研机构的工作人员，尚未普及到其他机构和部门，更未对全民进行宣传教育，尤其是农村地区或非边境地区其他部门的管理人员、科研人员、基层群众等则未纳入宣传教育培训范围。

（2）云南生物灾害防治的宣传教育模式单一，尚未重视本地物种可能引发的生物灾害宣传教育。当前云南省主要是通过政府环保宣教官网、宣传册和宣传栏等进行生物入侵和生物安全宣传教育，但尚未对本地物种无限制扩张或已经出现的生物灾害进行防治宣传教育。如本地的微生物、病毒引起的病害，如水稻细菌性条斑、玉米霜霉病、马铃薯癌肿病、大豆疫病、棉花黄萎病、柑橘黄龙病、木薯细菌性枯萎病、烟草环斑病毒病、番茄溃疡病、鳞球茎茎线虫病等构成云南农业生物灾害的致灾主体。本地的微生物、动物和植物等因人类活动和自然环境变化可能导致的生物灾害防治未纳入宣传教育范围。

（3）云南生物灾害防治的宣传教育呈现区域不平衡，且尚未体现区域生物灾害独特性的特点。区域不平衡体现在生物灾害防治的宣传教育工作在经济文化比较发达的地区、生物多样性重点保护地区、边境旅游地区开展得比较顺利。相比较而言，在经济欠发达地区、农林牧渔业经济区和非边境生物多样性保护地区，生物灾害防治的宣传教育工作尚未体现价值和意义，这些地区的民众未认识到生物灾害防治的必要性。尤其是生物灾害防治的重点主要在境内，而针对边境之外有害生物传入的源种地则因各种复杂因素而难以开展合作，从而导致境内生物灾害防治投入成本高，无法解决境外有害生物入境的根源，难以杜绝有害生物隐蔽性的传入和扩速扩张趋势。

总体而言，当前云南生物灾害防治宣传教育内容单一，主要集中于入侵物种的防范，对本土物种可能引发的生物灾害未受到重视。同时，宣传模式单一，受众面极小，形象性宣传差，导致很多居民对极个别严重性的有害生物也仅停留只知其名，而不知其貌，更不知其危害性的认知水平，更遑论对其他更多有害生物的认知和预防。

三、云南生物灾害防治的宣传工作的改进建议

（1）成立专家小组编写云南生物灾害防治普及读本，完善宣传教育内容。确立教育整体性、常识性、研究性和实践性综合发展的思想原则，云南生物灾害防治的宣传教育普及读本应包括生物灾害、生物入侵、生物安全等相关概念，以及有害生物的项目名录、图样、传播途径、预防措施和影响危害等内容。同时，还需要补充相关生物灾害防治的法律法规、管理条例、检验检测技术等，以便不断更新生物灾害防治知识。

（2）由云南各级环保机构牵头，联合检验检疫、林业、农业、渔业水产、非政府环保组织等相关机构,将定期开展生物灾害防治宣传教育活动以及发放宣传材料等纳入政绩考核范围，形成覆盖式的云南生物灾害防治宣传教育的空间。结合不同区域的生物灾害的类型、种类、防治技术和影响成效等，基于区域差异性对生态灾害防治的主要对象和防治手段进行针对性的宣传教育有利于区域生物灾害的有效控制。重点在云南各级政府部门、科研机构、大中小学教育机构以及居民社区、公共场合和生物多样性地区、农业种植区、畜牧业区、林业区、水产养殖区、籽种销售地区等，开展全面的生物灾害防治宣传教育工作。

（3）推广多元化、生动立体的生物灾害防治宣传教育模式。利用现代化信息技术和多媒体优势，在官方主流的网络平台、微信平台、微博平台、电视频道、出版书籍、报纸、杂志、广告、小册子、宣传专栏、期刊等传媒中设立生物灾害防治宣传教育专栏，形成日常流量性宣传效果。同时，在大中小学生态文明课程或生物、自然、地理学科中开设云南生物灾害防治的兴趣班和课程，并建立科普教育基地、田野考察、书画、摄影等方式向不同群体进行关于生物灾害的文字、图片、视频、录音等形式多样的宣传教育，使全民对生物灾害形成全面客观的认知。

（4）生物灾害的宣传教育应实现跨区域的合作交流。云南生物灾害防治宣传教育工作必须纳入与周边交界的缅甸、泰国、老挝等国家的生物安全防治的合作框架、贸易协定和跨境旅游等实践活动。通过开展座谈会、科研合作、学习交流和发放宣传材料等方式，对进行跨境合作的政府部门、企业、团体、民众等进行生态灾害防治宣传教育。争取在中国与东盟防灾减灾和“一带一路”建设中加强跨区域生物灾害防治合作，最大限度减少有害生物在空间、种类和数量上的持续扩张。

云南省森林城市建设的若干建议与思考①

"十三五"期间是云南省全面建成小康社会的关键五年，是云南省推动科学发展、和谐发展、跨越发展的关键五年，是云南省全面深化改革的关键五年，是云南省全方位对外开放，推进桥头堡建设的关键五年，是云南省建设生态文明排头兵的重要五年。森林城市建设是城市发展的一项重要公益事业和民生工程，是现代化城市不可忽略的基础设施建设，是城市生态文明建设的重要内容之一。云南拥有良好的生态环境和自然禀赋，作为西南生态安全屏障和生物多样性宝库，承担着维护区域、国家乃至国际生态安全的战略任务，云南省森林城市建设是改善市民生活质量、提升城市形象和综合实力的重要举措，是云南省城市生态文明建设的重要一环，是云南省生态文明排头兵建设的重要组成部分，是云南省城乡一体化建设的重要保证，云南省森林城市建设具有许多现实意义和长远意义。

一、云南省森林城市建设具有重要的意义

（1）森林城市的建设可以有效改善城市居民的生态环境。随着社会经济的快速发展，人们的物质生活水平得到提高，但生态环境却在不断恶化。在钢筋混凝土铸成的"城市森林"中，劣质的空气、超标的噪声、恶化的水质、退化的土壤和各种有害辐射等都严重威胁到人们的身体健康。人们开始关注身边的环境和自身的健康，渴望到生态环境优良的地方去旅游、度假、疗养，以保持身心健康。森林是陆地生态系统的主体，森林具有吸收有害气体，吸滞烟尘和粉尘，减菌、杀菌，净化城市空气，减弱和消除噪声，调节和改善小气候，美化和改善人居环境等功能。森林城市的建设，因为绿化植被的丰富，身处充满植物的环境中，可以呼吸清新的空气，放松身心，减缓压力；同时植被有效降低噪声污染，降低光照强度，调节气温，减轻大气污染、土壤污染和水污染，从而改善和美化城市居民的生态环境，并提供更多、更好的休闲游乐的场所。

（2）森林城市的建设可以增强云南省城市形象和综合竞争力。森林城市的构成包括城市园林绿地、环城林带、生态隔离带、绿色通道、河湖观光带、森林公园、居民住宅

① 作者简介：巴雪艳，女，云南曲靖人，复旦大学博士研究生，研究方向为云南地方史、水域史、环境史。

区公园、城郊生态公益林等。建设森林城市，优化美化城市容貌，构建完备的城市森林生态系统，必然推动生态环境改善、生态文化发展和居民生产空间和生活质量提高，从而提升城市的形象和品位，提升城市综合实力和国际竞争力。云南位于我国西南边陲，与南亚、东南亚毗连，在西部大开发战略、中国面向西南桥头堡战略、国家“一带一路”倡议、孟中印缅经济走廊战略等发展的机遇背景下，云南省各城市森林城市的建设，有利于进一步宣扬云南省的城市形象，推动国家各项战略的发展。

（3）森林城市的建设可实现城市的可持续发展。森林城市建设离不开园林规划、林业等诸多部门系统的支持，为城市发展提供了大量的碳汇储备，可以进一步带动经济林、林下经济等绿色产业以及商贸、房地产、旅游等第三产业的发展，促进生产方式、生活方式、消费观念的转变，促进全社会树立生态文明观和发展观，推进城市建设向可持续、绿色发展。

（4）森林城市的建设可推动云南省生态文明排头兵的建设。生态文明建设是一项包罗万象的系统工程，而城市的生态文明建设也是其中重要内容之一，森林城市建设包括生态保护体系、生态文化体系等建设，不仅增加了城市的绿化景观、净化空气、改善城市生态环境，同时可以丰富城市文化内涵，促进生态文化产业发展，这一系列工程的开展，将协同九大高原湖泊治理、青山绿水计划、七彩云南保护行动计划和“森林云南”等工程，一起改善云南省的生态环境与创建云南省生态文明，进一步推动云南省生态文明排头兵的建设。

（5）森林城市的建设推动云南省城乡一体化发展。森林城市的建设范围包括市域范围、近郊区、远郊区三个大的区域，几乎涵盖了城市和乡村。城乡一体化是城市化发展的一个新阶段，是随着生产力的发展而促成城乡居民生产方式、生活方式和居住方式变化的过程，是城乡人口、技术、资本资源等要素相互融合，互为资源，互为市场，互为服务，逐步达到城乡之间在经济、社会、文化、生态上进行协调发展。在云南省森林城市建设过程中，对城市与乡村进行统一规划、逐步建设、统一管理，改变原先城乡二元的生态建设格局，推进城市生态环境向生态化、自然化、多样化趋近，同时乡村绿化向美化、休憩化转变，最终建立城乡一体化的森林生态系统，促进城乡生态文化交融，这将在生态层面推进城乡一体化进程。

二、云南省森林城市建设面临的问题

（1）森林城市建设没有良好的规划和体系。云南省有 16 个地州市，除已获“国家森林城市”称号的昆明市、普洱市以及目前正在积极创建森林城市的临沧市外，还有 13

个地州市没有进行森林城市建设，全省大部分城市森林工作的重点依然集中在林业、退耕还林等城市之外的区域，森林城市建设依旧局限于城市道路绿化、园林绿化等，各地州森林城市建设仅仅依靠各地州自行申报，缺乏系统的领导规划，同时云南省森林城市、森林县城、森林城镇的格局比较分散，不成体系。

（2）森林城市建设存在巨大差异。森林城市包括市域、近郊、远郊三个范围，但目前因为原有自然环境差异、资金的投入、城市规模大小、经济发展水平等条件的限制，导致地级市、县级市、城乡各层面森林城市、森林县城、森林乡镇的建设呈层级分布递减，存在巨大差异。

（3）森林城市建设的资金难以保证。云南地处边疆，经济发展起步晚、水平低，建设森林城市涉及财政、城市园林、林业、住建规划等诸多部门，其中植树造林、绿化美化、宣传发动、森林城市建设后的维护等各项工作都需要有力的资金支持。但从目前我省已建成森林城市的工作开展来看，创建资金来源单一，主要依靠财政支出，企业、社会公益力量投入不足。这也造成了全省在建设森林城市过程中，难以兼顾每一个地州市，各地州不可能同时开展森林城市建设这一工作，同时森林城市建设和管理的水平参差不一。

（4）森林城市建设缺乏云南特色和民族文化内涵。云南省是一个拥有众多少数民族的省份，各少数民族在长期历史发展进程中，总结并形成诸多利于生态环境保护的民族文化。同时，云南省拥有许多历史文化名城，保留有诸多历史古迹和古老树木。在森林城市建设过程中，没能很好地发掘城市所在地的民族生态特色、历史文化内涵，也使得云南省森林城市盲目追求现代化，缺乏特色。

（5）森林城市建设城市化进程程度低。森林城市是近些年才逐渐兴起的，云南省各城市化发展中，规划与建设森林城市的理念比较缺失，在城市各项大拆大建中，森林城市建设并没有很好地与城市化进程融合与协调，总是落后于城市化建设进程，或者森林城市建设与城市规划没有相互融合统一就开始对城市进行大拆大建，导致森林绿化景观与城市形象不符。

（6）民众对于森林城市建设的认识度与参与度较低。在建设森林城市过程中，各级政府部门采取多种方式进行宣传教育，但公众对森林城市的认知度和参与度仍处于低下水平。一是城乡公众认识程度不一，城市居民因为身处都市，通信方式、受教育水平较高，认知程度较为高，但城镇居民因为身处都市之外，森林城市、城镇建设较为滞后，认知水平较低。二是森林城市建设过程中一些宣传方式较为单一，没能采取分层级、分对象进行宣传教育，没有充分吸引广大公众的注意力，公众对森林城市建设的认识度总体偏低。三是因为对森林城市建设的意义、具体过程等认识程度较低，百姓参与度低，没能够发挥群众的力量。政府在建设过程中，也没有建立良好的公众参与机制，建设中缺乏民意调查、信息收集等环节，森林城市建设的人民满意度不高。

三、瞄准一大目标：云南省特色森林城市群

（1）总目标。2030 年形成“云南省各地州市城市—县级市—乡镇全覆盖的具有云南特色的云南省森林城市群”。

（2）具体目标。根据国家森林城市评选的指标，结合云南省具体省情制定符合实际的评选指标体系，形成规划，通过以昆明市、普洱市两座“国家森林城市”的示范带动效应，最终形成滇中城市群昆明、曲靖、玉溪、楚雄；滇东南城市群红河、文山；滇南—滇西南城市群普洱、西双版纳、临沧；滇西城市群保山、大理、德宏；滇西北城市群丽江、迪庆、怒江；滇东北城市昭通六个区域的森林城市群。

四、树立六大基本原则

（1）规划在前，分阶段实施。

（2）城市乡村结合发展。

（3）自然保护生物多样性。

（4）因地制宜，发挥各城市的优势。

（5）“新”和“旧”结合。

（6）发掘民族文化特色与历史内涵。

五、云南森林城市建设的对策建议

（1）制定完善的云南省森林城市建设规划。森林城市建设是建立在合理恰当的规划基础上，而规划的制定又离不开前期充分的调研。在制定规划前，邀请省内外具有森林城市建设与规划的各部门专家，整合各部门力量组成考察调研团队，考察各地州市的各项因素，掌握每一座城市的特点特色，为规划建设中森林城市建设的主题、理念、城市森林特色奠定良好基础。一是在昆明市和普洱市国家森林城市建设规划的基础上，建立一个覆盖全省 16 个地州市的省级森林城市建设规划，包括滇中、滇东北、滇东、滇东南、滇南、滇西、滇西北等全方位的森林城市建设格局。二是由各地州市制定各自的州市森林城市建设规划，规划内容主要以中心城区为核心，以周围附属县市、乡镇为辐射展开。三是具体的规划内容，应该包括各地州市的城市森林建设主题、建设模式、组织领导、

森林城市建设的各项内容、分期进程等。四是在制定规划时，需要认真参考“国家森林城市”评价指标。我们的主要目标不是创建“国家森林城市”，但国家森林城市的评价指标体系中诸多内容，诸如组织领导、管理制度、森林建设、森林生态系统建设、森林健康、生态休闲、生态文化和乡村绿化是我们对森林城市建设评价考核的一个重要指标，这些内容可以提供直观的参考体系。五是在制定规划过程中，应充分发挥民众的力量，听取民众关于建设森林城市建设的意见。

（2）加大政策扶持力度，拓宽建设的资金来源。森林城市建设是一项巨大工程，涉及城市规划、道路绿化、城市公园、湿地公园、道路绿化、树种植被栽培、养护等诸多环节，需要大量的资金支持。对于建设过程中所需的大量资金，要积极拓宽资金渠道。一是积极争取国家、省里的专项资金支持，在认真做好各项规划后，征得国家和省里的支持，获得主要资金。二是积极拓展多种融资渠道，发展本土特色产业，通过旅游业、生物产业、特色农业等企业的发展带动云南整体经济的发展，为森林城市建设提供经济支持。

（3）努力建设森林城市的七大工程。森林城市的构成包括：城市园林绿地、环城林带、生态隔离带、生态隔离带、绿色通道、河湖风光带、森林公园、生物多样性保护区、城郊生态公益林和兼用林等。通过环城林带、绿色通道、河道风光带建设，将城市生态隔离带、森林公园和城郊生态林和兼用林连成一个完整的森林生态系统。在各城市森林城市建设过程中，认真完成对森林基质工程建设、城市绿色廊道网络建设工程、城镇建成区绿地系统建设和生态恢复工程、避灾绿地建设工程、村镇绿化工程、城镇立体化绿化工程、废弃土地生态恢复与重建七大工程的建设。

（4）注重森林城市建设树种植被选择。森林城市树种及其他植被的选取是森林城市建设的一大重要内容。一是在实地调研的基础上，充分了解各地州的气候、植被种类、常见树种等情况，在森林城市建设过程中，坚持以当地乡土树种和植被为主，只有这样才能保证在遇到极端天气，植被的存活率。二是坚持乔、灌、草树木结合，形成层级和植被种群，这样才能体现生物多样性，构建一个系统的城市森林生态系统，更有效地调节城市生态环境。三是在气候许可的前提下，可以适当针对不同的功能区划分，如道路绿化、停车场、庭院、防护林水土保持林特殊树种、观赏树种等，引进栽种一些其他树种，形成以乡土树种为基调，其他树种按造景特色、功能需要，根据不同的形态、色彩等进行配置。四是植被选取和栽种过程中，应注意保留古树名木和原有树种，特别是针对老城区、乡镇建设和维护过程中，古树名木是一笔宝贵的财富，切忌随意砍伐。五是森林城市建设是为改善城市生态环境所需，各地州在建设过程中，不能盲目跟风，购买引进一些珍稀树种，珍贵树种不一定适应当地自然条件良好生长，同时也是一种奢侈浪费的做法。

（5）深入挖掘云南民族和历史文化内涵。在众多“国家森林城市”中脱颖而出，建设具有云南特色的高原森林城市，一方面我们可以将各地州的森林城市建设规划与进程大致统一，形成森林城市群；另一方面，我们必须充分发掘并利用云南少数民族关于生态环境保护的众多有利内容，打造云南省特有的森林城市，建立独有的管理体系。一是发掘整合各民族在历史发展过程创造出诸多关于崇敬自然、保护自然的信仰、观念、制度，比如傣族重视由佛寺园林、竹楼庭院林、人工薪炭林、经济作物林经济植物种植园组成的森林系统的建构与维系，形成各地州市、县市森林城市建设的重要理念、特色。二是建立具有本土特色的地方性法律法规体系。云南的各少数民族在保护森林过程中有一些乡规民约、宗教信仰上升为制度，为森林城市建设的个人和家庭提供行为规范，为森林城市的管理提供制度保证。三是对于历史文化和民族特色的了解，有利于在森林城市建设和城市化进程，有效遵循“新”与“旧”结合原则，在森林城市建设中保留原有古老树木以及整合古老城区原有的绿化格局。

（6）创新宣传推广方式，吸引民众广泛参与。森林城市建设不仅仅是政府的行为，只有广泛吸收民意、考虑百姓的需求、让百姓参与建设的城市才能真正建成百姓所需的森林城市。一是政府部门采取网络、媒体等多种渠道，利用各地州市因为其良好的生态环境，拥有国家公园、地质公园、湿地公园等重要的生态文化生态知识教育基地，广泛开展多层次、多形式的生态城市建设的舆论宣传和科普教育，提高广大公民群众对城市的环境问题和生态问题的认识水平，为全省人民参与建设森林城市的奠定思想基础。二是建立良好的公众参与机制，在森林城市创建过程中广泛收取和征集民意，进而建设人民满意的森林城市。三是建立一定的奖励机制，大力表彰在森林城市建设工作中做出突出贡献的单位和个人，激发全社会的集体荣誉感和社会责任感，吸引更多民众参与森林城市的建设。四是根据城市森林建设进程，定期开展义务植树活动、全民绿色认领、企业认领活动等丰富多彩的公益活动，吸引公众主动参与森林城市建设。

（7）加强森林城市与海绵城市的协调建设。云南省森林城市的建设整体落后于其他省份，加之城市建设中一些规划问题，使得近年云南省部分城市雨季城市内涝现象频现，森林城市建设中加入海绵城市建设是一个意义重大的选择。一是在森林城市建设的规划中，加强对林网化、水网化的整合，注重对城市原有或人工建设的湿地、湖泊等工程的治理、保护和利用。二是在树种选种方面，宜选取水土保持林、水源涵养林，加强对雨水的收集、存储与利用。

（8）加强人才培养，创新森林城市的管理体系建设。森林城市的建成容易，难在管理，建立一整套完整、长期的管理制度有利于森林城市的保护、长期发展。一是组织方面，要严格执行国家的相关政策、法规，并成立相关的领导机构，进行指导和监管。二是管理制度方面，建立并完善林业产权制度、城市森林分类经营管理制度。三是建立森林城市资源档案与信息管理，充分运用现代化信息科技手段，实现云南省森林城市管理的网络化、科学化和数字化。四是加强对森林城市建设效果的检查、考核与监测，充分利用各种类型的数据资源，利用先进的观测手段，监测、关注云南省各地州森林城市建设过程中的有关信息，并及时对建设中的问题进行调整。